博文视点云原生精品丛书

Harbor
权威指南

容器镜像、Helm Chart等
云原生制品的管理与实践

张海宁 邹佳 王岩
尹文开 任茂盛 / 等著

电子工业出版社
Publishing House of Electronics Industry
北京·BEIJING

内 容 简 介

在云原生生态中,容器镜像和其他云原生制品的管理与分发是至关重要的一环。本书对开源云原生制品仓库 Harbor 展开全面讲解,由 Harbor 开源项目维护者和贡献者倾力撰写,内容涵盖 Harbor 的架构、原理、功能、部署与配置、运维、定制化开发、API、项目治理和成功案例等,很多未公开发表的内容在本书中都有详尽讲解,如:Harbor 的架构原理;OCI 制品的支持方式;高可用制品仓库的设计要点;镜像等制品的扫描;权限和安全策略;备份与恢复策略;API 使用指南等。

无论是对于 Harbor 用户、开发者和贡献者,还是对于云原生软件开发工程师、测试工程师、运维工程师、IT 架构师和 IT 技术经理,抑或是对于计算机相关学科的高校学生来说,本书都有非常重要的指导和参考价值。

未经许可,不得以任何方式复制或抄袭本书之部分或全部内容。
版权所有,侵权必究。

图书在版编目(CIP)数据

Harbor 权威指南:容器镜像、Helm Chart 等云原生制品的管理与实践 / 张海宁等著. —北京:电子工业出版社,2020.11
(博文视点云原生精品丛书)
ISBN 978-7-121-39685-4

Ⅰ. ①H… Ⅱ. ①张… Ⅲ. ①软件工程-指南 Ⅳ. ①TP311.5

中国版本图书馆 CIP 数据核字(2020)第 184346 号

责任编辑:张国霞
印　　刷:天津千鹤文化传播有限公司
装　　订:天津千鹤文化传播有限公司
出版发行:电子工业出版社
　　　　　北京市海淀区万寿路 173 信箱　邮编 100036
开　　本:787×980　1/16　印张:31.25　字数:700 千字
版　　次:2020 年 11 月第 1 版
印　　次:2020 年 11 月第 1 次印刷
印　　数:5000 册　定价:128.00 元

凡所购买电子工业出版社图书有缺损问题,请向购买书店调换。若书店售缺,请与本社发行部联系,联系及邮购电话:(010)88254888,88258888。
质量投诉请发邮件至 zlts@phei.com.cn,盗版侵权举报请发邮件至 dbqq@phei.com.cn。
本书咨询联系方式:010-51260888-819,faq@phei.com.cn。

推荐语

云原生和容器技术是当今被广泛应用的 IT 基础设施，Henry 所在的 VMware 则是容器技术浪潮中的排头兵，其中的优秀项目便是 Henry 和其团队所创建的 Harbor 项目，而且这个云原生基础设施项目一直蓬勃发展至今。相信本书对于想构架企业级容器基础设施的读者都有重要的参考价值。

Kata Containers 架构委员会成员　王旭

容器镜像仓库承载着重要的容器化资产，是企业通过容器实现云原生架构转型的利器。Harbor 是业界领先的镜像仓库，具备三大鲜明优势：功能丰富，稳定性好；开源，扩展性强；由中国团队一手打造并成为 CNCF 开源项目。我与本书作者相识多年，作为 Harbor 早期参与者之一，我深度认可本书作者的技术洞察力和 Harbor 的巨大价值。本书深入浅出，既阐释了具体的技术实现，又引申了相关方法论和优秀实践，是云原生技术从业者的快速进阶读物。

前才云 CEO、字节跳动火山引擎副总经理　张鑫

Harbor 是一个健壮且易于使用的开源容器镜像管理工具，已经成为企业级容器云平台的重要组成部分，且经过多年的开源、演进，具备丰富的特性和实用功能。本书融合 Harbor 技术原理、开发实践和项目案例于一体，可帮助读者深入了解和使用 Harbor。

浙江移动架构师　陈远峥

云原生代表的是一种全新的基础设施思维方式，随之而来的是一套全新的 IT 基础设施生态，其中有些经典概念仍然重要，比如资源（制品、应用）管理和分发。随着容器的普及，镜像分发成为整个容器生命周期中的重要一环，Harbor 无疑是该领域的领跑者。很

高兴看到本书问世,本书作者就来自Harbor团队,开发、运维人员通过阅读本书一定能更好地理解和使用Harbor。

PingCAP联合创始人兼CTO　黄东旭

360搜索容器云团队以开源镜像仓库Harbor为基石,结合事业群与集团内部的需求进行定制化开发,为搜索容器云平台提供了坚实、可靠、强大、易用的容器镜像存储、管理、分发服务。这是一本镜像管理方面难得的参考书,非常有参考价值。

360搜索事业群高级总监　张华

Harbor为容器用户提供了镜像仓库服务,国内的容器用户基本上都在使用它。本书的出版为我们广大用户带来了很大的福利,我们终于可以专业地使用Harbor了。

积梦智能CEO、beego作者　谢孟军

张海宁带领的团队是国内很早就拥抱和推广云原生架构的团队之一。他们作为布道者,敏锐地发起了Harbor项目,使Harbor成为云原生架构在企业落地不可或缺的组件之一,也是有着国际影响力的优秀开源项目代表。本书对从事云创新研发的团队有很高的学习、参考和借鉴价值。

广州市品高软件股份有限公司联合创始人、董事和技术总监　刘忻

Harbor是国内开发者贡献到CNCF的开源项目并于今年毕业,有很高的成熟度。本书不仅给读者提供了精确的使用指引,还呈现了Harbor的详细架构,可以让读者深入理解Harbor的工作原理,其中丰富的用户使用案例和落地场景也非常有参考价值。

CNCF官方大使、京东技术架构部产品经理　张丽颖

短短4年多,Harbor就从VMware实验室里的一个创新项目,发展成为有着全球广泛用户的云原生制品库,还成为了中国第一个CNCF开源项目,这是中国云原生迈出的重要一步。骞云既是Harbor用户,也是其产品技术合作伙伴。本书涵盖了Harbor架构、原理、开发及众多案例分析,内容详尽、透彻,无论是对于云原生工程师、架构师、开发者,还是对于Harbor用户,都非常有参考价值。

上海骞云信息科技有限公司创始人和CEO　方礼

推荐序 1

我在准备动笔写这篇序的时候,一瞬间仿佛回到了多年前的大学校园。当时张海宁(Henry)正在攻读我的硕士研究生,研究领域是数据挖掘和机器学习。在那个互联网经济尚待崛起的年代,我们对互联网的未来充满期盼。

时至今日,随着各种新技术产业和商业模式动能的释放,放眼全球,整个世界已经运行在一个巨大的软件体系之上。以 A(人工智能)B(大数据)C(云计算)为代表的互联网企业和互联网核心技术,更是以不可想象的步伐引领着社会的变革和前行。云计算作为强大的技术底座,深度融合人工智能、大数据和边缘计算等技术,为现实世界建立起精确的数字化模型,形成一套可以对物理世界感知、洞察及反馈的高效体系。以云计算、5G、互联网、物联网为代表的信息基础设施,正结合大数据、人工智能等技术,使传统基础设施向数字化、智能化的融合基础设施转型和升级,并为科研、技术、产业等领域提供创新型基础设施。

从发展的历程上看,云计算早期主要注重基础设施的灵活交付能力,使计算资源能够方便地为用户所用。经过十多年的高速发展,云计算已经迈进 2.0 时代,以应用为中心和基础设施为代码的云原生(Cloud Native)技术正驱动着现代化应用前进的步伐。如今,云原生技术已经成为应用主流的设计、开发和运维模式,容器则作为云原生技术的基石,得到普遍采用。越来越多的企业在云原生平台上构建了物联网、大数据和人工智能的基础能力,在产业智能化的浪潮中推动着数字化的创新,带来影响深远的社会价值和商业价值。

Henry 作为资深的技术专家,一直活跃在云原生的舞台上。他于 2014 年率领团队创建和研发了开源镜像仓库 Harbor 项目,解决了用户管理容器镜像的诸多痛点,如权限控制、远程复制、漏洞分析等,Harbor 也一跃成为非常受欢迎的开源容器镜像管理软件。值得一提的是,秉承着开放、包容的理念,Harbor 项目于 2018 年被捐献给云原生计算基金会(CNCF),成为首个原创于中国的 CNCF 项目,由广大社区用户共同维护。最近更传来喜讯：Harbor 成为首个成熟度达到 CNCF 毕业级别的中国开源项目。

目前，我所带领的微众银行人工智能团队正致力于联邦学习的前沿学术研究和应用场景落地。在 2019 年年初，我们开源了工业级联邦学习框架 FATE（Federated AI Technology Enabler），旨在解决人工智能中数据使用和隐私保护的问题。在联邦学习中，多个组织参与数据方面的合作，各方需要相互信任并运行相同的软件，因此，将 FATE 项目开源是很好的选择，将促进联邦学习生态圈的培育和发展。Henry 所在的团队和我们紧密合作，为 FATE 项目赋予了云原生的能力，FATE 和 Harbor 两个项目在开源领域胜利会师，实现了基于容器镜像的敏捷部署和自动化运维，大大降低了联邦学习平台的使用门槛，也彰显了开源的力量和云原生+AI 的价值。

本书由 Harbor 项目维护者和贡献者倾力编撰，立意新颖，思路清晰，涵盖了 Harbor 的设计思想、技术原理、配置架构和应用案例等丰富内容，既高屋建瓴地阐释了云原生技术的核心原理，也深入浅出地解析了容器落地的优秀实践，是云计算、人工智能、大数据等计算机领域的工程师、架构师、开发者和开源贡献者了解云原生应用，特别是容器和镜像技术的优秀参考书，也适合理工类大学生阅读和学习。

杨 强
微众银行首席人工智能官、香港科技大学教授

推荐序 2

随着 LAMP（Linux、Apache、MySQL 和 PHP）技术的广泛应用，开源技术如雨后春笋般发展。在云计算普及的时代，开发人员越来越多地使用 Docker 和 Kubernetes 等开源云原生管理工具和平台。来自中国的开发人员也成为 CNCF 举足轻重的贡献者。

在这样的背景下，云原生成为了中国开源社区参与度和贡献度非常显著的技术。VMware 从一开始就参与了相关工作，在 2011 年将 Cloud Foundry 等内部项目开源给云原生社区。VMware 也是中国云原生社区的先行者之一，一直积极支持技术社区的活动，例如 2016 年，VMware 发起"云原生论坛"，并在 2018 年推动了国际云原生大会 KubeCon+CloudNativeCon 在中国的落地。

Harbor 是一个企业级开源镜像仓库，能够对云原生制品的内容进行存储、签名和扫描，用户对 Harbor 的接受度也证明了 VMware 在云原生开源领域的影响力。Harbor 最初是 VMware 中国研发中心云原生实验室的内部项目，在 2014 年由我和本书作者之一张海宁等联合发起，于 2016 年年初首先在中国开源社区推广。开源后，Harbor 很快就展现了云原生基础软件的普适性，首先获得国内主流互联网公司、大型企业和初创公司的青睐和应用。

Harbor 也逐渐从国内发展到国外，获得了全球云原生社区的一致认可。2018 年 8 月，Harbor 成为中国第一个原创的 CNCF 项目，也是 VMware 捐献给 CNCF 的第一个项目。截至 2020 年年中，Harbor 在 GitHub 上获得 12000 多颗星，拥有 190 多位代码贡献者，这些贡献者来自全球 80 多个组织，如 Anchore、网易云、前才云科技、腾讯云和 OVHcloud 等，月下载量超过 3 万次。

同时，Harbor 项目成立了由多个社区主导的工作组，例如远程复制工作组、P2P 分发工作组、镜像扫描工作组等，负责制定和开发 Harbor 各个具体功能的路线图，社区的参与大大丰富和完善了 Harbor 的功能。

在Harbor项目取得成功的基础上,VMware中国联手各行业龙头企业的创新部门、初创公司及大学与研究机构等,发起VMware创新网络(VMware Innovation Network),共同打造开放、多元、共生的生态系统,涵盖云原生、边缘计算、机器学习、云网络、云数据分析等技术领域。

2020年6月,Harbor成为中国第1个、全球第11个毕业的CNCF项目,其他已毕业的项目包括Kubernetes、Prometheus和Helm等。本书是中国重量级的云原生技术著作之一,它的发布恰逢其时。本书作者都是Harbor项目的原创开发者和"骨灰"级的社区维护者,包括张海宁、邹佳、任茂盛、姜坦、尹文开、王岩、裴明明等。读者通过本书可全面了解云原生技术,特别是容器镜像等云原生制品的原理、特点和实践方法。

长风破浪会有时,直挂云帆济沧海!相信本书能为读者带来新的起点和收获,也希望更多的用户和开发者加入云原生社区,共同创新!

任道远

VMware中国研发中心总经理

VMware创新网络联合发起人、Harbor项目联合发起人

推荐序 3

从云计算到云原生,这一以云为起点的浪潮已持续 10 年之久,我所在的团队也有幸在这一方向实践了近 8 年,我能深刻感受到其中有一些逻辑在驱使云计算技术栈的发展,使陆续出现的许多技术演进似乎成为一种必然,也使从云计算到云原生能产生被广泛认同的标准,形成许多行业的共识,进而形成一个广阔的相对标准的产品、服务市场。

在从事云计算、云原生相关工作的这些年里,我经常要面对的问题是"为什么做",经常要面对的情况则是"不得不做"。云计算技术的应用与算法、前端等有很大不同,我们很难以技术进步带来的直接价值驱动业务进行技术升级,因此很多时候都是已经感受到明显的瓶颈或对未来发展过程中的技术瓶颈有了明确的预期,才能推动技术的升级。

以互联网业务服务端的演进来看,这是一个应对业务发展所产生的复杂性的过程,自 Web 1.0 到 Web 2.0 再到移动应用,互联网业务越来越复杂,一个应用聚集了足够流量之后总会向平台化发展,以寻求商业模式的突破,而平台由于多元、共生的特性,复杂性远远大于单一应用。以网易为例,我们遭遇了资源生命周期管理类运维操作大增、服务器型号碎片化等问题,使建设云计算平台从 2010 年的"为什么做"变成了 2012 年的"不得不做"。而 OpenStack 亦诞生于 2010 年,并在 2012 年达到一定的成熟度。这完全不是巧合,而是因为有众多企业正在面对同样的问题,是市场的需求使然。

随着移动应用浪潮的到来及流量红利的激增,平台的价值被进一步放大,电商、社交等平台的复杂性达到了前所未有的高度,此时原有的服务拆分粒度已经过于粗放,单个服务内的业务逻辑修改牵一发而动全身的情况屡见不鲜,所以把服务进一步进行细粒度拆分成为必然的选择。同样以网易为例,2015 年用户量过亿的网易云音乐、2015 年诞生的考拉海购,在经历迭代的困境后均逐步发展为微服务架构,这是"不得不做"的选择。另外,对服务的细粒度拆分不断给运维带来挑战,中心化的运维角色不能满足海量服务的维护需求,开发人员也需要参与到运维协作中来,尤其需要分担更为高频的发布工作。我们在实践中也遇到了一些挑战，例如为解决运行环境问题产生了大量的环境初始化模板，模板与制品的分离管理造成了诸多的混乱，在服务节点的生命周期管理和应用编排方面则涉及IaaS层接口和编排服务接口如何设计等问题。我们在不断踩坑过程中意识到在缺乏社区标准支持的情况下自行解决这些问题的代价是巨大的，此时逐渐成熟的容器、Kubernetes让我们看到了解决问题的希望。2016年左右，我们几乎毫不犹豫地转向了容器和Kubernetes技术栈，至此从微服务到容器、Kubernetes，云原生便成为了我们延续至今且尚在不断探索的技术路线。

技术架构和技术栈的更新不仅解决了我们在发展过程中面对的问题，更让我们看到了后续发展的可能性，在软件架构不断拆分且转向服务化的过程中，传统的基于代码的重用由于直接共享数据模型与数据层，难以支持快速迭代，给人以包含业务逻辑的软件重用不靠谱的印象。而在服务化架构下，服务方保障了接口的稳定兼容，服务抽象了业务的能力，新业务的构建得以大量依赖已存在的服务，形成了中台这样高级的业务能力重用的形态。在服务化重用的浪潮背后有一项基础软件服务是不可或缺的，参考代码级重用时代的制品管理机制，一个可运行的服务、应用也需要有自己的仓库以支持服务化形态交付。同时，由于代表企业业务能力的软件服务在数字化时代已成为企业的核心资产，因此需要的企业级管控能力远高于制品管理要求。Harbor从2016年开源至今，功能逐步完善，无论是企业级镜像管理，还是镜像复制、漏洞扫描等功能都切实解决了企业的难题，Harbor自2.0版本开始更是兼容OCI标准，成为较早遵循云原生标准的仓库项目，可以说，Harbor已经成为承载服务、应用镜像管理的标准。对于这样一个重要的基础软件，网易的云原生团队也积极加入其社区代码的维护工作中，推动Harbor在越来越多的企业中应用。

另一方面，很多"不得不做"云原生的Harbor新用户，对这个软件的能力、架构设计及优秀实践并不熟悉，往往会走一些弯路。这部由Harbor社区核心维护者和贡献者倾力编撰的《Harbor权威指南》适时完成，从组件介绍、源码解析到生态融合，结构清晰，案例详尽，具有很强的实操性，能帮助我们少走弯路。面对云原生的浪潮，我们很有必要深入理解Harbor这样的云原生基础软件。相信阅读本书会有助于我们快速入门、进阶乃至精通Harbor。

陈谔
网易云计算中心总经理

前言

本书写作初衷

2013年，Docker在发布之后取得空前的成功，成为史上非常受欢迎的开发工具之一。除了简便、易用，镜像技术也是Docker的核心所在，包括镜像格式的创新和用于镜像分发的Registry服务。Docker公司的著名口号"Build, Ship and Run"（构建、传送和运行），概括了应用开发的精髓，其中隐藏的含义是"构建镜像、传送镜像和运行镜像，一切皆以镜像为中心"。OCI组织的三个规范与该口号分别对应：镜像规范（构建）、运行时规范（运行）和正在制定的分发规范（传送）。尽管目前这些规范有一些不同的实现，但镜像规范的实现基本上以Docker的镜像格式为主。由此可见，镜像是容器应用的关键技术，围绕镜像的一系列管理工作将是实际运维工作的重中之重。

在Docker出现之前，我在Sun公司任职时已经接触和使用过容器技术（Solaris Containers）。从2012年开始，我在VMware公司负责Cloud Foundry开源PaaS项目的技术推广工作。Cloud Foundry项目使用了被称为Warden的容器引擎来运行应用。Warden与Docker类似，都是PaaS项目中的容器执行引擎，只是被"埋藏"在Cloud Foundry项目中，没有像Docker那样独立发布出来。

我初次接触Docker后，被其流畅的使用体验和优秀的容器方案所震撼，深感这将是应用开发的一个大趋势。对Docker进行研究后，我发现容器镜像是Docker软件的命脉所在，而当时并没有很好的镜像管理工具。在同期的一些技术大会上，也有不少用户抱怨在镜像管理方面遇到各种难题。

于是，针对镜像管理的诸多痛点，我带领团队开发了一个容器镜像管理软件，在公司内部试用后取得一定的成效。这个软件就是Harbor的原型。Harbor在开源后受欢迎的程度远超我们所料。Harbor 图形化的镜像管理功能独树一帜，切中了容器应用开发和运维的要点，在国内获得大量用户的青睐，参与 Harbor 开源项目的开发者也在与日俱增。

在加入 CNCF 后，Harbor 和全球云原生社区的合作更加紧密，并加强了对 Kubernetes 和 Helm 的支持。在 Harbor 2.0 中还支持 OCI 的镜像规范和分发规范，可管理各类云原生领域的制品。

目前已经有很多用户在生产系统中部署了 Harbor，国内很大一部分用户都将 Harbor 作为镜像和 Helm Chart 的制品仓库。Harbor 的维护者们通过微信群、GitHub 及邮件组等的问题反馈了解到不少用户遇到的问题，这些问题产生的主要原因有二：其一，用户对 Harbor 的安装、配置等理解不彻底；其二，文档资料不完整或者缺失。由此可见，Harbor 用户亟需一本参考书作为 Harbor 系统的使用指引，然而市面上并没有这样的书籍。正逢电子工业出版社的张国霞编辑邀请我编写一本关于 Harbor 的技术书，我便与 Harbor 项目的维护者们进行了沟通，沟通的结果是大家一致希望编写本书来完整介绍 Harbor 项目的方方面面，让 Harbor 带来更大的价值。本书的编撰工作便开始了。

撰写书稿是相当艰辛的，大多数作者需要在繁忙的工作之余挤出时间查资料和编写书稿，并且互相审阅和修订，有的章节甚至修改了不下十遍。但作者们都有一个共同的心愿：希望通过本书把 Harbor 的各个功能准确、详尽地传递给读者，帮助读者理解和使用好 Harbor 的功能。

本书特色

这是一本全面介绍 Harbor 云原生制品仓库的书籍，涵盖 Harbor 架构、原理、配置、定制化开发、项目治理和成功案例等内容，由 Harbor 开源项目维护者和贡献者倾力撰写，其中不乏 Harbor 项目的早期开发人员，甚至 Harbor 原型代码的编制者。

需要特别说明的是，很多未公开发表的内容在本书中都有详尽讲解，如：Harbor 的架构原理；OCI 制品的支持方式；高可用制品仓库系统的设计要点；镜像等制品的扫描、权限和安全策略；备份与恢复策略；API 使用指南等。对 Harbor 用户和开发者来说，本书是非常理想的参考资料。

本书读者对象

- ◎ 云原生软件开发工程师、测试工程师和运维工程师
- ◎ IT 架构师和技术经理
- ◎ Harbor 开源项目的用户、开发者和贡献者
- ◎ 计算机相关学科的高校学生

本书架构及使用方法

本书共有 13 章,部分章节由多位作者合力完成,以更准确地阐释相应的内容。下面列出每章的主要内容和作者。

第 1 章介绍云原生应用的产生背景、以镜像为主的制品管理原理和规范,以及制品仓库的作用,由张海宁负责撰写,任茂盛、裴明明参与撰写。

第 2 章概述 Harbor 功能和架构,为读者理解后续的章节做铺垫,由姜坦负责撰写。

第 3 章详细讲解 Harbor 的安装、部署,包括高可用部署的方案要点,还包括对 Harbor 的入门性介绍,由王岩负责撰写,孔矾建、任茂盛参与撰写。

第 4 章介绍 Harbor 支持和管理 OCI 制品原理、常见 OCI 制品的使用方法,由任茂盛负责撰写,尹文开、张海宁、邹佳参与撰写。

第 5 章阐释 Harbor 的权限管理和访问控制的原理,以及相关配置方法,由何威威负责撰写,张海宁参与撰写。

第 6 章解析 Harbor 中可使用的安全策略,包括可信的内容分发和漏洞扫描机制,由邹佳负责撰写。

第 7 章讲解镜像、Helm Chart 等制品在 Harbor 中的远程复制原理,以及与其他仓库服务的集成原理,由尹文开负责撰写。

第 8 章详述 Harbor 的高级管理功能,包括资源配额、垃圾回收、不可变 Artifact、保留策略、Webhook 等,由王岩负责撰写,裴明明、张子明、邓谦参与撰写。

第 9 章解释 Harbor 生命周期的管理过程,包括备份、恢复、升级的步骤和方法,由

邓谦负责撰写。

第 10 章梳理 Harbor 的 API 的使用方法并给出编程示例，由尹文开负责撰写，张海宁参与撰写。

第 11 章描述 Harbor 后台异步任务系统的机理，并分析其主要源代码的工作原理，由邹佳负责撰写。

第 12 章汇集和整理 Harbor 与其他系统的整合方法及社区用户的成功案例，由张海宁负责撰写，裴明明、任茂盛、孔矾建、陈家豪参与撰写。

第 13 章介绍 Harbor 开源社区的管理原则、告警机制和开源项目的参与方式，并展望项目的发展方向，由张海宁负责撰写，邹佳、王岩、孔矾建、张道军、尹文开、陈德参与撰写。

我们建议读者这样使用本书：

- ◎ 对云原生领域特别是容器技术不太了解的读者，可以先阅读第 1 章的基础知识；
- ◎ 初次接触 Harbor 的读者，可以直接阅读第 2 章以快速了解 Harbor 的功能和架构；
- ◎ 希望快速上手 Harbor 的读者，可以按照第 3 章的讲解，从部署 Harbor 仓库软件着手；
- ◎ 对 Harbor 有一定使用经验的读者，可以按需阅读第 3 ~ 13 章的内容；
- ◎ 有意向参与 Harbor 开源项目贡献的开发者，可以重点阅读第 13 章。

加入本书读者交流群

本书已建立读者交流群，既可以参见封底提示加入，也可以在"亨利笔记"公众号后台回复"读者"二字获邀加入，入群后可以进行技术讨论和意见反馈。希望加入 Harbor 用户群的读者，可以关注"Harbor 社区"公众号（微信号为 HarborChina），在后台回复"入群"二字，即可收到入群邀请。

致谢

本书的主要编写时间在 2020 年 4 月之后，因为正处特殊时期，所以本书的写作交流几乎只能线上进行，但作者们都拥有共同的信念且相互信任，克服了重重困难，使本书顺利出版。在此感谢各位作者为本书出版付出的巨大努力，他们是 VMware 中国研发中心 Harbor 开发组的成员：主任工程师邹佳、高级研发工程师王岩、高级研发工程师尹文开、高级研发经理任茂盛、主任工程师姜坦、研发工程师邓谦、高级研发工程师何威威、高级研发工程师张子明、主任工程师张道军，以及网易杭州研究院轻舟云原生架构师裴明明、腾讯高级工程师孔砳建、VMware 中国研发中心研发工程师陈家豪、腾讯专有云平台研发工程师陈德。其中，特别感谢邹佳，他不仅编写了翔实的内容，还协助我进行了统稿和协调工作。感谢任茂盛组织和协调写作资源，也感谢王岩、尹文开、裴明明撰写了大量内容。同时感谢电子工业出版社的张国霞编辑，她不辞劳苦地为本书进行策划、审稿、校正等工作，并鼓励作者们完成艰巨的写作任务。

由衷感谢为本书作序的各位大师和领导。其中，我的恩师、微众银行首席人工智能官杨强教授给予我很多鼓励和支持，推动了联邦学习与 Harbor 等云原生技术的融合，并拨冗写序和提出宝贵意见。VMware 中国研发中心总经理、Harbor 项目联合发起人任道远先生是我多年的领导，也是中国云原生社区不遗余力的布道者和倡导者，他从 Harbor 的原型阶段开始一直支持和推动着项目的发展，对 Harbor 项目取得的成绩功不可没。网易云计算中心总经理陈谔先生是云计算和云原生探索和实践的先锋，他带领的网易轻舟团队在微服务平台中使用了 Harbor，还给 Harbor 开源项目贡献代码，为本书提供了实践案例等内容，在推荐序中分享的服务架构演进的经验更值得我们研读和学习。

感谢同事 Harbor 项目经理徐天行先生、王晓璇女士、宋春雪女士对 Harbor 中国社区长期以来的管理和运营，以及对出版本书的协助。感谢我多年的挚友李天逸先生对本书内容的帮助。感谢为本书提供 Harbor 案例的社区用户和合作伙伴：广州市品高软件股份有限公司联合创始人刘忻先生、品高云产品总监邱洋先生、上海骞云科技创始人和 CEO 方礼先生、前才云科技 CEO 张鑫先生、CNCF 官方大使和京东技术架构部产品经理张丽颖女士、360 搜索事业群高级总监张华先生。也感谢广大 Harbor 用户对本书内容所提出的建议。

最后，感谢我的爱人和孩子，因为写作本书，我牺牲了很多陪伴他们的时间，他们的鼓励也使我能坚持把书写完。同时，感谢我的父母和兄长，他们在我童年时代学习计算机知识时给予我的支持和指导，使我在信息技术领域一直走到现在。

张海宁
2020 年 9 月

作者介绍

张海宁

VMware 中国研发中心云原生实验室技术总监，Harbor 开源项目创建者及维护者，拥有多年软件架构设计及全栈开发经验，为多个开源项目贡献者，Cloud Foundry 中国社区较早的技术布道师之一，"亨利笔记"公众号作者，从事云原生、机器学习及区块链等领域的创新工作。

邹佳

VMware 中国研发中心主任工程师，Harbor 开源项目架构师及核心维护者，拥有十多年软件研发及架构经验，获得 PMP 资格认证及多项技术专利授权。曾在 HPE、IBM 等多家企业担任资深软件工程师，专注于云计算及云原生等领域的研究与创新。

王岩

VMware 中国研发中心高级研发工程师，Harbor 开源项目维护者，负责 Harbor 多项核心功能的开发，专注于云原生、Kubernetes、Docker 等领域的技术研究及创新。

尹文开

VMware 中国研发中心高级研发工程师，Harbor 开源项目维护者，从 Harbor 的原型研发开始一直参与 Harbor 项目，长期从事容器领域的研究及开发工作。

任茂盛

VMware 中国研发中心高级研发经理，Harbor 开源项目维护者，在网络、虚拟化、云计算及云原生领域有丰富的产品开发及管理经验。在 VMware 先后负责 vSphere、OpenStack、Tanzu 等现代应用平台产品的开发。

姜坦

VMware 中国研发中心主任工程师，Harbor 开源项目核心维护者，毕业于北京航空航天大学，从事云原生领域的软件开发工作。

裴明明

网易杭州研究院轻舟云原生架构师，Harbor 开源项目维护者，主要负责网易轻舟云原生 DevOps 体系设计、研发及落地等，在云原生、DevOps、微服务架构等领域拥有丰富的经验。

邓谦

VMware 中国研发中心研发工程师，Harbor 开源项目贡献者，参与了 Harbor 多个组件及功能的开发工作，多次参与 Harbor 的技术活动支持及分享，在云原生及监控系统等领域拥有丰富的经验。

何威威

VMware 中国研发中心高级研发工程师，Harbor 开源项目贡献者，专注于性能测试调优、云原生等领域的技术研发。

孔矾建

腾讯高级工程师，负责腾讯云镜像仓库产品的研发；Harbor 开源项目维护者，深耕容器镜像存储及分发、云存储、云原生应用领域。

张子明

VMware 中国研发中心高级研发工程师，Harbor 开源项目贡献者。拥有多年软件全栈开发经验，对云原生、配置管理等领域有较深入的研究。

陈家豪

VMware 中国研发中心研发工程师，专注于容器、网络及分布式技术的研发，积极参与开源社区的建设，是区块链开源项目 Hyperledger Cello 的维护者之一，也是联邦学习开源项目 FATE 及 KubeFATE 等的贡献者。深耕虚拟化、云计算及区块链等领域。

张道军

VMware 中国研发中心主任工程师，Harbor 开源项目贡献者，毕业于北京航空航天大学。关注应用性能监控、性能调优、云原生等领域。

陈德

腾讯专有云平台研发工程师，Harbor 开源项目维护者，主要负责腾讯云原生有状态服务管理平台的设计及开发，并实现服务的自动化运维管理。

目　录

第 1 章　云原生环境下的制品管理 1
  1.1　云原生应用概述 2
  1.2　容器技术简介 5
      1.2.1　容器技术的发展背景 5
      1.2.2　容器的基本原理 7
      1.2.3　容器运行时 8
  1.3　虚拟机和容器的融合 14
      1.3.1　vSphere Pod 14
      1.3.2　Kata Containers 16
  1.4　容器镜像的结构 17
      1.4.1　镜像的发展 17
      1.4.2　Docker 镜像的结构 18
      1.4.3　Docker 镜像的仓库存储结构 20
      1.4.4　Docker 镜像的本地存储结构 24
      1.4.5　OCI 镜像规范 25
  1.5　镜像管理和分发 34
      1.5.1　Docker 镜像管理和分发 34
      1.5.2　OCI 分发规范 35
      1.5.3　OCI Artifact 37
  1.6　镜像仓库 Registry 40
      1.6.1　Registry 的作用 41
      1.6.2　公有 Registry 服务 43

  1.6.3 私有 Registry 服务 43
  1.6.4 Harbor Registry 44

第 2 章　功能和架构概述 47

 2.1 核心功能 47
  2.1.1 访问控制 48
  2.1.2 镜像签名 49
  2.1.3 镜像扫描 50
  2.1.4 高级管理功能 52
 2.2 组件简介 58
  2.2.1 整体架构 58
  2.2.2 核心组件 59
  2.2.3 可选组件 63

第 3 章　安装 Harbor 65

 3.1 在单机环境下安装 Harbor 65
  3.1.1 基本配置 66
  3.1.2 离线安装 74
  3.1.3 在线安装 76
  3.1.4 源码安装 77
 3.2 通过 Helm Chart 安装 Harbor 80
  3.2.1 获取 Helm Chart 80
  3.2.2 配置 Helm Chart 81
  3.2.3 安装 Helm Chart 95
 3.3 高可用方案 96
  3.3.1 基于 Harbor Helm Chart 的高可用方案 96
  3.3.2 多 Kubernetes 集群的高可用方案 99
  3.3.3 基于离线安装包的高可用方案 101
 3.4 存储系统配置 105
  3.4.1 AWS 的 Amazon S3 106
  3.4.2 网络文件系统 NFS 108
  3.4.3 阿里云的对象存储 OSS 108

3.5 Harbor 初体验 110
　　3.5.1 管理控制台 110
　　3.5.2 在 Docker 中使用 Harbor 120
　　3.5.3 在 Kubernetes 中使用 Harbor 121
3.6 常见问题 124

第 4 章 OCI Artifact 的管理 125

4.1 Artifact 功能的实现 125
　　4.1.1 数据模型 126
　　4.1.2 处理流程 128
4.2 镜像及镜像索引 131
4.3 Helm Chart 134
　　4.3.1 Helm 3 135
　　4.3.2 ChartMusuem 的支持 139
　　4.3.3 ChartMuseum 和 OCI 仓库的比较 141
4.4 云原生应用程序包 CNAB 142
4.5 OPA Bundle 145
4.6 其他 Artifact 147

第 5 章 访问控制 149

5.1 概述 149
　　5.1.1 认证与授权 149
　　5.1.2 资源隔离 150
　　5.1.3 客户端认证 152
5.2 用户认证 153
　　5.2.1 本地数据库认证 153
　　5.2.2 LDAP 认证 154
　　5.2.3 OIDC 认证 159
5.3 访问控制与授权 169
　　5.3.1 基于角色的访问策略 169
　　5.3.2 用户与分组 170

5.4	机器人账户	173
5.5	常见问题	175

第 6 章 安全策略 ... 177

6.1	可信内容分发	177
	6.1.1 TUF 与 Notary	178
	6.1.2 内容信任	182
	6.1.3 Helm 2 Chart 签名	186
6.2	插件化的漏洞扫描	188
	6.2.1 整体设计	190
	6.2.2 扫描器管理	192
	6.2.3 扫描 API 规范	193
	6.2.4 扫描管理	197
	6.2.5 异步扫描任务	201
	6.2.6 与扫描相关的 API	202
6.3	使用漏洞扫描功能	207
	6.3.1 系统扫描器	207
	6.3.2 项目扫描器	209
	6.3.3 项目漏洞扫描	210
	6.3.4 全局漏洞扫描	213
	6.3.5 自动扫描	214
	6.3.6 与漏洞关联的部署安全策略	214
	6.3.7 已支持的插件化扫描器	216
6.4	常见问题	218

第 7 章 内容的远程复制 ... 220

7.1	基本原理	220
7.2	设置 Artifact 仓库服务	223
7.3	复制策略	225
	7.3.1 复制模式	225
	7.3.2 过滤器	225
	7.3.3 触发方式	226
	7.3.4 创建复制策略	228

		7.3.5 执行复制策略	229
7.4	Harbor 实例之间的内容复制		231
7.5	与第三方仓库服务之间的内容复制		232
		7.5.1 与 Docker Hub 之间的内容复制	233
		7.5.2 与 Docker Registry 之间的内容复制	234
		7.5.3 与阿里云镜像仓库之间的内容复制	235
		7.5.4 与 AWS ECR 之间的内容复制	236
		7.5.5 与 GCR 之间的内容复制	236
		7.5.6 与 Helm Hub 之间的内容复制	237
7.6	典型使用场景		238
		7.6.1 Artifact 的分发	238
		7.6.2 双向同步	239
		7.6.3 DevOps 镜像流转	240
		7.6.4 其他场景	241

第 8 章 高级管理功能 242

8.1	资源配额管理		242
		8.1.1 基本原理	242
		8.1.2 设置项目配额	247
		8.1.3 设置系统配额	247
		8.1.4 配额的使用	249
		8.1.5 配额超限的提示	252
8.2	垃圾回收		253
		8.2.1 基本原理	253
		8.2.2 触发方式	256
		8.2.3 垃圾回收的执行	257
8.3	不可变 Artifact		258
		8.3.1 基本原理	259
		8.3.2 设置不可变 Artifact 的规则	260
		8.3.3 使用不可变 Artifact 的规则	262
8.4	Artifact 保留策略		263
		8.4.1 基本原理	263
		8.4.2 设置保留策略	265

8.4.3　模拟运行保留策略 269
　　　8.4.4　触发保留策略 271
　8.5　Webhook 272
　　　8.5.1　基本原理 273
　　　8.5.2　设置 Webhook 276
　　　8.5.3　与其他系统的交互 280
　8.6　多语言支持 284
　8.7　常见问题 286

第 9 章　生命周期管理 288

　9.1　备份与恢复 288
　　　9.1.1　数据备份 288
　　　9.1.2　Harbor 的恢复 290
　　　9.1.3　基于 Helm 的备份与恢复 291
　　　9.1.4　基于镜像复制的备份和恢复 292
　9.2　版本升级 295
　　　9.2.1　数据迁移 296
　　　9.2.2　升级 Harbor 299
　9.3　系统排错方法 300
　9.4　常见问题 305
　　　9.4.1　配置文件不生效 305
　　　9.4.2　Docker 重启后 Harbor 无法启动 305
　　　9.4.3　在丢失 secret key 的情况下删除已签名的镜像 306
　　　9.4.4　丢失了系统管理员 admin 的密码 307

第 10 章　API 的使用方法 308

　10.1　API 概述 308
　　　10.1.1　核心管理 API 概述 309
　　　10.1.2　Registry API 概述 313
　10.2　核心管理 API 315
　　　10.2.1　用户管理 API 315
　　　10.2.2　项目管理 API 317

	10.2.3	仓库管理 API	319
	10.2.4	Artifact 管理 API	319
	10.2.5	远程复制 API	322
	10.2.6	扫描 API	324
	10.2.7	垃圾回收 API	326
	10.2.8	项目配额 API	327
	10.2.9	Tag 保留 API	328
	10.2.10	不可变 Artifact API	329
	10.2.11	Webhook API	330
	10.2.12	系统服务 API	331
	10.2.13	API 控制中心	332
10.3	Registry API		336
	10.3.1	Base API	337
	10.3.2	Catalog API	337
	10.3.3	Tag API	337
	10.3.4	Manifest API	338
	10.3.5	Blob API	338
10.4	API 编程实例		339
10.5	小结		340

第 11 章 异步任务系统 341

11.1	系统设计		341
	11.1.1	基本架构	342
	11.1.2	任务编程模型	350
	11.1.3	任务执行模型	353
	11.1.4	任务执行流程解析	354
	11.1.5	系统日志	357
	11.1.6	系统配置	358
	11.1.7	REST API	360
11.2	核心代码解读		364
	11.2.1	代码目录结构	365
	11.2.2	主函数入口	366
	11.2.3	系统的启动过程	367
	11.2.4	API 服务器的启动过程	371

11.2.5　任务运行器的执行过程 375
　　11.2.6　系统中的关键子模块 379
11.3　常见问题 400
　　11.3.1　如何排除故障 401
　　11.3.2　状态不一致 402

第 12 章　应用案例 404

12.1　Harbor 功能的集成 404
　　12.1.1　vSphere 7.0 404
　　12.1.2　Tanzu Kubernetes Grid 412
　　12.1.3　P2P 镜像分发 414
　　12.1.4　云原生的联邦学习平台 420
12.2　成功案例 423
　　12.2.1　网易轻舟微服务平台 423
　　12.2.2　京东零售镜像服务 428
　　12.2.3　品高云企业级 DevOps 实战 431
　　12.2.4　骞云 SmartCMP 容器即服务 434
　　12.2.5　前才云容器云平台 435
　　12.2.6　360 容器云平台的 Harbor 高可用方案 440

第 13 章　社区治理和发展 443

13.1　Harbor 社区治理 443
　　13.1.1　治理模式 443
　　13.1.2　安全响应机制 446
　　13.1.3　社区参与方式 449
　　13.1.4　参与项目贡献 451
13.2　项目展望 463
　　13.2.1　镜像代理 463
　　13.2.2　P2P 镜像预热 464
　　13.2.3　Harbor Operator 466
　　13.2.4　非阻塞垃圾回收 467

附录 A　词汇表 471

第 1 章
云原生环境下的制品管理

　　计算机技术的发展历史,可以归结为人类对计算效率不断追求和提升的历史。效率体现在两方面:完成计算所需的时间越短越好;完成计算所用的资源越少越好。自通用电子计算机诞生以来,计算机的体系架构就包含硬件和软件两部分,一项计算任务由不可改变的通用硬件执行可变的软件共同实现。硬件和软件是相辅相成、相互促进的两条发展主线。

　　纵观应用软件架构的变迁历程,各个时期的主流软件架构都是和当时的计算基础设施相匹配的。20 世纪 50~80 年代大中小型主机盛行,软件架构是集中式的,靠单机的处理能力和垂直扩展性满足应用的需要。尽管有 CPU 时间分片、计算虚拟化和内存虚拟化等提高系统利用率的技术,但成本始终居高不下。

　　在 20 世纪 80 年代崛起的个人计算机(PC)及局域网的成熟,促成了 20 世纪 90 年代 C/S(Client/Server,客户端/服务器)分布式架构的盛行。PC 作为客户端分担了主机的部分工作,增强了整个系统的处理能力。相应地,采用了 C/S 架构的软件由客户端和服务器端两部分组成,通过局域网的协议连接,不仅降低了系统成本,也提高了应用的响应速度。

　　在 20 世纪 90 年代中后期出现的互联网,形成了全球性的信息网络。这个时期的应用从 C/S 架构逐渐转为 B/S(浏览器/服务器)架构。从本质上说,B/S 架构是 C/S 架构的延伸,浏览器是一种通用的轻量客户端,为用户展现 HTML 页面和脚本结果。服务器端则从一两台主机转为多台 X86 服务器。系统的成本进一步降低,也具备了水平扩展能力。

　　进入 21 世纪以来,移动互联网的出现带来了爆发性的用户量增长和全天候访问服务的需求,应用往往需要应对极速增长的服务请求和海量数据的处理能力,传统的软硬件架构很难适应这种动态变化的用户需求，云计算服务应运而生。云计算让用户通过网络按需访问共享的计算资源池（计算、网络、存储和应用等），对用户来说资源能够迅速供给和释放，无须太多管理成本。云计算由服务商对计算资源池提供集中化管理和运维，为用户提供了权衡成本和效率的交付方式。

经过十多年发展，云计算已经成为像自来水和电力一样无处不在的公共计算服务设施，现代化的应用软件架构也向着 C/C（客户端/云端）模式转变，借助云服务的弹性、容错性和易管理性等特点，缩短了开发、测试、部署和运维的迭代周期，以响应瞬息万变的用户需求。现代应用的架构需要"向云而生"，即以云时代的思维和概念来设计，尽其所能地发挥云的潜力，这就是云原生（Cloud Native）架构。

云原生并不特指某项具体技术，而是一系列思想和技术的集合，包括虚拟化、容器、微服务、持续集成和交付（CI/CD）和 DevOps 等。其中，容器成为云原生领域最重要的基础性技术，已经衍生出庞大的生态系统，其他相关技术大多围绕容器来做文章，比如 Kubernetes 负责容器编排平台，微服务依赖容器来落地，DevOps 使用容器贯穿流程等。

容器的本质是对应用的运行环境进行封装，包括可执行代码、配置文件、依赖软件包等，应用封装后产生的静态文件被称为镜像。相当大一部分容器相关的操作是基于容器镜像的，因此容器镜像的管理成为云原生应用中的重要环节之一。

本章主要讲解云原生技术和容器的原理，介绍容器镜像等云原生制品的规范，并说明容器镜像仓库在容器管理中的关键作用，以帮助读者理解后续章节中 Harbor 功能的设计理念。

1.1 云原生应用概述

最早提出"云原生"概念的是 Pivotal 公司的 Matt Stine。他在 2013 年首次提出云原生的概念，在 2015 年出版的 *Migrating to Cloud-Native Application Architectures*（《迁移到云原生应用架构》）一书中定义了云原生应用架构的一些特征，包括 12 要素应用、微服务、使用 API 协作等。

CNCF（云原生计算基金会）在 2019 年给出云原生 v1.0 的定义：云原生技术使组织能够在现代化和动态的环境下（如公共云、私有云和混合云）构建和运行可扩展的应用程序。云原生典型的技术包括容器、服务网格、微服务、不可变基础设施和声明性 API 等。

不同机构给出的云原生定义不尽相同，但都体现了在云中开发、部署和运维应用的核心要点。这类"向云而生"的应用，整个生命周期都在云端，通常被称为"云原生应用"（Cloud Native Applications）。云原生技术是现代化应用的基石，云原生应用的涌现能帮助企业进行数字化转型和升级。如上所述，云原生应用的强势崛起，是由用户新生的需求和主流计算基础设施共同驱动的。

云原生引入了不少新的概念和思维方式，也影响了应用所采用的实现技术。归纳来说，云原生应用主要采用的技术有虚拟化、容器、微服务架构、服务网格等，开发流程采用持续集成和交付及 DevOps 开发运维一体化的理念。为了便于读者理解，下面对这些技术进行简单介绍。

1. 虚拟化

云计算的本质是池化资源的共享和交付。因为虚拟化技术可以使硬件资源池化和隔离，并能够通过软件实现自动化的资源供给和回收，所以虚拟化技术成为云计算服务不可或缺的"底座"。绝大多数云服务平台都是基于虚拟化技术实现的。

2. 容器

容器是云原生应用的基础性技术，实质上是面向应用的封装和交付方式，具有轻量、可移植性和不可改变性等特点。软件生命周期中的开发、测试、部署、运维等不同阶段的交付成果都使用相同的容器标准，将大大缩短迭代的周期，使从源代码到构建再到运维构成一个完整的过程。

3. 微服务架构

在互联网时代到来之前，应用的主要架构为单体（monolithic）模式。每个应用都是大而全的实例，包含了界面展现、业务逻辑和数据服务等所有功能。单体架构的不足之处较明显：业务逻辑紧耦合，新功能的开发测试涉及诸多模块，发布周期长，扩展应用时不灵活。

为满足应用快速迭代及运行中的弹性伸缩等需求，微服务架构逐渐兴起，它把应用拆分为一组独立的小型服务，每个服务只实现单一的功能，运行自己的进程并采用轻量级机制（如 HTTP API）进行相互通信。这些服务围绕业务功能构建，并且可以单独部署和扩展，如图 1-1 所示。

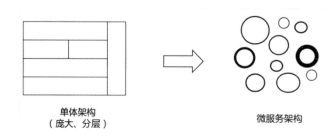

图 1-1

云原生应用产生的初衷是应对市场不断改变的需求和用户规模的急剧扩大,微服务架构能够较好地应对这些挑战,因此,微服务架构成为云原生应用首选的构建方式。在实现微服务架构时,因为每个微服务的独立性,用轻量级容器封装单个微服务成为非常自然的选择,每个容器实例都对应一个微服务实例。微服务的扩展也相对简单,一般只需启动多个封装该服务的容器实例即可。因此,容器成为微服务架构落地的主要方式。

4. 服务网格

云原生应用中微服务实例的数量可能很惊人,从数十到成百上千,相互之间有着复杂的依赖或调用关系,这给开发和运维管理带来了新的难题。为此,一种新的服务网络基础架构渐渐形成,叫作"服务网格"(Service Mesh),专门负责处理微服务之间通信相关的问题,如服务发现、负载均衡、监控追踪、认证授权和数据加密等。服务网格可以用边车(sidecar)容器的形式一对一地附着在微服务的容器上,形成网络的代理层与其他微服务容器交互(见图 1-2)。服务网格的出现,不仅令开发人员专注于业务逻辑而无须为每个服务重复编写通信功能,也使运维人员更容易地监测和排查应用故障,服务网格也因此成为微服务架构中的重要实现方式。

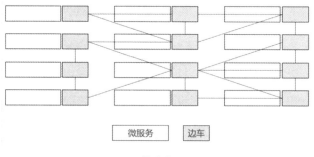

图 1-2

5. 持续集成和持续交付

持续集成允许开发团队高频率地合并新代码到代码库中，并通过测试保证代码的正确性。持续交付确保代码始终处于可部署状态，开发团队对代码的所有更改随时都可以部署到生产环境下。持续集成和持续交付是使应用快速迭代、平稳上线的重要自动化流程，是云原生应用迅速响应需求变化必备的技术手段，也是 DevOps 理念主要的实现方法。通过容器镜像可以确立流水线上各个阶段的交付标准，促进高度自动化的持续集成和持续交付流程。

从上面的介绍可以看到，容器在实现微服务架构、服务网关、持续集成和持续交付等方面都发挥着重要的作用，成为云原生领域的支撑性技术。后续章节将深入介绍容器的特性。

1.2 容器技术简介

本节介绍容器技术的发展背景和基本原理，1.3～1.6 节将详细讲解容器镜像的结构和管理方式。

1.2.1 容器技术的发展背景

近些年来，容器技术迅速席卷全球，颠覆了应用的开发、交付和运行模式，在云计算、互联网等领域得到了广泛应用。其实，容器技术在约二十年前就出现了，但直到 2013 年 Docker 推出之后才遍地开花，其中有偶然因素，也有大环境造就的必然因素。这里回顾一下容器的产生的背景和发展过程。

在电子计算机刚出现时，由于硬件成本高昂，人们试图寻找能够多用户共享计算资源的方式，以提高资源利用率和降低成本。在 20 世纪 60 年代，基于硬件技术的主机虚拟化技术出现了。一台物理主机可以被划分为若干个小的机器，每个机器的硬件互不共享，并可以安装各自的操作系统来使用。20 世纪 90 年代后期，X86 架构的硬件虚拟化技术逐渐兴起，可在同一台物理机上隔离多个操作系统实例，带来了很多的优点，目前绝大多数的数据中心都采用了硬件虚拟化技术。

虽然硬件虚拟化提供了分隔资源的能力，但是采用虚拟机方式隔离应用程序时，效率往往较低，毕竟还要在每个虚拟机中安装或复制一个操作系统实例，然后把应用部署到其中。因此人们探索出一种更轻量的方案——操作系统虚拟化，使面向应用的管理更便捷。

所谓操作系统虚拟化,就是由操作系统创建虚拟的系统环境,使应用感知不到其他应用的存在,仿佛在独自占有全部的系统资源,从而实现应用隔离的目的。在这种方式中不需要虚拟机,也能够实现应用彼此隔离,由于应用是共享同一个操作系统实例的,因此比虚拟机更节省资源,性能更好。操作系统虚拟化在不少系统里面也被称为容器(Container),下面也会以容器来指代操作系统虚拟化。

操作系统虚拟化最早出现在2000年,FreeBSD 4.0推出了Jail。Jail加强和改进了用于文件系统隔离的chroot环境。到了2004年,Sun公司发布了Solaris 10的Containers,包括Zones和Resource management两部分。Zones实现了命名空间隔离和安全访问控制,Resource management实现了资源分配控制。2007年,Control Groups(简称cgroups)进入Linux内核,可以限定和隔离一组进程所使用的资源(包括CPU、内存、I/O和网络等)。

2013年,Docker公司发布Docker开源项目,提供了一系列简便的工具链来使用容器。毫不夸张地说,Docker公司率先点燃了容器技术的火焰,拉开了云原生应用变革的帷幕,促进容器生态圈一日千里地发展。截至2020年,Docker Hub中的镜像累计下载了1300亿次,用户创建了约600万个容器镜像库。从这些数据可以看到,用户正在以惊人的速度从传统模式切换到基于容器的应用发布和运维模式。

2015年,OCI(Open Container Initiative)作为Linux基金会项目成立,旨在推动开源技术社区制定容器镜像和运行时规范,使不同厂家的容器解决方案具备互操作能力。同年还成立了CNCF,目的是促进容器技术在云原生领域的应用,降低用户开发云原生应用的门槛。创始会员包括谷歌、红帽、Docker、VMware等多家公司和组织。

CNCF成立之初只有一个开源项目,就是后来大名鼎鼎的Kubernetes。Kubernetes是一个容器应用的编排工具,最早由谷歌的团队研发,后来开源并捐赠给了CNCF成为种子项目。由于Kubernetes是厂家中立的开源项目,开源后得到了社区用户和开发者的广泛参与和支持。到了2018年,Kubernetes已成为容器编排领域事实上的标准,并成为首个CNCF的毕业(graduated)项目。2020年8月,CNCF旗下的开源项目增加到了63个,包括原创于中国的Harbor等项目。

从容器的发展历程可以看到,容器在出现的早期并没有得到人们的广泛关注,主要原因是当时开放的云计算环境还没出现或者未成为主流。2010年之后,随着IaaS、PaaS和SaaS等云平台逐渐成熟,用户对云端应用开发、部署和运维的效率不断重视,重新发掘了容器的价值,最终促成了容器技术的盛行。

1.2.2 容器的基本原理

本节以 Linux 容器为例，讲解容器的实现原理，主要包括命名空间（Namespace）和控制组（cgroups）。

1. 命名空间

命名空间是 Linux 操作系统内核的一种资源隔离方式，使不同的进程具有不同的系统视图。系统视图就是进程能够感知到的系统环境，如主机名、文件系统、网络协议栈、其他用户和进程等。使用命名空间后，每个进程都具备独立的系统环境，进程间彼此感觉不到对方的存在，进程之间相互隔离。目前，Linux 中的命名空间共有 6 种，可以嵌套使用。

- Mount：隔离了文件系统的挂载点（mount points），处于不同"mount"命名空间中的进程可以看到不同的文件系统。
- Network：隔离进程网络方面的系统资源，包括网络设备、IPv4 和 IPv6 的协议栈、路由表、防火墙等。
- IPC：进程间相互通信的命名空间，不同命名空间中的进程不能通信。
- PID：进程号在不同的命名空间中是独立编号的，不同的命名空间中的进程可以有相同的编号。当然，这些进程在操作系统中的全局（命名空间外）编号是唯一的。
- UTS：系统标识符命名空间，在每个命名空间中都可以有不同的主机名和 NIS 域名。
- User：命名空间中的用户可以有不同于全局的用户 ID 和组 ID，从而具有不同的特权。

命名空间实现了在同一操作系统中隔离进程的方法，几乎没有额外的系统开销，所以是非常轻量的隔离方式，进程启动和运行的过程在命名空间中和外面几乎没有差别。

2. 控制组

命名空间实现了进程隔离功能，但由于各个命名空间中的进程仍然共享同样的系统资源，如 CPU、磁盘 I/O、内存等，所以如果某个进程长时间占用某些资源，其他命名空间里的进程就会受到影响，这就是"吵闹的邻居（noisy neighbors）"现象。因此，命名空间并没有完全达到进程隔离的目的。为此，Linux 内核提供了控制组（Control Groups，cgroups）功能来处理这个问题。

Linux 把进程分成控制组，给每组里的进程都设定资源使用规则和限制。在发生资源竞争时，系统会根据每个组的定义，按照比例在控制组之间分配资源。控制组可设定规则的资源包括 CPU、内存、磁盘 I/O 和网络等。通过这种方式，就不会出现某些进程无限度抢占其他进程资源的情况。

Linux 系统通过命名空间设置进程的可见且可用资源，通过控制组规定进程对资源的使用量，这样隔离进程的虚拟环境（即容器）就建立起来了。

1.2.3 容器运行时

Linux 提供了命名空间和控制组两大系统功能，它们是容器的基础。但是，要把进程运行在容器中，还需要有便捷的 SDK 或命令来调用 Linux 的系统功能，从而创建出容器。容器的运行时（runtime）就是容器进程运行和管理的工具。

容器运行时分为低层运行时和高层运行时，功能各有侧重。低层运行时主要负责运行容器，可在给定的容器文件系统上运行容器的进程；高层运行时则主要为容器准备必要的运行环境，如容器镜像下载和解压并转化为容器所需的文件系统、创建容器的网络等，然后调用低层运行时启动容器。主要的容器运行时的关系如图 1-3 所示。

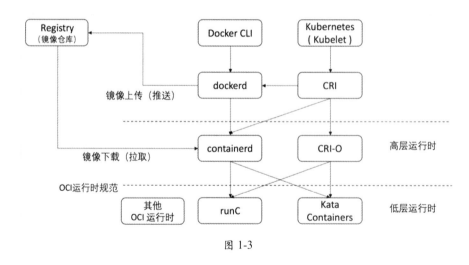

图 1-3

1. OCI 运行时规范

成立于 2015 年的 OCI 是 Linux 基金会旗下的合作项目，以开放治理的方式制定操作系统虚拟化（特别是 Linux 容器）的开放工业标准，主要包括容器镜像格式和容器运行时（runtime）。初始成员包括 Docker、亚马逊、CoreOS、谷歌、微软和 VMware 等公司。OCI 成立之初，Docker 公司为其捐赠了容器镜像格式和运行时的草案及相应的实现代码。原来属于 Docker 的 libcontainer 项目被捐赠给 OCI，成为独立的容器运行时项目 runC。

OCI 运行时规范定义了容器配置、运行时和生命周期的标准，主流的容器运行时都遵循 OCI 运行时的规范，从而提高系统的可移植性和互操作性，用户可根据需要进行选择。

首先，容器启动前需要在文件系统中按一定格式存放所需的文件。OCI 运行时规范定义了容器文件系统包（filesystem bundle）的标准，在 OCI 运行时的实现中通常由高层运行时下载 OCI 镜像，并将 OCI 镜像解压成 OCI 运行时文件系统包，然后 OCI 运行时读取配置信息和启动容器里的进程。OCI 运行时文件系统包主要包括以下两部分。

- config.json：这是必需的配置文件，存放于文件系统包的根目录下。OCI 运行时规范对 Linux、Windows、Solaris 和虚拟机 4 种平台的运行时做了相应的配置规范。
- 容器的根文件系统：容器启动后进程所使用的根文件系统，由 config.json 中的 root.path 属性确定该文件系统的路径，通常是 "rootfs/"。

然后，在定义文件系统包的基础上，OCI 运行时规范制定了运行时和生命周期管理规范。生命周期定义了容器从创建到删除的全过程，可用以下三条命令说明。

- "create" 命令：在调用该命令时需要用到文件系统包的目录位置和容器的唯一标识。在创建运行环境时需要使用 config.json 里面的配置。在创建的过程中，用户可加入某些事件钩子（hook）来触发一些定制化处理，这些事件钩子包括 prestart、createRuntime 和 createContainer。
- "start" 命令：在调用该命令时需要运行容器的唯一标识。用户可在 config.json 的 process 属性中指明运行程序的详细信息。"start" 命令包括两个事件钩子：startContainer 和 poststart。
- "delete" 命令：在调用该命令时需要运行容器的唯一标识。在用户的程序终止后（包括正常和异常退出），容器运行时执行 "delete" 命令以清除容器的运行环境。"delete" 命令有一个事件钩子：poststop。

除了上述生命周期命令，OCI 运行时还必须支持另外两条命令。

（1）"state" 命令：在调用该命令时需要运行容器的唯一标识。该命令查询某个容器的状态，必须包括的状态属性有 ociVersion、id、status、pid 和 bundle，可选属性有 annotation。不同的运行时实现可能会有一些差异。下面是一个容器状态的例子：

```
{
        "ociVersion": "1.0.1",
        "id": "oci-container001",
        "status": "running",
        "pid": 8080,
        "bundle": "/containers/nginx",
        "annotations": {
            "key1": "value1"
        }
}
```

（2）"kill"命令：在调用该命令时需要运行容器的唯一标识和信号（signal）编号。该命令给容器进程发送信号，如 Linux 操作系统的信号 9 表示立即终止进程。

2. runC

runC 是 OCI 运行时规范的参考实现，也是最常用的容器运行时，被其他多个项目使用，如 containerd 和 CRI-O 等。runC 也是低层容器运行时，开发人员可通过 runC 实现容器的生命周期管理，避免烦琐的操作系统调用。根据 OCI 运行时规范，runC 不包括容器镜像的管理功能，它假定容器的文件包已经从镜像里解压出来并存放于文件系统中。runC 创建的容器需要手动配置网络才能与其他容器或者网络节点连通，为此可在容器启动之前通过 OCI 定义的事件钩子来设置网络。

由于 runC 提供的功能比较单一，复杂的环境需要更高层的容器运行时来生成，所以 runC 常常成为其他高层容器运行时的底层实现基础。

3. containerd

在 OCI 成立时，Docker 公司把其 Docker 项目拆分为 runC 的低层运行时及高层运行时功能。2017 年，Docker 公司把这部分高层容器运行时的功能集中到 containerd 项目里，捐赠给云原生计算基金会。

containerd 已经成为多个项目共同使用的高层容器运行时，提供了容器镜像的下载和解压等镜像管理功能，在运行容器时，containerd 先把镜像解压成 OCI 的文件系统包，然后调用 runC 运行容器。containerd 提供了 API，其他应用程序可以通过 API 与 containerd 交互。"ctr"是 containerd 的命令行工具，和"docker"命令很相像。但作为容器运行时，

containerd 只注重在容器运行等方面，因而不包含开发者使用的镜像构建和镜像上传镜像仓库等功能。

4．Docker

Docker 引擎是最早流行也是最广泛使用的容器运行时之一，是一个容器管理工具，架构如图 1-4 所示。Docker 的客户端（命令行 CLI 工具）通过 API 调用容器引擎 Docker Daemon（dockerd）的功能，完成各种容器管理任务。

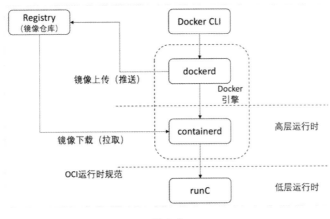

图 1-4

Docker 引擎在发布时是一个单体应用，所有功能都集中在一个可执行文件里，后来按功能分拆成 runC 和 containerd 两个不同层次的运行时，分别捐献给了 OCI 和 CNCF。上面两节已经分别介绍了 runC 和 containerd 的主要特点，剩下的 dockerd 就是 Docker 公司维护的容器运行时。

dockerd 同时提供了面向开发者和面向运维人员的功能。其中，面向开发者的命令主要提供镜像管理功能。容器镜像一般可由 Dockerfile 构建（build）而来。Dockerfile 是一个文本文件，通过一组命令关键字定义了容器镜像所包含的基础镜像（base image）、所需的软件包及有关应用程序。在 Dockerfile 编写完成以后，就可以用"docker build"命令构建镜像了。下面是一个 Dockerfile 的简单例子：

```
FROM ubuntu:18.04
EXPOSE 8080
CMD ["nginx", "-g", "daemon off;"]
```

容器的镜像在构建之后被存放在本地镜像库里，当需要与其他节点共享镜像时，可上传镜像到镜像仓库（Registry）以供其他节点下载。

Docker 还提供了容器存储和网络映射到宿主机的功能，大部分由 containerd 实现。应用的数据可以被保存在容器的私有文件系统里面，这部分数据会随着容器一起被删除。对需要数据持久化的有状态应用来说，可用数据卷 Volume 的方式导入宿主机上的文件目录到容器中，对该目录的所有写操作都将被保存到宿主机的文件系统中。Docker 可以把容器内的网络映射到宿主机的网络上，并且可以连接外部网络。

5. CRI 和 CRI-O

Kubernetes 是当今主流的容器编排平台，为了适应不同场景的需求，Kubernetes 需要有使用不同容器运行时的能力。为此，Kubernetes 从 1.5 版本开始，在 kubelet 中增加了一个容器运行时接口 CRI（Container Runtime Interface），需要接入 Kubernetes 的容器运行时必须实现 CRI 接口。由于 kubelet 的任务是管理本节点的工作负载，需要有镜像管理和运行容器的能力，因此只有高层容器运行时才适合接入 CRI。CRI 和容器运行时的关系如图 1-5 所示。

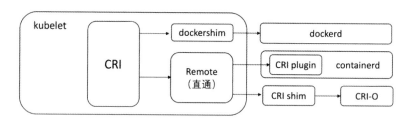

图 1-5

CRI 和容器运行时之间需要有个接口层，通常称之为 shim（垫片），用以匹配相应的容器运行时。CRI 接口由 shim 实现，定义如下，分为 RuntimeService 和 ImageServiceManager（代码参见 GitHub 上 kubernetes/cri-api 的项目文件 "pkg/apis/services.go"）：

```
// RuntimeService 接口必须由容器运行时实现
// 以下方法必须是线程安全的
type RuntimeService interface {
    RuntimeVersioner
    ContainerManager
    PodSandboxManager
    ContainerStatsManager

    // UpdateRuntimeConfig 更新运行时配置
    UpdateRuntimeConfig(runtimeConfig *runtimeapi.RuntimeConfig) error
```

```go
// Status 返回运行时的状态
Status() (*runtimeapi.RuntimeStatus, error)
}

// ImageManagerService 接口必须由容器管理器实现
// 以下方法必须是线程安全的
type ImageManagerService interface {
// ListImages 列出现有镜像
ListImages(filter *runtimeapi.ImageFilter) ([]*runtimeapi.Image, error)

// ImageStatus 返回镜像状态
ImageStatus(image *runtimeapi.ImageSpec) (*runtimeapi.Image, error)

// PullImage 用认证配置拉取镜像
PullImage(image *runtimeapi.ImageSpec, auth *runtimeapi.AuthConfig,
podSandboxConfig *runtimeapi.PodSandboxConfig) (string, error)

// RemoveImage 删除镜像
RemoveImage(image *runtimeapi.ImageSpec) error

// ImageFsInfo 返回存储镜像的文件系统信息
ImageFsInfo() ([]*runtimeapi.FilesystemUsage, error)
}
```

Docker 运行时被普遍使用，它的 CRI shim 被称为 dockershim，内置在 Kubernetes 的 kubelet 中，由 Kubernetes 项目组开发和维护。其他运行时则需要提供外置的 shim。containerd 从 1.1 版本开始内置了 CRI plugin，不再需要外置 shim 来转发请求，因此效率更高。在安装 Docker 的最新版本时，会自动安装 containerd，所以在一些系统中，Docker 和 Kubernetes 可以同时使用 containerd 来运行容器，但是二者的镜像用了命名空间隔离，彼此是独立的，即镜像不可以共用。因为 Docker 和 containerd 常常同时存在，因此在不需要使用 Docker 的系统中只安装 containerd 即可。

containerd 最早是为 Docker 设计的代码，包含一些用户相关的功能。相比之下，CRI-O 是替代 Docker 或者 containerd 的高效且轻量级的容器运行时方案，是 CRI 的一个实现，能够运行符合 OCI 规范的容器，所以被称为 CRI-O。CRI-O 是原生为生产系统运行容器设计的，有个简单的命令行工具供测试用，但并不能进行容器管理。CRI-O 支持 OCI 的容器镜像格式，可以从容器镜像仓库中下载镜像。CRI-O 支持 runC 和 Kata Containers 这两种低层容器运行时。

1.3 虚拟机和容器的融合

容器是将应用及其依赖封装在一起的应用环境，在同一台机器上运行的不同容器共享一个操作系统的内核，每个容器都通过用户态的进程进行隔离。容器的优点是消耗资源少、启动快，便于在不同的操作系统中迁移。虚拟机是对物理硬件的抽象，包含操作系统和若干应用及其依赖。Hypervisor 允许一台机器运行多台虚拟机。虚拟机的优点是硬件层隔离，更加安全，工具更容易获得；缺点是比较厚重，启动慢。容器和虚拟机的对比如图 1-6 所示。

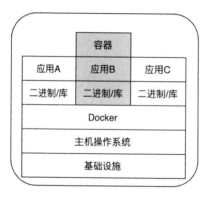 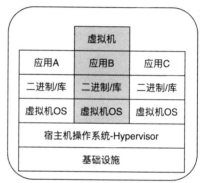

图 1-6

在公有云和企业等场景中对隔离性和安全性有较高的要求，而容器技术共享操作系统内核，不能完全满足需求，因此业界出现了如 Kata containers、gVisor、vSphere Integrated Containers、vSphere Pod 等项目，主要采用轻量级虚拟机的方式实现容器运行时，目的是提供虚拟机的安全级别和容器的运行效率。本节主要介绍基于虚拟机的容器运行时 vSphere Pod 和 Kata Containers。

1.3.1 vSphere Pod

Pod 是 Kubernetes 中能够创建和管理的最小计算部署单元，一个 Pod 是由一组（一个或多个）共享存储、网络的容器及运行容器的规范构成。Pod 共享的内容包括 Linux 的命名空间、控制组及其他能够隔离的内容。Pod 中的容器共享一个 IP 地址和端口空间，可以通过 localhost 访问，也可以使用标准的进程间通信技术进行互通，如共享内存和 System V 信号量。不同 Pod 中的容器需要通过该 Pod 的 IP 地址互通。

vSphere Pod 是 VMware vSphere 7 中的容器运行时，将 Kubernetes 的 Pod 跑在一个专属的轻量级虚拟机上，并维持 Pod 的属性。vSphere Pod 的优点是使 Pod 具有虚拟机一样的安全隔离级别，而且能够继承虚拟机的热迁移、快照等功能。vSphere Pod 的架构如图 1-7 所示。

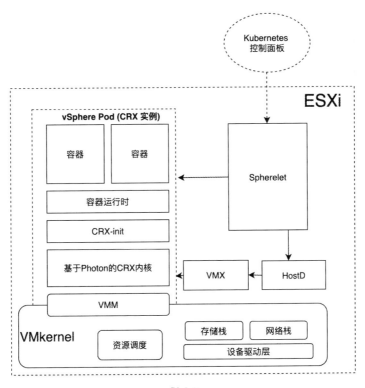

图 1-7

为了实现 vSphere Pod，ESXi Hypervisor 引入了 Spherelet 的组件。Spherelet 是个用户态的程序，实现了与 kubelet 相似的功能，从而把 ESXi 节点转变成 Kubernetes 的 worker 节点。同时，ESXi 增加了新的容器运行环境 CRX。每个 CRX 实例都类似于一个虚拟机，与其他用户态的进程和 ESXi 的进程做了很好的隔离。CRX 包含一个极简的 Linux（Photon OS）内核，该内核只保留必要的设备驱动和功能程序，保证内核能够非常轻量且快速启动。经过性能优化后，CRX 可以在 100 毫秒内启动。CRX 还提供了 Linux 应用的二进制接口 ABI（Application Binary Interface），可运行 Pod 里 Linux 的应用程序。CRX 实例保持与 Spherelet 通信，以实现 Kubernetes 期望 Pod 达到的状态，如健康检查、挂载存储、设置网络、控制 Pod 里的容器状态等。

1.3.2 Kata Containers

Kata Containers 是在 2017 年由 Hyper 的 runV 和 Intel 的 Clear Containers 项目合并而成的开源项目，通过轻量级的虚拟机实现安全容器，利用硬件虚拟化技术提供更好的应用隔离环境。Kata Containers 的架构如图 1-8 所示。

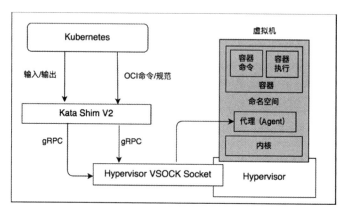

图 1-8

Kata Containers 一般在 Kubernetes 环境下使用。kubelet 通过 CRI 调用 containerd 或 CRI-O，再调用 Kata Containers 执行运行时操作。按照 1.2.3 节中的分类，Kata Containers 属于低层运行时，只负责运行符合 OCI 运行时规范的容器。而容器镜像操作由高层运行时（如 containerd 等）来完成，并把需要执行的运行时操作生成一个符合 OCI 规范的文件系统包，再交给 Kata Containers 执行，具体过程如下。

（1）每个 Pod 都会有一个 Shim-v2 进程对接 containerd/CRI-O，以响应各种运行时操作，Shim-v2 进程和对应 Pod 的生命周期相同。

（2）Shim-v2 会启动一个虚拟机，为 Pod 提供隔离。在虚拟机中运行着一个精简过的 Linux 内核，去除了没有必要的设备（如键盘、鼠标等）。精简的目的与 vSphere Pod 类似，都是为了缩短 Pod（虚拟机）的启动时间。目前支持的虚拟机技术有 QEMU、Firecracker、ACRN 和 Cloud-Hypervisor。

（3）在虚拟机启动时，由高层运行时（containerd 等）准备好的 rootfs 等文件系统会以热插拔的方式动态映射到虚拟机中。

（4）按照 CRI 的定义和 OCI 的规范，在同一个 Pod 里面可以运行多个相关容器，它们会在 Pod 所在的虚拟机里同时运行，并且共享命名空间。

（5）外部的存储卷可以用块设备或文件系统共享的方式加入虚拟机中，但从虚拟机里容器的角度来看，它们都是挂载好的文件系统。

（6）Pod 的虚拟机可以使用各种 CNI 插件支持容器的网络，实现对外连接。

Kata Containers 是个完整的容器运行时，采用了虚拟机技术来隔离，以容器接口提供服务，和 vSphere Pod 有异曲同工之妙。

1.4 容器镜像的结构

容器有不可改变性（immutability）和可移植性（portability）。容器把应用的可执行文件、依赖文件及操作系统文件等打包成镜像，使应用的运行环境固定下来不再变化；同时，镜像可在其他环境下重现同样的运行环境。这些特性给运维和应用的发布带来极大的便利，这要归功于封装应用的镜像。

鉴于容器镜像的重要性，本节先以 Docker 镜像为例，介绍容器镜像的结构和机理，并在此基础上说明 OCI 镜像规范的细节。OCI 的镜像规范已得到诸多云原生项目的支持和使用，甚至已经在其他领域应用。读者可以先了解 Docker 镜像的实现原理，然后以此理解 OCI 镜像规范。

1.4.1 镜像的发展

2013 年，Docker 推出容器管理工具，同时发布了封装应用的镜像。这是 Docker 与之前各种方案的重大区别，也是 Docker 得以胜出和迅速流传的主要原因。可以说，镜像体现了 Docker 容器的核心价值。由于历史原因，目前仍在使用的 Docker 镜像可能遵循了不同版本的镜像规范，因此本节介绍各个版本的镜像特点及相互关系，以便读者在实际应用中加以甄别。

2014 年，Docker 把其镜像格式归纳和定义为 Docker 镜像规范 v1。在这个规范中，镜像的每个层文件（layer）都包含一个存放元数据的 JSON 文件，并且用父 ID 来指明上一层镜像。这个规范有两个缺点：镜像的 ID 是随机生成的，可近似认为具有唯一性，可以用来标识镜像，但是用相同内容构建出来的层文件的 ID 并不一样，通过 ID 无法确认完全相同的层，不利于层的共享；每层都绑定了父层，紧耦合的结构不利于独立存放层文件。

2016 年，Docker 制定了镜像规范 v2，并在 Docker 1.10 中实现了这个规范。镜像规范

v2 分为 Schema 1 和 Schema 2。Schema 1 主要兼容使用 v1 规范的 Docker 客户端，如 Docker 1.9 及之前的客户端。Schema 2 主要实现了两个功能：支持多体系架构的镜像和可通过内容寻址的镜像，其中最大的改进就是根据内容的 SHA256 摘要生成 ID，只要内容相同，ID 就是一样的，可区分相同的层文件（即可内容寻址）。Schema 2 镜像的各层统一在 manifest.json 文件中描述，简化了分发和存储方面的流程。从 2017 年 2 月起，镜像规范 v1 不再被 Registry 支持，用户需要把已有的 v1 镜像转化为 v2 镜像才能推送到 Registry 中。

OCI 在 2017 年 7 月发布了 OCI 镜像规范 1.0。因为 Docker v2 的镜像规范已经成为事实上的标准，OCI 镜像规范实质上是以 Docker 镜像规范 v2 为基础制定的，因此二者在绝大多数情况下是兼容或相似的。如 Docker 镜像规范中的镜像索引（image index）和 OCI 镜像规范中的清单索引（manifest index）是等价的。

1.4.2　Docker 镜像的结构

Docker 容器镜像主要包含的内容是应用程序所依赖的根文件系统（rootfs）。这个根文件系统是分层存储的，基础层通常是操作系统的文件，然后在基础层上不断叠加新的层文件，最终将这些层组合起来形成一个完整的镜像。当通过镜像启动容器时，镜像所有的层都转化成容器里的只读（read only）文件系统。同时，容器会额外增加一个读写层，给应用程序运行时读写文件使用。这样的层文件结构可由联合文件系统（UnionFS）实现。

Docker 容器镜像可以用 "docker commit" 命令来生成。这种方法适用于试验性的镜像，用户在容器中执行各种操作，达到某种合乎要求的状态时，用 "docker commit" 命令把容器的状态固化下来成为镜像。由于该方法需要用户手动输入命令，因此不适合在自动化流水线里面使用。所以，通常镜像是由 "docker build" 命令依照 Dockerfile 构建的，Dockerfile 描述了镜像包含的所有内容和配置信息（如启动命令等）。下面是一个简单的 Dockerfile 例子：

```
FROM ubuntu:20.04
RUN apt update && apt install -y python
RUN apt install -y python-numpy
ADD myApp.py /opt/
```

在这个例子中，容器镜像的基础镜像是操作系统 Ubuntu 20.04，然后安装 Python 软件包，再安装 Python 库 NumPy，最后增加应用程序 myApp。在镜像构建完成之后会有 4 个层文件，如图 1-9 所示。

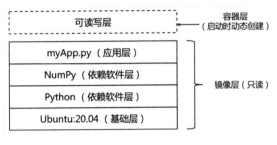

图 1-9

图 1-9 中的镜像层在容器创建时作为只读文件系统加载到容器中，此外，容器运行时会为每个容器实例都创建一个可读写层，叠加在文件系统的最上层，用于应用读写文件。容器的不可改变性就是通过镜像的镜像层（只读）实现的。另外，无论镜像在哪种环境下启动，始终有相同的镜像层，从而实现了应用的可移植性。

Docker 使用分层来管理镜像，有以下好处。

（1）方便基础层和依赖软件层的共享（如包含操作系统文件、软件包等），不同的镜像可以共享基础层或软件层，在同一台机器上存放公共层的镜像时只需保存一份层文件，可以大大减少文件存储空间。

（2）在构建镜像时，已构建过的层会被保存在缓存中，再次构建时如果下面的层不变，则可以通过构建缓存来缩短构建时间。

（3）因为很多时候同一个应用的镜像更新时变化的只是最上层（应用层），所以分层可以减少同种镜像的分发时间。

（4）分层可以更加方便地跟踪镜像的变化，因为每一层都是和构建命令关联的，所以可以更好地管理镜像的变化历史。

Docker 容器的文件系统分层机制主要靠联合文件系统（UnionFS）来实现。联合文件系统保证了文件的堆叠特性，即上层通过增加文件来修改依赖层文件，在保证镜像的只读特性时还能实现容器文件的读写特性。

联合文件系统是一种堆叠文件系统，通过不停地叠加文件实现对文件的修改，对文件的操作一般包含增加、删除、修改。其中，增加操作很容易通过在新的读写层增加新的文件实现，而删除操作一般通过添加额外的删除属性文件实现。比如，删除 a.file 文件时，只需在读写层增加一个 a.file.delete 文件即可屏蔽（删除）该文件。修改只读层文件时，需要先复制一份文件到读写层，然后修改复制的文件。

目前主要的联合文件系统有 AUFS（Advanced Multi-Layered Unification Filesystem）和 OverlayFS 等。OverlayFS 是第一个被合并到 Linux 内核的联合文件系统，在 Linux 内核 4.0 以上的发行版中，OverlayFS 得到越来越多的应用。Docker 也使用 OverlayFS 2.0 的驱动，OverlayFS 的 2.0 版本效率更高，做了很多优化。

OverlayFS 2.0 由 LowerDir、UpperDir 和 MergedDir 组成，其中 LowerDir 可以有多个，对应容器文件系统的结构是只读层；UpperDir 是读写层，可以记录容器中的修改；MergedDir 则是这些文件目录合并的结果，是容器最终挂载的文件目录，也是用户实际看到的文件目录，如图 1-10 所示。

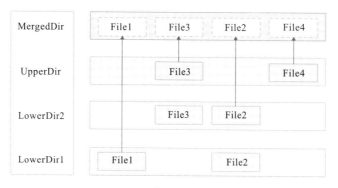

图 1-10

在图 1-10 中，LowerDir 文件的目录合并是有顺序的，LowerDir 和 UpperDir 的目录合并也有先后关系。优先级顺序是 LowerDir 底层最先合并，然后是上层的 LowerDir，最后是 UpperDir。LowerDir1 和 LowerDir2 都有 File2 文件，合并之后 LowerDir2 的 File2 文件覆盖 LowerDir1 的同名文件；若 UpperDir 和 LowerDir2 中同时有 File3 文件，则合并之后 UpperDir 的 File3 文件覆盖 LowerDir2 的同名文件。而 LowerDir1 中的 File1 文件因为没被上层覆盖，会被完全合并到最终的目录下。所以合并之后，MergedDir 中的文件如图 1-10 所示，这也是用户能看到的目录结构。如果用户修改 UpperDir 中的文件，则会直接修改对应的文件；如果用户尝试修改 LowerDir 中的文件，则会先在 UpperDir 中复制这个文件，然后在复制的文件中进行修改。

1.4.3　Docker 镜像的仓库存储结构

Docker 容器镜像的存储分为本地存储和镜像仓库（Registry）存储。其中，本地存储指镜像下载到本地后是如何在本地文件系统中存储的；镜像仓库存储指镜像以什么方式存储在远端的镜像仓库中。镜像存储的本质还是分层存储，但是本地存储和镜像仓库存储的方式不完全一样，最大的区别是，镜像仓库存储的核心是方便镜像快速上传和拉取，所以镜像存储使用了压缩格式，并且按照镜像层独立压缩和存储，然后使用镜像清单（manifest）包含所有的层，通过镜像摘要（digest）和 Tag 关联起来；镜像在本地存储的核心是快速加载和启动容器，镜像层存储是非压缩的（即源文件）。另外，容器在启动时需要将镜像层按照顺序堆叠作为容器的运行环境，所以镜像在本地存储中需要使用非压缩形式存放。

在说明镜像的存储格式之前，先介绍拉取同一个 Docker 镜像时可使用的两种不同命令格式。如下所示，"latest" 是镜像的 Tag，"sha256:46d659...a3ee9a" 是镜像的摘要，在支持 Docker 镜像规范 v2 Schema 2 的镜像仓库中，二者都标识同一个镜像：

```
$ docker pull debian:latest
$ docker pull \
debian:@sha256:46d659005ca1151087efa997f1039ae45a7bf7a2cbbe2d17d3dcbda632a3ee9a
```

在镜像仓库上存储容器镜像的简化结构如图 1-11 所示，主要由三部分组成：清单文件（manifest）、镜像文件（configuration）和层文件（layers）。上面命令中的镜像摘要就是依据镜像清单文件内容计算 SHA256 哈希值而来的，在镜像清单文件中存放了配置文件的摘要和层文件的摘要，这些摘要都是通过具体的文件内容计算而来的，所以镜像存储也叫作内容寻址。这样做的好处是，除了可以唯一标识不同的文件，还可以在传输过程中通过摘要做文件校验。在文件下载完成后，计算所下载文件的摘要值，然后与下载时的摘要标识进行对比，如果二者一致，即可判断下载的文件是正确的。需要指出的是，由于文件在镜像仓库端是以压缩形式存放的，所以摘要值也是基于压缩文件计算而来的。

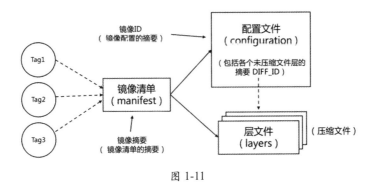

图 1-11

下面是 Docker 镜像清单的示例，使用的是 v2 Schema 2 规范，在镜像清单中包含一个配置文件（config 属性）和 3 个层文件（layers 属性）的引用信息，都是通过文件的摘要值 digest 来标识的。在镜像清单中有个重要的概念——媒体类型（mediaType），在客户端下载镜像时,通过媒体类型可获得摘要所指向的文件类型,从而做出相应的处理。如以下示例中的媒体类型是 application/vnd.docker.container.image.v1+json 时,可知摘要 sha256:d646ab...7537bc7 引用的是配置文件,从而可以按照配置文件的格式来解析。

```
{
    "schemaVersion": 2,
    "mediaType": "application/vnd.docker.distribution.manifest.v2+json",
    "config": {
        "mediaType": "application/vnd.docker.container.image.v1+json",
        "size": 8028,
        "digest":
"sha256:d646ab5b2b2c507a0932b86458932a44348e051d9bce303114d8aa0817537bc7"
    },
    "layers": [
        {
            "mediaType": "application/vnd.docker.image.rootfs.diff.tar.gzip",
            "size": 635156,
            "digest":
"sha256:4562b3a33ee08806650e69241478ed05a66b51fab815ad7fc331f4cbaf90ca69"
        },
        {
            "mediaType": "application/vnd.docker.image.rootfs.diff.tar.gzip",
            "size": 56224,
            "digest":
"sha256:bc32d94e421cd355bca3c3ac19fcd05b15da2e4c6b4604a54c1565b528f4a9902"
        },
        {
            "mediaType": "application/vnd.docker.image.rootfs.diff.tar.gzip",
            "size": 29473,
            "digest":
"sha256:af23da7f12184802ad8c419d1af06b7ec4b895595945636b4ac3677368665577"
        }
    ]
}
```

下面的示例是 Docker 镜像配置文件中关于 rootfs 的片段,包含了未压缩层文件的摘要(DIFF_ID):

```
    ......
    "rootfs": {
        "type": "layers",
        "diff_ids": [
"sha256:5dbc54f8a1796d81e9df29f48adde61a918fbd8c2c03a1069e3732d0c775e058",
"sha256:10a2df64d3292fd6194b7865d7326af5257d799d33dfd0997625eb72e33282dd",
```

```
        "sha256:329dacbf39028658fbd5772abfbc328d92faad6194b7deba539fbd10749bbcfa",
    ]
  }
  ......
```

在 docker 镜像规范 v2 Schema 2 中还定义了适用于发布多平台支持的镜像索引,可指向同一组镜像适配不同平台的镜像清单(如 amd64 和 ppc64le 等),示例如下:

```
{
  "schemaVersion": 2,
  "mediaType": "application/vnd.docker.distribution.manifest.list.v2+json",
  "manifests": [
    {
      "mediaType": "application/vnd.docker.distribution.manifest.v2+json",
      "size": 9541,
      "digest": "sha256:7458abc8ee692418e4cbaf90ca69d05a66815ad7fc331403e08806650b51fabf",
      "platform": {
        "architecture": "ppc64le",
        "os": "linux",
      }
    },
    {
      "mediaType": "application/vnd.docker.distribution.manifest.v2+json",
      "size": 9335,
      "digest": "sha256:0cf1f392e94a45b0bcabd1ed22e9fb1313335012706c2dec7cdef19f0ad69efa",
      "platform": {
        "architecture": "amd64",
        "os": "linux",
        "features": [
          "sse4"
        ]
      }
    }
  ]
}
```

最后简单说明镜像的 Tag。镜像的 Tag 主要用于对镜像赋予一定的标记,格式是"<repository>:<Tag>",可以标识镜像的版本或其他信息,也可以标识一个镜像,如 ubuntu:20.0、centos:latest 等。Tag 在镜像仓库中可与镜像清单或者镜像索引关联,多个 Tag 可以对应同一个镜像清单或镜像索引,由镜像仓库维护着它们的映射关系,可参考图 1-11(图中未包含镜像索引)。当客户端拉取镜像时,既可用 Tag,也可用镜像摘要获取同样的镜像。

1.4.4 Docker 镜像的本地存储结构

Docker 客户端从镜像仓库拉取一个镜像并存储到本地文件系统的过程大约如下。

（1）向镜像仓库请求镜像的清单文件。

（2）获取镜像 ID，查看镜像 ID 是否在本地存在。

（3）若不存在，则下载配置文件 config，在 config 文件中含有每个层文件未压缩的文件摘要 DIFF_ID。

（4）检查层文件是否在本地存在，若不存在，则从镜像仓库中拉取每一层的压缩文件。

（5）拉取时，使用镜像清单中压缩层文件的摘要作为内容寻址下载。

（6）下载完一层的文件后，解压并按照摘要校验。

（7）当所有层文件都拉取完毕时，镜像就下载完成了。

下载镜像后，在本地查看镜像 debian:latest 的信息，结果如下：

```
$ docker images debian:latest
REPOSITORY          TAG           IMAGE ID          CREATED            SIZE
debian              latest        1b686a95ddbf      2 weeks ago        114MB
```

在 IMAGE ID（镜像 ID）列显示的 1b686a95ddbf 是本地镜像的唯一标识 ID，可以在 "docker" 命令中使用。这个 ID 和镜像仓库中镜像摘要（sha256:46d659…a3ee9a）的形式类似，但是数值不一样，这是因为该 ID 是镜像配置文件的摘要，所以和镜像仓库使用的清单文件摘要不同。

使用配置文件的摘要作为本地镜像的标识，主要是因为本地镜像存放的文件都是非压缩的文件，而镜像仓库存放的是压缩文件，因此层文件在本地和镜像仓库中有不同的摘要值。因为压缩文件的内容会受到压缩算法等因素的影响，所以同样内容的层无法保证压缩后摘要的唯一性，而镜像清单文件包含压缩层文件的摘要（参考上文示例），因此通过镜像清单文件的摘要（即镜像摘要）无法确定镜像的唯一性。配置文件则不同，其中包含的层信息是未压缩的摘要值，因此相同镜像的各层内容必然相同，配置文件的摘要值是唯一确定的。

另外，在本地存储镜像时，镜像的存储格式和其使用方式息息相关。镜像是按照堆叠目录存放的，堆叠目录的存放是从底层开始，上一层的标识会由下面所有层的 DIFF_ID 计算而来，这个计算而来的标识叫作 CHAIN_ID，计算公式如下：

```
CHAIN_IDn = sha256sum( DIFF_IDn DIFF_IDn-1 DIFF_IDn-2 . . . DIFF_ID1)
```

计算 CHAIN_ID 标识的好处是，在镜像实际使用过程中，镜像层之间都是有关联的，所以通过这个标识可以快速知道当前镜像层及所有依赖层是否一致，避免仅仅镜像层一致但依赖层不一致的问题，也保证了镜像的有效性。本地存储的镜像结构如图 1-12 所示。

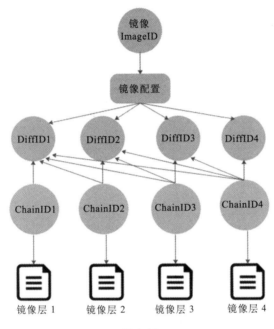

图 1-12

1.4.5 OCI 镜像规范

OCI 镜像规范是以 Docker 镜像规范 v2 为基础制定的，它定义了镜像的主要格式及内容，主要用于镜像仓库存放镜像及分发镜像等场景，与正在制定的 OCI 分发规范（参见 1.5.2 节）密切相关。OCI 运行时在创建容器前，要把镜像下载并解压成符合运行时规范的文件系统包，并且把镜像中的配置转化成运行时配置，然后启动容器。

OCI 定义的镜像包括 4 个部分：镜像索引（Image Index）、清单（Manifest）、配置（Configuration）和层文件（Layers）。其中，清单是 JSON 格式的描述文件，列出了镜像的配置和层文件。配置是 JSON 格式的描述文件，说明了镜像运行的参数。层文件则是镜像的内容，即镜像包含的文件，一般是二进制数据文件格式（Blob）。一个镜像可以有一个或多个层文件。镜像索引不是必需的，如果存在，则指明了一组支持不同架构平台的相关镜像。镜像的 4 个部分之间是通过摘要（digest）来相互引用（reference）的。镜像各部分的关系如图 1-13 所示。

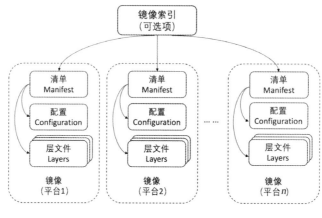

图 1-13

下面详细讲解各部分的结构和作用。

1. 镜像索引

镜像索引是镜像中可选择的部分，一个镜像可以不包括镜像索引。如果镜像包含了镜像索引，则其作用主要指向镜像不同平台的版本，代表一组同名且相关的镜像，差别只在支持的体系架构上（如 i386 和 arm64v8、Linux 和 Windows 等）。索引的优点是在不同的平台上使用镜像的命令无须修改，如在 amd64 架构的 Windows 和 ARM 架构的 Linux 上，采用同样的"docker"命令即可运行 Nginx 服务：

```
$ docker run -d nginx
```

用户无须指定操作系统和平台，就可完全依赖客户端获取正确版本的镜像。OCI 的索引已经被 CNAB 等工具广泛用来管理与云平台无关的分布式应用程序。

下面是一个索引示例：

```
{
  "schemaVersion": 2,
  "manifests": [
    {
      "mediaType": "application/vnd.oci.image.manifest.v1+json",
      "size": 8342,
```

```
      "digest":
"sha256:d81ae89b30523f5152fe646c1f9d178e5d10f28d00b70294fca965b7b96aa3db",
      "platform": {
        "architecture": "arm64v8",
        "os": "linux"
      }
    },
    {
      "mediaType": "application/vnd.oci.image.manifest.v1+json",
      "size": 6439,
      "digest":
"sha256:2ef4e3904905353a0c4544913bc0caa48d95b746ef1f2fe9b7c85b3badff987e",
      "platform": {
        "architecture": "amd64",
        "os": "linux"
      }
    }
  ],
  "annotations": {
    "io.harbor.key1": "value1",
    "io.harbor.key2": "value2"
  }
}
```

以上示例中主要属性的意义如下。

- schemaVersion：必须是 2，主要用于兼容旧版本的 Docker。
- manifests：清单数组，在上面的例子中含有两个清单，每个清单都代表某个平台上的镜像。mediaType 指媒体类型，其值为 application/vnd.oci.image.manifest.v1+json 时，表明是清单文件。size 指清单文件的大小。digest 指清单文件的摘要。platform 指镜像所支持的平台，包括 CPU 架构和操作系统。
- annotations：键值对形式的附加信息（可选项）。

客户端在获得上述镜像索引后，解析后可发现该索引指向两个不同平台架构的镜像，因此可根据自身所在的平台拉取相应的镜像。如 Linux amd64 平台上的客户端会拉取第 2 个镜像，因为该镜像的 platform.architecture 属性为 amd64，platform.os 属性为 Linux。

索引文件中的 mediaType 和 digest 属性是 OCI 镜像规范中的重要概念，下面详细讲解这两个属性。

（1）mediaType 属性是描述镜像所包含的各种文件的媒体属性，客户端从 Registry 等服务中下载镜像文件时，可从 HTTP 的头部属性 Content-Type 中获得下载文件的媒体类型，从而决定如何处理下载的文件。比如，镜像的索引和清单都是 JSON 格式的文件，它们的区别就是媒体类型不同。OCI 镜像规范定义的媒体类型见表 1-1，可以看到上面例子中的清单的媒体类型是 application/vnd.oci.image.manifest.v1+json，索引本身的媒体类型则是 application/vnd.oci.image.index.v1+json。

表 1-1

媒体类型	含　义
application/vnd.oci.descriptor.v1+json	内容描述符
application/vnd.oci.layout.header.v1+json	OCI 布局说明
application/vnd.oci.image.index.v1+json	镜像索引
application/vnd.oci.image.manifest.v1+json	镜像清单
application/vnd.oci.image.config.v1+json	镜像配置
application/vnd.oci.image.layer.v1.tar	tar 格式的层文件
application/vnd.oci.image.layer.v1.tar+gzip	tar 格式的层文件，采用 gzip 压缩
application/vnd.oci.image.layer.v1.tar+zstd	tar 格式的层文件，采用 zstd 压缩
application/vnd.oci.image.layer.nondistributable.v1.tar	tar 格式的非分发层文件
application/vnd.oci.image.layer.nondistributable.v1.tar+gzip	tar 格式的非分发层文件，采用 gzip 压缩
application/vnd.oci.image.layer.nondistributable.v1.tar+zstd	tar 格式的非分发层文件，采用 zstd 压缩

（2）digest 属性是密码学意义上的摘要，充当镜像内容的标识符，实现内容的可寻址（content addressable）。OCI 镜像规范中镜像的内容（如文件等）大多是通过摘要来标识和引用的。

摘要的生成是根据文件内容的二进制字节数据通过特定的哈希（Hash）算法实现的。哈希算法需要确保字节的抗冲突性（collision resistant）来生成唯一标识，只要哈希算法得当，不同文件的哈希值几乎不会重复，如 SHA256 算法发生冲突的概率大约只有 $1/2^{256}$。因此，可以近似地认为每个文件的摘要都是唯一的。这种唯一性使摘要可以作为内容寻址的标识。同时，如果摘要以安全的方式传递，则接收方可以通过重新计算摘要来确保内容在传输过程中未被修改，从而杜绝来自不安全来源的内容。在 OCI 的镜像规范中也要求用摘要值校验所接收的内容。

摘要值是由算法和编码两部分组成的字符串，算法部分指定使用的哈希函数和算法标识，编码部分则包含哈希函数的编码结果，具体格式为"<算法标识>:<编码结果>"。

目前 OCI 镜像规范认可的哈希算法有两种，分别是 SHA-256 和 SHA-512，它们的算法标识如表 1-2 所示。

表 1-2

算法标识	算法名称	摘要例子
sha256	SHA-256	sha256:d81ae89b30523f5152fe646c1f9d178e5d10f28d00b70294fca965b7b96aa3db
sha512	SHA-512	sha512:d4ca54922bb802bec9f740a9cb38fd401b09eab3c0135318192b0a75f2……

上面索引中的两个镜像清单摘要值分别对应两个清单文件，分别是 blobs/sha256/d81ae89b30523f5152fe646c1f9d178e5d10f28d00b70294fca965b7b96aa3db 和 blobs/sha256/2ef4e3904905353a0c4544913bc0caa48d95b746ef1f2fe9b7c85b3badff987e。

2．镜像清单

镜像清单（简称清单）是说明镜像包含的配置和内容的文件，分析镜像一般从镜像清单开始。镜像清单主要有三个作用：支持内容可寻址的镜像模型，在该模型中可以对镜像的配置进行哈希处理，以生成镜像及其唯一标识；通过镜像索引包含多体系结构镜像，通过引用镜像清单获取特定平台的镜像版本；可转换为 OCI 运行时规范以运行容器。

镜像清单主要包括配置和层文件的信息，示例如下：

```
{
  "schemaVersion": 2,
  "config": {
    "mediaType": "application/vnd.oci.image.config.v1+json",
    "size": 6883,
    "digest": "sha256:b5b2b2c507a0944348e0303114d8d93aaaa081732b86451d9bce1f432a537bc7"
  },
  "layers": [
    {
      "mediaType": "application/vnd.oci.image.layer.v1.tar+gzip",
      "size": 168654,
      "digest": "sha256:58394f6dcfb05cb167a5c24953eba57f28f2f9d09af107ee8f08c4ac89b1adf5"
    },
    {
      "mediaType": "application/vnd.oci.image.layer.v1.tar+gzip",
      "size": 645724,
      "digest": "sha256:6d94e421cd3c3a4604a545cdc12745355bca5b528f4da2eb4a4c6ba9c1905b15"
    },
    {
```

```
      "mediaType": "application/vnd.oci.image.layer.v1.tar+gzip",
      "size": 53709,
      "digest":
"sha256:419d1af06b5f7636b4ac3da7f12184802ad867736ec4b8955958665577945c89"
    }
  ],
  "annotations": {
    "io.harbor.example.key1": "value1",
    "io.harbor.example.key2": "value2"
  }
}
```

其中主要属性的意义如下。

- schemaVersion：必须是 2，主要用于兼容旧版本的 Docker。
- config：镜像配置文件的信息。mediaType 的值 "application/vnd.oci.image.config.v1+json" 表示镜像配置的媒体类型。size 指镜像配置文件的大小。digest 指镜像配置文件的哈希摘要。
- layers：层文件数组。在以上示例中包含 3 个层文件，分别代表容器根文件系统的一个层。容器在运行时，会把各个层文件依次按顺序叠加，第 1 层在底层（参见图 1-9）。mediaType 指媒体类型，其值 "application/vnd.oci.image.layer.v1.tar+gzip" 表示层文件。size 指层文件的大小。digest 指层文件的摘要。
- annotations：键值对形式的附加信息（可选项）。

3. 镜像配置

镜像配置主要描述容器的根文件系统和容器运行时使用的执行参数，还有一些镜像的元数据。

在配置规范里定义了镜像的文件系统的组成方式。镜像文件系统由若干镜像层组成，每一层都代表一组 tar 格式的层格式，除了底层（base image），其余各层的文件系统都记录了其父层（向下一层）文件系统的变化集（changeset），包括要添加、更改或删除的文件。

通过基于层的文件、联合文件系统（如 AUFS）或文件系统快照的差异，文件系统的变化集可用于聚合一系列镜像层，使各层叠加后仿佛是一个完整的文件系统。

下面是镜像配置的一个示例：

```json
    {
        "created": "2020-06-28T12:28:58.058435234Z",
        "author": "Henry Zhang <hz@example.com>",
        "architecture": "amd64",
        "os": "linux",
        "config": {
            "ExposedPorts": {
                "8888/tcp": {}
            },
            "Env": [
"PATH=/usr/local/sbin:/usr/local/bin:/usr/sbin:/usr/bin:/sbin:/bin",
                "FOO=harbor_registry",
            ],
            "Entrypoint": [
                "/bin/myApp "
            ],
            "Cmd": [
                "-f",
                "/etc/harbor.cfg"
            ],
            "Volumes": {
                "/var/job-result-data": {},
            },
            "Labels": {
                "io.goharbor.git.url": "https://github.com/goharbor/harbor.git",
            }
        },
        "rootfs": {
          "diff_ids": [
"sha256:e928294e148a1d2ec2a8b664fb66bbd1c6f988f4874bb0add23a778f753c65ef",
"sha256:ea198a02b6cddfaf10acec6ef5f70bf18fe33007016e948b04aed3b82103a36b"
            ],
            "type": "layers"
        },
        "history": [
          {
            "created": "2020-05-28T12:28:56.189203784Z",
            "created_by": "/bin/bash -c #(nop) ADD file:4fb4eef1ea3bc1e842b69636f9df5256c49c537281fe3f282c65fb853e563ab3 in /"
          },
          {
            "created": "2020-05-28T12:28:57.789430183Z",
            "created_by": "/bin/bash -c #(nop) CMD [\"bash\"]",
            "empty_layer": true
```

```
            }
        ]
}
```

其中主要属性的意义如下,具体说明可以参考 OCI 规范。

- created:镜像的创建时间(可选项)。
- author:镜像的作者(可选项)。
- architecture:镜像支持的 CPU 架构。
- os:镜像的操作系统。
- config:镜像运行的一些参数,包括服务端口、环境变量、入口命令、命令参数、数据卷、用户和工作目录等(可选项)。
- rootfs:镜像的根文件系统,由一系列层文件的变化集组成。
- history:镜像每层的历史信息(可选项)。

4. 层文件

在镜像清单和配置信息中可以看到,镜像的根文件系统由多个层文件叠加而成。每个层文件在分发时都必须被打包成一个 tar 文件,可选择压缩或者非压缩的方式,压缩工具可以是 gzip 或者 zstd。把每层的内容打包为一个文件的好处是除了发布方便,还可以生成文件摘要,便于校验和按内容寻址。在镜像清单和配置信息里面需要根据 tar 文件是否压缩和压缩工具等信息声明媒体类型,使镜像客户端可以识别文件类型并进行相应的处理。

每个层文件都包含了对上一层(父层)的更改,包括增加、修改和删除文件三种操作类型,底层(第 1 层)可以被看作对空层文件的增加。因此在每个 tar 文件里面除了该层的文件,还可以包含对上一层中文件的删除操作,用 whiteout 的方式标记。在叠加层文件时,可以根据 whiteout 的标记,把上一层删除的文件在本层屏蔽。

在表 1-1 中还有几个层文件的媒体类型为不可分发(non-distributable),这是为了说明该层文件因为法律等原因无法公开分发,需要从分发商那里获得该层文件。

5. 镜像的文件布局

前面介绍了 OCI 镜像内容的组成部分,本节将具体讲解这些组成部分在实际文件系统中的布局和关联关系。OCI 定义的镜像文件和目录结构如图 1-14 所示。

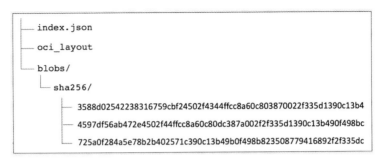

图 1-14

（1）在镜像的根目录下必须有 JSON 格式的 index.json 文件，作为镜像索引。

（2）在同一目录下必须有一个 JSON 格式的 oci_layout 文件，作为 OCI 格式的标记和 OCI 镜像规范版本说明。该文件的媒体类型为 application/vnd.oci.layout.header.v1+json，表示布局文件。该文件的内容如下：

```
{
    "imageLayoutVersion": "1.0.0"
}
```

（3）必须存在 blobs 目录，但该目录可以为空。在该目录下，按照摘要哈希算法的标识生成子目录，并存放用该算法寻址（查找）的内容。如果内容的摘要是<算法标识>：<编码结果>，那么该内容的哈希必须等于<编码结果>，并且存放于这个路径的文件名中：blobs / <算法标识> / <编码结果>。

这样的布局方法使根据内容的摘要很容易找到内容的实际文件，即按内容寻址。

如图 1-15 所示为镜像文件布局之间的引用关系，读者可以根据之前的内容进行理解。

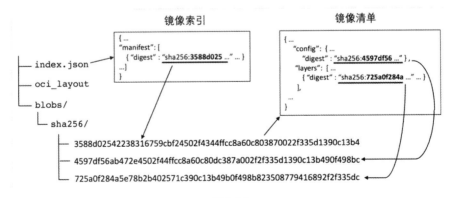

图 1-15

1.5 镜像管理和分发

镜像管理和分发是容器应用的基础功能,包括本地镜像管理、镜像仓库的镜像分发及客户端和镜像仓库之间的接口等。因为 Docker 是目前使用相当普遍且功能较完整的容器管理软件,所以本节先介绍 Docker 镜像的分发机制,再以此为基础,说明 OCI 的分发规范。

1.5.1 Docker 镜像管理和分发

Docker 实现了较完善的镜像管理分发流程,其中镜像管理包括三个主要功能:镜像推送、镜像拉取和镜像删除,包括本地镜像管理和远端镜像仓库的交互,具体作用如表 1-3 所示。

表 1-3

镜像管理操作	功　　能
拉取（pull）	用户通过 Docker 客户端将镜像仓库中的镜像下载到本地
推送（push）	用户通过 Docker 客户端把本地镜像上传到镜像仓库
删除（delete）	包括两种情况:删除本地存储中的镜像(通过 Docker 客户端删除);删除镜像仓库中的镜像(通过调用镜像仓库提供的接口删除)

Docker 命令行工具提供了丰富的本地镜像管理功能,包括镜像构建、查询、删除等。还提供了涉及远端镜像仓库的操作（拉取和推送等）,这些都可以通过 Docker Daemon 调用 Docker Registry 的 API 来实现。

Docker 镜像的分发主要通过 Docker Registry、Docker 客户端、Docker Daemon 等软件协作来完成。如图 1-16 所示,Docker Daemon 监听客户端的请求,管理本地镜像、容器、网络和存储卷等资源;Docker 客户端是大多数用户与 Docker 系统交互的工具,用户执行"docker pull"命令,可从配置的仓库服务中拉取镜像;用户执行"docker push"命令,可将镜像从本地推送到镜像仓库服务中。Docker Registry 服务是存储镜像的仓库,Docker 默认使用的公网服务是 Docker Hub,也可以使用 Docker Distribution 等软件在本地提供镜像仓库服务。

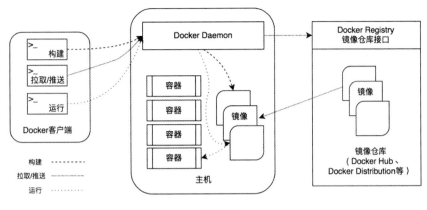

图 1-16

Docker Distribution 是第一个实现了打包、发布、存储和镜像发放的工具,起到 Docker Registry 的作用。Docker Distribution 提供了若干种存储驱动的支持,主要包括内存、本地文件系统、亚马逊 S3、微软 Azure 块存储、OpenStack Swift、阿里云的 OSS 和谷歌的云存储等。镜像仓库存储模块定义了标准的编程接口,用户可按需实现新的存储驱动。此外,Docker Distribution 在镜像功能的基础上提供了完整的认证和授权流程,具体细节可参考第 5 章。

Docker Distribution 镜像仓库为了方便用户使用,提供了可运行的官方镜像来启动服务。用户可通过 http://127.0.0.1:5000 访问镜像仓库服务:

```
$ docker run -p 5000:5000 STORAGE_PATH=/tmp/registry -v \
/home/$user/registry:/tmp/registry registry
```

Docker Distribution 的 2.0 版本是 Docker Registry HTTP API V2 规范的一个实现,提供了镜像推送和拉取、简易的部署、插件化的后端存储及 Webhook 通知机制等功能。1.5.2 节介绍的 OCI 分发规范是基于 Docker Registry HTTP API V2 规范来制定的,因此也可认为 Docker Distribution 实现了大部分 OCI 分发规范,二者在很大程度上是兼容的。

Harbor 采用了 Docker Distribution 作为后端镜像存储,在 Harbor 2.0 之前的版本中,镜像相关的功能大部分交由 Docker Distribution 处理;从 Harbor 2.0 版本开始,镜像等 OCI 制品的元数据由 Harbor 自己维护,Docker Distribution 仅作为镜像等 OCI 制品的存储库。

1.5.2 OCI 分发规范

OCI 还有一个正在制定的分发规范(Distribution Specification),这个规范在 OCI 镜像规范的基础上定义了客户端和镜像仓库之间镜像操作的交互接口。OCI 的指导思想是先有工业界的实践，再将实践总结成技术规范，因此尽管分发规范还没有正式发布，但以 Docker Distribution 为基础的镜像仓库已经在很多实际环境下使用，Docker Distribution 所使用的 Docker Registry HTTP API V2 也成为事实上的标准。

OCI 分发规范是基于 Docker Registry HTTP API V2 的标准化容器镜像分发过程制定的。OCI 分发规范定义了仓库服务和仓库客户端交互的协议，主要包括：面向命名空间（Namespace）的 URI 格式、能够拉取和推送 v2 格式清单的仓库服务、支持可续传的推送过程及 v2 客户端的要求等。

OCI 分发规范主要以 API 接口描述为主，在表 1-4 中列出了几个主要接口。

表 1-4

接口定义	说　明
拉取镜像清单	GET /v2/\<name\>/manifests/\<reference\> 其中：name 和 reference 是必填项，reference 可以是 Tag 或镜像摘要，客户端应该在 HTTP Accept 请求报文头里提供它能支持的清单类型。如果请求成功，在 HTTP Content-Type 响应报文头里就会返回清单类型。 如果仓库服务没有对应的镜像，则会返回 404。 客户端应该验证返回清单的签名，再拉取镜像层。 验证镜像清单是否存在可用请求： HEAD /v2/\<name\>/manifests/\<reference\>
拉取镜像层	GET /v2/\<name\>/blobs/\<digest\> 镜像层由 repository 名称和摘要确定，服务器端可能使用 307 重定向到另一个提供下载的服务，客户端应该能够处理重定向。 服务器端应该支持激进（aggressive）的 HTTP 镜像层缓存，为了支持增量下载，也应该支持 Range 请求。
推送镜像层	首先，启动上传： POST /v2/\<name\>/blobs/uploads/ 返回的结果包含 URI： /v2/\<name\>/blobs/uploads/\<session_id\> 然后，上传镜像层数据。 单次模式： PUT /v2/\<name\>/blobs/uploads/\<session_id\>?digest=\<digest\>

续表

接口定义	说　明
推送镜像层	多次模式： PATCH /v2/\<name\>/blobs/uploads/\<session_id\> 查询上传状态： GET /v2/\<name\>/blobs/uploads/\<session_id\>。 最后，验证镜像层是否存在可用请求： HEAD /v2/\<name\>/blobs/\<digest\>
推送镜像清单	PUT /v2/\<name\>/manifests/\<reference\> 在某个镜像的所有镜像层都上传成功后，客户端可以上传镜像清单
列出镜像包含的 Tag	GET /v2/\<name\>/tags/list
删除镜像	DELETE /v2/\<name\>/manifests/\<reference\>

1.5.3　OCI Artifact

从 1.4.5 节图 1-13 可以看到，OCI 镜像规范的结构特点是由一个（可选的）镜像索引来指向多个清单，每个清单都指向一个配置和若干个层文件（Layer）。如果镜像没有包括镜像索引，则可以仅包含一个清单，且清单指向一个配置和若干个层文件。无论是否有镜像索引，在镜像结构定义中都没有涉及层文件所包含的内容，也就是说，不同用途的数据如 Helm Chart、CNAB 等制品，可依照 OCI 镜像规范定义的结构（清单、索引等）把内容打包到层文件里面，从而成为符合 OCI 规范的"镜像"，既可以推送到支持 OCI 分发规范的 Registry 里，也可以像拉取镜像那样从 Registry 中下载。

为了和 OCI 镜像做区分，这种遵循 OCI 清单和索引的定义，能够通过 OCI 分发规范推送和拉取的内容，可以统称为 OCI Artifact（OCI 制品），简称 Artifact（制品）。在 OCI 分发规范中，还可以给 Artifact 的清单或者索引标注若干个 Tag 来附加版本等信息，以方便后续的访问和使用，如图 1-17 所示。如果 Artifact 没有包含索引，则 Tag 可以被标注在清单上；如果 Artifact 使用了索引，则 Tag 可以被标注在索引上，而清单上的 Tag 则是可选的。一个 Artifact 如果没有被标注 Tag，则只能通过清单或索引的摘要来访问。从组成结构来看，OCI 镜像只是 OCI Artifact 的一个"特例"，读者可以通过比较图 1-17 和图 1-13 来理解。

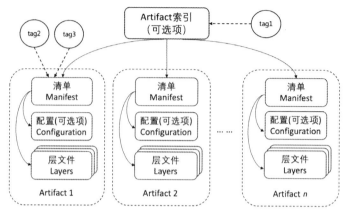

图 1-17

把各类数据封装成 OCI Artifact 的好处之一，是可以借助已有的支持 OCI 分发规范的镜像仓库服务（如 Harbor 2.0 等）来实现不同类型数据的存储、权限、复制和分发等能力，而无须针对每种特定类型的数据设立或开发不同的仓库服务，使开发者能专注于新类型的 Artifact 的创新。

开发者如果希望自定义一种新的 Artifact 类型，就可以按照 OCI 的制品作者指导文档（Artifact Author Guidance）来定义配置、清单、索引等结构，可分 4 个步骤来完成。

（1）定义 OCI Artifact 的类型。Artifact 的类型主要是为了 Artifact 的工具（如 Docker 客户端）能够获知 Artifact 的类型，从而确定能否处理该 Artifact。这有点像文件的扩展名（如.pdf、.jpg 等），可以让操作系统识别出文件的类型，从而启动相应的应用程序来处理该文件。Artifact 的类型由清单中的 config.mediaType 属性定义，因此 Artifact 的工具通常从清单开始分析 Artifact 的类型，以决定后续的处理流程。

（2）确保 Artifact 类型的唯一性。既然 Artifact 的类型很重要，开发者就需要确保所创建的 Artifact 类型是唯一的，和其他 Artifact 类型都不能重名。OCI 的指导文档给出了类型必须符合的格式：

```
[registration-tree].[org|company|entity].[objectType].[optional-subType].config.[version]+[optional-configFormat]
```

格式中各个字段的含义如表 1-5 所示。

表 1-5

字 段 名	说　明
registration-tree	IANA（Internet Assigned Numbers Authority，互联网号码分配机构）的注册类型
org|company|entity	开源组织、公司名称或其他实体
objectType	类型的简称
optional-subType	可选字段，对 objectType 的补充说明
config	必须是字符串"config"
version	类型的版本
optional-configFormat	可选的配置格式说明（json、yaml 等）

一些常见的 OCI Artifact 配置类型如表 1-6 所示。

表 1-6

Artifact	类型名称
OCI 镜像	application/vnd.oci.image.config.v1+json
Helm Chart	application/vnd.cncf.helm.chart.config.v1+json
CNAB	application/vnd.cnab.config.v1+json
Singularity	application/vnd.sylabs.sif.config.v1+json

（3）Artifact 的内容由一组层文件和一个可选的配置文件组成。每个层文件都可以是单个文件、一组文件或者 tar 格式的文件，能够以 Blob 的形式存放在 registry 的存储中。

开发者可以根据 Artifact 的需要确定每个层文件的内容格式，如.json、.xml、.tar 等，然后在清单的 layer.mediaType 属性中说明内容类型。内容类型可以沿用 IANA 通用格式，如 application/json 和 application/xml 等。如果需要自定义类型，则可以采用如下格式：

```
[registration-tree].[org|company|entity].[layerType].[optional-layerSubType]
.layer.[version].[fileFormat]+[optional-compressionFormat]
```

格式中各个字段的含义如表 1-7 所示。

表 1-7

字 段 名	说　明
registration-tree	IANA（Internet Assigned Numbers Authority，互联网号码分配机构）的注册类型
org|company|entity	开源组织、公司名称或其他实体
layerType	类型的简称
optional-layerSubType	可选字段，对 layerType 的补充说明

续表

字 段 名	说　　　明
layer	必须是字符串"layer"
version	格式的版本
fileFormat	文件格式
optional-compressionFormat	可选的压缩格式说明（gzip、zstd 等）

一些常见的 OCI Artifact 层文件类型如表 1-8 所示。

表 1-8

层 文 件	类型名称
简单的文本	application/text
非压缩的 OCI 镜像层	application/vnd.oci.image.layer.v1.tar
以 gzip 压缩的 OCI 镜像层	application/vnd.oci.image.layer.v1.tar+gzip
非压缩的 Helm Chart 层	application/vnd.cncf.helm.chart.layer.v1.tar
以 gzip 压缩的 Helm Chart 层	application/vnd.cncf.helm.chart.layer.v1.tar+gzip
以 gzip 压缩的 Docker 镜像层	application/vnd.docker.image.rootfs.diff.tar+gzip

（4）开发者在 IANA 中注册 Artifact 的 config.mediaType 和 layer.mediaType 的类型，确保类型的唯一性和拥有者，同时可以让其他用户使用这些类型。

经过上述步骤，开发者自定义的 Artifact 类型就完成了，配上适当的客户端软件对数据打包、推送和拉取，即可与符合 OCI 分发规范的仓库服务交互。

因为 OCI Artifact 带来了管理和运维上的便利，所以开发者已经创建了多种 OCI Artifact，常见的 OCI Artifact 包括 Helm Chart、CNAB、Singularity 等。为适应云原生用户者的需求，Harbor 2.0 的架构做了比较大的调整和改进，以便用户在 Harbor 中存取和管理符合 OCI 规范的 Artifact。Harbor 中管理容器镜像的各种功能，在适用的情况下，都可以扩展到 OCI Artifact 上，如访问权限控制、推送和拉取、界面查询、远程复制等，这大大方便了用户对云原生 Artifact 的管理和使用。

1.6　镜像仓库 Registry

镜像仓库是容器镜像在不同环境之间分发和共享的重要枢纽，是容器应用平台中不可或缺的组件之一。本节讲述镜像仓库的作用、镜像仓库服务的种类和 Harbor Registry 的特点。

1.6.1 Registry 的作用

容器镜像一般由开发人员通过 "docker build" 之类的命令构建，偶尔也会通过 "docker commit" 命令创建，无论采用了哪种方式，镜像在生成后都会被保存在开发机器的本地镜像缓存中，供本地开发和测试使用。

从另一方面来看，容器镜像很重要的一个作用是作为可移植的应用打包形式，在其他环境下无差别地运行所封装的应用，所以本地生成的镜像有时需要发送到其他环境下，如其他开发人员的机器、数据中心的机器或者云端计算节点。这时需要一种能在不同环境中传输镜像的有效方法，而镜像传输和分发中关键的一环就是镜像的 Registry（注册表）。Registry 有服务发现模式下服务注册的含义，实际应用中，用户往往称镜像 Registry 为镜像仓库，说明 Registry 不仅能注册镜像，还有存储镜像和管理镜像的功能。

图 1-18 描绘了镜像在单台（本地）计算机上容器生命周期中的状态变化，对开发者而言，镜像还可被推送到 Registry 上，也可以从 Registry 下载镜像。

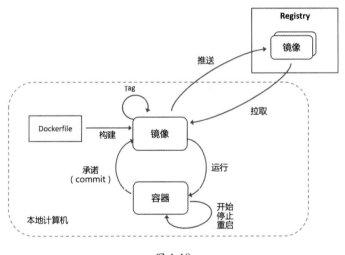

图 1-18

如果图 1-18 所示的推送和拉取发生在不同的计算环境之间，则可以实现跨环境的镜像传送，而且在不同的环境下得到的镜像是一样的，可以无差别地运行，如图 1-19 所示。

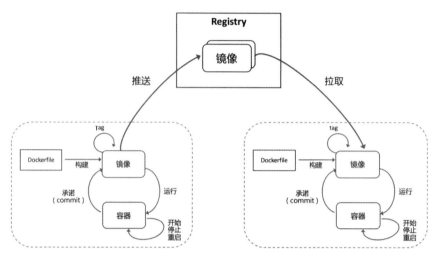

图 1-19

在实际环境下,镜像的构建者往往是少数(如开发人员),绝大多数用户或机器集群都是镜像的消费者,这样的模式通常被称为镜像的分发,既可以是开发团队成员之间共享应用镜像,也可以是运维人员通过镜像发布应用到生产机器集群的各个节点,如图 1-20 所示。

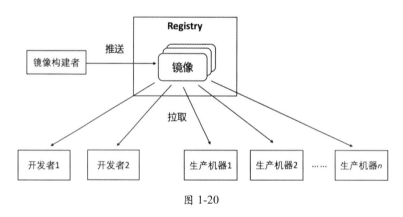

图 1-20

从上述分发模式可以看到,Registry 是维系容器镜像生产者和消费者的关键环节,也是所有基于容器的云原生平台几乎都离不开 Registry 的根本原因。正是因为 Registry 的重要性及其在应用分发上的关键性,使 Registry 非常适合进行镜像管理,比如权限控制、远程复制、漏洞扫描等。Harbor 等镜像仓库软件就是在 Registry 镜像分发的基础功能上增加了丰富的管理能力,从而得到用户的青睐。

1.6.2 公有 Registry 服务

从用户的访问方式来看，Registry 主要分为公有 Registry 服务和私有 Registry 服务两种。公有 Registry 服务一般被部署在公有云中，用户可以通过互联网访问公有 Registry 服务。私有 Registry 服务通常被部署在一个组织内部的网络中，只服务于该组织内的用户。

公有 Registry 服务的最大优点是使用便利，无须安装和部署就可以使用，不同组织之间的用户可以通过公有 Registry 服务共享或者分发镜像。公有 Registry 服务也有不足：因为镜像被存放在云端存储之中，镜像之中的私密数据可能会因此泄露，因而对安全有要求的许多企业和政府等机构往往不允许存放镜像到公有 Registry 中；另外，使用公有 Registry 服务需要从公网下载镜像，在传输上需要较长时间，在频繁使用镜像的场景中，如应用开发测试的镜像构建和拉取等，效率较低。因此，公有 Registry 不太适用于本地镜像高频使用的场景。

目前，公有 Registry 服务最著名的就是 Docker Hub，这个服务是随着 Docker 开源项目的发布而设立的，由 Docker 公司维护，是最常用的公有 Registry 服务。根据官方数据，Docker Hub 在 2020 年年初，每月的下载量达到 80 亿次之多。开发者可以在 Docker 容器管理工具中直接、免费使用 Docker Hub，推送和拉取镜像都很方便，这也是 Docker 工具能够极快地被广大开发者接受和使用的原因之一。随着容器技术的普及，许多软件项目特别是开源项目，都通过 Docker Hub 来发布官方镜像，供用户下载和使用。如今，运行在公有云中的应用可直接从 Docker Hub 中获取镜像，这也是一种快捷部署方式。

Docker Hub 提供了免费的公共镜像服务，即镜像对所有用户都可公开使用，公开的镜像甚至无须注册账号也可以下载。Docker Hub 还提供了付费的私有镜像服务，只有授权的用户才能发现和访问镜像。需要指出的是，Docker Hub 的私有镜像服务虽然提供了保护用户私有数据的能力，但其在本质上还是公有镜像服务，因为镜像是被存放在公有云中的，公有 Registry 服务在安全和性能等方面的不足依然存在。

除了 Docker Hub，各大公有云服务商如亚马逊 AWS、微软 Azure、谷歌 GCE、阿里云和腾讯云等，都有自己的 Registry 服务。这些云服务商提供的 Registry 服务既可满足自身云原生用户的镜像使用需求，加速云原生应用的访问效率；也可提供公网用户的镜像访问能力，便于镜像的分发和传送，如用户可从内网环境向云端 Registry 推送镜像等。

1.6.3 私有 Registry 服务

私有 Registry 服务可以克服公有 Registry 服务的不足：镜像被存放在组织内部的存储

中，不仅可以保证镜像的安全性，又可以提高镜像访问效率。同时，在私有 Registry 服务中还能够进行镜像的访问控制和漏洞扫描等管理操作，因此私有 Registry 在大中型组织中通常都是首选方案。私有 Registry 服务的缺点主要是组织需要承担采购软硬件的成本，并且需要团队负责维护服务。

在私有环境下部署 Registry 服务的最简易方法就是从 Docker Hub 中拉取镜像部署 Docker Registry。Docker Registry 属于 Docker 容器管理工具的一部分，可存储和分发 Docker 及 OCI 镜像，主要面向开发者和小型应用环境，开源代码位于 GitHub 的"docker/distribution"项目中。Docker Registry 结构简单、部署快速，适合小型开发团队共享镜像或者在小规模的生产环境下分发应用镜像。

在较大型的组织内部，由于用户、应用和镜像的数量较多、管理需求复杂，功能较单一的 Docker Registry 难以胜任，因此需要更全面的镜像管理方案。在开源软件中有 Harbor 和 Portus 等项目；在商用软件中有 Docker Trust Registry（DTR）和 Artifactory 等产品，用户可根据需要选择合适的方案。

私有 Registry 还有一种在公有云中部署的情况，即用户在公有云中部署自己的 Registry 服务，主要向用户在云中的应用提供镜像服务。这样的部署方式优点较明显：既可实现应用就近获取镜像，又可在一定程度上保证镜像的私密性。

随着混合云在企业中使用越来越普遍，用户在私有云和公有云中都有应用运行，这就涉及两个 Registry 镜像同步和发布的问题。从效率和管理上看，在私有云和公有云中各部署一个 Registry 服务，可以使镜像就近下载。然后在两个 Registry 之间通过镜像同步的方式，将在私有环境下开发的应用镜像复制到公有云的生产环境下，可达到镜像的一致性，从而实现应用发布的目的。

1.6.4 Harbor Registry

Harbor Registry（又称 Harbor 云原生制品仓库或 Harbor 镜像仓库）由 VMware 公司中国研发中心云原生实验室原创，并于 2016 年 3 月开源。Harbor 在 Docker Registry 的基础上增加了企业用户必需的权限控制、镜像签名、安全漏洞扫描和远程复制等重要功能，还提供了图形管理界面及面向国内用户的中文支持，开源后迅速在中国开发者和用户社区流行，成为中国云原生用户的主流容器镜像仓库。

2018 年 7 月，VMware 捐赠 Harbor 给 CNCF，使 Harbor 成为社区共同维护的开源项

目,也是首个源自中国的 CNCF 项目。在加入 CNCF 之后,Harbor 融合到全球的云原生社区中,众多的合作伙伴、用户和开发者都参与了 Harbor 项目的贡献,数以千计的用户在生产系统中部署和使用 Harbor,Harbor 每个月的下载量超过 3 万次。2020 年 6 月,Harbor 成为首个中国原创的 CNCF 毕业项目。

Harbor 是为满足企业安全合规的需求而设计的,旨在提供安全和可信的云原生制品管理,支持镜像签名和内容扫描,确保制品管理的合规性、高效性和互操作性。Harbor 的功能主要包括四大类:多用户的管控(基于角色访问控制和项目隔离)、镜像管理策略(存储配额、制品保留、漏洞扫描、来源签名、不可变制品、垃圾回收等)、安全与合规(身份认证、扫描和 CVE 例外规则等)和互操作性(Webhook、内容远程复制、可插拔扫描器、REST API、机器人账号等)。

Harbor 是完全开源的软件项目,也用到了许多其他开源项目,如 PostgreSQL、Redis、Docker Distribution 等,体现了"从社区中来,到社区中去"的思想。经过数年的发展,在社区用户和开发者提供的需求、反馈和贡献的基础上,功能已经趋于丰富和完善,可以和不同的系统对接、集成。如图 1-21 所示,Harbor 能够使用主流的文件系统和对象存储,认证方式支持 LDAP/AD 和 OIDC,提供可灵活接入外置镜像扫描器的接口,可以与主流的公有或私有 Registry 服务同步镜像等,支持多种云原生系统的客户端,如 Docker/Notary、kubelet、Helm 和 ORAS OCI 等。

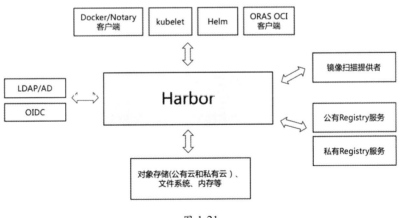

图 1-21

本书讲解的内容以 Harbor 2.0 为准。Harbor 2.0 是一个包含了较多改进功能的大版本,其中最重要的功能是支持遵循 OCI 镜像规范和分发规范的制品,使 Harbor 不仅可以存储容器镜像,还可以存储 Helm Chart、CNAB 等云原生制品。这些制品和镜像一样,都能够设置访问权限和远程复制策略,并在界面上统一展示,大大方便了用户,也拓宽了 Harbor 的使用范围。因此,Harbor 已经从镜像仓库发展成为通用的云原生制品仓库。

随着功能日益完整,Harbor 的应用场景也越来越灵活,归纳起来有以下几种。

(1)持续集成和持续发布。持续集成和持续发布是容器最早的使用场景之一,应用的源代码经过自动化流水线编译和测试后,构建成容器镜像存入 Harbor,镜像再被发布到生产环境或者其他环境下,Harbor 起到了连接开发与生产环节的作用。

(2)在组织内部统一镜像源。在企业等组织内部对镜像的来源和安全性有一定要求和规则,如果内部用户从公网下载任意镜像并在企业内部运行,则将引入各种安全隐患,如病毒、系统漏洞等。为此,企业会在内部统一设立标准镜像源,存放经过验证或者测试过的镜像让用户使用。采用 Harbor 是较好的选择,可对镜像设立访问权限,并按照项目组加以隔离。同时,可以对镜像定期扫描,在发现安全漏洞时拒绝用户下载并及时打补丁。管理员还可以对镜像进行数字签名,实现来源校验。

(3)镜像跨系统传输。容器镜像的一个重要特性是不可更改(immutability),即镜像封装了应用的运行环境,可以在其他系统中无差别地重现该环境。这个特性决定了容器镜像必须具有可移动性,能在不同的环境下转移。Harbor 的远程内容复制恰到好处地提供了容器迁移的能力,无论是在用户不同的数据中心之间,还是在公有云和私有云之间,无论是局域网还是广域网,Harbor 都能够实现不同系统的镜像同步,并且具备出错重试的功能,大大提高了运维效率。

(4)制品备份。容器镜像等制品的备份是从跨系统镜像传输衍生而来的用例,主要是把 Harbor 的镜像等制品复制到其他系统中,保留一个或多个副本。在需要时,可把副本数据迁回原 Harbor 实例,达到恢复的目的。

(5)制品本地访问。镜像等制品的本地访问也是从跨系统镜像传输衍生而来的用例,Harbor 可以把镜像等制品同时远程复制到若干个地点,如从北京的数据中心分别复制到上海、广州和深圳的数据中心,这样不同地理位置的用户可以就近获取制品数据,缩短了下载时间。

(6)数据存储。在 Harbor 2.0 支持 OCI 规范之后,更多的应用都可存放非镜像数据到 Harbor 中。比如,人工智能的模型数据和训练数据、边缘计算的设备介质等。这些数据被存放到 Harbor 后,最大的好处就是能够自动获得内容复制、权限控制等功能,无须另行开发类似的功能。

第 2 章

功能和架构概述

在云原生环境下，在容器镜像中打包了所要运行软件的所有内容。因此，对容器镜像的管理在整个云原生应用的开发、测试、部署和管理中，是一个非常重要的组成部分，也是 Harbor 主要解决的问题。在容器镜像的基础上，Harbor 增加了对其他云原生 Artifact 的管理，如 Helm Chart、CNAB 等，Harbor 也从单纯的容器镜像仓库蜕变为云原生制品仓库。

在本章中，读者将会了解 Harbor 的主要功能概况及整体架构原理，更详细的描述可以参考后续的章节。

2.1 核心功能

作为云原生制品仓库服务，Harbor 的核心功能是存储和管理 Artifact。Harbor 允许用户用命令行工具对容器镜像及其他 Artifact 进行推送和拉取，并提供了图形管理界面帮助用户查阅和删除这些 Artifact。在 Harbor 2.0 版本中，除容器镜像外，Harbor 对符合 OCI 规范的 Helm Chart、CNAB、OPA Bundle 等都提供了更多的支持。另外，Harbor 为管理员提供了丰富的管理功能，特别是作为开源软件，随着版本的迭代，很多社区用户的反馈和贡献被吸收进来以便更好地适应企业应用场景。本节将对 Harbor 的主要管理功能做简要介绍。

2.1.1 访问控制

访问控制是多个用户使用同一个仓库存储 Artifact 时的基本需求，也是 Harbor 早期版本提供的主要功能之一。Harbor 提供了"项目"（project）的概念，每个项目都对应一个和项目名相同的命名空间（namespace）来保存 Artifact，各个命名空间都是彼此独立的授权单元，将 Artifact 隔离开来。当使用 Docker 等命令行工具向 Harbor 推送和拉取镜像等 Artifact 时，这个命名空间也是 URI 的一个组成部分。用户要对项目中的 Artifact 进行读写，就首先要被管理员添加为项目的成员，具体的权限由成员的角色决定。加入项目的成员可以有以下角色。

- 项目管理员（project admin）：管理项目成员，删除项目，管理项目级的策略，读写、删除 Artifact 及项目中的其他资源。
- 项目维护人员（master）：管理项目级的策略，读写、删除 Artifact 及项目中的其他资源。注意：在 Harbor 2.0 的后续版本中，该角色的英文名将改为 maintainer，中文翻译不变。
- 开发者（developer）：读写 Artifact 及项目中的其他资源。
- 访客（guest）：对 Artifact 及项目中的其他资源有读权限。
- 受限访客（limited guest）：仅用于拉取 Artifact，对项目中的其他资源如操作日志（log）没有读权限。

以如下命令为例：

```
$ docker login -u user1 -p xxxxxx harbor.local
$ docker push harbor.local/development/golang:1.14
```

如果用户 user1 需要推送以上 golang 镜像（Tag 为 1.14）到 Harbor 仓库，则需要由管理员在管理控制台上将其加为 development 项目的成员，并赋予开发者及以上的角色。这种管理思路也适用于其他 OCI Artifact，如当用户使用 Helm 推送 Helm Chart 时，也要求用户在项目下有相应的权限。

"项目"是 Harbor 里一个重要的概念，既被当作命名空间对资源进行隔离，也作为管理单元，管理员可以在它上面创建和添加批量删除、安全控制等策略来管理项目中的 Artifact。一般来说，由 Harbor 的系统管理员创建项目，并根据实际情况将普通用户作为成员添加到不同的项目中。普通用户在使用 Harbor 时，都根据自己的权限在被授权的项目中进行各种操作。

在第 5 章中会对访问控制及授权模型进行更详细的介绍。

2.1.2 镜像签名

镜像在本质上是软件的封装形式,从安全角度来看,开发人员在部署镜像前需要保证镜像内容的完整性(integrity)。也就是说,这个镜像必须是软件的提供者创建、打包并推送的,在这个过程中镜像并没有被篡改。为了解决这个问题,Docker 提供了内容信任的功能(Docker Content Trust,DCT),帮助镜像发布者在推送镜像时自动进行签名,并在必要时自动生成密钥。镜像的签名会被存储在 Notary 服务中。Notary 是由 Docker 公司基于 TUF(The Update Framework)更新框架开发的,通过对不同层次的信息进行签名,可以抵御中间人攻击、重放攻击等恶意行为,保证软件分发的可靠性。

Harbor 作为镜像仓库,也通过与 Notary 集成提供了对内容信任的支持。用户在安装 Harbor 时可选择性地安装一个内置的 Notary 组件,在安装成功后,Notary 的服务默认会通过 4443 端口暴露出来(对于不同的安装方式,端口可能不同),用户在推送和拉取镜像前,可以按 Docker 客户端的要求打开内容信任开关的环境变量:

```
$ export DOCKER_CONTENT_TRUST=1
$ export DOCKER_CONTENT_TRUST_SERVER=https://harbor.local:4443
```

之后,在用 Docker 命令行工具推送镜像时,会增加给镜像签名的环节:

```
$ docker push harbor.local/test/alpine:3-signed
The push refers to repository [harbor.local/test/alpine]
03901b4a2ea8: Mounted from test/ns/alpine
3-signed: digest: sha256:acd3ca9941a85e8ed16515bfc5328e4e2f8c128caa72959a58a127b7801ee01f size: 528
Signing and pushing trust metadata
Enter passphrase for root key with ID 902084c:
Enter passphrase for new repository key with ID 99348f2:
Repeat passphrase for new repository key with ID 99348f2:
Finished initializing "harbor.local/test/alpine"
Successfully signed harbor.local/test/alpine:3-signed
```

在拉取镜像时也会首先查找签名,然后根据签名对应的摘要(SHA256)找到镜像并拉取:

```
$ docker pull harbor.local/test/alpine:3-signed
Pull (1 of 1): jt-dev.local.goharbor.io/test/alpine:3-signed@sha256:acd3ca9941a85e8ed16515bfc5328e4e2f8c128caa72959a58a127b7801ee01f
   sha256:acd3ca9941a85e8ed16515bfc5328e4e2f8c128caa72959a58a127b7801ee01f:
Pulling from test/alpine
   Digest: sha256:acd3ca9941a85e8ed16515bfc5328e4e2f8c128caa72959a58a127b7801ee01f
```

用户在 Harbor 的管理界面上也可以看到该镜像的签名状态，如图 2-1 所示。

图 2-1

从前面环境变量的配置中可以看到，Docker 的内容信任是一个纯粹的客户端配置，用户可以通过在客户端关掉开关，跳过对签名的检查。Harbor 为镜像的管理者提供了更强的措施，项目管理员可以通过在项目中配置策略，强制只有已签名的镜像才可以被拉取，无论客户端的配置如何。

此外，Harbor 与 Notary 在用户权限上进行了集成。当使用 Notary 的命令行客户端对 Harbor 内部的 Notary 进行操作时，如删除某个镜像的签名时，必须提供 Harbor 的用户名和密码，而且此用户必须对所操作的镜像有写权限。Notary 的命令比较复杂，因此不在本节中详述。

镜像签名相关的内容会在第 6 章中有更详细的讨论和介绍。

2.1.3 镜像扫描

容器镜像打包了代码、软件及其所需的运行环境，已发布的软件及其依赖的库都可能存在安全漏洞。有安全漏洞的镜像被部署在开发或生产系统中时，有可能被恶意利用或攻击，造成系统性风险，甚至发生数据泄露等灾难性后果。之前也有研究显示，即使是 Docker Hub 上的官方镜像，平均也有上百个不同等级的安全漏洞，足见容器镜像在带来方便的同时存在很多安全隐患。

为了帮助用户减少这种风险，Harbor 项目与一些安全服务商制定了一套扫描适配器（Scanner Adapter）的标准 API，其中包含如何描述自己支持的 Artifact 类型、与仓库的认证方式，以及触发扫描、查询报告等功能。Harbor 可以通过调用这些 API 驱动扫描器对仓库中的 Artifact 进行扫描，并得到统一格式的包含详细通用漏洞披露（Common

Vulnerabilities Exposures，CVE）列表的报告。只要扫描器的开发者实现了这套 API，就可以在保证网络连通的前提下，由 Harbor 管理员添加多个扫描器，在项目视图下选择扫描器并发起扫描任务，得到详细的报告并保存在 Harbor 的数据库中。

Harbor 管理员管理扫描器的界面如图 2-2 所示。

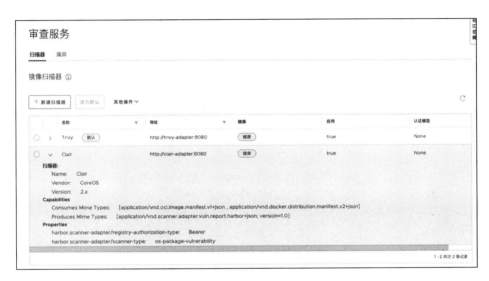

图 2-2

扫描完成后，项目成员可通过管理界面查看镜像的漏洞列表，如图 2-3 所示。

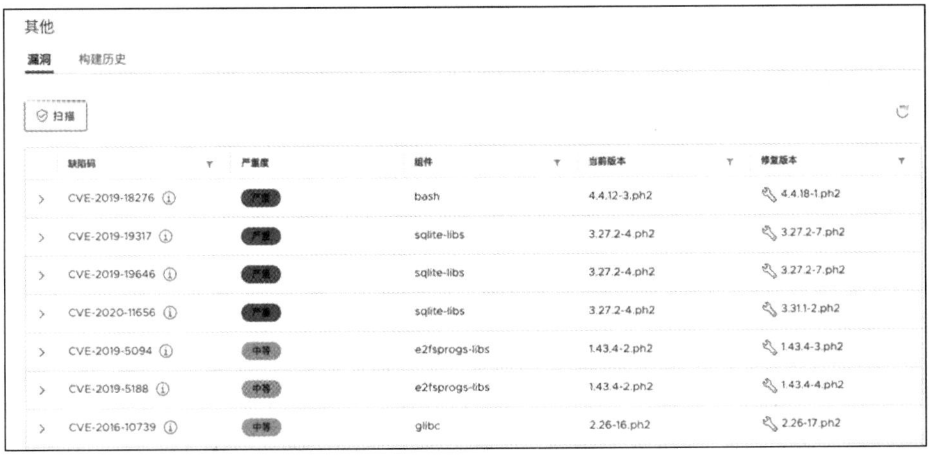

图 2-3

此外，Harbor 允许项目的管理员以项目级别设置安全策略，保证只有经过扫描而且没有高危安全漏洞的 Artifact 才可以被成功拉取和部署，如图 2-4 所示。

图 2-4

安全漏洞的发现和公布是一个动态的过程，相同版本的软件会随着时间的推移报出越来越多的安全漏洞。一般而言，安全漏洞扫描器每隔一段时间就需要下载并导入最新的漏洞数据包中。推荐管理员定期对 Harbor 中的镜像及 Artifact 反复进行扫描，以确保及时发现漏洞并安装安全补丁。在这个过程中还存在一种特殊情况：在扫描某个 Artifact 时发现了新的安全漏洞，由于安全策略的设置导致它无法被部署，包含漏洞的相应软件对于整个系统很重要，而针对这个漏洞的补丁还需要一定时间才会发布。在这种情况下，为了不影响系统上线，Harbor 允许管理员设置白名单，即在确认安全风险可控的前提下，在应用安全策略时故意跳过某些特定的 CVE，以便 Artifact 被正常部署。

关于安全漏洞扫描和安全策略配置，在第 6 章有更详细的介绍。

2.1.4　高级管理功能

除了以上基本功能，Harbor 在版本迭代中还根据社区反馈，为管理员及用户提供了很多高级管理功能以支持更加复杂的使用场景,包括 Artifact 复制策略、存储配额管理、Tag 保留策略(Artifact 保留策略)和垃圾回收等。本节带读者概览这些功能,在第 7 章和第 8 章中将进行详细描述。

1. Artifact 复制策略

出于业务需要,用户经常要部署和管理多个 Harbor 仓库。举例来说,若一个企业给每个分公司都分别搭建了一个仓库,则在每次软件升级时,相同的镜像都需要被多次推送到不同的仓库。另外,以镜像形式发布软件的用户会为不同的开发阶段搭建独立的仓库实例,比如开发用的仓库、测试用的仓库等。持续集成的流水线会将代码仓库中不同服务的代码推送到开发仓库,当开发达到某个里程碑如功能全部完成时,会将某个版本的一组镜像推送到测试用的仓库进行测试。在这些情况下往往需要额外编写脚本,这又带来了更多的维护工作,如何高效管理多个仓库中的 Artifact 成为用户的一个挑战。

为了解决这类问题,Harbor 允许管理员创建灵活的复制策略,以便在不同的仓库中复制镜像等 Artifact。管理员首先需要建立目标仓库,提供目标地址(URL),根据需要配置用户名和密码,之后在创建复制规则时引用该目标仓库。用户可以选择把镜像从当前 Harbor 仓库推送到目标仓库,或者从目标仓库中拉取镜像到本地。在资源过滤器中,用户可以指定镜像的名称、Tag、标签和资源类型,以便只有符合条件的镜像才会被复制。复制规则还支持各种触发模式,除了支持手动触发,还支持定时触发(比如每周六午夜 12 点)、事件触发,其中事件触发比较适合前面提到的开发、测试场景。比如管理员可以在规则中指定所有包含 v1.0-rc 这个 Tag 的镜像被复制到测试仓库,这样当开发小组将标有 v1.0-rc 的镜像推送到开发仓库时,复制动作会被立刻触发,镜像能以最快速度到达测试小组并开始集成测试。如图 2-5 所示是一个复制规则配置的示例,test 项目下带有 "rc" 字符串的 Tag 的镜像会被复制到 Docker Hub 上。

Harbor 仓库的复制规则不仅限于 Harbor 本身的实例。Harbor 在代码中定义了一组接口,只要实现这些接口,就可以作为目标仓库被加入复制规则中。在社区开发者的共同努力下,Harbor 的复制策略已经支持 Docker Hub、亚马逊 ECR、阿里云镜像仓库等多种仓库。在上面的例子中,测试小组可以再建一条复制规则,将测试过的镜像复制到 Docker Hub 上,方便用户通过互联网拉取并使用镜像。

值得一提的是,在 Harbor v2.0.0 之后用户可以用统一的流程管理各种 OCI 兼容的 Artifact,因此复制规则不仅限于容器镜像,符合复制规则的 Artifact(Helm Chart、CNAB 等)都会被复制。

当复制动作被触发时，Harbor 会将被复制的 Artifact 分组到多个异步任务中进行复制，任务会在遇到网络问题等常见错误时自动重试。用户还可以通过管理界面查看任务日志，分析错误原因等。

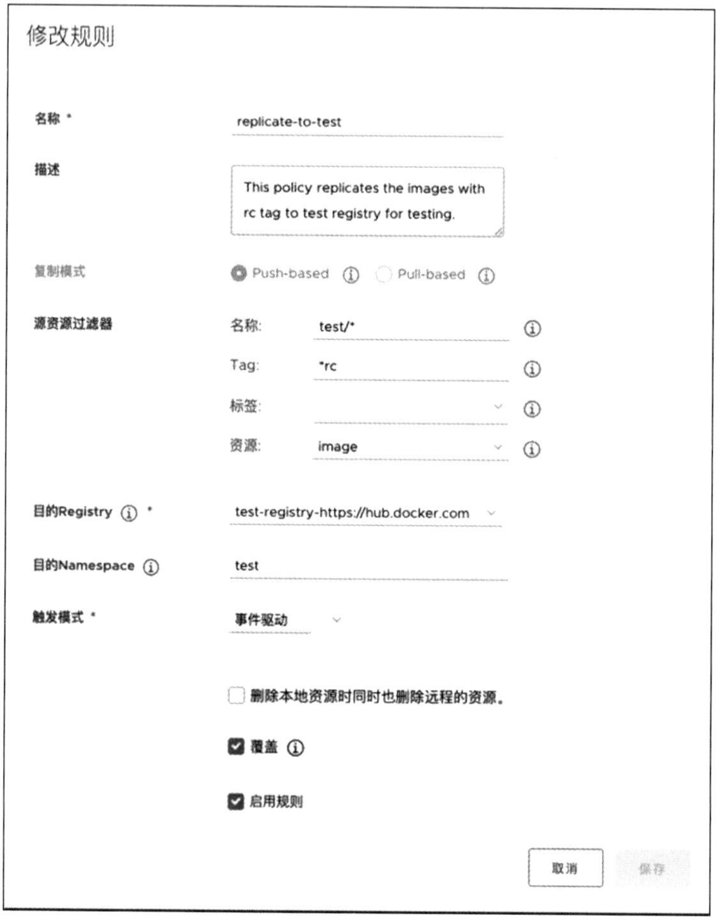

图 2-5

2．存储配额管理

对于仓库的管理员来说，空间一定是其最关心的资源。对应到 Harbor 这样的 Artifact 仓库，在日积月累的使用中，消耗最显著的就是存储资源了。管理员需要一种方法来控制用户对存储资源的使用，以免由于存储资源被某些用户过度占用而影响其他用户使用。为此，Harbor 提供了配额（Quota）管理功能。在创建一个项目时，管理员可以指定这个项目的存储配额，当项目使用的存储超过这个配额后，向这个项目推送或复制 Artifact 就会失败。用户需要删除一些 Artifact 来释放空间，或者请管理员增加配额才能推送成功。管理员可以通过项目的概要分页查看项目存储的使用情况，如图 2-6 所示。

图 2-6

最常用的容器镜像是分层存储的，仓库中的多个镜像常常由同一个基础镜像构建而成，这时它们共用的一些数据层（layer）并不会被存储多次。这种设计提高了存储的效率，但是给计算实际的存储使用量带来了挑战。在计算项目占用的存储配额时，如果简单地将镜像的大小相加，得到的结果则会远远超过实际值。图 2-7 给出了一个项目中不同镜像共享数据层的示例。

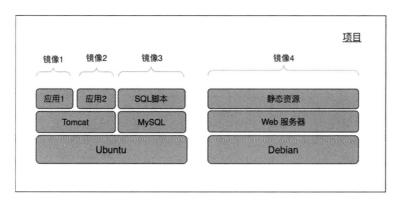

图 2-7

为了解决这个问题，Harbor 在代码中通过中间件（middleware）截获了所有客户端推送镜像和 Artifact 的请求，在请求中得到了每层的大小，并在数据库中记录了层和项目之间的关系。这种方式一方面能帮助我们更加准确地计算一个项目实际占用的存储空间，另一方面因为在每层推送前都会对配额进行检查，因此在推送过程中项目使用的存储空间达到存储配额限制时，推送行为可以被及时中止。

3. 保留策略

在给项目设置了存储配额限制后，为了在使用过程中避免配额被用尽，项目管理员需要经常删除镜像，以减少存储的使用量。特别是将 Harbor 用于持续集成的用户，每次代码入库都会触发构建和推送新的镜像到镜像仓库，存储使用量增长得很快，而且镜像个数过多，不便于查看和管理。

Harbor 提供了 Tag 保留策略（又叫作 Artifact 保留策略），将用户从繁复的删除镜像工作中解放出来。它的设计思路是，由项目管理员定义一组范围和规则，当策略被触发时，在给定的范围内，满足这些规则的 Tag 会被保留，其余的会被删除。管理员可以在规则中设置名称匹配的模式、保留的个数等。除去手动触发，用户还可以给策略配置执行时间，这样就起到了定期批量清理的作用。管理员配置 Tag 保留策略的界面如图 2-8 所示。

图 2-8

此外，每次策略执行时都会产生执行日志，里面详细记录了策略的执行时间、哪些镜像被清理掉等信息。这个功能涉及批量删除用户数据的操作，在多条规则组合在一起的情况下有可能使保留的条件变得复杂。而且策略特别提供了"模拟运行"功能，在管理员选择"模拟运行"后，系统会生成一条执行记录，提示用户哪些 Tag 会被清理，但不会真的进行删除操作，这样一些规则上的错误可以被及时发现，避免有镜像被误删。图 2-9 是触发策略执行及查看结果的界面。

图 2-9

4．垃圾回收（垃圾清理）

前面提到过，仓库中的 Artifact 是分层存储的，Artifact 和层是引用的关系，某些层会被多个 Artifact 同时引用，这就要求我们从存储中删除层数据时格外小心，因为有可能有正在推送引用这个层的 Artifact，在这个时候很可能导致数据不完整。

因此，当用户删除一个 Artifact 时，并不会立即将 Artifact 引用的层从存储中删除。如果要真正减少存储的使用量，则需要由管理员触发垃圾回收任务。垃圾回收任务是由异步任务系统运行的，管理员可以通过 Harbor 的图形管理界面选择立即或定期执行它（如图 2-10 所示）。之后，可以通过"历史记录"页面来查看任务的执行进度和结果。

图 2-10

为了保证数据的一致性，在垃圾回收任务执行的过程中，Harbor 会进入只读状态，这时任何推送和删除 Artifact 的动作都会失败。这给使用带来一些影响。目前社区和开发人员正在积极探索，加入更细粒度的控制，避免将整个系统置为只读。

2.2 组件简介

本节将对 Harbor 的架构、组件和典型处理流程做简要介绍。

2.2.1 整体架构

在早期的版本中，Harbor 的功能主要围绕 Docker 镜像的管理展开。Harbor 的开发者希望让用户通过一个统一的地址同时进行推送和拉取，以及利用图形界面对镜像进行浏览和其他管理工作。关于推送和拉取这一部分功能，Docker 公司开源的 Distribution 项目应用广泛，可以支持不同类型的存储，而且比较成熟和稳定。因此，Harbor 选择由 Distribution 处理客户端镜像的推送和拉取请求，并通过围绕 Distribution 增加其他组件的方式来提供管理功能。这种方式一方面减少了开发工作量；另一方面由于 Distribution 基本上是镜像仓库的事实标准，所以保证了镜像的推送和拉取功能的稳定。后来，随着版本的迭代，Harbor 逐渐减少了对 Distribution 的依赖，但是在镜像的读写、存取等功能上，Distribution 仍然是 Harbor 和用户存储之间的桥梁。

如图 2-11 所示是 Harbor 2.0 的架构示意图，从上到下可分为代理层、功能层和数据层。

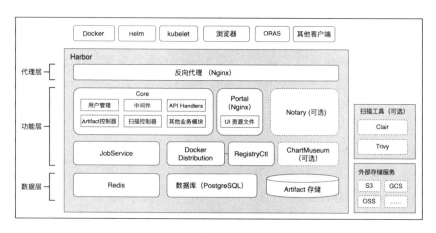

图 2-11

其中代理层功能比较简单，可将其理解为 Harbor 的门户（gateway）。代理层实质上是一个 Nginx 反向代理，负责接收不同类型的客户端的请求，包括浏览器、用户脚本、Docker 及其他 Artifact 命令行工具如 Helm、ORAS 等，并根据请求类型和 URI 转发给不同的后端服务进行处理。它保证了 Harbor 的所有功能都是通过单一的主机名（hostname）暴露的。

功能层是一组 HTTP 服务，提供 Harbor 的核心功能，包括核心功能组件 Core、Portal、JobService、Docker Distribution 和 RegistryCtl，以及可选组件 Notary、ChartMuseum 和镜像扫描器。在实际部署中，除了 Notary 组件包括 server 和 signer 这两个容器，其他组件都由一个容器组成。这些组件被设计为无状态的组件，以便通过多实例的方式进行水平扩展。

数据层包括 PostgreSQL 关系型数据库、Redis 缓存服务，以及用户提供的存储服务（文件系统、对象存储）。这些服务被各个功能组件共享，用于存储不同场景的应用数据。由于功能组件都是无状态的，所以在规划 Harbor 的高可用部署时，只要保证应用数据一致而且不会丢失就可以了。

组件可划分为两大类：核心组件和可选组件，将在下面两节中介绍。

2.2.2　核心组件

核心组件是安装 Harbor 时的必选组件，是完成 Harbor 主要功能所必需的，包括核心功能组件和数据存储组件。其中，核心功能组件包括反向代理 Nginx、Portal、Core、RegistryCtl、Docker Distribution 和 JobService 等，数据存储组件包含数据库（PostgreSQL）、缓存（Redis）和 Artifact 存储。反向代理 Nginx 已经在上一节解释过了，下面结合实际使用场景对其他组件逐一进行介绍。

1. 核心功能组件

- Portal：这是一个基于 Angular 的前端应用，对应的容器为 portal，由容器内置的 Nginx 服务器提供静态资源的服务。用户在用浏览器访问 Harbor 的用户界面时，代理层的 Nginx 反向代理会将请求转发到 portal 容器中的 Nginx 服务，以便浏览器获得运行前端界面所需的 Javascript 文件及图标等静态资源。
- Core：这是 Harbor 中的核心组件，封装了 Harbor 绝大部分的业务逻辑。它基于 Beego 框架提供了中间件和 RESTful API 处理器（API Handlers）来处理界面及其他客户端发来的 API 请求。一个 HTTP 请求到达 Core 进程后，首先会被请求的地址（URI）对应的一组中间件做预处理，进行安全检查、生成上下文等操作；

之后，API 处理器会解析请求数据对象，并调用内部的业务逻辑模块。Harbor 内部的业务逻辑由不同的控制器（controller）接口暴露，如 Artifact、项目的增删改查都有相应的控制器负责。某些功能，如查询镜像签名，或对 Artifact 进行扫描，需要调用其他组件的接口完成，这部分工作也是由控制器完成的。Core 组件还负责连接内部数据库或外部身份认证服务（如 LDAP）对用户输入的用户名和密码进行校验。

此外，由命令行工具发来的推送和拉取 Artifact 的请求也到达这个组件，由中间件进行权限检查、扣除配额等操作，之后把请求转发到 Docker Distribution 组件，由它对存储进行读写。

下面以用户推送镜像的场景为例（为了说明原理，略去了认证过程），讲解 Nginx、Core、Docker Distribution 组件是如何处理客户端的请求的，如图 2-12 所示。

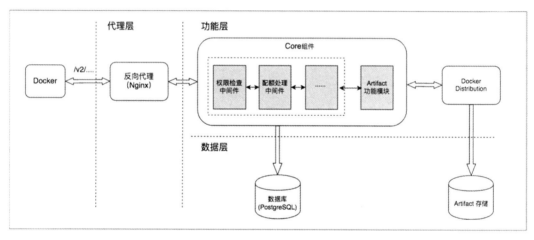

图 2-12

首先，Docker 向 Harbor 发送请求，调用两个 API "POST /v2/<name>/blobs/uploads" 和 "PATCH /v2/<name>/blobs/uploads/<session_id>" 上传镜像的数据层，请求被 Nginx 转发给 Core 组件，Core 的各个中间件进行各类检查，如查询数据库检查请求的权限及目标项目配额是否用尽等。在这些检查通过后，请求被发送给 Docker Distribution，后者将数据写入存储中。在写入成功后，响应会再次经过 Core 的中间件，这时它会更新数据库中项目配额的使用量并将成功信息返回给客户端。

如此往复，在所有数据层都上传成功后，Docker 客户端会向 Harbor 发送请求，调用

API "PUT /v2/<name>/manifests/<reference>"上传镜像的清单（manifest），这是一个JSON格式的数据对象。请求经过Core的预处理，被转发给Docker Distribution，后者写存储成功后，Core的中间件会调用镜像对应的Artifact功能模块中的元数据处理器（Processor），根据JSON对象的内容向数据库中插入记录，保存镜像的元数据信息。

在上传结束后，推送请求完成。镜像内容被Docker Distribution写入存储中，它的元数据则被Core写入数据库中，可供后续查询。

上面提到的上传和处理过程也适用于包括Helm Chart、CNAB、镜像索引等其他与OCI格式兼容的Artifact。除了镜像，在Harbor 2.0中还为镜像索引、Helm Chart和CNAB提供了专用的Artifact元数据处理器，可以为它们提取各自特有的元数据。其余类型的Artifact，如ORAS打包的本地文件，则由默认（Default）Artifact元数据处理器提取类型、大小等基本信息。更详细的Artifact处理流程可参考第4章。

- Docker Distribution：为由Docker公司维护的Distribution镜像仓库，实现了镜像推送和拉取等功能。Harbor通过Distribution实现了Artifact的读写和存取等功能。
- RegistryCtl：Docker Distribution的控制组件，与Docker Distribution共享配置，并提供了RESTful API以便触发垃圾回收动作。
- JobService：JobService是异步任务组件，负责Harbor中很多比较耗时的功能，比如Artifact复制、扫描、垃圾回收等，都是以后台异步任务的方式运行的。JobService提供了管理和调度任务的功能。它首先定义了公共的接口（interface），通过实现这些接口，可以提供不同类型任务的执行逻辑。JobService也提供了RESTful API，通过调用这些API，指定任务的类型、运行参数及执行的时间表，JobService会实例化任务，把它们放到Redis队列中，并根据时间表调度执行，并以回调方式将任务执行的结果通知给调用方。

以垃圾回收为例，用户在通过界面触发垃圾回收之后，Core组件会向JobService提交一个任务，这个任务会被异步调度，因此请求会立即返回。当这个任务被调度执行时，JobService内处理垃圾回收任务的代码会调用RegistryCtl服务的API，后者会调用Docker Distribution的命令进行垃圾回收。在回收成功后，JobService会以Webhook方式通知Core组件。Core组件在收到通知后，会更新数据库里任务记录的状态，此时，用户通过刷新界面就可以查看垃圾回收结果。流程如图2-13所示。

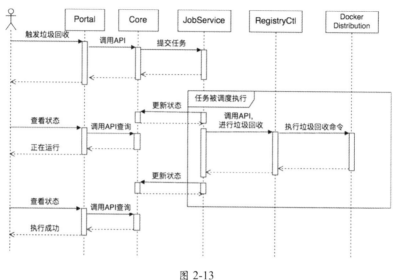

图 2-13

2．数据存储组件

上面的核心组件只负责处理业务逻辑和用户请求，都是以无状态服务的形式运行的，而对业务数据和 Artifact 内容的保存和持久化都是通过数据存储组件完成的。

Harbor 的数据存储组件可分为以下三部分。

- 数据库（PostgreSQL）：Harbor 的应用数据，比如项目信息、用户与项目的关系、管理策略和配置信息等，都保存在这个关系型数据库中。Artifact 的元数据，比如类型、大小、Tag 等也会保存在这里。此外，一些可选组件如负责管理签名的 Notary 及镜像扫描器 Clair，在默认的安装方式下也会和 Harbor 的核心应用组件共享这个数据库服务。在安装时也可以配置外置的数据库服务，并创建相应组件的数据库，Harbor 会在启动时完成数据库表结构的初始化。此外需要注意的是，目前 Harbor 只支持 PostgreSQL 作为后台数据库，并不能完全兼容 MySQL 等其他数据库。
- 缓存服务（Redis）：主要作为缓存服务存储一些生命周期较短的数据，如在水平扩展时多个实例共享的状态信息等。另外，出于性能等方面的考虑，JobService 组件有极少量的持久化数据也保存在 Redis 中。Redis 中不同的索引号对应的数据库面向不同的组件，0 号数据库对应 Core 组件，存储用户的会话信息，以及只读、Artifact 数据层上传状态等临时信息；1 号数据库被 Docker Distribution 用来存储数据层的信息以加速 API；2 号数据库面向 JobService，存储任务的信息，并实现了类似队列的功能，多个 JobService 都可以以它为依据，对任务进行调度并更新状态。对于可选组件，如 ChartMuseum 及镜像扫描软件 Clair 和 Trivy，也在默认情况下以 Redis 作为缓存，存储临时数据。与数据库服务类似，用户也可以在安装时配置相应的参数将 Harbor 指向外部的 Redis 服务。

- Artifact 存储：这是存储 Artifact 本身内容的地方，也就是每次用命令行工具推送容器镜像、Helm Chart 或其他 Artifact 时，数据最终的存储目的地。在默认的安装情况下，Harbor 会把 Artifact 写入本地文件系统中。用户也可以修改配置，将第三方存储服务，如亚马逊的对象存储服务 S3、谷歌云存储 GCS 或阿里云的对象存储 OSS 等作为后端存储来保存 Artifact。正如前面提到的，Harbor 通过 Docker Distribution 对 Artifact 的内容进行读写，因此对各种存储服务的适配，完全是通过 Docker Distribution 中不同的驱动（driver）完成的。

目前，默认安装的持久化服务组件都不是高可用的，在部署高可用的 Harbor 时，用户需要自己根据环境的需要搭建高可用的数据服务，并将 Harbor 指向这些服务，具体可参考第 3 章。

2.2.3 可选组件

核心组件实现了基本的 Artifact 管理功能。在此基础上，Harbor 通过与第三方开源软件集成来提供诸如镜像签名、漏洞扫描等功能，这部分功能服务叫作可选组件。在 Harbor 提供的安装方式中，用户可以根据需要选择是否安装这些组件。为了降低部署的复杂度，安装程序会对这些可选组件讲行配置，让它们与 Harbor 的核心组件共用数据库、Redis 等服务，并更好地与 Harbor 核心组件一起工作。

Harbor 的可选组件有以下几个。

- Notary：基于 TUF 提供了镜像签名管理的功能。用户选择安装 Notary 后，在安装部署 Harbor 时会额外安装 notary-server 和 notary-signer 两个组件，其中 notary-server 负责接收客户端的请求管理签名，notary-signer 负责对签名的元数据再进行签名，以提高安全性。在默认安装的情况下，它们会与 Harbor 的 Core 组件共用一个数据库。在开启 Docker Content Trust 后，Docker 客户端会在推送镜像后将签名发到 Harbor 服务的 4443 端口，Harbor 的 Nginx 组件接到 4443 端口的请求时，会把请求转发给 notary-server。当用户向 API 发送请求查询镜像时，Core

组件会通过内部网络向 notary-server 发送请求，查询镜像是否被签名，并将这个结果返回给用户。

- 扫描器：在 Harbor 2.0 版本中，支持将 Clair 或 Trivy 作为镜像扫描器和 Harbor 一起安装。它们的工作机制不尽相同，但是在部署时会同时安装适配器（adapter），这些适配器根据规范实现了相同的 RESTful API。这些扫描器在安装过程中会被自动注册到 Harbor 中。在扫描镜像时，Harbor 的 JobService 组件通过调用适配器上的 API 扫描镜像，得到漏洞报告，并将它们存储在数据库中。
- ChartMuseum：提供了 API 管理非 OCI 规范的 Helm Chart。在安装了 ChartMuseum 组件后，当用户使用 "helm" 命令向 Harbor 推送或拉取 Chart 时，Harbor 的 Core 组件会首先收到请求，在校验后将请求转发给 ChartMuseum 进行 Chart 文件的读写。随着兼容 OCI 规范的 Helm Chart 在社区上被更广泛地接受，Helm Chart 能以 Artifact 的形式在 Harbor 中存储和管理，不再依赖 ChartMuseum，因此 Harbor 可能会在后续版本中移除对 ChartMuseum 的支持。

以上是对 Harbor 架构及各个组件的概述，关于在不同使用场景中各个组件如何交互和协同工作，在后面的章节中将有更详细的介绍。

第 3 章
安装 Harbor

Harbor 提供了多种安装方式,其中包括在线安装、离线安装、源码安装及基于 Helm Chart 的安装。

- 在线安装:通过在线安装包安装 Harbor,在安装过程中需要从 Docker Hub 获取预置的 Harbor 官方组件镜像。
- 离线安装:通过离线安装包安装 Harbor,从离线安装包中装载所需要的 Harbor 组件镜像。
- 源码安装:通过编译源码到本地安装 Harbor。
- 基于 Helm Chart 的安装:通过 Helm 安装 Harbor Helm Chart 到 Kubernetes 集群。

本章基于 Ubuntu 18.04 的基础环境来说明 Harbor 的每种安装方式。

3.1 在单机环境下安装 Harbor

在单机环境下,可以通过在线、离线或者源码安装方式安装 Harbor。安装 Harbor 之前,安装机器需要满足如表 3-1 所示的硬件需求,以及如表 3-2 所示的软件需求。

表 3-1

硬 件	最小配置	推荐的配置
CPU	2 CPU	4 CPU
内存	4 GB	8 GB
硬盘	40 GB	160 GB

表 3-2

软　件	版　本	描　述
Docker Engine	17.06.0-ce 或者更高	请参考其官方安装文档
Docker Compose	1.18.0 或者更高	请参考其官方安装文档
OpenSSL	推荐使用其最新版本	生成安装过程中需要的证书和私钥

3.1.1　基本配置

Harbor 从 1.8.0 版本起，配置文件的格式从 harbor.cfg 变更为 harbor.yml，这样做既可以提供更好的可读性和可扩展性；还可以通过 prepare 容器实现对安装配置的集中管理，减少对用户基础环境的依赖。值得注意的是，如果基于 harbor.cfg（1.8.0 之前的版本）安装 Harbor，则安装环境需要预先安装 Python v2.7。

本章基于 Harbor 2.0.0 讲解配置的细节。获取 Harbor 在线、离线安装包后将其解压，从中可以看到 harbor.yml.tmpl 文件，该文件是 Harbor 的配置文件模版。用户可以把 harbor.yml.tmpl 文件复制并命名为 harbor.yml，将 harbor.yml 文件作为安装 Harbor 的配置文件。注意：每次修改 harbor.yml 文件的配置后，都需要运行 prepare 脚本并重启 Harbor 才可生效。

下面逐一介绍 harbor.yml.tmpl 文件的具体内容。

1. hostname

配置 Harbor 服务的网络访问地址。可将其配置成当前安装环境的 IP 地址和主机域名（FQDN）。这里不建议将其配置成 127.0.0.1 或者 localhost，这样会使 Harbor 除本机外无法被外界访问。

2. HTTP 和 HTTPS

配置 Harbor 的网络访问协议，默认值为 HTTPS。注意：如果选择安装 Notary 组件，则这里必须将 Harbor 的网络访问协议配置为 HTTPS。配置 HTTPS 时需要提供 SSL/TLS 证书，并将证书和私钥文件的本机地址配置给 certificate 和 private_key 选项。

- port：网络端口号，默认是 443。
- certificate：SSL/TLS 证书文件的本机文件位置。
- private_key：私钥文件的本机文件位置。

如果需要将网络协议更改为 HTTP，则需要注释掉配置文件中的 HTTPS 配置部分：

```
# https:
#   # https port for harbor, default is 443
#   port: 443
#   # The path of cert and key files for nginx
#   certificate: /your/certificate/path
#   private_key: /your/private/key/path
```

3. internal_tls

配置 Harbor 各个模块之间的 TLS 通信。在默认状态下，Harbor 的各个组件（harbor-core、harbor-jobservice、proxy、harbor-portal、registry、registryctl、trivy_adapter、clair_adapter、chartmuseum）之间的通信都基于 HTTP。但为了安全，在生产环境下推荐开启 TLS 通信。如果需要开启 TLS 通信，则需要去掉配置文件的注释部分：

```
internal_tls:
  # set enabled to true means internal tls is enabled
  enabled: true
  # put your cert and key files on dir
  dir: /etc/harbor/tls/internal
```

其中：enabled 表明 TLS 的开启状态；dir 存放各组件证书和私钥的本机文件路径。

Harbor 提供证书自动生成工具，命令如下：

```
$ docker run -v /:/hostfs goharbor/prepare:v2.0.0 gencert -p /path/to/internal/tls/cert
```

其中："-p" 指定本机存放证书的目录，建议与 dir 的配置保持一致，如果不一致，则需要手动复制生成的文件到 dir 配置目录下。

在默认情况下，证书自动生成工具会生成 CA，文件被基于此 CA 生成组件的证书。

如果需要使用自持的 CA 生成组件证书，则可将自持 CA 和私钥分别命名为 harbor_internal_ca.crt 和 harbor_internal_ca.key 并放在 dir 配置项对应的目录下，然后执行如上命令生成其他组件的证书和私钥。

如果不使用证书自动生成工具，则需要提供自持 CA 和私钥，分别命名为 harbor_internal_ca.crt 和 harbor_internal_ca.key 并放在 dir 配置项对应的目录下。同时在该目录下提供各个组件的证书和私钥。注意：所有组件证书都必须由自持 CA 签发，证书的文件命名和通用名（Common Name，CN）属性需要按照表 3-3 指定。

表 3-3

名　称	描　述	通用名（CN）
harbor_internal_ca.key	CA 的私钥	不需要
harbor_internal_ca.crt	CA 的证书	不需要
core.key	Core 组件的私钥	不需要
core.crt	Core 组件的证书	core
jobservice.key	JobService 组件的私钥	不需要
jobservice.crt	JobService 组件的证书	jobservice
proxy.key	Proxy 组件的私钥	不需要
proxy.crt	Proxy 组件的证书	proxy
portal.key	Portal 组件的私钥	不需要
portal.crt	Portal 组件的证书	portal
registry.key	Registry 组件的私钥	不需要
registry.crt	Registry 组件的证书	registry
registryctl.key	Registryctl 组件的私钥	不需要
registryctl.crt	Registryctl 组件的证书	registryctl
notary_server.key	Notary Server 组件的私钥	不需要
notary_server.crt	Notary Server 组件的证书	notary-server
notary_signer.key	Notary Signer 组件的私钥	不需要
notary_signer.crt	Notary Signer 组件的证书	notary-signer
trivy_adapter.key	Trivy Adapter 组件的私钥	不需要
trivy_apapter.crt	Trivy Adapter 组件的证书	trivy-adapter
clair.key	Clair 组件的私钥	不需要
clair.crt	Clair 组件的证书	clair
clair_adpater.key	Clair Adapter 组件的私钥	不需要
clair_adatper.crt	Clair Adapter 组件的证书	clair-adatper
chartmuseum.key	ChartMuseum 组件的私钥	不需要
chartmuseum.crt	ChartMuseum 组件的证书	chartmuseum

4. harbor_admin_password

配置 Harbor 的管理员密码的默认值为 Harbor12345，建议在安装前更改此项。此项用于管理员登录 Harbor，仅在第一次启动前有效，启动后更改将不起作用。如果后续需要更改管理员密码，则可以登录 Harbor 界面进行更改。

5. database

配置 Harbor 内置的数据库。

- password：数据库管理员密码，默认值为 root123，用于管理员登录数据库。建议在安装前修改此项。
- max_idle_conns：Harbor 组件连接数据库的最大空闲连接数。
- max_open_conns：Harbor 组件连接数据库的最大连接数，将其设置为小于 0 的整数时，连接数无限制。

6. data_volume

配置 Harbor 的本地数据存储，其默认地址为"/data"目录，该目录存放的数据包括 Artifact 文件、数据库数据及缓存数据等。

7. storage_service

配置外置存储。Harbor 默认使用本地存储，如果需要使用外部存储，则需要去掉注释部分。

- ca_bundle：指明 CA 的存放路径。Harbor 将该路径下的文件注入除 log、database、redis 和 notary 外的所有容器的 trust store 中。
- 外置存储类型：包括 filesystem、azure、gcs、s3、swift 和 oss。默认值为 filesystem。

在配置外部存储时需要指明存储类型，如表 3-4 所示，只能任选其中一种。若指明多种存储类型，Harbor 就会启动错误。

表 3-4

存储类型	描述
filesystem	使用本地存储。 Maxthreads 指存储允许并发文件块操作的最大值，默认值为 100，不能少于 25
Azure	使用微软 Azure 存储，详细配置请参考"github.com/docker/docker.github.io/blob/master/registry/storage-drivers/azure.md"目录
Gcs	使用 Google 云存储，详细配置请参考下面的实例

续表

存储类型	描述
S3	使用 Amazon S3 及 S3 兼容存储，详细配置请参考"github.com/docker/docker.github.io/blob/master/registry/storage-drivers/s3.md"目录
Swift	使用 Openstack Swift 对象存储，详细配置请参考"github.com/docker/docker.github.io/blob/master/registry/storage-drivers/swift.md"目录
Oss	使用 Aliyun OSS 对象存储，详细配置请参考"github.com/docker/docker.github.io/tree/master/registry/storage-drivers/oss.md"目录

使用 Google 云存储的示例如下：

```
storage_service:
  gcs:
    bucket: example
    keyfile: /harbor/gcs/gcs_keyfile
    rootdirectory: harbor/example
    chunksize: 524880
```

其中的属性如表 3-5 所示。

表 3-5

属性	必填项	描述
bucket	是	Google 云存储的"bucket"名称，需要预先创建
Keyfile	否	Google 云存储的服务账号密钥文件，为 json 格式
Rootdirectory	否	存放 Artifact 文件的根目录名称，需要预先创建
Chunksize	否（默认值为 524880）	用来指明大文件上传的块大小，需要是 256×1014 的倍数

8. clair

配置镜像扫描工具 Clair。Updaters_interval 指 Clair 抓取 CVE 数据的时间间隔，单位为小时。将其设置为 0 时关闭数据抓取。为保证漏洞数据及时更新，不建议关闭数据抓取。

9. trivy

配置镜像扫描工具 Trivy。

- ignore_unfixed：是否忽略无修复的漏洞，默认值为 false。开启此项后，在漏洞的扫描结果中只列出有修复的漏洞。

- skip_update：是否关闭 Trivy 从 GitHub 数据源下载数据的功能，默认值为 false。如果开启此项，则需要手动下载 Trivy 数据，将其路径映射到 Trivy 容器内的"/home/scanner/.cache/trivy/db/trivy.db"路径下。在使用 Harbor 集成 CI/CD 的情况下，为避免 GitHub 的下载限制，可开启此项。
- insecure：是否忽略 Registry 证书验证，默认值为 false。当配置为 true 时，Trivy 从 Core 组件拉取镜像时不会校验 Core 组件的证书。
- github_token：Trivy 从数据源 GitHub 下载数据的访问 Token。GitHub 对于匿名下载的限制是每小时 60 个请求，通常情况下可能无法满足生产使用，通过配置该项，GitHub 的下载限制可以提升至每小时 5000 个请求。建议在生成环境下配置该项。关于如何生成 GitHub Token，请参考官方文档中的"help.github.com/en/github/authenticating-to-github/creating-a-personal-access-token-for-the-command-line"目录。

10. jobservice

配置功能组件 jobservice。Max_job_workers 为最大 job 的执行单元数，默认值为 10。

11. notification

配置事件通知。Webhook_job_max_retry 为事件通知失败的最大重试次数，默认值为 10。

12. chart

配置 ChartMuseum 组件。Absolute_url 指使用 ChartMuseum 组件时，客户端获取到的 Chart 的 index.yaml 中包含的 URL 是否为绝对路径。在不配置该项时，ChartMuseum 组件会返回相对路径。

13. log

配置日志。

- level：日志级别，支持 Debug、Error、Warning 和 Info，默认值为 Info。
- local：本地日志配置。
    - rotate_count：日志文件在删除前的最大轮换次数。将其设置为 0 时将不启用轮换。默认值为 50。

- rotate_size：日志文件轮转值。在日志文件大小超过设置的值后，日志文件将被轮转。默认值为 200 MB。
- location：日志文件的本地存储路径。
○ external_endpoint：外置 syslog 日志配置，如要开启，则需要将注释去掉。
- protocol：外置日志的传输协议，支持 UDP 和 TCP，默认值为 TCP。
- host：外置日志服务的网络地址。
- port：外置日志服务的网络端口。

14. external_database

外置数据库配置。如要开启，则需要将注释去掉。另外，用户必须手动创建 Harbor 所需的空数据库，详细信息可参考 Harbor 高可用方案。注意：Harbor 2.0.0 仅支持 PostgreSQL 数据库。

○ harbor：Harbor 的数据库配置。
- host：数据库的网络地址。
- port：数据库的端口号。
- db_name：数据库的名称。
- username：数据库管理员的用户名。
- password：数据库管理员的密码。
- ssl_mode：安全模式。
- max_idle_conns：Harbor 组件连接数据库的最大空闲连接数。
- max_open_conns：Harbor 组件连接数据库的最大连接数，将其设置为小于 0 的整数时，连接数无限制。

○ clair：Clair 的数据库配置。
- host：数据库的网络地址。
- port：数据库的端口号。
- db_name：数据库的名称。
- username：数据库管理员的用户名。
- password：数据库管理员的密码。
- ssl_mode：安全模式。

○ notarysigner：Notary Signer 的数据库配置。
- host：数据库的网络地址。

- port：数据库的端口号。
- db_name：数据库的名称。
- username：数据库管理员的用户名。
- password：数据库管理员的密码。
- ssl_mode：安全模式。
○ notaryserver：Notary Server 的数据库配置。
- host：数据库的网络地址。
- port：数据库的端口号。
- db_name：数据库的名称。
- username：数据库管理员的用户名。
- password：数据库管理员的密码。
- ssl_mode：安全模式。

15. external_redis

外置 Redis 配置。如要开启，则需要将注释去掉。注意：数据索引值不可以被设置为 0，因为其被 Harbor Core 组件独占使用。

○ host：外置 Redis 的网络地址。
○ port：外置 Redis 的网络端口。
○ password：外置 Redis 的访问密码。
○ registry_db_index：Registry 组件的数据索引值。
○ jobservice_db_index：JobService 组件的数据索引值。
○ chartmuseum_db_index：ChartMuseum 组件的数据索引值。
○ clair_db_index：Clair 组件的数据索引值。
○ trivy_db_index：Trivy 组件的数据索引值。
○ idle_timeout_seconds：空闲连接超时时间，设置为 0 时，空闲连接将不会被关闭。

16. uaa

配置 UAA。Ca_file 为 UAA 服务器自签名证书的路径。

17. proxy

配置反向代理。Harbor 在内网环境下运行时，可使用反向代理访问外网。注意：代理配置不影响 Harbor 各个组件之间的通信。

- proxy：网络代理服务地址。其中，http_proxy 指 HTTP 的网络代理服务地址；https_proxy 指 HTTPS 的网络代理服务地址。
- no_proxy：不使用网络代理服务的域名。Harbor 各组件的服务名会自动添加 no_proxy 规则，所以用户只需配置自己的服务，例如通常情况下，用户需要从同处于内部网络环境下的另一个 Registry 节点中同步 Artifact 时，无须使用代理服务。这里将这个 Registry 节点的网络地址配置到该项即可。
- components：默认情况下，代理服务配置应用在组件 Core、JobService、Clair、Trivy 的网络中访问。如果想关闭任何一个组件的代理服务，则将该组件从列表中移除。注意：如需为 Artifact 复制功能应用网络代理，那么 core 和 jobservcie 必须出现在列表中。

3.1.2 离线安装

首先，获取 Harbor 的离线安装包，可从项目的官方发布网站 GitHub 获取，获取目录为 github.com/goharbor/harbor/releases，如图 3-1 所示。注意：RC 或者 Pre-release 版本并不适用于生产环境，仅适用于测试环境。

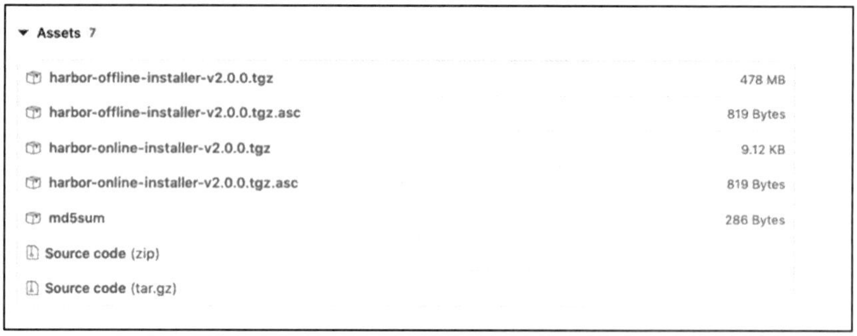

图 3-1

在 Harbor 的发布页面上提供了离线和在线安装文件。

- harbor-offline-installer-v2.0.0.tgz：为离线安装包，包含了 Harbor 预置的所有镜像文件、配置文件等。
- harbor-offline-installer-v2.0.0.tgz.asc：为离线安装包的签名文件，用户通过它可以验证离线安装包是否被官方签名和验证。

- md5sum：包含上述两个文件的 md5 值，用户通过它可以校验下载文件的正确性。

然后，选择对应的版本，下载并解压离线安装包：

```
$ curl https://github.com/goharbor/harbor/releases/download/v2.0.0/harbor-offline-installer-v2.0.0.tgz
$ tar -zvxf ./harbor-offline-installer-v2.0.0.tgz
```

解压离线安装包，可以看到在 harbor 文件夹下有如下文件。

- LICENSE：许可文件。
- common.sh：安装脚本的工具脚本。
- harbor.v2.0.0.tar.gz：各个功能组件的镜像文件压缩包。
- harbor.yml.tmpl：配置文件的模板，在配置好后需要将此文件的后缀名"tmpl"去掉或者复制生成新的文件 harbor.yml。
- install.sh：安装脚本。
- prepare：准备脚本，将 harbor.yml 配置文件的内容注入各组件的配置文件中。

最后，按照 3.1.1 节完成配置后，通过执行安装脚本 install.sh 启动安装。安装脚本的流程大致如下。

（1）环境检查，主要检查本机的 Docker 及 docker-compose 版本。

（2）载入离线镜像文件。

（3）准备配置文件并生成 docker-compose.yml 文件。

（4）通过 docker-compose 启动 Harbor 的各组件容器。

安装脚本支持 Harbor 组件选装，除核心组件外，其他功能组件均可通过参数指定。以下参数出现时安装相应组件，否则不安装。

- --with-notary：选择安装镜像签名组件 Notary，其中包括 Notary Server 和 Notary Signer 如果指定安装 Notary，则必须配置 Harbor 的网络协议为 HTTPS。
- --with-clair：选择安装镜像扫描组件 Clair。
- --with-trivy：选择安装镜像扫描组件 Trivy。
- --with-chartmuseum：选择安装 Chart 文件管理组件 ChartMuseum。

安装完成后，可通过浏览器登录管理控制台或者 Docker 客户端推送镜像，验证安装是否成功。具体可参考 3.5 节。

3.1.3 在线安装

不同于离线安装，在线安装需要安装机器有访问 Docker Hub 的能力。因为机器在安装过程中需要通过 Docker 获取 Harbor 在 Docker Hub 中预置好的镜像文件。

首先，获取 Harbor 在线安装包，可从项目的官方发布网站 GitHub 获取，获取目录为"github.com/goharbor/harbor/releases"，如图 3-2 所示。注意 RC 或者 Pre-release 版本并不适用于生产环境，仅适用于测试环境。

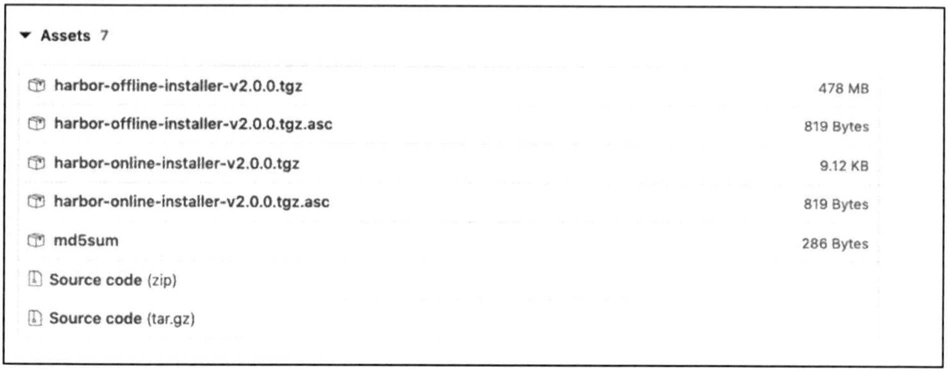

```
▼ Assets  7
   harbor-offline-installer-v2.0.0.tgz              478 MB
   harbor-offline-installer-v2.0.0.tgz.asc        819 Bytes
   harbor-online-installer-v2.0.0.tgz              9.12 KB
   harbor-online-installer-v2.0.0.tgz.asc        819 Bytes
   md5sum                                          286 Bytes
   Source code (zip)
   Source code (tar.gz)
```

图 3-2

在 Harbor 的发布页面上提供了在线安装文件。

- harbor-online-installer-v2.0.0.tgz：为在线安装包，包含预置的安装脚本、配置文件模板和许可文件。
- harbor-online-installer-v2.0.0.tgz.asc：为在线安装包的签名文件，用户通过它可以验证在线安装包是否被官方签名和验证。
- md5sum：包含了上述两个文件的 md5 值，用户通过它可以校验下载文件的正确性。

然后，选择对应的版本，下载并解压在线安装包：

```
$ curl https://github.com/goharbor/harbor/releases/download/v2.0.0/harbor-online-installer-v2.0.0.tgz
$ tar -zvxf ./harbor-online-installer-v2.0.0.tgz
```

解压在线安装包，可以看到如下文件。

- LICENSE：许可文件。

- common.sh：安装脚本的工具脚本。
- harbor.yml.tmpl：配置文件的模板文件。
- install.sh：安装脚本。
- prepare：准备脚本，将配置文件的内容注入各组件的配置文件中。

执行安装命令，参考 3.1.2 节。

3.1.4 源码安装

Harbor 可以通过编译 Go 源码并构建容器，最终完成 Harbor 的安装。

本节基于 Harbor 2.0.0 源码来详细讲解安装过程。在开始之前，请确保在本地安装了 Docker 和 docker-compose，并有网络访问能力。

Harbor 的源码编译和安装流程大致如下。

（1）获取源码。

（2）修改源码配置文件。

（3）执行"make"命令。

为什么要编译源码呢？理解"make"命令编译并构建 Harbor 的流程有助于开发者基于现有代码进行二次开发和调试。在大多数情况下，用户不需要修改 Harbor 源码，使用在线、离线或者 Helm 方式安装即可。如果有自己特殊的业务逻辑，并且此业务逻辑没有被社区接受和进入某个 Release，或者需要订制自己的管理页面，就需要修改源码。而为了修改生效，需要编译 Harbor 源码。

首先，下载源码。执行如下命令获取 Harbor 2.0.0 的源码：

```
$ git clone -b v2.0.0 https://github.com/goharbor/harbor.git
```

然后，参考 3.1.2 节修改源码配置文件。

接着，执行"make"命令。在源码的根目录下执行"make"命令。"make"命令包括如下子命令，本节基于"install"子命令讲解如何基于 Go 源码安装 Harbor。

- compile：通过 Go 镜像编译 Harbor 的各个功能组件源码，生成二进制文件。
- build：基于二进制文件构建各组件镜像。各功能组件的 Dockerfile 在"./make/photon"文件夹下。关于各个组件的构建流程，可参考该文件的内容。

- prepare：基于配置文件 harbor.yml 生成各个组件的配置信息。
- install：源码安装命令，包括 Compile、Build 和 Prepare，通过 docker-compose 启动所有功能组件。
- package_online：生成 Harbor 在线安装包。
- package_offline：生成 Harbor 离线安装包。

"make install"命令的大致执行流程：首先，通过 Go 镜像编译源码的二进制文件，包括组件 core、registryctl 及 jobservice 等；然后，基于二进制文件和各组件的基础镜像构建组件镜像；接着，解析配置文件，基于模板生成 docker-compose 文件；最后，通过 docker-compose 启动 Harbor。

"make install"命令中的参数如下。

- CLAIRFLAG：默认值为 false。设置为 true 时，表明在源码编译过程中会编译并构建 Clair 镜像，这样在启动 Harbor 后镜像扫描功能开启。
- TRIVYFLAG：默认值为 false。设置为 true 时，表明在源码编译过程中会编译并构建 Trivy 镜像，这样在启动 Harbor 后镜像扫描功能开启。
- NOTARYFLAG：默认值为 false。设置为 true 时，表明在源码编译过程中会编译并构建 Notary Signer 和 Notary Server 镜像，这样在启动 Harbor 后镜像签名功能开启。这里 harbor.yaml 的网络协议需要被设置为 HTTPS。
- CHARTFLAG：默认值为 false。设置为 true 时，表明在源码编译过程中会编译并构建 ChartMuseum 镜像，这样在启动 Harbor 后 Chart 仓库功能开启。
- NPM_REGISTRY：默认值为 NPM 官方的 Registry 地址。如果构建 Harbor portal 镜像时无法访问 NPM 官方的 Registry 或者用户有特定需求，则可通过该参数设定。
- VERSIONTAG：默认值为 dev，指定构建各个组件镜像的 Tag 名称。
- PKGVERSIONTAG：默认值为 dev，指定在线或者离线安装包命名中的版本信息。

"make build"命令会依据 Harbor 组件的镜像文件来构建组件镜像。这里以 core 组件为例，其镜像文件在 "./make/photon/core" 目录下，其余镜像的构建流程大体相似，构建过程如下。

（1）构建基于 Harbor 的基础镜像。为了保证基于同样的代码可以编译出同样的镜像，这里使用了固定的基础镜像。其原因是，如果在每一次编译过程中都构建基础镜像，则无法保证基础镜像的一致性，也就无法保证最终镜像的一致性。构建基础镜像的方法可参考同目录下的 Dockerfile.base 文件：

```
ARG harbor_base_image_version
FROM goharbor/harbor-core-base:${harbor_base_image_version}
```

（2）复制编译好的二进制文件和相应的脚本，并设置权限和 entrypoint：

```
HEALTHCHECK CMD curl --fail -s http://127.0.0.1:8080/api/v2.0/ping || curl -k
--fail -s https://127.0.0.1:8443/api/v2.0/ping || exit 1
COPY ./make/photon/common/install_cert.sh /harbor/
COPY ./make/photon/core/entrypoint.sh /harbor/
COPY ./make/photon/core/harbor_core /harbor/
COPY ./src/core/views /harbor/views
COPY ./make/migrations /harbor/migrations
RUN chown -R harbor:harbor /etc/pki/tls/certs \
    && chown harbor:harbor /harbor/entrypoint.sh && chmod u+x
/harbor/entrypoint.sh \
    && chown harbor:harbor /harbor/install_cert.sh && chmod u+x
/harbor/install_cert.sh \
    && chown harbor:harbor /harbor/harbor_core && chmod u+x /harbor/harbor_core
WORKDIR /harbor/
USER harbor
ENTRYPOINT ["/harbor/entrypoint.sh"]
COPY make/photon/prepare/versions /harbor/
```

注意：在 Harbor 组件中，除了 log 组件使用 root 用户，其余组件均为非 root 用户。

（3）成功执行“make install”命令后，Harbor 安装成功。执行“docker ps”命令检查各个组件的状态，如图 3-3 所示。

```
CONTAINER ID        IMAGE                                   COMMAND                  CREATED             STATUS                   PORTS
                              NAMES
ef08c03e76c0        goharbor/nginx-photon:v2.0.0            "nginx -g 'daemon of…"   2 minutes ago       Up 2 minutes (healthy)   0.0.0.0:4443->4443/tcp, 0.0.0.0:8
0->8080/tcp, 0.0.0.0:443->8443/tcp   nginx
fb99fd0a6394        goharbor/harbor-jobservice:v2.0.0       "/harbor/entrypoint.…"   2 minutes ago       Up 2 minutes (healthy)
                              harbor-jobservice
e689c1a70e90        goharbor/clair-adapter-photon:v2.0.0    "/home/clair-adapter…"   3 minutes ago       Up 2 minutes (healthy)   8080/tcp
                              clair-adapter
7323a9c871aa        goharbor/harbor-core:v2.0.0             "/harbor/entrypoint.…"   3 minutes ago       Up 2 minutes (healthy)
                              harbor-core
d20a6bed488e        goharbor/notary-server-photon:v2.0.0    "/bin/sh -c 'migrate…"   3 minutes ago       Up 3 minutes
                              notary-server
4b182e094d25        goharbor/notary-signer-photon:v2.0.0    "/bin/sh -c 'migrate…"   3 minutes ago       Up 3 minutes
                              notary-signer
c7aa5275c450        goharbor/clair-photon:v2.0.0            "./docker-entrypoint…"   3 minutes ago       Up 3 minutes (healthy)   6060-6061/tcp
                              clair
a007a342ea6c        goharbor/harbor-portal:v2.0.0           "nginx -g 'daemon of…"   3 minutes ago       Up 3 minutes (healthy)   8080/tcp
                              harbor-portal
8cd5cd27d904        goharbor/registry-photon:v2.0.0         "/home/harbor/entryp…"   3 minutes ago       Up 3 minutes (healthy)   5000/tcp
                              registry
a21752846526        goharbor/harbor-registryctl:v2.0.0      "/home/harbor/start.…"   3 minutes ago       Up 3 minutes (healthy)
                              registryctl
c50a4cbf3814        goharbor/chartmuseum-photon:v2.0.0      "./docker-entrypoint…"   3 minutes ago       Up 3 minutes (healthy)   9999/tcp
                              chartmuseum
330ba681758d        goharbor/redis-photon:v2.0.0            "redis-server /etc/r…"   3 minutes ago       Up 3 minutes (healthy)   6379/tcp
                              redis
73894d4a2b0b        goharbor/harbor-db:v2.0.0               "/docker-entrypoint.…"   3 minutes ago       Up 3 minutes (healthy)   5432/tcp
                              harbor-db
602ad13955c3        goharbor/harbor-log:v2.0.0              "/bin/sh -c /usr/loc…"   3 minutes ago       Up 3 minutes (healthy)   127.0.0.1:1514->10514/tcp
                              harbor-log
```

图 3-3

3.2 通过 Helm Chart 安装 Harbor

3.1 节介绍了如何在单机环境下安装 Harbor。当用户希望在多节点环境或者生产环境下运行 Harbor 时，可能需要在 Kubernetes 集群上部署 Harbor。为此，Harbor 提供了 Helm Chart 来帮助用户在 Kubernetes 上部署 Harbor。

本节为读者介绍如何使用 Helm 将 Harbor 部署到 Kubernetes 集群。

在基于 Helm 安装 Harbor Chart 到 Kubernetes 之前，需要安装机器满足如表 3-6 所示的需求。

表 3-6

软　件	版　本	描　述
Kubernetes	Version 1.10 或者更高	请参考官方安装文档
Helm	Version 2.8.0 或者更高	请参考官方安装文档

3.2.1 获取 Helm Chart

在安装前需要执行如下命令添加 Helm Chart 仓库：

```
helm repo add harbor https://helm.goharbor.io
```

我们可以从 Harbor 的 Helm Chart 项目的官方发布网站 GitHub 上查看 Release，目录为 "github.com/goharbor/harbor-helm/releases"，如图 3-4 所示。注意：这里不推荐用户从 GitHub 上直接下载 Release，推荐执行命令通过 Helm 下载。

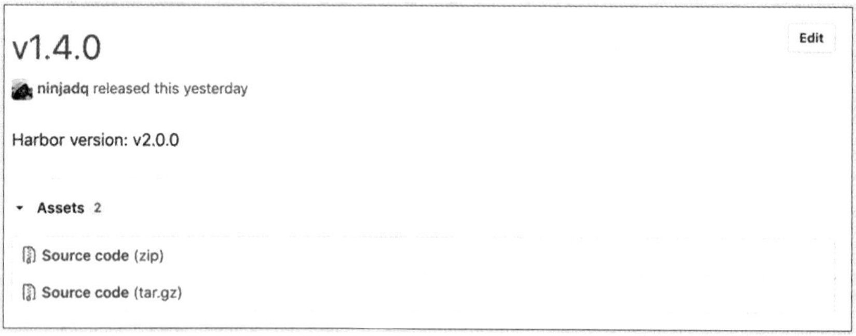

图 3-4

3.2.2 配置 Helm Chart

本节详细讲解如何配置 Helm Chart。以下介绍的各项配置可在安装过程中通过"--set"命令指定，也可通过编辑 values.yaml 文件指定。

若希望少量修改 Helm Chart 的配置完成安装，则可重点关注以下 3 项配置。

1. 配置服务的暴露方式

Harbor Helm-Chart 支持 Ingress、ClusterIP、NodePort 及 LoadBalancer 等几种访问暴露（expose）方式。在 Kubernetes 集群中使用 Harbor 时可选择 ClusterIP。如果需要在 Kubernetes 集群外提供 Harbor 服务，则可选择使用 Ingress、NodePort 或 LoadBalancer。

访问方式可通过设置 expose.type 的值来实现。

- Ingress：Kubernetes 集群需要安装 Ingress controller。注意：如果没有开启 TLS，则在推送或者拉取镜像时，在命令中需要添加端口号。具体原因可参考 "github.com/goharbor/harbor/issues/5291" 页面。
- ClusterIP：通过集群的内部 IP 暴露 Harbor。该值可支持在 Kubernetes 集群内部使用 Harbor 的场景。
- NodePort：通过集群中每个 Node 的 IP 和静态端口暴露 Harbor。当从集群外部访问时，通过请求 NodeIP:NodePort 可以访问一个 NodePort 服务。
- LoadBalancer：使用云提供商的负载均衡器，可以对外暴露 Harbor。

2. 配置外部地址

外部地址是客户端访问 Harbor 的地址，也是 Harbor 的管理页面显示完整的 "docker" "helm" 命令用到的地址；在 Docker、Helm 客户端交互中暴露完整的 Token 服务地址。

外部地址可通过设置 externalURL 的值来实现，格式为 "protocol://domain[:port]"。在不同的访问方式下，对 domain 有不同的要求。

- Ingress：当访问方式为 Ingress 时，应将 domain 设置为 expose.ingress.hosts.core 的值。
- ClusterIP：当访问方式为 ClusterIP 时，应将 domain 设置为 expose.clusterIP.name 的值。

- NodePort：当访问方式为 NodePort 时，应将 domain 设置为 Kubernetes node 的 IP 地址:Port 端口号。
- LoadBalancer：当访问方式为 LoadBalancer 时，应将 domain 设置为用户自定义的域名。并添加 DNS 的 CNAME 记录映射该域名为用户从云提供商处得到的域名。

此外，如果 Harbor 被部署在负载均衡器或反向代理后面，则需要将外部地址设置为负载均衡器或反向代理的访问地址。

3. 配置数据持久化

Harbor Helm Chart 支持以下几种存储方式。

- Disable：关闭持久化数据。在使用过程中产生的数据会随着 Pod 的消亡而消亡。在生产环境下不建议用户关闭持久化数据。
- Persistent Volume Claim：在部署 Kubernetes 集群时需要一个默认的 StorageClass，该 StorageClass 将被用于动态地为没有设定 storage class 的 PersistentVolumeClaims 配置存储。如果需要使用非默认的 StorageClass，则要在相应的组件配置下指定 storageClass。如果需要使用已有的持久卷，则要在相应的组件配置下指定 existingClaim。
- External Storage：外部存储仅支持存储镜像和 Chart 文件。外部存储支持的类型包括 azure、gsc、s3、swift 及 oss。

下面分别介绍其中各项的详细配置。

服务暴露方式的配置如表 3-7 所示。

表 3-7

参 数	描 述	默 认 值
expose.type	Helm-Chart 支持 Ingress、ClusterIP、NodePort 及 LoadBalancer 服务暴露方式	ingress
expose.tls.enable	是否开启 TLS	true（开启）
expose.ingress.controller	Ingress 控制器类型。当前版本可以支持 default、gce 及 ncp	default
expose.tls.secretName	用户自持 TLS 证书的 secret 名称	
expose.tls.notarySecretName	在默认情况下，Notary 服务会使用与 expose.tls.secretName 相同的证书和私钥。当用户需要指定单独的证书和私钥时，需要配置此项。 注意：此项仅在 expose.type 为 Ingress 时有效	

续表

参　　数	描　　述	默　认　值
expose.tls.commonName	此项用于生成证书。 当 expose.type 被配置为 clusterIP 或者 nodePort，并且 expose.tls.secretName 为空时，此项为必填项	
expose.ingress.hosts.core	Harbor Core 服务在 Ingress 规则中的主机名称	core.harbor.domain
expose.ingress.hosts.notary	Harbor Notary 服务在 Ingress 规则中的主机名称	notary.harbor.domain
expose.ingress.annotations	Ingress 所使用的注解	
expose.clusterIP.name	ClusterIP 服务的名称	harbor
expose.clusterIP.ports.httpPort	服务被配置为 HTTP 时，Harbor 监听的端口号	80
expose.clusterIP.ports.httpsPort	服务被配置为 HTTPS 时，Harbor 监听的端口号	443
expose.clusterIP.ports.notaryPort	Harbor Notary 服务监听的端口号。 此项仅当 notary.enabled 被配置为 true 时有效	4443
expose.nodePort.name	NodePort 服务的名称	harbor
expose.nodePort.ports.http.port	服务被配置为 HTTP 时，Harbor 监听的 Service 端口号	80
expose.nodePort.ports.http.nodePort	服务被配置为 HTTP 时，Harbor 监听的 Node 端口号	30002
expose.nodePort.ports.https.port	服务被配置为 HTTPS 时，Harbor 监听的 Service 端口号	443
expose.nodePort.ports.https.nodePort	服务被配置为 HTTPS 时，Harbor 监听的 node 端口号	30003
expose.nodePort.ports.notary.port	服务被配置为 HTTPS 时，Notary 监听的 Service 端口号。 此项仅当 notary.enabled 被配置为 true 时有效	4443
expose.nodePort.ports.notary.nodePort	服务被配置为 HTTPS 时，Notary 监听的 node 端口号	30004
expose.loadBalancer.name	LoadBalancer 服务的名称	harbor
expose.loadBalancer.IP	LoadBalancer 服务的 IP 地址。 此项配置仅当 LoadBalancer 支持分配 IP 时有效	""
expose.loadBalancer.ports.httpPort	服务被配置为 HTTP 时，Harbor 监听的 Service 端口号	80
expose.loadBalancer.ports.httpsPort	服务被配置为 HTTPS 时，Harbor 监听的 Node 端口号	30002
expose.loadBalancer.ports.notaryPort	服务被配置为 HTTPS 时，Notary 监听的 Service 端口号。 此项仅当 notary.enabled 被配置为 true 时有效	4443
expose.loadBalancer.annotations	LoadBalancer 使用的注解	{}
expose.loadBalancer.sourceRanges	分配给 loadBalancer 的来源 IP 地址的范围	[]

TLS 的配置如表 3-8 所示。

表 3-8

参　　数	描　　述	默　认　值
internalTLS.enabled	开启组件间的 TLS 通信，包括 chartmuseum、clair、core、jobservice、portal、registry 及 trivy	false

续表

参　数	描　述	默认值
internalTLS.certSource	当开启 TLS 时，配置生成证书的方法。备选方法有 auto、manual 及 secret	auto
internalTLS.trustCa	只有当 certSource 为 manual 时，授信的数字证书认证机构（CA）才会生效。 所有内部组件的证书都需要由此授信的数字证书认证机构（CA）签发	
internalTLS.core.secretName	Core 组件的 secret 名称，只有当 certSource 为 secret 时，此项才会生效。 Secret 内容需要包含如下三项（对这三项的解释下同）。 • ca.crt：授信的数字证书认证机构（CA），所有内部组件的证书都需要由此授信的数字证书认证机构（CA）签发。 • tls.crt：TLS 证书文件的内容。 • tls.key：TLS 私钥文件的内容	
internalTLS.core.crt	Core 组件的 TLS 证书文件内容。只有当 certSource 为 manual 时，此项才会生效	
internalTLS.core.key	Core 组件的 TLS 私钥文件内容。只有当 certSource 为 manual 时，此项才会生效	
internalTLS.jobservice.secretName	JobService 组件的 secret 名称，只有当 certSource 为 secret 时，此项才会生效。 Secret 内容需要包含 ca.crt、tls.crt、tls.key 三项	
internalTLS.jobservice.crt	JobService 组件的 TLS 证书文件内容。只有当 certSource 为 manual 时，此项才会生效	
internalTLS.jobservice.key	JobService 组件的 TLS 私钥文件内容。只有当 certSource 为 manual 时，此项才会生效	
internalTLS.registry.secretName	Registry 组件的 secret 名称，只有当 certSource 为 secret 时，此项才会生效。 Secret 内容需要包含 ca.crt、tls.crt、tls.key 三项	
internalTLS.registry.crt	Registry 组件的 TLS 证书文件内容。只有当 certSource 为 manual 时，此项才会生效	
internalTLS.registry.key	Registry 组件的 TLS 私钥文件内容。只有当 certSource 为 manual 时，此项才会生效	
internalTLS.portal.secretName	Portal 组件的 secret 名称，只有当 certSource 为 secret 时，此项才会生效。 Secret 内容需要包含 ca.crt、tls.crt、tls.key 三项	
internalTLS.portal.crt	Portal 组件的 TLS 证书文件内容。只有当 certSource 为 manual 时，此项才会生效	
internalTLS.portal.key	Portal 组件的 TLS 私钥文件内容。只有当 certSource 为 manual 时，此项才会生效	

续表

参　数	描　述	默认值
internalTLS.chartmuseum.secretName	ChartMuseum 组件的 secret 名称，只有当 certSource 为 secret 时，此项才会生效。Secret 内容需要包含 ca.crt、tls.crt、tls.key 三项	
internalTLS.chartmuseum.crt	ChartMuseum 组件的 TLS 证书文件内容。只有当 certSource 为 manual 时，此项才会生效	
internalTLS.chartmuseum.key	ChartMuseum 组件的 TLS 私钥文件内容。只有当 certSource 为 manual 时，此项才会生效	
internalTLS.clair.secretName	Clair 组件的 secret 名称，只有当 certSource 为 secret 时，此项才会生效。Secret 内容需要包含 ca.crt、tls.crt、tls.key 三项	
internalTLS.clair.crt	Clair 组件的 TLS 证书文件内容。只有当 certSource 为 manual 时，此项才会生效	
internalTLS.clair.key	Clair 组件的 TLS 私钥文件内容。只有当 certSource 为 manual 时，此项才会生效	
internalTLS.trivy.secretName	Trivy 组件的 secret 名称，只有当 certSource 为 secret 时，此项才会生效。Secret 内容需要包含 ca.crt、tls.crt、tls.key 三项	
internalTLS.trivy.crt	Trivy 组件的 TLS 证书文件内容。只有当 certSource 为 manual 时，此项才会生效	
internalTLS.trivy.key	Trivy 组件的 TLS 私钥文件内容。只有当 certSource 为 manual 时，此项才会生效	

◎ 存储的配置如表 3-9 所示。

表 3-9

参　数	描　述	默认值
persistence.enabled	是否开启数据持久化	true
persistence.resourcePolicy	为避免在执行 Helm delete 操作时持久卷被移除，此项需要被设置为 keep	keep
persistence.persistentVolumeClaim.registry.existingClaim	如果 Registry 组件使用了已经存在的持久卷，则请确认在绑定之前该持久卷已经手动创建成功。同时，如果该持久卷是和其他组件共享的，则请指定 sub path 项	
persistence.persistentVolumeClaim.registry.storageClass	指定为 Registry 分配卷时的 storageClass。如果未指定，则这里会使用默认值。如果需要关闭动态分配，则可将其值设置为 "-"	

续表

参 数	描 述	默 认 值
persistence.persistentVolumeClaim.registry.subPath	Registry 持久卷使用的 sub path	
persistence.persistentVolumeClaim.registry.accessMode	Registry 持久卷使用的存取方式	
persistence.persistentVolumeClaim.registry.size	Registry 持久卷的大小	
persistence.persistentVolumeClaim.chartmuseum.existingClaim	如果 ChartMuseum 组件使用了已经存在的持久卷，则请确认在绑定之前该持久卷已经手动创建成功。同时，如果该持久卷是和其他组件共享的，则请指定 subPath 项	
persistence.persistentVolumeClaim.chartmuseum.storageClass	指定为 ChartMuseum 分配卷时的 storageClass。如果未指定，则这里会使用默认值。如果需要关闭动态分配，则可将其值设置为 "-"	
persistence.persistentVolumeClaim.chartmuseum.subPath	ChartMuseum 持久卷使用的 sub path	
persistence.persistentVolumeClaim.chartmuseum.accessMode	ChartMuseum 持久卷使用的存取方式	
persistence.persistentVolumeClaim.chartmuseum.size	ChartMuseum 持久卷的大小	
persistence.persistentVolumeClaim.jobservice.existingClaim	如果 JobService 组件使用了已经存在的持久卷，则请确认在绑定之前该持久卷已经手动创建成功。同时，如果该持久卷是和其他组件共享的，则请指定 subPath 项	
persistence.persistentVolumeClaim.jobservice.storageClass	指定为 JobService 分配卷时的 storageClass。如果未指定，则这里会使用默认值。如果需要关闭动态分配，则可将其值设置为 "-"	
persistence.persistentVolumeClaim.jobservice.subPath	JobService 持久卷使用的 sub Path	
persistence.persistentVolumeClaim.jobservice.accessMode	JobService 持久卷使用的存取方式	
persistence.persistentVolumeClaim.jobservice.size	JobService 持久卷的大小	
persistence.persistentVolumeClaim.database.storageClass		
persistence.persistentVolumeClaim.database.storageClass	指定为 Database 分配卷时的 storageClass。如果未指定，则这里会使用默认值。如果需要关闭动态分配，则可将其值设置为 "-"	
persistence.persistentVolumeClaim.database.subPath	Database 持久卷使用的 subPath	
persistence.persistentVolumeClaim.database.accessMode	Database 持久卷使用的存取方式	
persistence.persistentVolumeClaim.database.size	Database 持久卷的大小	
persistence.persistentVolumeClaim.redis.storageClass	指定为 Redis 分配卷时的 storageClass。如果未指定，则这里会使用默认值。如果需要关闭动态分配，则可将其值设置为 "-"	
persistence.persistentVolumeClaim.redis.subPath	Redis 持久卷使用的 subPath	

续表

参　数	描　述	默认值
persistence.persistentVolumeClaim.redis.accessMode	Redis 持久卷使用的存取方式	
persistence.persistentVolumeClaim.redis.size	Redis 持久卷的大小	
persistence.imageChartStorage.disableredirect	是否关闭存储重定向。 如果存储服务不支持重定向，如 minio s3，则需要设置此项为 true。 关于重定向的配置，则请参考 Distribution 官方文档	false
persistence.imageChartStorage.caBundleSecretName	如果存储服务使用了自持证书，则请配置此项。 此 secret 内容需包含 ca.crt 的键值，该键值内容将被注入 Registry 和 ChartMuseum 组件的 trust store 中	
persistence.imageChartStorage.type	Artifact 的存储类型，包括 filesystem、azure、gcs、s3、swift 和 oss。 如果 Registry 和 ChartMuseum 组件需要使用持久卷，则此项需要被配置为 filesystem。 关于其他存储类型配置，请参考 Distribution 官方文档	filesystem

◎ 一般配置如表 3-10 所示。

表 3-10

参　数	描　述	默认值
externalURL	Harbor Core 组件的外部地址	https://core.harbor.domain
uaaSecretName	当使用自签名外置 UAA 验证服务时，配置该项为 Kubernetes 的 secret 名称。 该 secret 需要包含一个 key：ca.crt，为自签名证书内容	
imagePullPolicy	镜像拉取策略：IfNotPresent、Always	IfNotPresent
imagePullSecrets	拉取镜像时使用的 imagePullSecrets 名称	
updateStragety.type	JobService、Registry 及 ChartMuseum 持久卷的更新策略，包括 RollingUpdate 和 Recreate。 当持久卷不支持 RWM 时，需要将其设置成 Recreate	RollingUpdate
logLevel	Log 级别：debug、info、warning、error 及 fatal	info
harborAdminPassword	Harbor 管理员初始密码。 建议部署后登录 Harbor 修改	Harbor12345

续表

参数	描述	默认值
secretkey	此项是用于加密 Registry 密码的 Key，需要是长度为 16 字符的字符串。用户使用远程复制功能时，创建 Registry endpoint 时需要输入密码。此配置项是用来加密这个密码的。建议修改此项	not-a-secure-key
proxy.httpProxy	HTTP 代理服务器的地址	
proxy.httpsProxy	HTTPS 代理服务器的地址	
proxy.noProxy	无须经过代理服务器的网络地址	127.0.0.1、localhost、.local、.internal
proxy.components	代理服务器作用的组件列表	core、jobservice、clair

- Nginx 的配置如表 3-11 所示。注意：如果访问方式是 Ingress，则无须配置 Nginx。

表 3-11

参数	描述	默认值
nginx.image.repository	Nginx 镜像的 repository	goharbor/nginx-photon
nginx.image.tag	Nginx 镜像的 Tag	v2.0.0
nginx.replicas	Nginx 的 Pod 副本个数	1
nginx.resources	分配给 Pod 的资源	Undefined
nginx.nodeSelector	分配 Pod 时使用的 Node 标签	{}
nginx.tolerations	分配 Pod 时使用的 Node Tolerations	[]
nginx.affinity	Nginx Node/Pod 的 affinities	{}
nginx.podAnnotations	Nginx Pod 的 Annotations	{}

- Portal 的配置如表 3-12 所示。

表 3-12

参数	描述	默认值
portal.image.repository	Portal 镜像的 repository	goharbor/harbor-portal
portal.image.tag	Portal 镜像的 Tag	v2.0.0
portal.replicas	Portal 的 Pod 副本个数	1
portal.resources	分配给 Pod 的资源	Undefined
portal.nodeSelector	分配 Pod 时使用的 Node 标签	{}
portal.tolerations	分配 Pod 时使用的 Node Tolerations	[]
portal.affinity	Portal Node/Pod 的 affinities	{}
portal.podAnnotations	Portal Pod 的 Annotations	{}

◎ Core 的配置如表 3-13 所示。

表 3-13

参 数	描 述	默 认 值
core.image.repository	Core 镜像的 repository	goharbor/harbor-core
core.image.tag	Core 镜像的 tag	v2.0.0
core.replicas	Core 的 Pod 副本个数	1
core.livenessProbe.initialDelaySeconds	在 Core 容器启动后等待多少秒，就绪探测器被初始化	300，最小值是 0
core.resources	分配给 Pod 的资源	Undefined
core.nodeSelector	分配 Pod 时使用的 Node 标签	{}
core.tolerations	分配 Pod 时使用的 Node Tolerations	[]
core.affinity	Core Node/Pod 的 affinities	{}
core.podAnnotations	Core Pod 的 Annotations	{}
core.secrect	Core 组件和其他组件通信时使用的 secret。如果不配置此项，Helm 就会随机生成一个字符串。secret 需要是一个长度为 16 字符的字符串	
core.secretName	当用户需要用自持 TLS 证书和私钥来加密或解密 Registry 的 bear token 及机器人账号的 JWT token 时，配置该项为 Kubernetes 的 secret 名称。该 secret 需要包含以下 key。 • tls.crt：TLS 证书。 • tls.key：TLS 私钥。 如果不填该项，则 Harbor 会使用默认的证书和私钥	
core.xsrfKey	XSRF key。此配置用于 Harbor 防止跨站攻击，生成 CSRF token 的 key。需要是一个长度为 32 字符的字符串。如果未配置此项，则 Harbor 会自动生成一个随机值	

◎ JobService 的配置如表 3-14 所示。

表 3-14

参 数	描 述	默 认 值
jobservice.image.repository	JobService 镜像的 repository	goharbor/harbor-jobservice
jobservice.image.tag	JobService 镜像的 Tag	v2.0.0
jobservice.replicas	JobService 的 Pod 副本个数	1
jobservice.maxJobWorkers	JobsService 的最大执行单元	10
jobservice.jobLogger	JobService 的 logger：file、database 或者 stdout	file

续表

参数	描述	默认值
jobservice.resources	分配给 Pod 的资源	Undefined
jobservice.nodeSelector	分配 Pod 时使用的 Node 标签	{}
jobservice.tolerations	分配 Pod 时使用的 Node Tolerations	[]
jobservice.affinity	JobService Node 或 Pod 的 affinities	{}
jobservice.podAnnotations	JobService Pod 的 Annotations	{}
jobservice.secrect	JobService 组件和其他组件通信时使用的 secret。如果不配置此项，则 Helm 会随机生成一个字符串。secret 需要是一个长度为 16 字符的字符串	

◎ Registry 的配置如表 3-15 所示。

表 3-15

参数	描述	默认值
registry.registry.image.repository	Registry 镜像的 repository	goharbor/registry-photon
registry.registry.image.tag	Registry 镜像的 Tag	v2.0.0
registry.registry.resources	分配给 Pod 的资源	Undefined
registry.controller.image.repository	Registry Controller 镜像的 repository	goharbor/harbor-registryctl
registry.controller.image.tag	Registry Controller 镜像的 Tag	dev
registry.controller.resources	Registry Controller 镜像的 repository	Undefined
registry.replicas	Registry 的 Pod 副本个数	1
registry.nodeSelector	分配 Pod 时使用的 Node 标签	{}
registry.tolerations	分配 Pod 时使用的 Node Tolerations	[]
registry.affinity	Registry Node 或 Pod 的 affinities	{}
registry.middleware	中间件可以用来支持后台存储和 docker pull 接收方之间的 CDN。关于中间件的具体配置，请参考 Distribution 官方文档	{}
registry.podAnnotations	Registry Pod 的 Annotations	{}
registry.secrect	Registry 组件和其他组件通信时使用的 secret。如果不配置此项，则 Helm 会随机生成一个字符串。secret 需要是一个长度为 16 字符的字符串 具体请参考 Distribution 官方文档	
registry.credentials.username	当 Registry 被配置成 htpasswd 认证模式时，访问 Registry 的用户名。具体请参考 Distribution 官方文档	harbor_registry_user

续表

参　数	描　述	默 认 值
registry.credentials.password	当 Registry 被配置成 htpasswd 认证模式时，访问 Registry 的密码。 具体请参考 Distribution 官方文档	harbor_registry_password
registry.credentials.htpasswd	基于以上两项认证的用户名和密码生成的 htpasswd 文件的内容。 由于 Helm 在模板文件中不支持 bcrypt，所以如果需要更新该项的值，则使用如下命令生成： htpasswd -nbBC10 $username $password 具体请参考 Distribution 官方文档	harbor_registry_user:$2y$10$9L4Tc0DJbFFMB6RdSCunrOpTHdwhid4ktBJmLD00bYgqkkGOvll3m

- ChartMuseum 的配置如表 3-16 所示。

表 3-16

参　数	描　述	默 认 值
chartmuseum.enabled	是否开启 ChartMuseum 组件	true
chartmuseum.absoluteUrl	是否开启 ChartMuseum 返回绝对路径。 其默认值为 false，ChartMuseum 返回相对路径	false
chartmuseum.image.repository	ChartMuseum 镜像的 repository	goharbor/chartmuseum-photon
chartmuseum.image.tag	ChartMuseum 镜像的 Tag	v2.0.0
chartmuseum.replicas	ChartMuseum 的 Pod 副本个数	1
chartmuseum.resources	分配给 Pod 的资源	Undefined
chartmuseum.nodeSelector	分配 Pod 时使用的 Node 标签	{}
chartmuseum.tolerations	分配 Pod 时使用的 Node Tolerations	[]
chartmuseum.affinity	ChartMuseum Node 或 Pod 的 affinities	{}
chartmuseum.podAnnotations	ChartMuseum Pod 的 Annotations	{}

- Clair 的配置如表 3-17 所示。

表 3-17

参　数	描　述	默 认 值
clair.enabled	是否开启 Clair 组件	true
clair.clair.image.repository	Clair 镜像的 repository	goharbor/clair-photon
clair.clair.image.tag	Clair 镜像的 Tag	v2.0.0

续表

参　数	描　述	默认值
clair.clair.resources	分配给 Pod 的资源	Undefined
clair.adapter.image.repository	Clair adapter 镜像的 repository	goharbor/clair-adapter-photon
clair.adapter.image.tag	Clair adapter 镜像的 Tag	dev
clair.adapter.resources	分配给 Pod 的资源	Undefined
clair.replicas	Clair 的 Pod 副本个数	1
clair.updatersInterval	Clair updater 抓取漏洞数据的时间间隔。其单位是小时，如果需要关闭数据抓取，则将其设置为 0	
clair.nodeSelector	分配 Pod 时使用的 Node 标签	{}
clair.tolerations	分配 Pod 时使用的 Node Tolerations	[]
clair.affinity	Clair Node 或 Pod 的 affinities	{}
clair.podAnnotations	Clair Pod 的 Annotations	{}

◎ Trivy 的配置如表 3-18 所示。

表 3-18

参　数	描　述	默认值
trivy.enabled	是否开启 Trivy 组件	true
trivy.image.repository	Trivy Adapter 镜像的 repository	goharbor/trivy-adapter-photon
trivy.image.tag	Trivy Adapter 镜像的 Tag	v2.0.0
trivy.resources	分配给 Pod 的资源	Undefined
trivy.replicas	Trivy Adapter 的 Pod 副本个数	1
trivy.debugMode	是否开启 Trivy 调试模式	false
trivy.vulnType	指定类型过滤漏洞列表，各个值之间使用逗号分隔。备选值如下。 ● os：显示系统安装的软件包的漏洞。 ● library：显示 Ruby、Python、PHP、Node.js、Rust 等程序的依赖包的漏洞	os、library
trivy.sererity	指定严重级别过滤漏洞列表，各个值之间使用逗号分隔。备选值如下。 ● UNKNOWN：未知级别。 ● LOW：低级别。 ● MEDIUM：中级别。 ● HIGH：高级别。 ● CRITICAL：危险级别	UNKNOWN、LOW、MEDIUM、HIGH、CRITICAL

续表

参　数	描　述	默认值
trivy.ignoreUnfixed	是否只显示有修复的漏洞	false
trivy.skipUpdate	是否关闭 Trivy 从 GitHub 下载漏洞数据的功能	false
trivy.githubToken	Trivy 从 GitHub 下载漏洞数据所使用的 Token。建议在生产环境下配置此项。因为在默认情况下，GitHub 对非验证用户的请求频率限制为每小时 60 次，而对验证用户的请求频率限制为每小时 5000 次	

◎ Notary 组件的配置如表 3-19 所示。

表 3-19

参　数	描　述	默认值
notary.server.image.repository	Notary Server 镜像的 repository	goharbor/notary-server-photon
notary.server.image.tag	Notary Server 镜像的 Tag	v2.0.0
notary.server.replicas	Notary Server 的 Pod 副本个数	1
notary.server.resources	分配给 Pod 的资源	Undefined
notary.signer.image.repository	Notary Signer 镜像的 repository	goharbor/notary-signer-photon
notary.signer.image.tag	Notary Signer 镜像的 Tag	dev
notary.signer.replicas	Notary Signer 的 Pod 副本个数	1
notary.signer.resources	分配给容器的资源	Undefined
notary.nodeSelector	分配 Pod 时使用的 Node 标签	{}
notary.tolerations	分配 Pod 时使用的 Node Tolerations	[]
notary.affinity	Notary Node 或 Pod 的 affinities	{}
notary.podAnnotations	Notary Pod 的 Annotations	{}
notary.secretName	如果用户需要用自持 TLS 证书和私钥来加密或解密 Notary 通信，则配置该项为 Kubernetes 的 secret 名称。该 secret 需要包含以下 key。 ● tls.crt：TLS 证书。 ● tls.key：TLS 私钥。 如果不填该项，则 Harbor 会使用默认的证书和私钥	

◎ Database 的配置如表 3-20 所示。

表 3-20

参　数	描　述	默认值
database.type	表明使用内置还是外置数据库。使用外置数据库时，请将其设置为 external	internal

续表

参　数	描　述	默　认　值
database.internal.image.repository	内置数据库镜像的 repository	goharbor/harbor-db
database.internal.image.tag	内置 Database 镜像的 Tag	v2.0.0
database.internal.initContainerImage.repository	初始化镜像的 repository，该镜像用于设置数据库目录的权限。 如无特殊需求，则可使用默认值	busybox
database.internal.initContainerImage.tag	初始化镜像的 Tag	latest
database.internal.password	内置数据库镜像的密码。 建议修改此项	changeit
database.internal.resources	分配给容器的资源	Undefined
database.internal.nodeSelector	分配 Pod 时使用的 Node 标签	{}
database.internal.tolerations	分配 Pod 时使用的 Node Tolerations	[]
database.internal.affinity	Database Node 或 Pod 的 affinities	{}
database.external.host	外置数据库的网络地址	192.168.0.1
database.external.port	外置数据库的端口	5432
database.external.username	外置数据库的用户名	user
database.external.password	外置数据库的密码	password
database.external.coreDatabase	外置数据库的 Core 数据库的名称	registry
database.external.clairDatabase	外置数据库的 Clair 数据库的名称	clair
database.external.notaryServerDatabase	外置数据库的 Notary Server 数据库的名称	notaryserver
database.external.nignerServerDatabase	外置数据库的 Notary Signer 数据库的名称	notarysigner
database.external.sslmode	外置数据库的连接模式： • require • verify-full • verify-ca • disable	disable
database.maxIdleConns	数据库最大空闲连接数	50
database.maxOpenConns	Harbor 组件连接数据库的最大连接数	100
database.podAnnotations	数据库 Pod 的 Annotations	{}

◎ Redis 的配置如表 3-21 所示。

表 3-21

参　数	描　述	默　认　值
redis.type	表明使用内置还是外置 Redis。 当使用外置 Redis 时，请将其设置为 external	internal

续表

参　数	描　述	默 认 值
redis.internal.image.repository	内置 Redis 镜像的 repository	goharbor/redis-photon
redis.internal.image.tag	内置 Redis 镜像的 Tag	v2.0.0
redis.internal.resources	分配给 Pod 的资源	Undefined
redis.internal.nodeSelector	分配 Pod 时使用的 Node 标签	{}
redis.internal.tolerations	分配 Pod 时使用的 Node Tolerations	[]
redis.internal.affinity	Redis Node 或 Pod 的 affinities	{}
redis.external.host	外置 Redis 的网络地址	192.168.0.2
redis.external.port	外置 Redis 的端口	6739
redis.external.password	外置 Redis 的密码	password
redis.external.coreDatabaseIndex	外置 Redis 的 Core 组件数据库索引号。注意:这里不要修改此项,因为 0 号数据库是 Core 组件独占的	0
redis.external.jobserviceDatabaseIndex	外置 Redis 的 JobService 组件数据库索引号	1
redis.external.registryDatabaseIndex	外置 Redis 的 Registry 组件数据库索引号	2
redis.external.chartmuseumDatabaseIndex	外置 Redis 的 ChartMuseum 组件数据库索引号	3
redis.external.clairAdapterIndex	外置 Redis 的 Clair 组件数据库索引号	4
redis.podAnnotations	Redis Pod 的 Annotations	{}

3.2.3　安装 Helm Chart

在完成 Chart 的配置后,使用 Helm 安装 Harbor Helm Chart,命令如下,其中 my-release 为部署名。

◎ Helm 2:

```
$ helm install --name my-release harbor/harbor
```

◎ Helm 3:

```
$ helm install my-release harbor/harbor
```

使用 Helm 卸载 Harbor Helm Chart,命令如下,其中 my-release 为部署名。

◎ Helm 2:

```
$ helm delete --purge my-release
```

○ Helm 3:

```
$ helm uninstall my-release
```

3.3 高可用方案

随着 Harbor 被越来越多地部署在生产环境下，Harbor 的高可用性成为用户关注的热点。对于一些大中型企业用户，如果只有单实例的 Harbor，则一旦发生故障，其从开发到交付的流水线就可能被迫停止，无法满足高可用需求。

本节提供基于 Harbor 的不同安装包的高可用方案，目标是移除单点故障，提高系统的高可用性。其中，基于 Harbor Helm Chart 的高可用方案为官方验证过的方案，基于多 Kubernetes 集群和基于离线安装包的高可用方案为参考方案。

3.3.1 基于 Harbor Helm Chart 的高可用方案

Kubernetes 平台具有自愈（self-healing）能力，当容器崩溃或无响应时，可自动重启容器，必要时可把容器从失效的节点调度到正常的节点。本方案通过 Helm 部署 Harbor Helm Chart 到 Kubernetes 集群来实现高可用，确保每个 Harbor 组件都有多于一个副本运行在 Kubernetes 集群中，当某个 Harbor 容器不可用时，Harbor 服务依然可正常使用。

1. 安装 Harbor 的基本要求

在安装 Harbor 之前，需要满足如表 3-22 所示的基本要求。

表 3-22

软　件	版　本	描　述
Kubernetes	1.10 或者更高版本	请参考其官方安装文档
Helm	2.8.0 或者更高版本	请参考其官方安装文档
高可用的 Ingress Controller	用户可根据需求自行选择	Harbor Helm Chart 并没有包含此部分，用户需要自行准备。如果开启 Internal TLS，则需要使用 Kubernetes 官方维护的 Nginx Ingress Controller，因为 Internal TLS 需要 intonation，而只有 Nginx Ingress Controller 可以识别加载 Internal TLS 的 intonation
高可用的 PostgreSQL 集群	PostgreSQL 的版本为 9.6.14 或者更高	Harbor Helm Chart 并没有包含此部分，用户需要自行准备
高可用的 Redis 集群	用户可根据需求自行选择	Harbor Helm Chart 并没有包含此部分，用户需要自行准备

续表

软件	版本	描述
可共享的持久化存储或者外置存储	用户可根据需求自行选择	Harbor Helm Chart 并没有包含此部分，用户需要自行准备

2. 高可用架构

为实现 Harbor 在 Kubernetes 集群中的高可用，Harbor 的大部分组件都是无状态组件。有状态组件的状态信息被保存在共享存储而非内存中。这样一来，在 Kubernetes 集群中只需配置组件的副本个数，即可借助 Kubernetes 平台实现高可用。

- Kubernetes 平台通过协调调度（Reconciliation Loop）机制使 Harbor 各组件达到期望的副本数，从而实现服务的高可用。
- PostgreSQL、Redis 集群实现数据的高可用性、一致性和前端会话（session）的共享。
- 共享数据存储实现 Artifact 数据的一致性。

关于存储层，这里推荐用户使用高可用的 PostgreSQL 和 Redis 集群存储应用信息，使用可持久化的存储或者高可用的对象存储来存储镜像或者 Chart 文件，如图 3-5 所示。

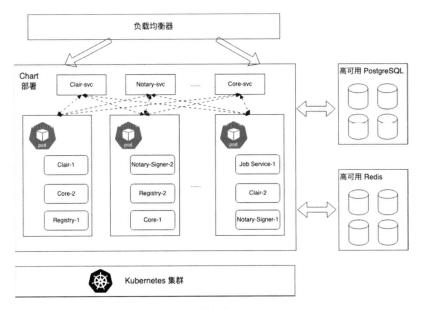

图 3-5

3. 配置 Harbor Helm Chart

使用如下命令下载 Harbor Helm Chart：

```
$ helm repo add harbor https://helm.goharbor.io
$ helm fetch harbor/harbor --untar
```

编辑配置文件 values.yaml 的参数，使其符合高可用的要求，详细配置请参考 3.2.3 节。

- Ingress rule：需要配置 expose.ingress.hosts.core 和 expose.ingress.hosts.notary。
- External URL：配置 externalURL 为 Harbor 外部访问的 URL 地址。
- External PostgreSQL：设置 database.type 配置项的值为"external"，并填充数据库信息到 database.external 配置项中。外置的 PostgreSQL 需要预先为 Harbor Core、Clair、Notary Server 及 Notary Signer 组件分别创建空数据库 registry、clair、notaryserver 及 notarysinger，并将创建的数据库信息配置到相应组件外置的数据库信息部分。Harbor 在启动时，会自动创建对应数据库的数据库表。
- Storage：在部署 Kubernetes 集群时需要一个默认的 StorageClass 来提供持久卷用于存储 Artifact、Chart 及 Job 的日志。

（1）如果需要指定 StorageClass，则需要配置 persistence.persistentVolumeClaim.registry.storageClass、persistence.persistentVolumeClaim.chartmuseum.storageClass、persistence.persistentVolumeClaim.jobservice.storageClass。

（2）如果使用 StorageClass，则无论是默认的还是自定义的 StorageClass，都需要设置 persistence.persistentVolumeClaim.registry.accessMode、persistence.persistentVolumeClaim.chartmuseum.accessMode、persistence.persistentVolumeClaim.jobservice.accessMode 为 ReadWriteMany，并确保持久卷在 Node 之间共享。

（3）如果使用已有的 PersistentVolumeClaims 存储数据，则需要设置 persistence.persistentVolumeClaim.registry.existingClaim、persistence.persistentVolumeClaim.chartmuseum.existingClaim、persistence.persistentVolumeClaim.jobservice.existingClaim。

（4）如果没有可在 Node 之间共享的 PersistentVolumeClaims，则可以使用外置的对象存储来存储 Artifact 和 Chart，使用数据库存储 Job 日志。需要设置 persistence.imageChartStorage.type 的值到相应的存储类型及设置 jobservice.jobLogger 为 database。

- Replica：设置 portal.replicas、core.replicas、jobservice.replicas、registry.replicas、chartmuseum.replicas、clair.replicas、trivy.replicas、notary.server.replicas 及 notary.signer.replicas 的数值大于等于 2，使得 Harbor 的各个组件均有多个副本。

4. 安装 Harbor Helm Chart

在完成 Chart 的配置后，使用 Helm 安装 Harbor Helm Chart。请按照如下命令进行安装，其中 my-release 为部署名。

- Helm2：

```
$ helm install --name my-release harbor/harbor
```

- Helm3：

```
$ helm install my-release harbor/harbor
```

安装完成后，可通过"kubectl get pod"命令查看 Pod 的状态，如图 3-6 所示。

```
NAME                                                  READY   STATUS    RESTARTS   AGE
my-release-harbor-chartmuseum-58d59cd6cb-nwgwq        1/1     Running   0          99s
my-release-harbor-clair-f94f97ff7-h75hx               2/2     Running   2          99s
my-release-harbor-core-5598fcf87c-q7wt2               1/1     Running   0          99s
my-release-harbor-database-0                          1/1     Running   0          99s
my-release-harbor-jobservice-59666cc874-fgm4l         1/1     Running   0          99s
my-release-harbor-notary-server-7c4f78f9fc-r9rv5      1/1     Running   1          99s
my-release-harbor-notary-signer-6fccf95557-7gdhq      1/1     Running   1          99s
my-release-harbor-portal-79fcc8df86-nw8mv             1/1     Running   0          99s
my-release-harbor-redis-0                             1/1     Running   0          99s
my-release-harbor-registry-6657d5bf96-vlqg6           2/2     Running   0          99s
my-release-harbor-trivy-0                             1/1     Running   0          99s
```

图 3-6

3.3.2 多 Kubernetes 集群的高可用方案

3.3.1 节介绍了使用 Harbor Helm Chart 在单个 Kubernetes 集群中搭建 Harbor 高可用环境的方案，其中实现了 Harbor 服务的高可用，但服务的整体可用性还是受到其运行所依赖的 Kubernetes 集群可用性的影响，如果集群崩溃，则会导致服务的不可用。在某些生产环境下会对可用性有更高的要求，因而基于多数据中心部署的多 Kubernetes 集群的高可用方案尤为重要。本节提供在多个跨数据中心的 Kubernetes 集群上构建 Harbor 高可用环境的参考方案。

1. 安装 Harbor

请参考 3.3.1 节依次安装 Harbor 到不同数据中心的 Kubernetes 集群中。注意：在多次安装过程中都需要保证 values.yml 配置项 core.secretName 和 core.xsrfKey 的值相同，其他配置项可根据不同数据中心的需求自行配置。

关于 core.secretName 和 core.xsrfKey 值相同的具体原因，详见 3.3.3 节关于多 Harbor 实例之间需要共享的文件或者配置部分的内容。

2. 多 Kubernetes 集群的高可用架构

这里假设用户有两个数据中心，在两个数据中心的 Kubernetes 上分别安装好 Harbor 后，可实现主从（Active-Standby）模式的高可用方案，其中只有一个数据中心的 Harbor 提供服务，另一个数据中心的 Harbor 处于 Standby（待用）状态。当处于 Active 状态的 Harbor 出现故障时，通过软件方式将处于 Standby 状态的 Harbor 激活，保证 Harbor 应用在短时间内恢复可访问状态。

在一个数据中心的 Kubernetes 集群外部，通过 LTM（Local Traffic Manager）来实现服务负载均衡。在两个数据中心的负载均衡服务上层，通过 GTM（Global Traffic Manager）来实现全局流量引导。GTM 通过 LTM 汇报的状态监控数据中心服务状态，当 GTM 发现 Active 状态的数据中心发生故障时，可将网络流量切换至 Standby 状态的数据中心，如图 3-7 所示。

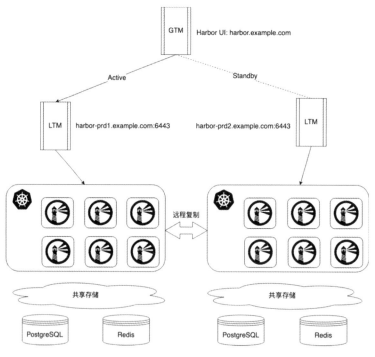

图 3-7

从图 3-7 可以看到，Harbor 在两个数据中心分别拥有独立的数据和内容存储。在两个数据中心之间配置了 Harbor 自带的远程复制功能，实现了对 Artifact 数据的复制（如镜像复制）。也就是说，在两个 Kubernetes 集群的数据存储上，通过远程复制来保证 Artifact 的一致性。而对于两个数据中心之间的 PostgreSQL 和 Redis 的数据一致性，这里需要用户基于不同类型的数据中心提供自己的数据备份方案，目的是保持两个数据中心的 PostgreSQL 和 Redis 数据的一致性。

本方案使用了 Harbor 主从（Active-Standby）模式，由于采用了镜像等 Artifact 远程复制，在数据同步上有一定的延时，在实际使用中需要留意对应用的影响。对实时性要求不高的用户，可参考此方案搭建跨数据中心多 Kubernetes 集群的高可用方案。

3.3.3　基于离线安装包的高可用方案

基于 Kubernetes 集群搭建的高可用架构是 Harbor 官方提供的方案。但用户可能出于某种原因无法部署独立的 Kubernetes 集群，更希望创建基于 Harbor 离线安装包的高可用方案。

Harbor 官方鼓励用户使用 Kubernetes 集群实现高可用，因为 Harbor 官方会维护 Harbor 的 Helm Chart 版本，并为社区提供技术支持。而基于离线安装包的高可用方案由于用户环境千差万别，需要用户去探索并解决各自环境下的问题。同时，由于官方未提供基于离线安装包的高可用方案，所以也不能提供相应的技术支持。

基于 Harbor 离线安装包搭建高可用系统是一项复杂的任务，需要用户具有高可用的相关技术基础，并深入了解 Harbor 的架构和配置。本节介绍的两种常规模式仅为参考方案，主要说明基于离线安装包实现高可用时，用户需要解决的问题和需要注意的地方。建议先阅读本章的其他内容，理解 Harbor 的安装及部署方式，在此基础上再结合各自的实际生产情况进行修改并实施。

在下面的两种方案中均使用了负载均衡器作为网关，需要用户自行安装并配置负载均衡器。同时，负载均衡器的搭建和配置及如何用负载均衡器调度多个 Harbor 实例，不在本节的讨论范围内。

方案 1：基于共享服务的高可用方案

此方案的基本思想是多个 Harbor 实例共享 PostgreSQL、Redis 及存储，通过负载均衡器实现多台服务器提供 Harbor 服务，如图 3-8 所示。

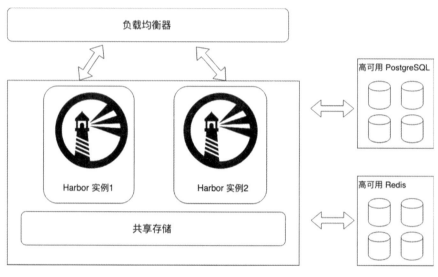

图 3-8

1）关于负载均衡器的设置

在安装 Harbor 实例的过程中，需要设置每个 Harbor 实例的配置文件的 external_url 项，把该项地址指定为负载均衡器的地址。通过该项指定负载均衡器的地址后，Harbor 将不再使用配置文件中的 hostname 作为访问地址。客户端（Docker 和浏览器等）通过 external_url 提供的地址（即负载均衡器的地址）访问后端服务的 API。如果不设置该值，则客户端会依据 hostname 的地址来访问后端服务的 API，负载均衡在这里并没有起到作用。也就是说，服务访问并没有通过负载均衡直接到达后端，当后端地址不被外部识别时（如有 NAT 或防火墙等情况），服务访问还会失败。

Harbor 实例在使用了 HTTPS，特别是自持证书时，需要配置负载均衡器信任其后端每个 Harbor 实例的证书。同时，需要将负载均衡器的证书放置于每个 Harbor 实例中，其位置为 harbor.yml 配置项中 data_volume 指定路径下的 "ca_download" 文件夹中，该文件夹需要手动创建。这样，用户从任意 Harbor 实例的 UI 下载的证书就是负载均衡器的证书，如图 3-9 所示。

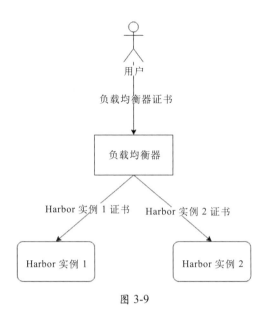

图 3-9

2)外置数据库的配置

用户需要自行创建 PostgreSQL 共享实例或者集群,并将其信息配置到每个 Harbor 实例外置的数据库配置项中。注意:外置 PostgreSQL 需要预先为 Harbor Core、Clair、Notary Server 及 Notary Signer 组件分别创建空数据库 registry、clair、notary_server 及 notary_singer,并将创建的数据库信息配置到相应组件外置的数据库信息部分。Harbor 在启动时,会自动创建对应数据库的数据库表。

3)外置 Redis 的配置

用户需要自行创建 Redis 共享实例或者集群,并将其信息配置到每个 Harbor 实例外置的 Redis 配置项中。

4)外置存储的配置

用户需要提供本地或云端共享存储,并将其信息配置到每个 Harbor 实例的外置存储配置项中。

5)多个 Harbor 实例之间需要共享的文件或者配置

基于离线安装包安装的高可用方案需要保证以下文件在多个实例之间的一致性。同时,由于这些文件是在各个 Harbor 实例的安装过程中默认生成的,所以需要用户手动复制这些文件来保证一致性。

private_key.pem 和 root.crt 文件

Harbor 在客户端认证流程中(参考第 5 章)提供了证书和私钥文件供 Distribution 创建和校验请求中的 Bearer token。在多实例 Harbor 的高可用方案中,多实例之间需要做到任何一个实例创建的 Bearer token 都可被其他实例识别并校验,也就是说,所有实例都需要使用相同的 private_key.pem 和 root.crt 文件。

如果多实例 Harbor 之间的这两个文件不同,在认证过程中就可能发生随机性的成功或失败。成功的原因是请求被负载均衡器转发到创建该 Bearer token 的实例中,该实例可以校验自身创建的 bearer token;失败的原因是请求被负载均衡器转发到非创建该 Bearer token 的实例中,该实例无法解析非自身创建的 token,从而导致认证失败。因为 private_key.pem 文件同时用于机器人账户的 JWT token 的校验,所以如果不共享此文件,机器人账户的登录也会发生随机性的成功或失败,原因同上。

private_key.pem 文件位于 harbor.yml 配置项 data_volume 指定路径的 "secret/core" 子目录下。root.crt 文件位于 harbor.yml 配置项 data_volume 指定路径的 "secret/registry" 子目录下。

csrf_key

为防止跨站攻击(Cross Site Request Forgery),Harbor 启用了 csrf 的 token 校验。Harbor 会生成一个随机数作为 csrf 的 token 附加在 cookie 中,用户提交请求时,客户端会从 cookie 中提取这个随机数,并将其作为 csrf 的 token 一并提交。Harbor 会依据这个值是否为空或者无效来拒绝该访问请求。那么,多实例之间需要做到任何一个实例创建的 token 都可被其他任意实例成功校验,也就是需要统一各个实例的 csrf token 私钥值。

该配置位于 Harbor 安装目录下的 "common/config/core/env" 文件中,用户需要把一个 Harbor 实例的值手动复制到其他实例上,使该值在所有实例上保持一致。

注意:手动修改以上文件或配置时,均需要通过 docker-compose 重启 Harbor 实例以使配置生效。另外,如果后续要使用 Harbor 安装包中的 prepare 脚本,则需要重复上述手动复制过程,因为该脚本会随机创建字符串并改写以上文件或配置,导致手动复制的文件或配置被覆盖而失效。

方案 2：基于复制策略的高可用方案

此方案的基本思想是多个 Harbor 实例使用 Harbor 原生的远程复制功能实现 Artifact 的一致性，通过负载均衡器实现多台服务器提供单一的 Harbor 服务，如图 3-10 所示。

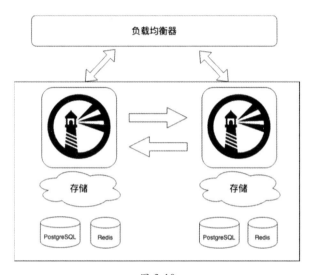

图 3-10

负载均衡器的配置及多实例之间需要共享的资源和配置方法同方案 1。

方案 2 与方案 1 不同的是，在安装 Harbor 实例时不需要指定外置的 PostgreSQL、Redis 及存储，每个实例都使用自己独立的存储。Harbor 的多实例之间通过远程复制功能实现 Artifact 数据的一致性。关于 PostgreSQL 和 Redis 的数据一致性问题，需要用户自行实现数据同步的解决方案。基于复制的多实例解决方案，其实时性不如基于共享存储的方案，但相比之下搭建更为简单，用户使用 Harbor 离线安装包提供的 PostgreSQL、Redis 即可。

3.4 存储系统配置

在 Harbor 系统中默认使用本地文件系统持久化存储数据。本地文件系统的存储容量和性能有限，并且可靠性不高，因此用户可以配置 Harbor 使用其他存储服务来解决存储问题。Harbor 支持使用 AWS 的 Amazon S3、Azure 的 Blob 存储、Google Cloud 的 Cloud Storage、阿里云的对象存储 OSS、腾讯云的对象存储 COS，以及开源云计算管理平台 OpenStack 提供的 Swift 等。

本节介绍如何配置 Harbor 使用除本地文件系统外的持久化存储，如 AWS 的 Amazon S3、网络文件系统 NFS 和阿里云的对象存储 OSS。

3.4.1 AWS 的 Amazon S3

Amazon S3（Amazon Simple Storage Service，亚马逊简单存储服务）具有简单、可靠、高性能、可扩展、高可用和持久化的优势，能够为各种高并发、高性能的业务提供持久化存储支撑。Amazon S3 因其优秀特性备受用户喜爱，所以在开源社区有很多兼容 S3 接口协议的存储服务项目，如 Ceph RADOS Gateway、MinIO 等。使用 Apache v2.0 授权协议的 MinIO 部署、管理和使用简便，且高度兼容 Amazon S3 服务接口协议，是自建 S3 兼容存储服务较佳的选择。

本节介绍如何配置 Harbor 使用 Amazon S3 或者 MinIO 持久化存储 Artifact 数据。

1. 创建 S3 存储桶

在配置 Harbor 之前，需要在 S3 服务上创建 Bucket（存储桶）。为了提高服务的可用性、稳定性和访问速度，需要尽量选择地理位置距离 Harbor 实例更近或者网络链路更短的 S3 服务，例如和 Harbor 实例在同一个云服务商的可用区（Availability Zone，云服务厂商在一个地域内根据电力、网络等划分的数据中心），或者和 Harbor 实例在同一个 IDC 机房内的 S3 兼容服务。如图 3-11 所示，在 MinIO 中新建的 Bucket 采用了默认的读写策略。

图 3-11

首先，创建一个 S3 存储桶。然后，为该存储桶设置私有读、写策略，防止 S3 存储桶在未授权的情况下被访问而造成数据泄露。如图 3-11 所示，在通常情况下，MinIO 新建的 S3 存储桶是私有读写的，这里需要确保没有配置该存储桶的权限为公开读写。最后，在 Amazon 控制台上拿到 Access Key 和 Secret Key。MinIO 的 Access Key 和 Secret Key 是在部署 MinIO 服务时设置的。

2. 配置 harbor.yml

3.1.1 节已经介绍过如何通过 harbor.yml 配置外置存储，下面讲解如何配置 Harbor 使用 Amazon S3 存储：

```
storage_service:
  s3:
    accesskey: awsaccesskey
    secretkey: awssecretkey
    region: us-west-1
    regionendpoint: http://myobjects.local
    bucket: bucketname
    encrypt: true
    keyid: mykeyid
    secure: true
    v4auth: true
    chunksize: 5242880
    multipartcopychunksize: 33554432
    multipartcopymaxconcurrency: 100
    multipartcopythresholdsize: 33554432
    rootdirectory: /s3/object/name/prefix
```

参数属性如表 3-23 所示。

表 3-23

属　　性	必填项	描　　述
accesskey	否	Amazon S3 的 Access Key
secretkey	否	Amazon S3 的 Secret Key
region	是	Amazon S3 存储桶所在的地域
regionendpoint	否	S3 兼容存储服务的地址
bucket	是	S3 存储桶的名称
encrypt	否	是否使用加密格式存储镜像。 该项为布尔值，默认值为 false
keyid	否	KMS 的 key ID。 仅当 encrypt 被设置为 true 时，该值才有效。默认值为 none
secure	否	是否使用 HTTPS。 该项为布尔值，默认值为 true
v4auth	否	是否使用 AWS 身份验证的 Version 4，默认值为 true
chunksize	否	S3 API 要求分段上传的块至少为 5MB。该值需要大于或等于 5 × 1024 × 1024
rootdirectory	否	应用于所有 S3 keys 的前缀，必要时对存储桶中的数据进行分段

3.4.2 网络文件系统 NFS

Harbor 可以使用网络文件系统（NFS）作为后端存储。这里的 NFS 文件存储可以为自建的 NFS 服务器、腾讯云提供的 CFS 云文件存储服务、阿里云提供的 NAS 文件存储服务等兼容 NFS 接口协议的文件存储服务。

在安装或者配置 Harbor 使用 NFS 之前需要检查环境，确保：

- NFS 服务器已正确配置并且拥有固定的 IP 地址；
- 所有运行 Harbor 实例的节点主机都已经安装了正确的 NFS 客户端；
- 节点主机和 NFS 服务器之间网络可达。

把 NFS 服务直接挂载到 Harbor 实例所在的节点主机上，便可使 Harbor 使用 NFS 作为后端持久化存储。

1. 节点配置 NFS

挂载 NFS 之前，请确保在节点上已经安装了 nfs-utils 或者 nfs-common。使用如下命令进行安装。

- CentOS：执行"sudo yum install nfs-utils"命令进行安装。
- Debian 或者 Ubuntu：执行"sudo apt install nfs-common"命令进行安装。

在完成 NFS 客户端的安装后，首先执行"mkdir /mnt/harbor/"命令创建挂载目录，然后执行"sudo mount -t nfs -o vers=4.0 <NFS 服务器 IP>:/ <挂载目录>"命令完成 NFS 挂载。

注意：可以使用 autofs 工具实现自动挂载。

2. 配置 Harbor

如果要在 Harbor 中使用配置好的 NFS，则需要修改 harbor.yml 配置文件中的"data_volume"字段为"<挂载目录>"，如前文中的"/mnt/harbor/"，然后进行 Harbor 的安装。

3.4.3 阿里云的对象存储 OSS

使用阿里云的对象存储 OSS 作为 Harbor 后端存储时，其流程与 3.4.1 节使用 S3 服务的流程类似。

1. 创建 OSS 存储桶

在配置 Harbor 之前,需要在阿里云 OSS 控制台上创建 Bucket(存储桶)。为了提高服务的可用性、稳定性和访问速度,应该选择物理位置距离 Harbor 实例更近或者网络链路更短的阿里云对象存储 OSS 创建存储桶,如和 Harbor 实例在同一个可用区的对象存储 OSS 服务。

2. 配置 harbor.yml

在 3.1.1 节已经介绍过如何配置外置存储。下面讲解如何配置 Harbor 使用 OSS 存储:

```
storage_service:
  oss:
    accesskeyid: accesskeyid
    accesskeysecret: accesskeysecret
    region: OSS region name
    endpoint: optional endpoints
    internal: optional internal endpoint
    bucket: OSS bucket
    encrypt: optional enable server-side encryption
    encryptionkeyid: optional KMS key id for encryption
    secure: optional ssl setting
    chunksize: optional size valye
    rootdirectory: optional root directory
```

参数属性如表 3-24 所示。

表 3-24

属　性	必填项	描　述
accesskeyid	是	OSS 的 Access key ID
accesskeysecret	是	OSS 的 Access key
region	是	OSS 的数据中心所在的地域
endpoint	否	OSS 对外服务的访问域名
internal	否	阿里云同地域产品之间的内部通信网络地址
bucket	是	OSS 存储桶的名称
encrypt	否	是否在 Server 端加密数据。默认值为 false
secure	否	数据传输是否基于 SSL,默认值为 true
chunksize	否	分段上传的块大小,默认值为 10MB,其最小值为 5MB
rootdirectory	否	用于存储所有 Registry 文件的根目录

3.5　Harbor 初体验

在完成 Harbor 的安装后，如果一切正常，就可以开始使用 Harbor 了。Harbor 可以通过多种客户端进行访问，如浏览器、Docker 客户端、kubelet、Notary、Helm 和 ORAS 等工具。本节带领读者领略 Harbor 图形化管理控制台（又叫作图形管理界面）的功能，并分别说明如何在 Docker 和 Kubernetes 环境下使用 Harbor 进行镜像操作。Helm 和 ORAS 的用法将在第 4 章中介绍，Notary 的原理在第 6 章中说明。

3.5.1　管理控制台

我们安装 Harbor 时在 harbor.yml 配置文件中设置了 Harbor 服务的 hostname，可在浏览器的地址栏中输入 "https://hostname"，即可看到 Harbor 的登录界面。此时在刚安装好的 Harbor 实例中只有一个 admin 账户，密码是在 harbor.yml 配置文件 harbor_admin_password 中配置的值。出于安全考虑，建议在安装前修改 harbor_admin_password 的默认配置，或者在第一次登录后立刻修改 admin 账户的密码（修改密码后，配置文件中的密码不再生效）。

在登录界面输入用户名、密码并登录成功后，可以看到如图 3-12 所示的管理控制台界面。

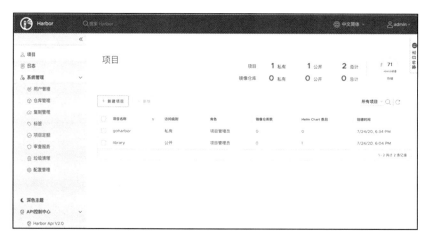

图 3-12

如图 3-12 所示，Harbor 管理控制台主要由上部的导航栏、左侧的垂直菜单栏和中部的管理界面区域三部分组成。

在导航栏左侧分别为 Harbor 图标、全局搜索框；导航栏右侧为控制台语言切换菜单、用户个人资料管理菜单。在垂直菜单栏中，从上往下依次为项目、日志、系统管理、主题切换、API 控制中心等主菜单。管理界面区域会随菜单的切换而变化。通过控制台语言切换菜单，我们可以切换管理控制台的界面语言为简体中文、英文、西班牙语、法语、巴西葡萄牙语和土耳其语等语言。

通过全局搜索框可以模糊匹配项目的名称、镜像仓库和 Helm Charts 等制品。如图 3-13 所示，在全局搜索框输入搜索关键字"library"，便可以搜索到名称包含关键字"libray"的项目、镜像仓库和 Helm Charts。

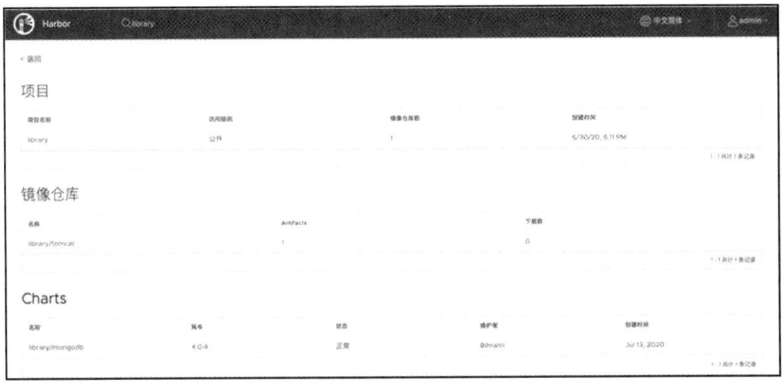

图 3-13

1. 项目菜单

单击垂直菜单栏中的"项目"菜单，可以在右侧的管理界面区域看到项目管理界面，在该界面可以新建、批量删除项目。单击项目名称的超链接（如"library"），右侧窗格将切换为如图 3-14 所示的单个项目管理界面，默认显示项目的概要选项卡。概要选项卡展示了镜像仓库数量、Helm Chart 数量、项目配额和项目成员的概要信息。

图 3-14

用户的访问和管理权限是按照项目划分的，系统管理员和项目管理员通常拥有该项目所有选项卡的访问和管理权限，其他用户则根据其角色的不同拥有不同的管理和访问权限。

- 维护人员角色：可以访问概要选项卡、镜像仓库选项卡、Helm Charts 选项卡、成员选项卡（无管理权限）、标签选项卡、扫描器选项卡（无管理权限）、策略选项卡、机器人账户选项卡（无管理权限）、Webhooks 选项卡、日志选项卡、配置管理选项卡（无管理权限）。
- 开发人员角色：可以访问概要选项卡、镜像仓库选项卡、Helm Charts 选项卡、成员选项卡（无管理权限）、扫描器选项卡（无管理权限）、机器人账户选项卡（无管理权限）、日志选项卡、配置管理选项卡（无管理权限）。
- 访客角色：可以同开发人员访问一样的选项卡，但是没有任何管理权限。
- 受限访客角色：没有任何管理权限，仅能访问概要选项卡、镜像仓库选项卡、Helm Charts 选项卡、扫描器选项卡和配置管理选项卡。

单击"镜像仓库"选项卡，将切换到如图 3-15 所示的镜像仓库列表界面。在该界面可以查看仓库列表、过滤镜像仓库，或是对单个或者多个镜像仓库执行删除操作。单击"推送命令"按钮，可以获取 Docker 镜像、Helm Charts 和 CNAB 等不同 Artifact 的推送命令。

图 3-15

如果安装时启用了 ChartMuseum 服务，则可以在项目管理界面看到"Helm Charts"选项卡。单击"Helm Charts"选项卡，将切换到如图 3-16 所示的 Helm Charts 管理界面。在该界面可以查看 Chart 列表，上传、下载和过滤 Chart，对单个或者多个 Charts 执行删除操作。

单击"成员"选项卡，将切换到如图 3-17 所示的项目成员管理界面。在该界面可以查看项目成员列表，添加已存在的用户到此项目中并给予或者移除相应的角色，可以搜索、过滤项目成员并执行管理操作。

图 3-16

图 3-17

单击"标签"选项卡，将切换到如图 3-18 所示的项目标签管理界面。在该界面可以新建、编辑、删除和过滤标签，这里的标签仅归属于该项目。

图 3-18

如果在安装 Harbor 时启用了 Clair 或者 Trivy 漏洞扫描服务，则可以在项目管理界面看到"扫描器"选项卡。单击"扫描器"选项卡，将切换到如图 3-19 所示的扫描器管理界面。在该界面会展示漏洞扫描器的名称、地址、适配器、供应商、版本等信息，管理员可以选择默认的漏洞扫描器。

图 3-19

单击"策略"选项卡,将切换到如图 3-20 所示的策略管理界面,在其默认的 TAG 保留策略界面,项目管理员和项目维护人员可以查看、添加、禁用、启用和删除 TAG 保留策略,也可以手动运行或者模拟运行 TAG 保留策略;单击"不可变的 TAG"标签,可以管理不可变的 TAG 规则,对每个项目都可以设置 15 条规则。

图 3-20

单击"机器人账户"选项卡，将切换到如图 3-21 所示的机器人账户管理界面。在该界面，项目管理员可以添加、删除、禁用、过滤机器人账户，对单个或者多个机器人账户执行管理操作。

图 3-21

单击"Webhooks"选项卡，将切换到如图 3-22 所示的 Webhooks 管理界面。在该界面，项目管理员和项目维护人员可以新建、停用、编辑、删除、过滤 Webhook，并对单个或者多个 Webhook 执行管理操作。

图 3-22

单击"日志"选项卡，将切换到如图 3-23 所示的日志管理界面。在该界面，可以通过关键字简单检索日志，或者单击"高级检索"按钮切换为按照日志的操作类型、起止时间、关键字来检索日志。

图 3-23

单击"配置管理"选项卡,将切换到如图 3-24 所示的项目配置管理界面。在该界面,项目管理员可以配置项目仓库是否向所有人公开,设置"部署安全""漏洞扫描""CVE 白名单"等选项。

图 3-24

2. 系统管理菜单

此部分功能需要系统管理员角色,如图 3-25 所示,系统管理员单击"系统管理"菜单下的"用户管理"子菜单，可以在右侧窗格中看到用户管理界面。系统管理员还可以访问仓库管理、复制管理、标签、项目定额、审查服务、垃圾回收、配置管理等子菜单，完成系统级别的配置管理工作。

图 3-25

3. 主题菜单切换

用户单击左侧菜单栏"深色主题"菜单项后，管理控制台将整体转换为深色主题模式，此时深色主题菜单将转换为"浅色主题"菜单，单击该菜单即可切换回浅色主题模式，如图 3-26 所示。

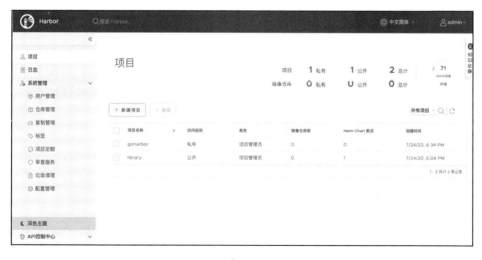

图 3-26

4. API 控制中心菜单

如图 3-27 所示，单击"API 控制中心"菜单下的"Harbor API V2.0"菜单，将会弹出新的浏览器选项卡来展示 Harbor API Swagger 文档界面。在 Swagger 文档界面可以查看 Harbor 的 API 路径、请求参数、返回参数，也可以构建 API 请求进行 API 调用测试。

图 3-27

5. 标签的使用

在 Harbor 中，标签（Label）分为全局标签和项目标签两种类型，用于标注资源。全局标签由系统管理员管理，用于整个 Harbor 系统中的资源，可以在任何项目中添加；项目标签则由项目管理员管理，且只能添加到单个项目的资源上。

系统管理员可以通过访问"系统管理"→"标签"菜单，进行查看、创建、更新和删除全局标签的操作，如图 3-28 所示。

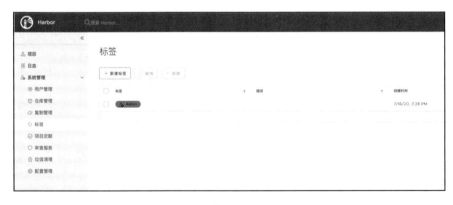

图 3-28

项目管理员和系统管理员能够通过访问特定项目详情页面下的"标签"选项卡,进行查看、创建、更新和删除项目标签的操作,如图 3-29 所示。

图 3-29

在标签创建出来后,可以用标签标注镜像等 Artifact。拥有系统管理员、项目管理员或者项目开发者角色的用户,可以通过访问"项目"菜单→项目名称(如 library 项目)→"镜像仓库"选项卡→仓库列表中的仓库名称(如图 3-30 所示的"library/alpine"仓库)进入"Artifacts"列表,勾选具体的 Artifact。然后如图 3-31 所示,通过"操作"→"添加标签"菜单,单击标签名称为特定的镜像添加标签(在已经添加到镜像的标签前有对号标识,单击有对号标识的标签,将会把该标签从镜像上移除)。

图 3-30

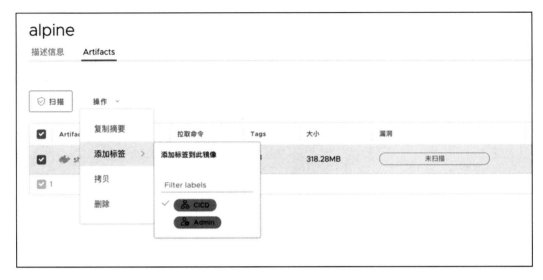

图 3-31

在镜像等 Artifact 用标签标注后,用户可以通过高级搜索中的标签过滤功能过滤列表,如图 3-32 所示。

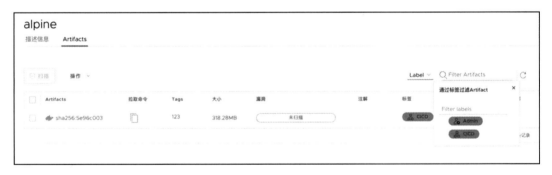

图 3-32

3.5.2 在 Docker 中使用 Harbor

在 Docker 环境下使用 Harbor 镜像仓库时,首先需要登录镜像仓库。假定 Harbor 镜像仓库的地址是 "harbor.example.com",则登录命令是 "docker login harbor.example.com",在终端中执行该命令后,按照提示输入正确的用户名、密码即可登录。注意:如果 Harbor 的配置为 HTTP,则需要配置 Docker 客户端的 insecure-registries 列表。如果 Harbor 采用了自持证书（自签名证书），则可从 Harbor 管理员界面下载证书，并配置 Docker 客户端信任该证书。具体可参考 "docs.docker.com/registry/insecure" 文档。

1. 向 Harbor 推送镜像

假设用户有 nginx:latest 镜像需要推送到 Harbor 镜像仓库的 Web 项目，则需要执行如下命令修改镜像的 Tag：

```
$ docker tag nginx:latest harbor.example.com/web/nginx:latest
```

在设定完 Tag 后，通过如下命令就可以向 Harbor 推送镜像了：

```
$ docker push harbor.example.com/web/nginx:latest
```

2. 从 Harbor 中拉取镜像

在需要使用 web/nginx:latest 镜像的节点机器上，先执行"docker login"命令登录 Harbor，然后通过如下命令拉取镜像：

```
$ docker pull harbor.example.com/web/nginx:latest
```

3.5.3 在 Kubernetes 中使用 Harbor

出于安全和保密的需求，多数用户都会选择在 Harbor 中把业务镜像设置为私有镜像。要在 Kubernetes 中使用 Harbor 中的私有镜像，就需要在 Kubernetes 集群中进行一些基本配置。本节先介绍 Kubernetes 拉取镜像的原理，然后描述相关配置。

1. 在 Kubernetes 中拉取镜像

Kubernetes 的 CRI 接口包括两个 gRPC 服务：运行服务（RuntimeService）和镜像服务（ImageManagerService），其中，镜像服务负责拉取镜像，每个容器运行时都需要实现在镜像服务中定义的接口。目前 Kubernetes 的 CRI 容器运行时有 CRI-O 和 containerd 等，kubelet 与镜像仓库的交互关系如图 3-33 所示。

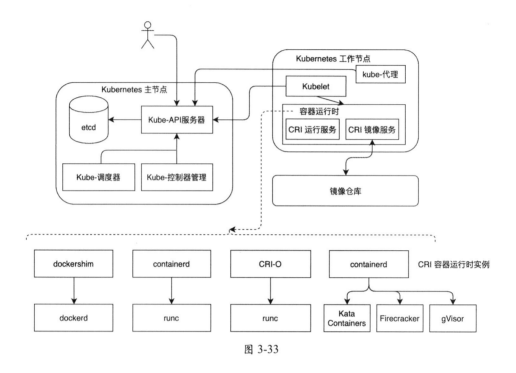

图 3-33

2. imagePullPolicy 属性

在 Kubernetes 声明 Pod 的 yaml 文件中有两个控制镜像下载的属性：imagePullPolicy 和 imagePullSecret，分别指明镜像拉取的策略和访问镜像仓库的凭证。

imagePullPolicy 决定了 kubelet 拉取镜像的策略，该属性缺失时，默认值为 IfNotPresent，kubelet 只会在本节点没有所需镜像时拉取。这种方法在多租户环境下有潜在的安全隐患，假设在 A 用户的 Pod 拉取某镜像后，同一个节点上 B 用户的 Pod 也拉取了同一个镜像，则因为镜像已经存在，所以 B 用户可能在没有权限的情况下使用了该镜像。总之，在多租户环境下必须让 kubelet 每次都重新拉取镜像，可参考以下 3 种做法。

（1）将 imagePullPolicy 设置为 Always，或者该属性存在且值为空，这样 kubelet 总是拉取镜像，无论镜像在本地是否存在。

（2）在准入控制器（admission controller）中启用 AlwaysPullImages 插件，这是全局设置，不需要在每个 Pod 的 yaml 文件中都设置 imagePullPolicy 属性为 Always，它会强制每次创建新的 Pod 时都重新拉取镜像。这对多租户集群的场景比较有帮助，可保证用户的私有镜像只能被有密钥的 Pod 拉取。

（3）删除 imagePullPolicy，镜像没有设置任何 Tag 或者 Tag 为 latest，这样可以迫使 kubelet 总是下载镜像。注意：在生产环境下不应该使用 Tag 为 latest 的镜像，因为 latest 镜像经常被更新，很难追踪使用镜像的具体版本。

当 Kubernetes 从有权限设置的镜像仓库中拉取镜像时，需要提供用户名和密码等凭证（credential）来获取使用授权。管理员可配置 kubelet 节点与镜像仓库服务的认证，配置后所有 Pod 都能够访问镜像仓库服务。

如果 Kubernetes 使用的是 Docker 容器运行时，则用户执行"docker login"命令登录 Harbor 镜像仓库后，可在"$HOME/.dockercfg"或者"$HOME/.docker/config.json"文件中保存访问镜像仓库服务的凭证。如果把这些文件复制到 Kubernetes 的工作节点（Worker Node）的对应目录下，则 kubelet 会读取相关凭证来拉取镜像。在 Kubernetes 环境下，尤其是有自动扩展功能的集群中，必须保证每个工作节点都配置了相同的凭证，否则会出现有些节点成功、有些节点失败的问题。

当然，用户也可以提前拉取需要的镜像到每个工作节点中，所有 Pod 都可以使用缓存在工作节点上的镜像，需要每个节点的 root 权限来提前拉取所需镜像。这种做法在理论上可行，但实际操作太烦琐和不灵活，不建议使用。

3. imagePullSecrets 属性

对比上述采用 Docker 凭证的做法，另一种做法是使用 Kubernetes 的 Secret 资源保存镜像仓库的凭证。在 Pod 配置文件的 imagePullSecrets 属性中指定 Secret 的名称，就能访问镜像仓库服务。在配置时，用户可先创建一个类型为 docker-registry 的 Secret，命令如下：

```
$ kubectl create secret docker-registry myregistrykey \
--docker-server=HARBOR_REGISTRY_SERVER --docker-username=HARBOR_USER \
--docker-password=HARBOR_PASSWORD --namespace default
```

如上命令中的大写变量需要分别替换为 Harbor 服务的地址、用户名和密码。Kubernetes 中的 Secret 资源是绑定 namespace 的，其默认值为 default。如果 Pod 属于其他 namespace，则需要把如上命令中的 default 改为对应的 namespace 名称。每个需要拉取镜像的 namespace 都要配置拉取的 Secret。

然后，用户可以使用设置好的 Secret 创建一个 Pod，yaml 文件如下：

```
apiVersion: v1
kind: Pod
metadata:
  name: app1
```

```yaml
  namespace: harborapps
spec:
  containers:
  - name: app1
    image: goharbor/harborapps:v1
    imagePullPolicy: Always
  imagePullSecrets:
  - name: myregistrykey
```

如果想避免在部署每个 Pod 时指定 imagePullSecrets，则可配置 Pod 所在 namespace 的 default serviceaccount，使用 imagePullSecrets 来拉取镜像，命令如下：

```
$ kubectl patch serviceaccount default --namespace <your_namespace> \
  -p '{"imagePullSecrets": [{"name": "myregistrykey"}]}'
```

在完成上述配置后，就可以在 Kubernetes 集群中使用 Harbor 镜像仓库中的镜像部署了。

3.6 常见问题

1. 如何查找 Harbor 日志？

Harbor 默认的日志路径为"/var/log/harbor"，如果在安装 Harbor 前修改了 harbor.yml 配置文件中的 log 选项及 local 日志选项中的 location 字段，则日志路径为 location 字段所配置的路径。Harbor 默认将日志输出到有".log"后缀的日志文件中。

2. 基于离线安装 Harbor，重启机器后 Harbor 不可用，如何处理？

离线安装包基于"docker-compose"命令启动各个容器。如果机器重新启动，Docker 就会默认重新启动在机器重启之前运行的 container。由于不基于"docker-compose"命令启动容器，就会导致诸多错误。解决的办法是进入 Harbor 安装目录，使用"docker-compose down -v"及"docker-compose up -d"命令重新启动 Harbor。如上命令需要每次重启后使用，如果想彻底解决此类问题，则可考虑使用 systemd 服务，通过"docker-compose"命令控制 Harbor 的生命周期，具体可以参考 9.4 节。

3. 安装成功后，Harbor 无法访问，如何解决？

首先需要查看各个组件容器的状态，看看是否有容器处于 restarting（重启）状态；然后需要查看对应容器的日志，做定向排查。如用户使用了外置数据库，但安装时配置信息有误，就会导致各组件无法连接数据库，从而导致无法访问。

第 4 章
OCI Artifact 的管理

1.4 节和 1.5 节分别介绍了 OCI 镜像规范和 OCI 分发规范，并基于这两个规范说明了 OCI Artifact（制品，后简称 Artifact）的构造、作用和创建方法。简单地说，Artifact 指遵循 OCI 清单和 OCI 索引定义，能够通过 OCI 分发规范推送和拉取的内容。Artifact 可把不同类型的数据封装成类似"镜像"的格式，从而由支持 OCI 分发规范的仓库服务管理，简化了运维和部署的复杂度。

Harbor 2.0 和之前的版本相比，最大的改进是把镜像管理功能推广到所有 OCI Artifact，针对镜像的主要功能，如访问控制、远程复制、垃圾回收、保留策略、不可变镜像等，都能够在 Artifact 上应用。除了 Docker 镜像，Harbor 2.0 还可处理 OCI 镜像、镜像列表、Helm Chart、OPA Bundle、CNAB（云原生应用程序包）等云原生 Artifact。

Harbor 2.0 的 Artifact 功能拓宽了使用场景，促进了更多创新的涌现。目前已经有用户把机器学习的模型文件转化为 Artifact，并借助 Harbor 2.0 实现模型分发、访问控制和远程复制等功能。感兴趣的读者可以关注 Harbor 公众号的文章。

本章主要介绍 Harbor 实现 OCI 规范所使用的数据模型、API 接口和基本流程，并说明在 Harbor 中如何使用各种类型的 Artifact。

4.1 Artifact 功能的实现

本节介绍 Harbor 支持 Artifact 功能的数据模型和处理流程，使读者对 Artifact 的原理有进一步的了解。

4.1.1 数据模型

Harbor 2.0 对 4 种云原生 Artifact 做了内置的支持：容器镜像、镜像列表（索引）、Helm Chart 和 CNAB。这 4 种 Artifact 在管理界面上以相应的图标（Icon）显示，并且可展示每种 Artifact 详细的信息，如图 4-1 所示。对于其他类别的 Artifact，Harbor 只显示 OCI 的图标，且仅展示 Artifact 基本的信息，如类型和摘要等。

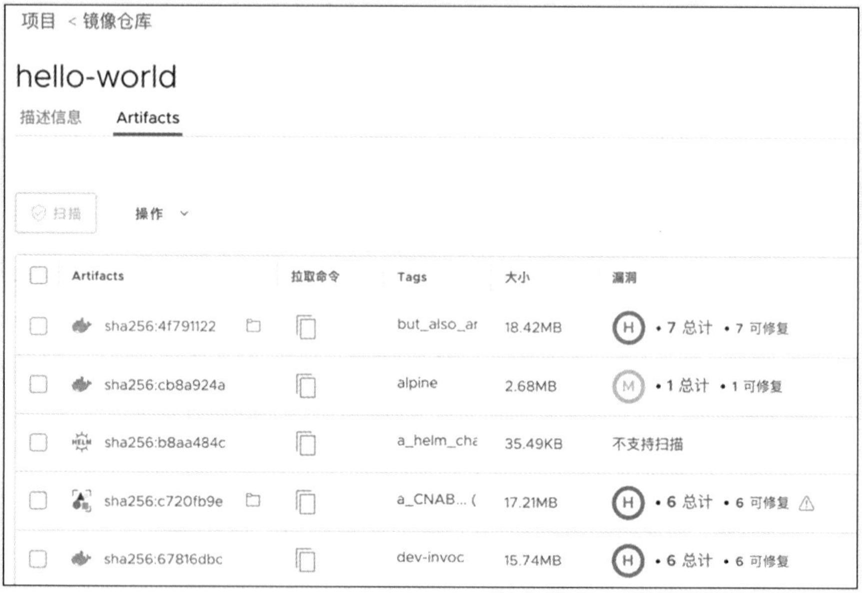

图 4-1

为了实现对 Artifact 的支持，Harbor 2.0 进行了较多的重构，把 Artifact 大部分的元数据都保存在自身的数据库中，不再依赖后端的 Docker Registry 来管理。在对元数据管控的基础上，Harbor 可实现更丰富的功能，对 Artifact 进行更精细的管理。重构后，Docker Registry 仅作为 Artifact 的物理存储使用。

Harbor 管理 Artifact 的数据模型如图 4-2 所示，该数据模型的属性分为三类。

- 第 1 类是直接对应 OCI 镜像规范定义的属性，如媒体类型（MediaType）、摘要（Digest）、大小（Size）、注解（Annotaion）等。
- 第 2 类是 Artifact 的一些附加属性，是为方便 Harbor 管理而设置的。如 ExtraAttrs 是从不同类型的 Artifact 配置中读取的内容，可包括体系结构、操作系统类型和版本、作者信息等；PushTime 是 Artifact 被推送到 Harbor 的时间点；PullTime

是客户端从 Harbor 最近一次拉取镜像的时间点，可用来支持保留策略等功能。
- 第 3 类是 Artifact 关联其他数据对象的属性，便于搜索和查找信息。如 ProjectID 描述 Artifact 所属项目的唯一标识；RepositoryID 描述 Artifact 所属仓库的唯一标识；RepositoryName 描述 Artifact 所属仓库的名称，便于通过名称访问该仓库；Tags 数组保存该 Artifact 上标注的 Tag 信息；References 是引用（Reference）数据结构的数组，存放所有子 Artifact 通过摘要关联的信息。

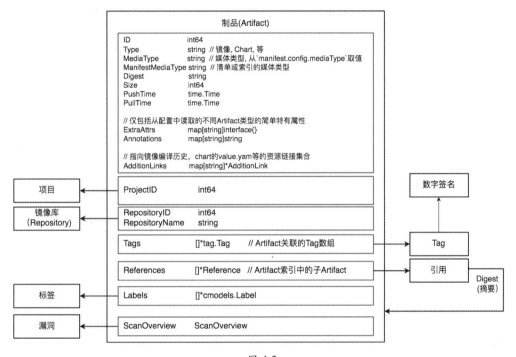

图 4-2

基于上述数据模型，Harbor 2.0 实现了 OCI 分发规范定义的所有接口集。由于 Harbor 依据自身数据库中的数据来管理 Artifact，所以相关的操作都会以数据库为准。举例来说：

- 当用户推送 Artifact 时，即使 Artifact 已被成功上传到 Docker Registry，如果该 Artifact 记录没有被写入 Harbor 数据库，Harbor 也会认为该次操作失败；
- 当用户删除 Artifact 时，Harbor 只需把数据库在 Artifact 中的记录删掉即可，即使 Artifact 此时在物理上依然存在于 Docker Registry 的存储中，Harbor 也认为该 Artifact 已经不存在，后续拉取该 Artifact 的操作将会失败（注意：被删除的 Artifact 会在垃圾回收的过程中从存储中清除）。

因为 Harbor 直接管控了 Artifact 的元数据，在 OCI 分发规范接口的实现中，Harbor 根据需要采用了不同的方法：一部分接口是 Harbor 重新实现的；一部分接口截获并修改了客户端的请求，然后转由 Docker Registry 来处理；还有一部分接口是 Harbor 直接转发到后端 Docker Registry 的接口。具体接口的实现方式如表 4-1 所示。

表 4-1

接口分类	Harbor API 接口	功能描述
Harbor 2.0 重新实现的接口	GET /v2/_catalog	列出所有镜像库 基于数据库返回镜像库列表
	GET /v2/{name}/tags/list	列出某个镜像库下的所有 Tag 基于数据库返回 Tag
	DELETE /v2/{name}/manifests/{reference}	删除 Artifact 的清单 直接从数据库中删除 Artifact 记录
	GET /v2/	获取接口的版本
截获并修改了客户端的请求的接口	GET /v2/{name}/manifests/{reference}	拉取清单文件 在拉取过程中检查 Artifact 是否存在
	HEAD /v2/{name}/manifests/{reference}	检查清单文件是否存在 检查 Artifact 是否存在
直接转发到后端 Docker Registry 的接口	PUT /v2/{name}/manifests/{reference}	推送清单
	GET /v2/{name}/blobs/{digest}	拉取镜像层
	HEAD /v2/{name}/blobs/{digest}	检查镜像层是否存在
	POST /v2/{name}/blobs/uploads/	开始推送镜像层
	GET /v2/{name}/blobs/uploads/{uuid}	获取推送状态
	PUT /v2/{name}/blobs/uploads/{uuid}	整体推送
	PATCH /v2/{name}/blobs/uploads/{uuid}	分层推送
	DELETE /v2/{name}/blobs/uploads/{uuid}	取消推送
	DELETE /v2/{name}/blobs/{digest}	删除镜像层

4.1.2 处理流程

Artifact 的处理功能主要由 Core 组件中的 Artifact 控制器实现，相关组件如图 4-3 所示。Artifact 控制器负责管控 Artifact 操作的主要流程；Artifact 管理器通过数据库访问接口（DAO）实现对数据库的操作，所有 Artifact 的元数据都必须通过 Artifact 管理器读写数据库；Artifact 元数据处理器（Processor）负责处理不同类型的 Artifact 所特有的属性，每种 Artifact 都实现了其自身的数据处理逻辑。目前 Harbor 有 5 种类型的元数据处理器：

镜像、镜像列表、Helm Chart、CNAB 和 Default（默认类型）。Artifact 的数据被存放在 Docker Registry 中，由 Registry 驱动器负责与 Docker Registry 交互，如读取 Blob 数据等。Artifact 控制器还会调用 Tag 控制器获取 Tag 的信息和签名信息。

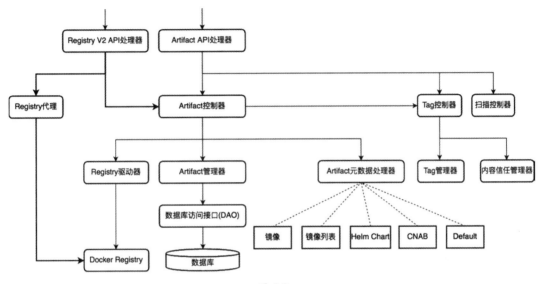

图 4-3

在 Harbor 中有两大类 API 会调用到 Artifact 控制器：Registry V2 API 和 Artifact API。这两类 API 分别由 Registry V2 API 处理器和 Artifact API 处理器负责响应，下面介绍这两个服务器响应 Artifact 相关请求的流程（假定请求已经通过权限、配额等中间件的检查）。

1. 推送 Artifact

在用户的客户端向 Harbor 推送 Artifact 时，Artifact 首先到达 Registry V2 API 处理器，然后经由 Registry 代理存储到后端仓库服务 Docker Registry 中。如果操作成功，Registry V2 API 处理器则会触发 Artifact 控制器去提取相应 Artifact 的元数据。

在提取元数据时，Artifact 控制器首先调用仓库服务驱动器（Registry 驱动器）拉取 Artifact 的清单（Manifest），提取清单中的通用信息并将其作为元数据的第 1 部分；然后通过清单中的 mediaType（媒体类型）属性，查找系统中已注册的不同类型的 Artifact 元数据处理器，包括镜像、镜像列表、Helm Chart、CNAB 等 Artifact 元数据处理器。如果没有找到 Artifact 对应的元数据处理器，则使用系统默认（Default）的元数据处理器。不同类型的元数据处理器会根据各自的 Artifact 类型提取所需的信息（系统默认的元数据处理器只会提取 Artifact 类型的信息）作为元数据的第 2 部分。在元数据提取完成后，Artifact 控制器调用 Artifact 管理器经由数据库访问接口（DAO）将数据持久化到数据库中。如果推送的 Artifact 有关联的 Tag，则 Tag 信息会被持久化到数据库的 Tag 表中，并关联 Artifact 的记录。最后，Registry V2 API 处理器将 Artifact 推送成功的响应发送回用户的客户端，完成 Artifact 的推送过程。

2. 拉取 Artifact

当用户的客户端通过 Registry API 拉取 Artifact 时，该拉取请求首先到达 Registry V2 API 处理器，Registry V2 API 处理器会通过 Artifact 控制器检查要拉取的 Artifact 是否存在于数据库中（比对 Tag 或者摘要），如果不存在，则直接返回错误；如果存在，则该拉取请求会被 Registry 代理转发到后端的仓库服务，由仓库服务响应。

3. 获取 Artifact 信息

当用户请求 Harbor API 获取 Artifact 信息时，用户的请求会先到达 Artifact API 处理器，Artifact API 处理器调用 Artifact 控制器去获取 Artifact 的基本信息，这些基本信息包括由 Artifact 管理器从数据库读取的元数据，以及通过 Artifact 元数据处理器获取的 Addition（每种 Artifact 的特有资源）支持列表。如果在用户的请求中包含返回 Tag 和签名信息，则 Artifact 控制器还会通过 Tag 控制器经由 Tag 管理器和内容信息管理器分别获取 Tag 信息和所对应的签名信息。如果在用户的请求中包含返回 Artifact 的扫描结果，则 Artifact API 处理器会通过调用扫描控制器获取 Artifact 的扫描信息，最终 Artifact API 处理器将获取的所有信息组成完整的 Artifact 数据结构返回给用户。

4. 删除 Tag

当用户通过 Harbor API 删除 Artifact 关联的某个 Tag 时，请求首先到达 Artifact API 处理器，Artifact API 处理器调用 Tag 控制器，再经由 Tag 管理器直接在数据库中删除此 Tag，并返回删除结果。

5. 删除 Artifact

当用户通过 Harbor API 删除某个 Artifact 时，请求首先到达 Artifact API 处理器，Artifact API 处理器调用 Artifact 控制器，再经由 Artifact 管理器将此 Artifact 在数据库中删除，并返回删除结果。这里，Artifact 的物理存储空间并没有被释放，真正的 Artifact 删除要依靠垃圾回收来完成。

4.2 镜像及镜像索引

Harbor 2.0 不仅支持传统镜像的推送和拉取，也支持 OCI 特有的操作，如镜像索引等。OCI 镜像索引支持不同的操作系统及体系结构平台，其核心思想是将在不同操作系统中生成的镜像合并为一个镜像索引存储在镜像仓库服务中，这样做的好处是客户端无须关心具体操作系统的类型，可以使用统一的镜像名称来拉取镜像。如 Docker Hub 镜像仓库中著名的镜像都是以镜像索引的形式存储的。如图 4-4 所示，以 DockerHub 中的 Redis 镜像索引为例，客户端程序可以在不同的操作系统平台上执行"docker pull redis"命令拉取 Redis 镜像，无须指定操作系统镜像。

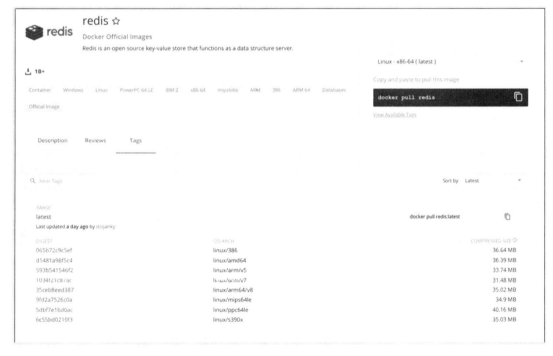

图 4-4

用户可以通过"docker"命令创建镜像索引，并且将其推送到 Harbor 中。假设 Harbor 服务器的地址为 192.168.1.3，以 hello-world 镜像为例，如果用户想支持 AMD64 和 ARM 体系结构下的 Linux 操作系统，则首先需要将 ARM 和 AMD64 下的镜像推送到 Harbor 中：

```
$ docker push 192.168.1.3/library/hello-world-amd64-linux:v1
$ docker push 192.168.1.3/library/hello-world-arm-linux:v1
```

然后通过"docker manifest"命令创建镜像索引：

```
$ export DOCKER_CLI_EXPERIMENTAL=enabled
$ docker manifest create 192.168.1.3/library/hello-world:v1 \
   192.168.1.3/library/hello-world-arm-linux:v1 \
   192.168.1.3/library/hello-world-amd64-linux:v1
```

接着通过"annotate"子命令指定镜像索引中镜像对应的系统结构：

```
$ docker manifest annotate 192.168.1.3/library/hello-world:v1 \
   192.168.1.3/library/hello-world-arm-linux:v1  --arch arm
$ docker manifest annotate 192.168.1.3/library/hello-world:v1 \
   192.168.1.3/library/hello-world-amd64-linux:v1  --arch amd64
```

最后将镜像索引推送到 Harbor 中：

```
$ docker manifest push 192.168.1.3/library/hello-world:v1
```

用户可以通过"docker inspect"命令查看镜像索引信息。Harbor 提供了查看镜像索引的图形管理界面，用户单击"文件夹"图标便可查看镜像索引中的各个子镜像，如图 4-5 和图 4-6 所示。

图 4-5

图 4-6

用户可以单击"扫描"按钮来扫描镜像索引存在的安全漏洞；也可以单击"拉取命令"图标快速生成拉取该镜像索引的具体"docker pull"命令；还可以单击"操作"按钮，给镜像索引"添加标签"，将镜像索引"复制"到其他 Harbor 项目中，或者删除选中的镜像索引。"复制摘要"按钮用于复制 SHA256 格式的摘要字符串。

镜像标签（Label）的管理界面如图 4-7 和图 4-8 所示。

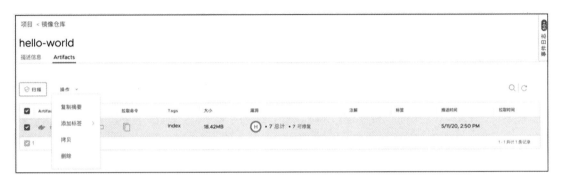

图 4-7

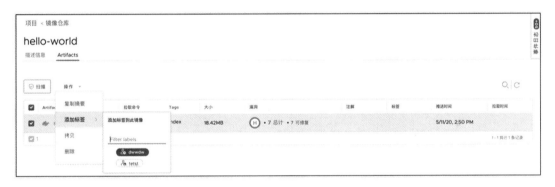

图 4-8

用户还可以通过图形管理界面查看和管理镜像索引的 Tag，查看镜像索引的漏洞扫描结果，如图 4-9 所示。

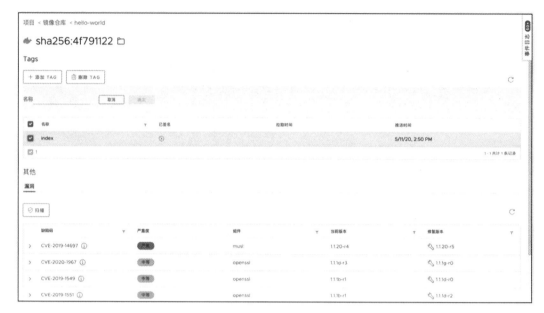

图 4-9

4.3 Helm Chart

Helm 是 Kubernetes 生态系统中的一个软件包管理工具,类似于 Ubuntu 下的 "apt-get" 命令或 macOS 下的 "homebrew" 命令。Helm 支持对基于 Kubernetes 开发的应用进行打包、分发、安装、升级及回退等操作,相关概念和术语如表 4-2 所示。

表 4-2

术 语	说 明
Chart	Helm 的打包格式,内部包含了一组相关的 Kubernetes 资源
Config	包含能够生成可发布实例 Chart 的配置信息
Release	指使用 "helm" 命令在 Kubernetes 集群中部署 Chart 的一个实例,通常与特定的 Config 对应
Repository	Helm 的软件仓库,本质上是一个 Web 服务器,保存了 Chart 包以供下载,提供了 Chart 包的清单文件以供查询。"helm" 命令可以对接多个不同的 Repository

Helm 于 2020 年 4 月底升级为 CNCF 毕业级项目,大约有 70%的 Kubernetes 用户在使用 Helm。Harbor 在 1.6.0 版本中开始支持对 Chart 的管理,通过 "项目" 支持基于角色的访问控制,并且支持在不同 Harbor 实例之间远程复制 Chart,依赖开源项目 ChartMuseum 来提供 Chart 仓库服务。Helm 3 支持 OCI 规范的包管理与分发,Chart 可以在符合 OCI 分

发规范的仓库服务中存储和分享。因此，Chart 也可以被存储在 Harbor 2.0 的仓库服务中。

Harbor 对 Helm 的支持表现在以下两个方面。

（1）Harbor 软件服务本身可以被部署在 Kubernetes 中，Harbor 会发布对应的 Chart，使用 Harbor 的用户可以用 Helm 部署 Harbor，可参考 3.2 节 Helm Chart 的安装部署步骤。

（2）Harbor 可管理 Helm Chart 文件。用户可以上传 Chart 到 Harbor 仓库中，也可以从 Harbor 中下载 Chart，并可实现权限控制、远程复制、Tag 生命周期管理等功能。

本节主要讲解 Helm Chart 作为 Artifact 在 Harbor 中的管理方法。

4.3.1 Helm 3

在 Helm 发展过程中主要有两个版本：Helm 2 和 Helm 3。Helm 2 是个客户端-服务器架构，客户端叫 Helm，服务器端叫 Tiller。如图 4-10 所示，用户通过客户端命令行与 Tiller、Chart 仓库服务交互，以执行安装、升级、删除等操作。Tiller 负责与 Kubernetes API 服务器交互，将 Helm 模板文件解析成 Kubernetes 集群能识别和执行的 Kubernetes 清单文件。

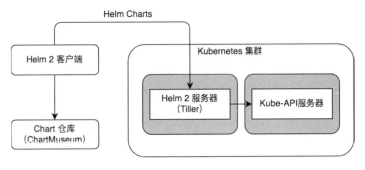

图 4-10

Helm 3 为纯客户端架构，客户端仍然是 Helm，与 Helm 2 操作极其类似，但是 Helm 3 直接与 Kubernetes API 服务器交互，无须 Tiller 中转请求，如图 4-11 所示。删除 Tiller 最大的好处是安全性增强，Helm 3 访问 Kubernetes 集群的权限和 kubectl 类似，通过 kubeconfig 文件配置，基于用户赋予权限。同时，删除 Tiller 可简化安装和部署流程，用户无须初始化 Helm。

Helm 3 尽量保证对 Helm 2 接口向前兼容，能够支持 Helm 2 运行的 Chart，但是也有不完全兼容的情况。比如，Helm 3 需要通过参数 "--generate-name" 显式地指定 "Release"

名称,而不是默认自动生成;Helm 3 在创建 Release 时不再自动创建 Namespace,用户需要提前创建 Namespace,等等。Helm 社区也推出插件 helm-2to3,专门帮助用户从 Helm 2 迁移到 Helm 3,并鼓励用户使用 Helm 3。本章不再对 Helm 2 做详细介绍,着重讲解 Helm 3 及其与 Harbor 2.0 之间的交互。

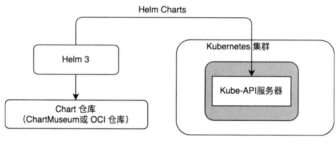

图 4-11

Helm 3 由 Helm client 和 Helm library 两部分组成,用 Go 语言实现。Helm library 负责调用 Kubernetes client library 来执行 Helm 操作,结合 Chart 和 Config 生成 release,在 Kubernetes 集群中安装、升级或卸载应用。Helm client 主要负责本地 Chart 的开发,管理 Chart 仓库和版本,与 Helm library 交互。

Helm 3 支持 OCI 分发规范,可将 Chart 作为 Artifact 来管理。目前 Helm 3 对 OCI 的支持是试验性的,需要设置环境变量 HELM_EXPERIMENTAL_OCI 为 1 才能使用。Helm 3 提供 "registry" 子命令来登录 OCI 仓库服务,用户可以通过如下操作与 Harbor 2.0 仓库服务交互。以用户上传 Chart 为例,Helm 需要登录 Harbor 仓库服务:

```
$ helm registry login -u admin 192.168.1.3
```

假设用户的 Chart 被保存在目录 "harbor-helm-1.3.1" 下,则用户需要执行如下命令将 Chart 推送到 Harbor 仓库服务中:

```
$ helm chart save harbor-helm-1.3.1/ 192.168.1.3/library/harbor-helm:1.3.1
$ helm chart push 192.168.1.3/library/harbor-helm:1.3.1
```

注意:"helm chart" 子命令目前对 TLS 的支持需要设置系统证书,以信任仓库服务的证书。在 Ubuntu 操作系统中可以通过如下命令更新所需证书:

```
$ sudo cp "harbor cert" /usr/local/share/ca-certificates/
$ sudo update-ca-certificates
```

对于上传到 Harbor 仓库服务中的 Chart,用户可以通过 Harbor 图形管理界面进行管理。Harbor 提供的 Chart 功能除了不支持漏洞扫描,其他功能与 4.2 节中管理镜像的功能一致。

用户可以管理 Tag 及查看 Chart 的属性。Chart 的详情界面如图 4-12 所示。

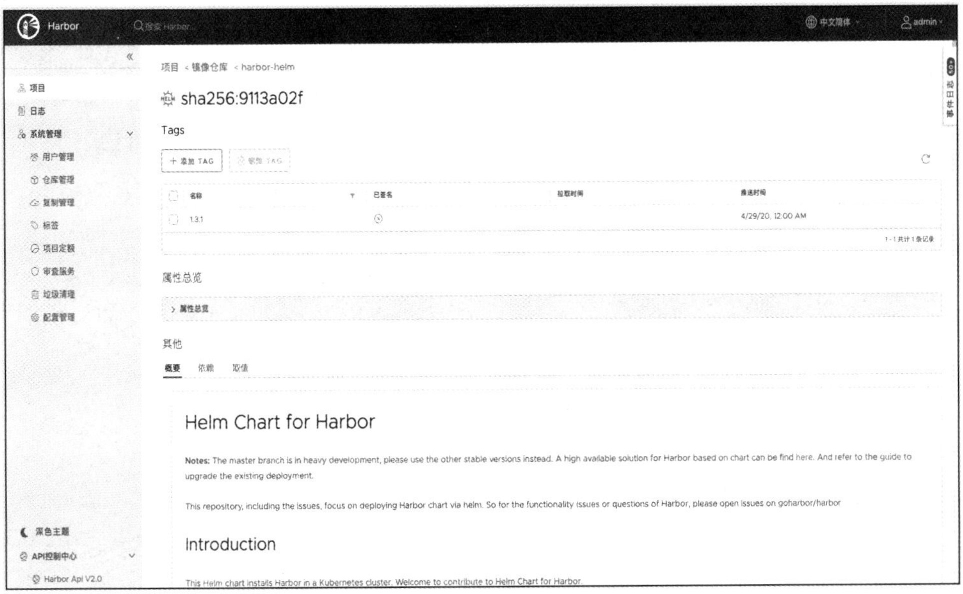

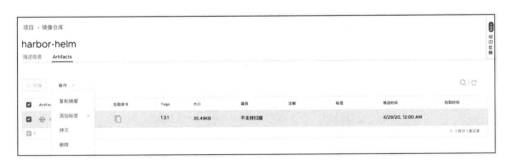

图 4-12

用户在 Harbor 图形管理界面可以复制 Chart 到其他 Harbor 项目中，也可以删除 Chart 或添加标签等。Chart 的操作界面如图 4-13 所示。

图 4-13

用户可以通过单击"拉取命令"图标，将"helm chart pull"的详细命令复制并粘贴到命令行，即可拉取 Chart：

```
$ helm chart pull
192.168.1.3/library/harbor-helm@sha256:9113a02fab4b9c2a7bae96747dd4548ceaaeffe28
57e8206f4fa783da5e0e590
```

注意：命令中使用的是 Artifact 的摘要。用户也可以通过对应的 Tag 来拉取 Chart。如在以上示例中，可以使用如下命令拉取相同的 Chart：

```
$ helm chart pull 192.168.1.3/library/harbor-helm:1.3.1
```

在拉取 Chart 后，下载好的 Chart 并没有被存放于当前目录下，这是因为 Helm 将该 Chart 作为缓存存放到了文件系统中。Chart 文件是按照 OCI 镜像规范的目录结构存储在本地缓存中的，以 Ubuntu 操作系统为例，Chart 的本地存储结构如图 4-14 所示。

图 4-14

index.json 文件包含所有 Chart 文件清单的引用，如图 4-15 所示。

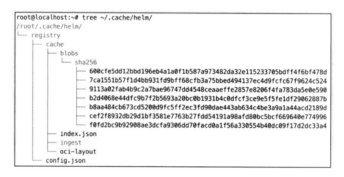

图 4-15

查看其中一个清单文件的具体内容，如图 4-16 所示，可以看到，chart.yaml 是以"application/vnd.cncf.helm.config.v1+json"的媒体类型存储的，整个 Chart 是按照 application/tar+gzip 的格式作为 layer 存储的。

```
root@localhost:~# cat ~/.cache/helm/registry/cache/blobs/sha256/9113a02fab4b9c2a7bae96747dd
4548ceaaeffe2857e8206f4fa783da5e0e590 | jq
{
  "schemaVersion": 2,
  "config": {
    "mediaType": "application/vnd.cncf.helm.config.v1+json",
    "digest": "sha256:cef2f8932db29d1bf3581e7763b27fdd54191a98afd80bc5bcf669640e774996",
    "size": 541
  },
  "layers": [
    {
      "mediaType": "application/tar+gzip",
      "digest": "sha256:b2d4068e44dfc9b7f2b5693a20bc0b1931b4c0dfcf3ce9e5f5fe1df29062887b",
      "size": 35480
    }
  ]
}
```

图 4-16

我们可以通过 "helm chart export" 命令将缓存中的 Chart 导出到当前目录，也可以通过 "helm chart remove" 命令删除某个 Chart 的缓存：

```
$ helm chart export 192.168.1.3/library/cnab-helloworld:helm
$ helm chart remove 192.168.1.3/library/cnab-helloworld:helm
```

4.3.2 ChartMusuem 的支持

由于 Helm 3 支持 OCI 仓库服务的功能还处于实验阶段，所以大多数用户还在使用 ChartMuseum 仓库服务。Harbor 2.0 在设计时保留了基于 ChartMuseum 的仓库服务，这样不仅支持老版本的 Harbor 平滑升级到 Harbor 2.0，还给用户留了缓冲时间，将 Chart 从 ChartMuseum 转移到 OCI 仓库服务。

Harbor 的 ChartMuseum 服务提供了图形管理界面来管理 Chart，进入一个 Harbor 项目，单击 "Helm Charts" 页面，可以查看 Chart 列表及每个 Chart 的名称、状态、版本数量、创建时间。可以单击 "下载" 按钮拉取 Chart 到本地，也可以单击 "删除" 按钮删除选中的 Chart，如图 4-17 所示。

如果要上传新的 Chart 文件到 Harbor，则单击 "上传" 按钮，会弹出窗口让用户从本地文件系统中选择 Chart 文件，如果该 Chart 文件被签名，则可以从本地文件系统中选择出处（Provenance）文件。单击 "上传" 按钮，将 Chart 推送到 Harbor 的 ChartMuseum 中。出处文件包括 Chart 的 YAML 文件及验证信息（Chart 包的签名、整体文件的 PGP 签名），支持 Helm 对 Chart 的一致性验证，如图 4-18 所示。

用户可以单击 Chart 版本查看该 Chart 的概要介绍、依赖信息及取值文件（values.yaml）的详细内容，如图 4-19 所示。

图 4-17

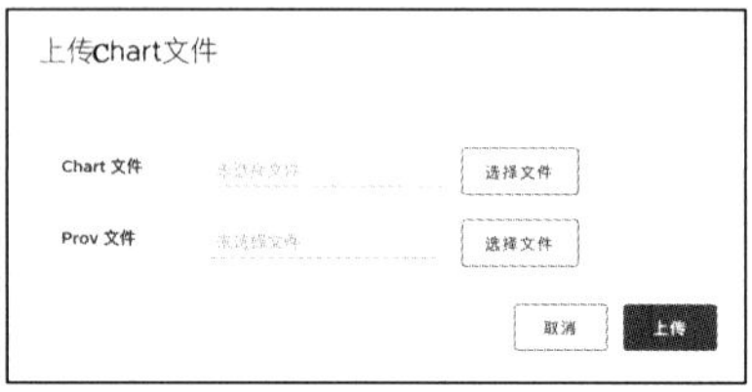

图 4-18

图 4-19

ChartMuseum 可以和 Helm 2/Helm 3 命令直接交互，用户需要安装 Helm v2.9.1 及以上版本。查看 Helm 的版本：

```
$ helm version（Helm 2 查看版本命令所返回的结果）
#Client: &version.Version{SemVer:"v2.9.1",
GitCommit:"20adb27c7c5868466912eebdf6664e7390ebe710", GitTreeState:"clean"}
#Server: &version.Version{SemVer:"v2.9.1",
GitCommit:"20adb27c7c5868466912eebdf6664e7390ebe710", GitTreeState:"clean"}

$ helm version（Helm 3 查看版本命令所返回的结果）
version.BuildInfo{Version:"v3.1.2",
GitCommit:"d878d4d45863e42fd5cff6743294a11d28a9abce", GitTreeState:"clean",
GoVersion:"go1.14"}
```

用户需要通过"helm repo add"命令将 ChartMuseum 加入本地的 Repository 列表中：

```
$ helm repo add --ca-file ca.crt --username=admin --password=<password> myrepo
https://192.168.1.3/chartrepo
```

用户也可以把某个项目加入 Repository 列表中，这样通过"helm"命令就只能拉取该项目内的 Chart 文件了：

```
$ helm repo add --ca-file ca.crt --username=admin --password=<password> myrepo
https://192.168.1.3/chartrepo/myproject
```

然后，用户可以通过"helm install"命令安装 Chart 到 Kubernetes 集群：

```
$ helm install --ca-file=ca.crt --username=admin --password=<password>
--version 0.1.10 myrepo/chart_repo/hello-helm
```

4.3.3　ChartMuseum 和 OCI 仓库的比较

Harbor 2.0 同时支持两种 Chart 存储方式，这两种方式的对比如表 4-3 所示。

OCI 分发规范正在进一步完善，OCI 仓库服务在未来会成为主流，建议用户使用 OCI 方式的 Chart。将 Chart 从 ChartMuseum 的仓库服务迁移到 OCI 仓库的过程不是特别复杂，用户只需要进行 3 步操作即可完成：

（1）通过"helm fetch"命令将该 Chart 从 ChartMuseum 拉取到本地；

（2）通过"helm chart save"命令将该 Chart 保存为本地缓存；

（3）通过"helm chart push"命令将该 Chart 推送到 OCI 仓库中。

表 4-3

项　　目	ChartMusuem	OCI 仓库
存储格式	把 Chart 的压缩格式 tgz 存储在后端服务中	把 Chart 作为 Artifact 的 Blob 保存在后端服务中
Helm 支持版本	Helm 2、Helm 3	Helm 3（需设置 HELM_EXPERIMENTAL_OCI 环境变量）

上传	$ helm push mychart/ chartmuseum_url
	可以通过 Harbor 图形管理界面操作
		$ helm registry login -u admin <registry_URL>
		$ helm chart save <chart_dir>
		<registry_URL>/library/helloworld:v1
		$ helm chart push
		<registry_URL>/library/helloworld:v1

下载	$ helm pull [chart URL | repo/chartname] [...] [flags] 可以通过 Harbor 图形管理界面操作	$ helm chart pull <registry_URL>/library/mychart:dev
安装	$ helm repo add harbor https://helm.goharbor.io $ helm install --name my-release harbor/harbor（Helm 2）	需要下载到本地安装，目前不支持 repo
从 Kubernetes 环境下删除部署的 Chart	$ helm delete --purge my-release （Helm 2） $ helm uninstall harbor my-release（Helm 3）	与 ChartMuseum 相同

4.4　云原生应用程序包 CNAB

CNAB（Cloud Native Application Bundle，云原生应用程序包）是一种用于打包和运行分布式应用程序的开源规范，促进了容器应用程序及其耦合服务的捆绑、安装和管理。CNAB 的设计思想是对下层基础架构透明，没有厂商锁定；可轻松地跨团队、组织和市场交付应用，甚至离线共享；用户可以对 CNAB 加密签名、证明和验证以确保来源可靠。

当前，CNAB 客户端有若干开源项目可供选择，整体还是一个不断演进的状态。用户可以使用 cnab-to-oci、Porter 或者 Docker App 与 Harbor 交互，将 CNAB 推送到 Harbor 中。本节主要描述 Harbor 2.0 中与 CNAB 相关的操作步骤，仅简要说明 3 种工具的使用方法。

（1）cnab-to-oci 工具是使用 OCI 仓库分享 CNAB 的一个参考实现，具体操作如下。

克隆代码库：

```
$ git clone https://github.com/cnabio/cnab-to-oci.git
```

执行如下命令编译代码（编译完成后，二进制文件在"bin/cnab-to-oci"中）：

```
$ make
```

将 CNAB 类型的 Artifact 推送到 Harbor 仓库中，名称为"library/cnab-helloworld:cnab"：

```
$ ./bin/cnab-to-oci push examples/helloworld-cnab/bundle.json -t 192.168.1.3/library/cnab-helloworld:cnab --auto-update-bundle
```

在推送命令中，由于目前"cnab-to-oci"命令存在一个问题，所以必须添加"--auto-update-bundle"参数。

从 Harbor 仓库中拉取 CNAB 类型的 Artifact：

```
$ ./bin/cnab-to-oci pull 192.168.1.3/library/cnab-helloworld:cnab
```

（2）Porter 基于 CNAB 规范提供了声明式的体验，使用步骤如下。

安装 Porter：

```
$ curl https://cdn.porter.sh/latest/install-linux.sh | bash
```

设置环境变量 PATH：

```
$ export PATH=$PATH:~/.porter
```

生成初始模板命令，该命令会生成 dockerfile.tmpl、helpers.sh、porter.yaml、README.md 这 4 个文件：

```
$ porter create
```

修改 porter.yaml 文件中的配置，使其指向 Harbor：

```
tag: 192.168.1.3/library/porter-hello:v0.1.0
```

推送到 Harbor 仓库：

```
$ porter publish
```

（3）Docker App 是一个 CNAB 的框架，具体命令如下。

- 安装 Docker App："docker app"子命令是一个实验性的功能，需要在 config.json 文件中将 experiment 值改为"enabled"。如果 Docker 是 19.03.0 之前的版本，则需要单独安装 Docker App。
- 克隆 Docker App 代码：

```
$ git clone https://github.com/docker/app
```

- 以代码库中的"`app/examples/hello-world`"为例,用户可以将编译好的 CNAB 文件推送到 Harbor 中:

```
$ docker app push hello-world.dockerapp --tag
192.168.1.3/library/hello-world:dev
```

- 从 Harbor 仓库中拉取 CNAB:

```
$ docker app pull 192.168.1.3/library/hello-world:dev
```

Harbor 提供了查看 CNAB 的图形管理界面,用户可以查看在 CNAB 中包含的索引项,为 CNAB 添加、删除 Tag,以及扫描、查看 CNAB 的安全性等。如图 4-20 所示,在名称为"cnab-helloworld"的仓库中列出了一个 CNAB 类型的 Artifact,其摘要为"sha256:55c6da48",Tag 为"cnab"。

图 4-20

单击 Artifact 右侧的文件夹图标,可以看到该 Artifact 的索引项界面,其中包含两个子 Artifact,它们的摘要分别是"sha256:a59a4e74"和"sha256:6ec4fd69",如图 4-21 所示。

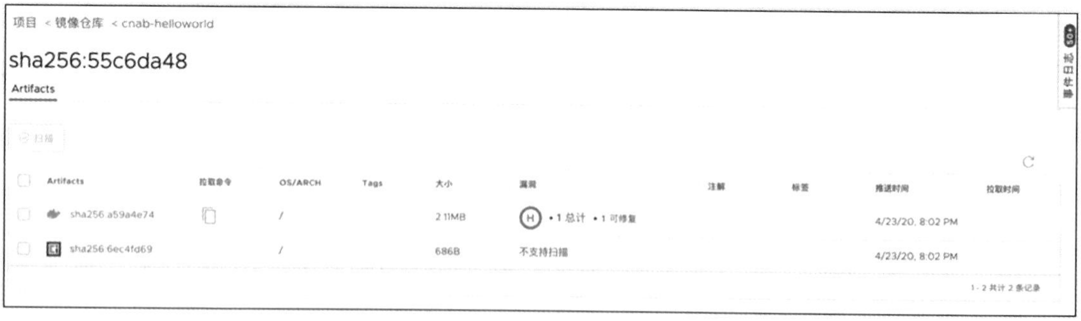

图 4-21

在图 4-20 所示的界面单击列表中 Artifact 的摘要，则可显示该 CNAB 类型的 Artifact 的详细信息界面，如图 4-22 所示。

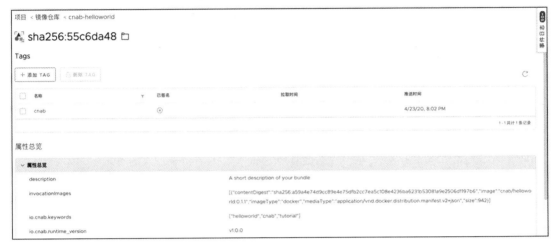

图 4-22

4.5　OPA Bundle

OPA（Open Policy Agent，开放策略代理）是一个开源的通用策略引擎，目前是 CNCF 的孵化级项目。OPA 可作为准入控制器（Admission Controller）部署在 Kubernetes 中，在创建、更新和删除 Kubernetes 对象时，可以在对象上实施自定义策略，无须重新编译或重新配置 Kubernetes API 服务器。OPA Bundle 是 OPA 存储的格式，用户可以使用 conftest 或 ORAS 与 Harbor 仓库交互。ORAS 的使用方法参见 4.6 节。

使用 conftest 的具体操作如下。由于 conftest 目前只支持从本地镜像仓库或者 Azure 中拉取 OPA Bundle，所以在下面的例子中使用了 oras 工具来拉取 Harbor 中的 OPA Bundle。

◎ 在 Linux 系统中安装 conftest：

```
$ wget https://github.com/instrumenta/conftest/releases/download/v0.17.1/conftest_0.17.1_Linux_x86_64.tar.gz
$ tar xzf conftest_0.17.1_Linux_x86_64.tar.gz
$ sudo mv conftest /usr/local/bin
```

- 推送到 Harbor（192.168.1.3）：

```
$ conftest push 192.168.1.3/library/opa-bundle:v0.1.0 ./opa-bundle
```

- 拉取 OPA Bundle：

```
$ oras pull 192.168.1.3/library/opa-bundle:v0.1.0 -a -o ./test-bundle
```

Harbor 提供了查看 OPA Bundle 的图形管理界面，用户可以添加或删除 Tag。Harbor 目前不支持针对 OPA Bundle 的安全性扫描。

如图 4-23 所示，在名称为 "opa-bundle" 的仓库中列出了一个 OPA Bundle 类型的 Artifact，其摘要为 "sha256:529d87f3"，有两个 Tag。

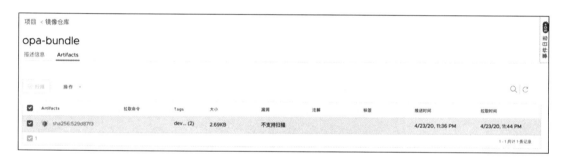

图 4-23

单击该 Artifact 的摘要，可展现 Artifact 的详细信息，包括两个 Tag：dev 和 v0.1.0，如图 4-24 所示。

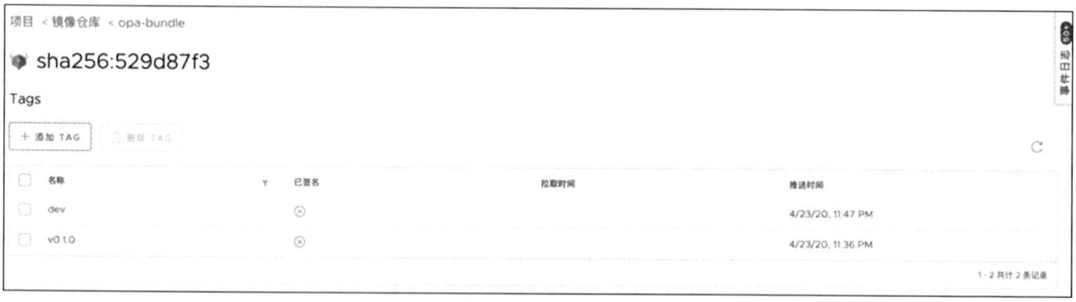

图 4-24

4.6 其他 Artifact

在理论上，兼容 OCI 规范的 Artifact 都可以被存放在 Harbor 的 Artifact 仓库中。ORAS（OCI Registry As Storage，OCI 仓库即存储）是一个通用工具，可将 OCI Artifact 推送到符合 OCI 规范的仓库服务中，满足各种客户端的需求。ORAS 提供了命令行和 Go 模块方式给其他客户端使用。ORAS 推送 Artifact 到 Harbor 的具体步骤如下。

（1）安装 ORAS：

```
$ curl -LO https://github.com/deislabs/oras/releases/download/v0.8.1/oras_0.8.1_linux_amd64.tar.gz
$ mkdir -p oras-install/
$ tar -zxf oras_0.8.1_*.tar.gz -C oras-install/
$ mv oras-install/oras /usr/local/bin/
```

（2）登录 Harbor 仓库服务：

```
$ oras login 192.168.1.3
```

（3）推送 OCI Artifact 到 Harbor：

```
$ oras push 192.168.1.3/library/oras-hello:new ./test-bundle/
```

（4）推送压缩文件：

```
$ oras push 192.168.1.3/library/oras-hello5:tar ./oras_0.8.1_linux_amd64.tar.gz
```

（5）推送单独文件并指定清单配置：

```
$ oras push -d 192.168.1.3/library/helloartifact:v1 --manifest-config /dev/null:application/vnd.acme.rocket.config.v1+json ./artifact.txt
```

（6）从 Harbor 拉取 OCI Artifact：

```
$ oras pull 192.168.1.3/library/oras-hello:new -a -o ./test-bundle
```

如果在推送时指定了"--manifest-config"参数，Harbor 图形管理界面就会自动读取 vnd 后的第 2 个字段并显示，比如，名称为"helloartifact:v1"的 Artifact 会显示"ROCKET"。

如 4.1.1 节所述，Harbor 2.0 预置了对 4 种 OCI Artifact 类型的支持。其余的 Artifact 按照默认类型处理，除了可查看摘要、Tag、大小等基本信息，还可以在图形管理界面中给 Artifact 增加和删除 Tag。随着用户的使用和 OCI Artifact 场景的扩充，Harbor 会在后续版本中持续增强对 Artifact 的支持。

默认类型的 OCI Artifact 界面如图 4-25 所示。

图 4-25

第 5 章
访问控制

访问控制是 Harbor 系统数据安全的一个基本组成部分，定义了哪些用户可以访问和使用 Harbor 里的项目（project）、项目成员、Repository 仓库、Artifact 等资源。通过身份认证和授权，访问控制策略可以确保用户身份真实和拥有访问 Harbor 资源的相应权限。在大多数生产环境下，访问控制都是运维中需要关注的问题。本章讲解 Harbor 基于角色的访问控制 RBAC（Role Based Access Control）机制，包括认证和授权的原理、认证方式的配置、各种角色的授权和常见问题等。

5.1 概述

本节讲解 Harbor 认证和授权的主要模式、资源隔离方法和客户端认证的典型流程。

5.1.1 认证与授权

我们通过认证（Authentication）可以确定访问者的身份，目前 Harbor 支持本地数据库、LDAP、OIDC 等认证模式，可在"系统管理"→"配置管理"→"认证模式"里进行配置。在本地数据库认证模式下，用户信息都被存储在本地数据库中，Harbor 系统管理员可以管理用户的各种信息。在 LDAP 和 OIDC 认证模式下，用户信息和密码都被存储在 Harbor 之外的其他系统中，在用户登录后，Harbor 会在本地数据库中创建一个对应的用户账户，并在用户每次登录后都更新对应用户的账户信息。

我们通过授权（Authorization）还可以决定访问者的权限，目前 Harbor 基于 RBAC 模型进行权限控制。Harbor 中的角色有三大类型：系统管理员、项目成员和匿名用户。系统管理员可以访问 Harbor 系统中的所有资源，项目成员按照不同的角色可以访问项目中的不同资源，匿名用户仅可以访问系统中公开项目的某些资源。

5.1.2 资源隔离

Harbor 系统中的资源分为两类：一类是仅系统管理员可以访问和使用的；另一类是基于项目来管理的，供普通用户访问和使用。Harbor 的系统管理员对两类资源均可访问。

仅系统管理员可以访问的资源包括用户、Registry 仓库、复制（Replication）、标签、项目定额、审查服务、垃圾回收和系统配置管理。

基于项目来管理的资源包括项目概要、Artifact 仓库、Helm Charts、项目成员、标签、扫描器、Artifact（Tag）保留、不可变 Artifact（Tag）、机器人账户、Webhook、日志、项目配置管理。

当用户请求访问系统资源时，Harbor 首先使用 Core 组件中的 security 中间件（middleware）获得 Security Context（安全上下文）实例，然后根据 Security Context 确定对资源的授权。

security 中间件支持 9 种 Security 生成器（generator）：secret、oidcCli、v2Token、idToken、authProxy、robot、basicAuth、session 和 unauthorized，它们根据不同的用户信息生成 Security Context 实例，具体功能如表 5-1 所示。

表 5-1

名称	说明
secret	根据环境变量生成 secret Security Context 实例，供 Harbor 的其他组件访问系统资源
oidcCli	在 OIDC 认证模式时根据用户名和 CLI 密码生成的 local Security Context 实例，供 OIDC 用户使用 CLI 密码访问系统
v2Token	根据 Docker Distribution 的 Bearer token 生成 v2token Security Context 实例，供客户端通过 Endpoint 为 "/v2" 的接口访问系统
idToken	在 OIDC 认证模式下，根据 Authorization Header 里的 Bearer token（OIDC ID Token）生成 local Security Context 实例，供 OIDC 用户使用 OIDC ID Token 通过 Endpoint 为 "/api" 的接口访问系统
authProxy	若 Basic Authorization 里的用户名以 "tokenreview$" 为开头，则使用 Kubernetes Webhook Token Authentication 认证模式，根据用户名和密码生成 local Security Context 实例，供其通过 Endpoint 为 "/v2" 的接口访问系统

续表

名 称	说 明
robot	若 Basic Authorization 里的用户名以 "robot$" 为开头，则根据用户名和密码对应的机器人账户生成 robot Security Context 实例供机器人账户访问系统
basicAuth	根据 Basic Authorization 里的用户名和密码对应的 Harbor 用户生成 local Security Context 实例访问系统
session	根据 Session 里保存的用户信息生成 local Security Context 实例，供用户通过浏览器访问系统
unauthorized	以匿名用户访问系统

根据认证模式的不同，上述 Security 生成器可生成 4 种 Security Context 实例，每种实例均实现了一个方法：Can(action type.Action, resource types.Resource) bool，可以根据输入的资源和动作确定是否允许用户访问，从而决定是否让用户继续相关的操作请求。

在 Harbor 系统中实现了 4 种类型的 Security Context：local、robot、secret 和 v2token，适用于不同的场景，详细说明如表 5-2 所示。

表 5-2

名 称	作 用	备 注
local	基于 RBAC 确定项目成员的权限	oidcCli、idToken、authProxy、basicAuth、session 和 unauthorized 等 Security 生成器会根据请求对应的 Harbor 用户，返回 local Security Context 实例
robot	确定机器人账户的权限	robot Security 生成器会使用机器人账户令牌生成 robot Security Context 实例
secret	确定 Harbor 各组件访问系统资源的权限	secret Security 生成器会返回 secret Security Context，能够访问项目下的所有资源
v2token	确定 Docker Distribution Bearer token 的权限	v2Token Security 生成器会返回 v2token Security Context

Security 生成器和 Security Context 实例之间的生成关系如图 5-1 所示，生成器按照一定顺序依次对用户信息进行处理，直到某个生成器输出用户的 Security Context 实例为止。

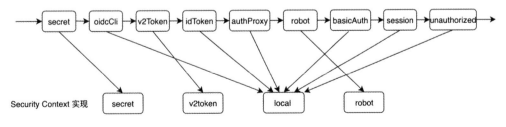

图 5-1

5.1.3 客户端认证

符合 OCI 分发规范的客户端（如 Docker 客户端）在拉取或推送 Artifact 时需要登录，然后在请求中进行用户认证。Harbor 采用了 Docker Distribution 的 Token 认证模式，Docker 客户端的认证流程如下。

（1）Docker 客户端通过守护进程尝试拉取或推送操作。

（2）如果拉取或推送操作需要经过认证，Harbor 就会返回 401 响应，响应里带有如何认证的信息。

（3）客户端向 Harbor 的认证服务（在 core 组件里）请求获取 Bearer token。

（4）Harbor 的认证服务给客户端返回一个具有客户端权限的 Bearer token。

（5）客户端把 Bearer token 嵌入 HTTP 请求包头部，重新发送之前的请求。

（6）Harbor 验证客户端提供的 Bearer token 并响应请求。

以上过程如图 5-2 所示。在第 3 步中，Harbor 收到客户端获取 Bearer token 的请求后，会根据 security 中间件生成的 Security Context 来检查用户是否已经登录，并根据用户的权限过滤所请求的 scope（范围）中的 pull、push 操作，过滤完成后生成 Bearer token 并返回给客户端。

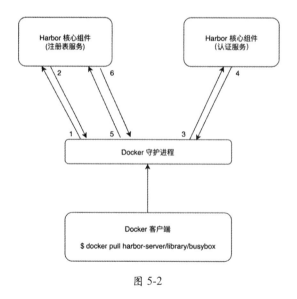

图 5-2

5.2 用户认证

为支持用户的多种身份认证系统，Harbor 提供了三种认证模式：本地数据库认证、LDAP 认证和 OIDC 认证。本节讲解不同认证模式的原理，并举例说明如何配置 LDAP 和 OIDC 认证模式。

5.2.1 本地数据库认证

Harbor 默认使用本地数据库认证模式，在这种认证模式下，用户信息被存储在 PostgreSQL 数据库中，允许用户自注册 Harbor 账号。

在"系统管理"→"用户管理"页面，系统管理员可以创建、删除用户，也可以重置用户密码和设置其他用户为系统管理员，如图 5-3 所示。

图 5-3

在"用户管理"页面单击"创建用户"按钮，在"创建用户"对话框中填写上用户名、邮箱、全名、密码和确认密码后即可创建一个新用户。如图 5-4 所示创建了一个名称为"jack"的用户。

图 5-4

5.2.2　LDAP 认证

Harbor 可以对支持 LDAP 的软件进行认证，如 OpenLDAP 和 Active Directory（AD）等。

LDAP（Lightweight Directory Access Protocol）是一个基于 X.500 标准的轻量级目录访问协议。目录是为了查询、浏览和搜索而优化的数据库，在 LDAP 中，信息以树状方式组织，树状信息中的基本单元是条目（Entry），每个条目都由属性（Attribute）构成，在属性中存储属性的值。一个条目有若干个属性和值，有些条目还可包含子条目。

条目就像是数据库中的记录，对 LDAP 的添加、删除、修改和搜索通常都是以条目为基本对象的。如图 5-5 所示是一个典型的目录树，图中的每个方框就是一个条目，根节点是"dc=goharbor,dc=io"。

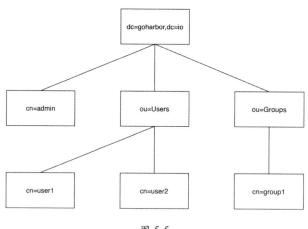

图 5-5

域名组件 DC（Domain Component）是条目标识的域名部分，其格式是将完整的域名分成几部分，如域名"goharbor.io"变成"dc=goharbor,dc=io"。

识别名 DN（Distinguished Name）指从目录树的根出发的绝对路径，是条目的唯一标识。图 5-5 中左下角条目的 DN 是"cn=user1,ou=Users,dc=goharbor,dc=io"。

基准识别名 Base DN（Base Distinguished Name）一般指整个目录树的根。图 5-5 中目录树的 Base DN 是"dc=goharbor,dc=io"。

每个条目都可以有很多属性，比如姓名、出生年月、住址、电话等。每个属性都有名称和对应的值，一个属性的值可以有单值或多值，比如，一个人只有一个出生年月，但可能有多个电话号码。属性需要符合一定的规则，一般是通过 schema 定义的。比如，如果一个条目没有被包含在 mailAccount 这个 schema（即没有"objectClass: mailAccount"）里，那么就不能为它指定 mail 属性。对象类（ObjectClass）是属性的集合，在 LDAP 里预设了好多常见的对象，并将其封装成对象类。比如人员（person）含有姓（sn）、名（cn）、密码（userPassword）等属性，邮件账户（mailAccount）含有邮件（mail）属性。表 5-3 列出了一些常见的属性。

表 5-3

属　　性	别　　名	语　　法	描　　述	例　　子
commonName	cn	Directory String	姓名	jack
organizationalUnitName	ou	Directory String	组织单位名称	IT
objectClass			内置属性	mailAccount

下面的例子说明了 Kubernetes 环境下 Harbor 与 OpenLDAP 的集成步骤。

（1）使用 Helm 3 安装 Harbor。

首先添加并更新 Harbor 的 Helm 仓库：

```
$ helm repo add harbor https://helm.goharbor.io
$ helm repo update
```

然后安装 Harbor（"192.168.1.2"是 Kubernetes 的 ingress controller 的 IP 地址）：

```
$ cat <<EOF | helm install harbor harbor/harbor --version=1.4.0 --values=-
expose:
  type: ingress
  ingress:
    hosts:
      core: harbor.192.168.1.2.xip.io
      notary: notary.192.168.1.2.xip.io
externalURL: https://harbor.192.168.1.2.xip.io
EOF
```

（2）使用 Helm 3 安装 OpenLDAP。

先添加 stable 仓库，并更新 helm 仓库：

```
$ helm repo add stable https://kubernetes-charts.storage.googleapis.com
$ helm repo update
```

安装 OpenLDAP 并启用 Memberof 模块：

```
$ cat <<EOF | helm install openldap stable/openldap --version=1.2.4 --values=-
env:
```

```
    LDAP_ORGANISATION: "Harbor Org."
    LDAP_DOMAIN: "goharbor.io"
    LDAP_BACKEND: "hdb"
    LDAP_TLS: "true"
    LDAP_TLS_ENFORCE: "false"
    LDAP_REMOVE_CONFIG_AFTER_SETUP: "true"
  customLdifFiles:
    memberof_load_configure.ldif: |
      dn: cn=module{1},cn=config
      cn: module{1}
      objectClass: olcModuleList
      olcModuleLoad: memberof
      olcModulePath: /usr/lib/ldap

      dn: olcOverlay={0}memberof,olcDatabase={1}hdb,cn=config
      objectClass: olcConfig
      objectClass: olcMemberOf
      objectClass: olcOverlayConfig
      objectClass: top
      olcOverlay: memberof
      olcMemberOfDangling: ignore
      olcMemberOfRefInt: TRUE
      olcMemberOfGroupOC: groupOfNames
      olcMemberOfMemberAD: member
      olcMemberOfMemberOfAD: memberOf
    refint1.ldif: |
      dn: cn=module{1},cn=config
      add: olcmoduleload
      olcmoduleload: refint
    refint2.ldif: |
      dn: olcOverlay={1}refint,olcDatabase={1}hdb,cn=config
      objectClass: olcConfig
      objectClass: olcOverlayConfig
      objectClass: olcRefintConfig
      objectClass: top
      olcOverlay: {1}refint
      olcRefintAttribute: memberof member manager owner
  persistence:
    enabled: true
EOF
```

（3）准备 LDAP 条目。

进入 OpenLDAP 环境：

```
$ kubectl exec -i -t $(kubectl get pod -l "app=openldap" -o name) -- bash
```

创建 Groups 和 Users OU 条目：

```
$ ldapadd -H ldapi:/// -D "cn=admin,dc=goharbor,dc=io" -w $LDAP_ADMIN_PASSWORD
<< EOF
    dn: ou=Users,dc=goharbor,dc=io
    objectClass: organizationalUnit
    ou: Users

    dn: ou=Groups,dc=goharbor,dc=io
    objectClass: organizationalUnit
    ou: Groups
    EOF
```

创建用户 kate 和 jack，用户密码为 Harbor12345：

```
$ ldapadd -H ldapi:/// -D "cn=admin,dc=goharbor,dc=io" -w $LDAP_ADMIN_PASSWORD
<< EOF
    dn: cn=kate,ou=Users,dc=goharbor,dc=io
    objectClass: person
    objectClass: mailAccount
    mail: kate@goharbor.io
    sn: kate
    userPassword: `slappasswd -s Harbor12345`

    dn: cn=jack,ou=Users,dc=goharbor,dc=io
    objectClass: person
    objectClass: mailAccount
    mail: jack@goharbor.io
    sn: jack
    userPassword: `slappasswd -s Harbor12345`
    EOF
```

创建 administrator 和 developer 组，并把用户 kate 添加到 administrator 组，把用户 kate 和 jack 添加到 developer 组：

```
$ ldapadd -H ldapi:/// -D "cn=admin,dc=goharbor,dc=io" -w $LDAP_ADMIN_PASSWORD
<< EOF
    dn: cn=administrator,ou=Groups,dc=goharbor,dc=io
    objectClass: groupOfUniqueNames
    cn: administrator
    uniqueMember: cn=kate,ou=Users,dc=goharbor,dc=io
    EOF

$ ldapadd -H ldapi:/// -D "cn=admin,dc=goharbor,dc=io" -w $LDAP_ADMIN_PASSWORD
<< EOF
    dn: cn=developer,ou=Groups,dc=goharbor,dc=io
    objectClass: groupOfUniqueNames
```

```
cn: developer
uniqueMember: cn=kate,ou=Users,dc=goharbor,dc=io
uniqueMember: cn=jack,ou=Users,dc=goharbor,dc=io
EOF
```

（4）使用系统管理员登录 Harbor 图形管理界面，访问"系统管理"→"配置管理"→"认证模式"并配置 LDAP 认证模式，主要的配置项见表 5-4 和图 5-6。

（5）配置完成后，分别使用"kate"和"jack"作为用户名、"Harbor12345"作为密码登录 Harbor 系统。kate 会以 Harbor 系统管理员身份访问系统，jack 会以普通用户的身份访问系统。

注意：在使用 LDAP 组相关的功能时，需要确认当前的 LDAP 软件具备 memberof overlay 的功能，具体如何配置，请查看相关 LDAP 的用户文档。验证这个功能是否打开的方法：若这个功能打开，则向某一个组里面添加删除成员时，这个组的属性 member 和对应成员的属性会 memberof 同步发生变化；若这两个属性不能同步发生变化，则表明这个功能没有打开。

表 5-4

配置项	配置项的值	说明
LDAP URL	ldap://openldap	LDAP 服务器 URL
LDAP 搜索 DN	cn=admin,dc=goharbor,dc=io	Harbor 请求查询 LDAP Server 时使用的识别名
LDAP 搜索密码		"cn-admin,dc=goharbor,dc=io"的密码，可以使用命令获取：kubectl get secret --namespace default openldap -o jsonpath="{.data.LDAP_ADMIN_PASSWORD}" | base64 --decode; echo
LDAP 基础 DN	ou=Users,dc=goharbor,dc=io	搜索 LDAP 用户时的基准识别名，也可设置为"dc=goharbor,dc=io"
LDAP 用户 UID	cn	搜索 LDAP 用户时用来识别条目的相对识别名前缀
LDAP 过滤器		配合 LDAP 用户 UID、LDAP 基础 DN 进一步搜索 LDAP 用户
LDAP 组基础 DN	ou=Groups,dc=goharbor,dc=io	搜索 LDAP 组时的基准识别名
LDAP 组管理员 DN	cn=administrator,ou=groups,dc=goharbor,dc=io	将这个组的成员设置为 Harbor 系统管理员
LDAP 组成员	memberof	LDAP 组成员的 membership 属性

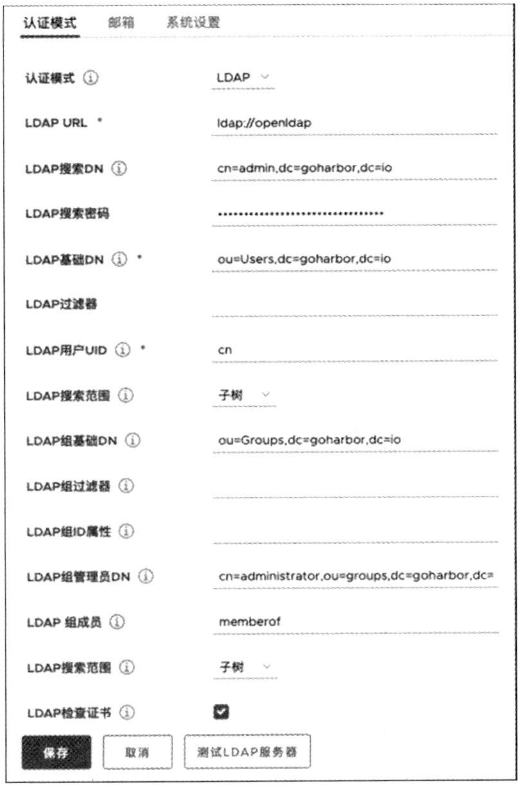

图 5-6

5.2.3 OIDC 认证

OIDC（OpenID Connect）是一个基于 OAuth 2.0 协议的身份认证标准协议。

OAuth 2.0 是一个授权协议，它引入了一个授权层以便区分出两种不同的角色：资源的所有者和客户端，客户端从资源服务器处获得的令牌可替代资源所有者的凭证来访问被保护的资源。OAuth 2.0 的实质就是客户端从第三方应用中获得令牌，它规定了 4 种获得令牌的方式：

- 授权码（Authorization Code）方式；
- 隐藏式（Implicit）；
- 密码式（Password）；
- 客户端凭证（Client Credentials）方式。

授权码方式指第三方应用先获取一个授权码，然后使用该授权码换取令牌。这是最常见的流程，安全性也最高，适合同时具有前端和后端的应用，授权码被传递给前端，令牌则被存储在后端。

隐藏式适合只有前端没有后端的应用，因为在前端保留授权码不安全，所以这种方式跳过了授权码这个步骤，由OAuth 2.0授权层直接向前端颁发令牌。这种方式安全性较低，适合对安全性要求不高的场景。

密码式指用户直接把用户名和密码告诉应用，应用使用用户名和密码去申请令牌，这种方式要求用户高度信任应用。

客户端凭证方式适用于应用的客户端获取令牌，使用的是应用的客户端ID和密码，与用户的凭证无关，适合客户端调用第三方的API服务。

OIDC借助OAuth 2.0的授权服务来为第三方客户端提供用户的身份认证，并把认证信息传递给客户端。OIDC在OAuth 2.0的基础上提供了ID Token来解决第三方客户端用户身份认证的问题，还提供了UserInfo接口供第三方客户端获取更完整的用户信息。

Harbor可以与支持OIDC的OAuth服务提供商集成来进行用户认证，并通过授权码方式获取令牌，其流程如图5-7所示，步骤如下。

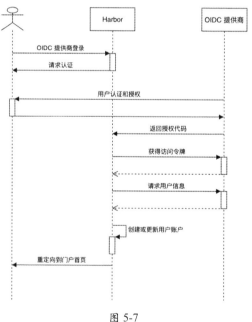

图 5-7

（1）用户通过浏览器访问 Harbor 的登录页面，并单击"通过 OIDC 提供商登录"按钮，该按钮在 Harbor 使用 OIDC 认证时才会显示。

（2）用户被重定向到 OIDC 提供商的身份验证页面。

（3）在用户经过身份验证后，OIDC 提供商将使用授权代码重定向至 Harbor。

（4）Harbor 将与 OIDC 提供商交换此授权代码以获得访问令牌。

（5）Harbor 使用访问令牌请求 UserInfo 接口获取用户信息。

（6）Harbor 在系统中创建或更新用户账户并将用户重定向到 Harbor 的门户首页。

下面是一些支持 OIDC 的 OAuth 服务提供商：

- Apple
- GitLab
- Google
- Google App Engine
- Keycloak
- Microsoft（Hotmail、Windows Live、Messenger、Active Directory、Xbox）
- NetIQ
- Okta
- Salesforce.com
- WSO2 Identity Server

除了这些支持 OIDC 的 OAuth 服务提供商，我们也可以通过 Dex 搭建自己的 OIDC 提供商。Dex 是一个联邦式 OIDC 服务提供商程序，为客户端应用或者终端用户提供了一个 OIDC 服务，实际的用户认证功能通过 connectors 由上游的身份认证提供商来完成。如图 5-8 所示，Dex 作为中间层连接客户端和上游身份认证提供商。

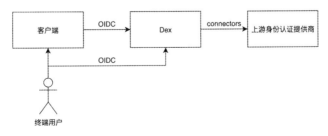

图 5-8

Connector（连接器）是 Dex 用来调用一个身份提供商进行用户认证的策略。目前 Dex 的最新版本是 2.24.0，其实现的连接器如表 5-5 所示。

表 5-5

名　　称	是否支持刷新令牌	是否支持组	是否支持首选用户名
LDAP	支持	支持	支持
GitHub	支持	支持	支持
SAML 2.0	不支持	支持	不支持
GitLab	支持	支持	支持
OpenID Connect	支持	不支持	不支持
Google	支持	支持	支持
LinkedIn	支持	不支持	不支持
Microsoft	支持	支持	不支持
AuthProxy	不支持	不支持	不支持
Bitbucket Cloud	支持	支持	不支持
OpenShift	不支持	支持	不支持
Atlassian Crowd	支持	支持	支持

下面以 OpenLDAP 作为 Dex 的上游身份认证提供商来说明 Harbor 与 OIDC 认证服务的集成。

（1）参考 5.2.2 节安装 Harbor、OpenLADP，并在 OpenLDAP 中准备好数据。

（2）使用 cert-manager 为 Dex 准备证书。

为 cert-manager 创建命名空间：

```
$ kubectl create namespace cert-manager
```

添加 jetstack 仓库：

```
$ helm repo add jetstack https://charts.jetstack.io
```

更新 helm 仓库：

```
$ helm repo update
```

安装 cert-manager：

```
$ helm install cert-manager jetstack/cert-manager --namespace cert-manager --set installCRDs=true --version=v0.16.0
```

生成 Dex 需要的 HTTPS 证书：

```
$ cat <<EOF | kubectl apply -f -
apiVersion: cert-manager.io/v1alpha2
kind: Issuer
metadata:
  name: dex-selfsigned
spec:
  selfSigned: {}
---
apiVersion: cert-manager.io/v1alpha2
kind: Certificate
metadata:
  name: dex-ca-key-pair
spec:
  secretName: dex-ca-key-pair
  isCA: true
  commonName: dex-ca
  issuerRef:
    name: dex-selfsigned
    kind: Issuer
---
apiVersion: cert-manager.io/v1alpha2
kind: Issuer
metadata:
  name: dex-ca-issuer
spec:
  ca:
    secretName: dex-ca-key-pair
---
apiVersion: cert-manager.io/v1alpha2
kind: Certificate
metadata:
  name: dex-tls
spec:
  secretName: dex-tls
  issuerRef:
    name: dex-ca-issuer
    kind: Issuer
  dnsNames:
  - dex.192.168.1.2.xip.io
EOF
```

（3）安装 Dex。在以下示例中配置了一个名为"Harbor"的客户端，客户端 ID 为"harbor"，客户端 secret 为"secretforclient"，后端的身份认证使用的是 OpenLDAP。在 LDAP 目录树中，凡是在"ou=Users,dc=goharbor,dc=io"这个 BaseDN 下具有"objectClass=person"属性的用户，都可以通过 Email 账号登录，这些用户在 LDAP 里的组信息也可以被 OIDC 提供给 Harbor。

```
$ cat <<EOF | helm install dex stable/dex --version=2.13.0 --values=-
ingress:
  enabled: true
  hosts:
    - dex.192.168.1.2.xip.io
  tls:
  - secretName: dex-tls
    hosts:
    - dex.192.168.1.2.xip.io
config:
  issuer: https://dex.192.168.1.2.xip.io
  storage:
    type: kubernetes
    config:
      inCluster: true
  expiry:
    signingKeys: "6h"
    idTokens: "24h"
  connectors:
  - type: ldap
    name: OpenLDAP
    id: ldap
    config:
      host: openldap:389

      # No TLS for this setup.
      insecureNoSSL: true

      # This would normally be a read-only user.
      bindDN: cn=admin,dc=goharbor,dc=io
      bindPW: `kubectl get secret --namespace default openldap -o jsonpath="{.data.LDAP_ADMIN_PASSWORD}" | base64 --decode; echo`

      usernamePrompt: Email Address

      userSearch:
        baseDN: ou=Users,dc=goharbor,dc=io
        filter: "(objectClass=person)"
        username: mail
        # "DN" (case sensitive) is a special attribute name. It indicates that
        # this value should be taken from the entity's DN not an attribute on
        # the entity.
        idAttr: DN
        emailAttr: mail
        nameAttr: cn
```

```
      groupSearch:
        baseDN: ou=Groups,dc=goharbor,dc=io
        filter: "(objectClass=groupOfUniqueNames)"

      userMatchers:
      - userAttr: DN
        groupAttr: uniqueMember

      # The group name should be the "cn" value.
      nameAttr: cn
  staticClients:
  - id: harbor
    redirectURIs:
    - 'https://harbor.192.168.1.2.xip.io/c/oidc/callback'
    name: 'Harbor'
    secret: secretforclient
EOF
```

（4）使用系统管理员登录 Harbor，访问"系统管理"→"配置管理"→"认证模式"并配置 OIDC 认证模式，主要的配置项如表 5-6 所示，配置页面如图 5-9 所示。

表 5-6

配 置 项	配 置 项 值	说　　明
OIDC 供应商	Dex	OIDC 提供商的名称，自定义即可
OIDC Endpoint	https://dex.192.168.1.2.xip.io	OIDC 提供商的访问地址，需要与提供商的 issuer 相同，仅支持 HTTPS
OIDC 客户端标识	harbor	OIDC 提供商给 Harbor 配置的 Client ID
OIDC 客户端密码	secretforclient	OIDC 提供商给 Harbor 配置的 Client Secret
组名称	groups	在 IDToken 的 Claim 里获取用户组信息的属性名称
OIDC Scope	openid、profile、email、groups、offline_access	在身份验证期间发送到 OIDC 服务器 Scope，必须包含 openid。在 Dex 中，profile、email、groups 的作用是获取用户的名称、邮箱和所在的组；offline_access 的作用是在用户通过 CLI 密码访问 Harbor 且 OIDC 令牌失效时，Harbor 系统可以调用 OIDC 提供商的接口刷新令牌并更新 OIDC 的用户信息到本地系统中

（5）配置完成后，访问 Harbor 登录页面，单击"通过 OIDC 提供商登录"按钮，Harbor 会跳转到如图 5-10 所示的 Dex 认证页面。

在 Dex 认证页面单击"Log in with OpenLDAP"按钮进入 OpenLDAP 登录页面，使用邮箱"kate@goharbor.io"和密码"Harbor12345"登录，如图 5-11 所示。

图 5-9

图 5-10

图 5-11

登录成功后，页面会跳转到 Harbor 的 OIDC 回调页面，在如图 5-12 所示页面设置用户的 OIDC 用户名后即可以进入系统。

图 5-12

上面讲解了 Harbor 通过 Dex 与上游的 LDAP 身份认证提供商集成的步骤，接下来介绍 Harbor 如何通过 Dex 与 GitHub 做 OIDC 认证集成。

(1)参考 5.2.2 节安装 Harbor。

(2)登录 GitHub，访问 Settings→Developer settings→OAuth Apps，单击"New OAuth App"或者"Register a new OAuth application"，如图 5-13 所示创建一个名为 Dex 的应用，并在如图 5-14 所示页面获取应用 ID（Client ID）和应用密钥（Client Secret）。

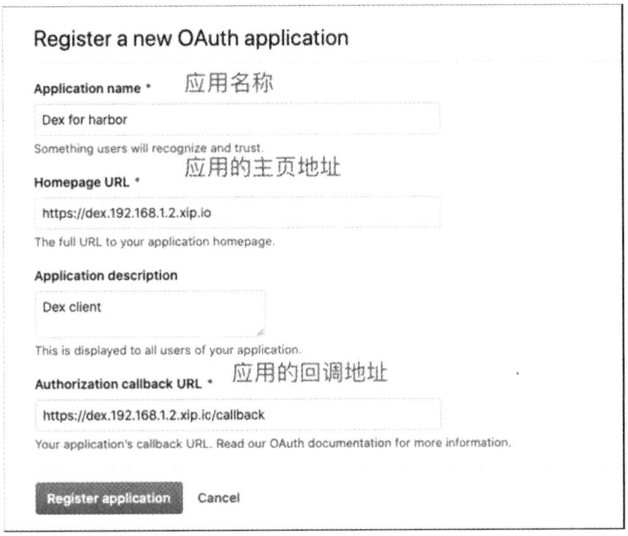

图 5-13

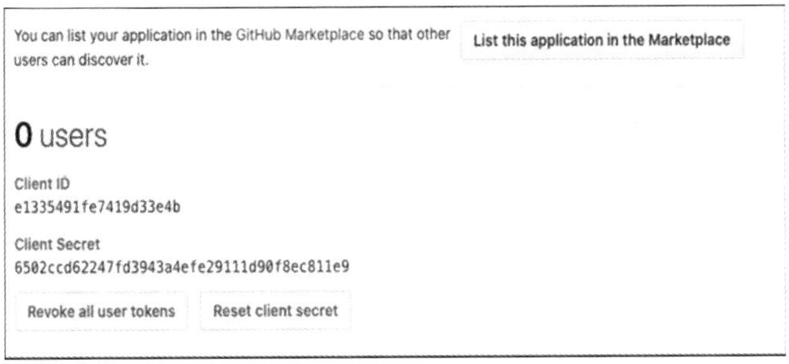

图 5-14

(3)参考上面 OpenLADP + Dex 例子中的步骤，准备 Dex 所需要的证书。

(4)安装 Dex，然后配置一个名为"Harbor"、客户端 ID 为"harbor"、客户端 Secret 为"secretforclient"的客户端，并配置一个 GitHub 连接器：

```
$ cat <<EOF | helm install dex stable/dex --version=2.13.0 --values=-
```

```yaml
ingress:
  enabled: true
  hosts:
    - dex.192.168.1.2.xip.io
  tls:
  - secretName: dex-tls
    hosts:
    - dex.192.168.1.2.xip.io
config:
  issuer: https://dex.192.168.1.2.xip.io
  storage:
    type: kubernetes
    config:
      inCluster: true
  expiry:
    signingKeys: "6h"
    idTokens: "24h"
  connectors:
  - type: github
    name: Github
    id: github
    config:
      clientID: e1335491fe7419d33e4b
      clientSecret: 6502ccd62247fd3943a4efe29111d90f8ec811e9
      redirectURI: https://dex.192.168.1.2.xip.io/callback

  staticClients:
  - id: harbor
    redirectURIs:
    - 'https://harbor.192.168.1.2.xip.io/c/oidc/callback'
    name: 'Harbor'
    secret: secretforclient
EOF
```

（5）参考 LDAP + Dex 例子中的第 4 步配置 Harbor 的 OIDC 认证模式，OIDC Scope 项仅填写"openid, profile"即可。

（6）参考 LDAP + Dex 例子中的第 5 步使用"通过 OIDC 提供商登录"，在 Dex 认证页面单击"Log in with GitHub"按钮进入 GitHub 授权页面。

上面介绍了使用 OIDC 方式登录 Harbor 管理界面的方法，但是这种方法只能在浏览器里面有效，用户无法在命令行客户端（如 Docker 客户端）使用 OIDC 提供商的用户名和密码登录 Harbor。针对此场景，Harbor 提供了 CLI 密码的认证方式，其原理是为命令行客户端提供一个 CLI 密码，并和用户获得的 OIDC 令牌关联。当用户使用 CLI 密码登录时，

oidcCli 生成器在验证用户名和对应的 CLI 密码一致后，会检查用户信息里保存的 OIDC 令牌是否依然有效。如果有效，则可通过该令牌获取和更新用户信息；如果令牌已经失效，系统则会调用 OIDC 提供商的接口刷新令牌，同时更新用户相关信息以便与 OIDC 提供商里的用户信息一致。

在管理界面的"用户设置"页面，用户可以获取和重置其 CLI 密码，如图 5-15 所示。

图 5-15

5.3 访问控制与授权

访问控制是企业应用中必须考虑的问题，不同的用户使用系统功能时应该具有不同的权限，或者说需要授权才能进行一定的操作。最常见的授权模型是基于角色的访问控制，Harbor 定义了 5 种角色，用户可依据在项目中担任的角色来确定在系统中使用的权限。

5.3.1 基于角色的访问策略

Harbor 以项目为单位管理镜像、Helm Chart 等 Artifact，除了公开的 Artifact（如公开项目中的镜像等）可以匿名访问，用户必须成为项目的成员才可以访问项目的资源。在 Harbor 中还有系统管理员的特殊角色，拥有"超级用户"权限，可以管理所有项目和系统级的资源和配置。除了 Harbor 初始安装时默认创建的系统管理员 admin，拥有系统管理员角色的用户还能把其他普通用户设置为系统管理员角色。在 LDAP 认证模式下，还可设定 LDAP 的管理员组来自动获得 Harbor 系统管理员角色。

项目成员分为项目管理员、维护人员、开发者、访客和受限访客等 5 种角色,用户在项目中可以拥有其中一种成员角色,不同的成员角色对项目里的资源拥有不同的访问权限。创建项目的用户自动拥有该项目的项目管理员角色,还能够把其他用户添加为项目成员,并赋予一个项目角色来访问项目中的资源。各个项目的访问权限都是互相独立的,即同一个用户在不同的项目中可以拥有不同的成员角色。Harbor 完整的角色权限如表 5-7 所示。

表 5-7

权 限	项目管理员	维护人员	开发者	访 客	受限访客
查看项目仓库	✔	✔	✔	✔	✔
创建项目仓库	✔	✔	✔		
编辑、删除项目仓库	✔	✔			
查看、复制、拉取 Artifact	✔	✔	✔	✔	✔
推送 Artifact	✔	✔	✔		
扫描、删除 Artifact	✔	✔			
查看、拉取 Helm Chart	✔	✔	✔	✔	✔
推送 Helm Chart	✔	✔	✔		
删除 Helm Chart	✔	✔			
查看项目成员	✔	✔	✔	✔	
创建、编辑、删除项目成员	✔				
创建、编辑、删除、查看项目标签	✔	✔			
查看扫描器	✔	✔	✔	✔	✔
修改扫描器	✔				
查看策略	✔	✔			
添加、删除、修改策略	✔	✔			
查看机器人账户	✔	✔	✔	✔	
创建、编辑、删除机器人账户	✔				
查看 Webhook	✔	✔			
新建、编辑、停用、删除 Webhook	✔				
查看项目日志	✔	✔	✔	✔	
查看项目配置	✔	✔	✔	✔	✔
编辑项目配置	✔				

5.3.2 用户与分组

在 "系统管理" → "用户管理" 页面,系统管理可以查看、创建、删除用户(创建、删除功能仅限本地用户认证模式可用），也可以设置或取消用户为管理员。

在使用 LDAP 和 OIDC 认证模式时，"系统管理"里会出现一个"组管理"的功能，如图 5-16 所示。在"组管理"页面，系统管理员可以查看、新增、编辑和删除组。

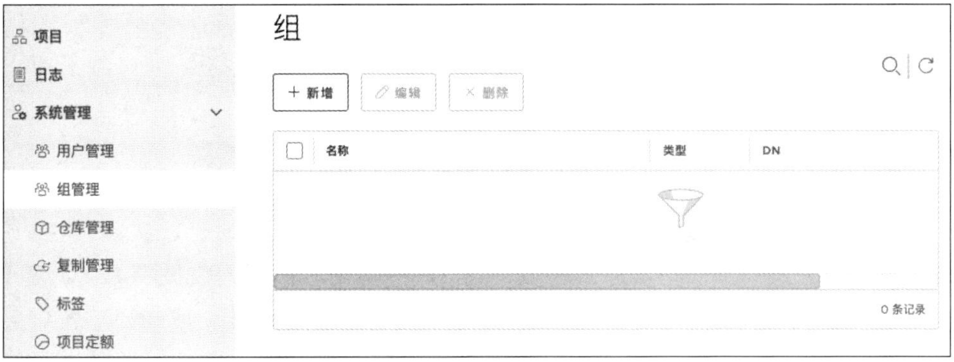

图 5-16

在 LDAP 认证模式下，单击"组管理"页面的"新增"按钮，在"导入 LDAP 组"对话框中填写上 LDAP 组域和名称后即可把 LDAP 组导入系统。在图 5-17 所示的示例中导入了 LDAP 的"cn=developer,ou=Groups,dc=goharbor,dc=io"组到系统中，并命名为 Harbor 的 Developer 组。在图 5-18 所示的示例中，在 Harbor 项目中把 Developer 组赋予开发者角色，即添加了 LDAP 中的组"cn=developer,ou=Groups,dc=goharbor,dc=io"为项目成员，并且为开发者角色。

图 5-17

图 5-18

在 OIDC 认证模式下,单击"组管理"页面的"新增"按钮,在显示的"新建 OIDC 组"对话框中填写上 OIDC 的组名称即可新建一个 OIDC 组。如图 5-19 所示,新建了一个 Harbor 的 developer 组。如图 5-20 所示,在 Harbor 项目中为 developer 组赋予开发者角色,即添加了 OIDC 中的 developer 组为项目成员,并且具有开发者角色。

图 5-19

图 5-20

添加组成员成功后,用户登录 Harbor 系统后可以用组的角色访问相应的项目。如用户 jack 登录 Harbor 后,会拥有项目开发者角色的权限,如图 5-21 所示。

图 5-21

5.4 机器人账户

Harbor 之外的其他应用系统往往有访问 Harbor 的需求,如持续集成和持续交付(CI/CD)系统需要访问 Harbor 项目的 Artifact 和 Helm Chart 等。这些系统访问 Harbor 时,需要有用户账户进行认证,但由于这些系统不与真实世界的人员绑定,因此不方便在 LDAP 等身份认证系统中开设对应的用户账户。为了解决这个问题,Harbor 设计了机器人账户来满足系统之间认证的问题。使用机器人账户有不少优点:可以不暴露真实人员的用户密码;可以自定义设置访问账户的有效期;还可以随时禁用它。

在项目的"机器人账户"页面可以添加、禁用、删除和查看项目的机器人账户,如图 5-22 所示。

图 5-22

在"机器人账户"页面单击"添加机器人账户"按钮,在"创建机器人账户"对话框中填写上"名称"即可创建一个机器人账户。如图 5-23 所示创建了一个名为"gitlab-ci"的机器人账户,具有 Artifact 和 Helm Chart 的推送和拉取权限,并且永不过期。

图 5-23

创建机器人账户成功后,可以选择复制机器人账户的"令牌"到剪切板,也可以把机器人账户的详细信息导出并保存到文件中。如图 5-24 所示,在使用"docker login"命令登录 Harbor 服务时,可以使用"robot$"前缀加上填写的机器人账户名称作为用户名并将令牌作为密码登录。

注意:系统不会保存机器人账户的令牌信息,用户必须在机器人账户创建成功后立刻记录令牌信息。如果未保存或丢失存此令牌,则不能通过系统恢复或找回此机器人账户的令牌。

图 5-24

如果机器人账户的令牌不再被使用,则可以在"机器人账户"管理页面禁用或者删除对应的机器人账户。已禁用的账户可以再次启用，但删除后的账户不能再次恢复。

在漏洞扫描器扫描 Artifact 时，Harbor 会创建一个拥有 scanner-pull 权限的临时机器人账户，并发送该机器人账户信息给漏洞扫描器，使其能拉取并扫描 Artifact。在扫描结束后，该账号立即被删除。

5.5 常见问题

1. 为什么新安装的 Harbor 默认不允许自注册？

对于本地数据库认证模式，Harbor 提供了用户自注册功能。Harbor 大多数是在企业内部使用的，出于对安全性的考虑，Harbor 在默认情况下没有开启自注册功能。如果需要使用自注册功能，则可以在"系统管理"→"配置管理"→"认证模式"下开启"运行自注册"功能（仅使用本地数据库认证模式时有此选项）。

2. 我想把 Harbor 的用户认证模式从默认的本地数据库模式改为 LDAP 或者 OIDC 模式，为什么在"系统管理"→"配置管理"→"认证模式"中是只读的且无法修改？

Harbor 目前不支持自动把已有的用户迁移到新的认证模式，所以如果系统中存在其他认证系统的用户，则不支持修改用户的认证模式。

3. 已经将用户从 LDAP 管理员组中删除了，为什么该用户登录 Harbor 时依然是系统管理员？

LDAP 用户登录时会检查用户是否在 LDAP 管理员组中，如果不在管理员组中，则接着会检查其在数据库中映射的用户是否设置了系统管理员标识，如果设置了，则用户依然会以系统管理员的身份访问 Harbor。要解决这种问题，建议把用户从 LDAP 管理员组中删除后，同时去 Harbor 的"用户管理"页面把其映射的系统管理员标识去掉。

4. 为什么用"docker login -u username -p password server"命令在 Shell 终端或脚本里通过机器人账号登录 Harbor 时，系统会提示"unauthorized:authentication required"？

在机器人账户的名称中含有"$"符号，"$"在 Shell 终端或脚本里有特殊含义，"$"及其之后的字母会作为一个变量来处理，这样登录时会因为使用的用户名错误导致登录失败。在 Shell 终端或者脚本中用"docker login"命令登录 Harbor 时，需要对机器人账户名称中的"$"符号使用"\"符号进行转义，比如用"robot\$gitlab-ci"替代"robot$gitlab-ci"，或者用' '单引号把用户名包裹起来，比如用'robot$gitlab-ci'替代 robot$gitlab-ci。

5. 一个机器人账户能同时访问多个不同项目里的资源吗？

目前，Harbor 不支持一个机器人账户同时拥有多个不同项目的访问权限。

6. 两个不同的 Harbor 系统使用了相同的私钥文件，一个 Harbor 系统项目下的机器人账户能访问另一个 Harbor 系统中相同项目下的资源吗？

由于两个系统都使用了相同的私钥文件，所以一个系统下的机器人账户的令牌可以被另一个系统解密并获取令牌里的信息，但 robot Security Context 生成器会使用令牌里解析的信息与其数据库中的信息做比较，只有在两个系统中都存在拥有相同 ID 和名称的机器人账户时，一个 Harbor 系统的令牌才会被另一个 Harbor 系统接受。

7. 在 OIDC 认证模式下，用户可以用 CLI 密码拉取和推送镜像，为什么 CLI 密码无法在远程复制策略中使用？

因为 CLI 密码只支持拉取和推送 Artifact 的操作，不支持 API 的调用，所以无法在远程复制策略中使用。

8. 在配置 OIDC 认证模式时，如何正确获取 OIDC Endpoint？

根据 OIDC 规范，OIDC 服务的配置文件的 URL 必须为"$ENDPONT_URI/.well-known/openid-configuration"，所以用户在配置 OIDC Endpoint 时，可以用"curl"命令测试并确认 OIDC 配置文件的 URL，然后从该 URL 中提取"$ENDPONT_URI"部分并将其填入 Harbor OIDC 的配置中（参考表 5-6）。

第 6 章

安全策略

Harbor 作为云原生的制品（Artifact）仓库，管理和分发着各类应用的 Artifact，内容的安全性会直接影响到内容所分发和部署到的运行平台与环境。所以，除了 Harbor 自身的安全性，它所管理内容的安全性也尤为重要。本章着重从内容安全性角度来讲解 Harbor 提供的能力，包括防止内容篡改的内容信任功能，以及发现安全漏洞的静态扫描机制。除此之外，本章也会讲解如何基于内容信任和漏洞扫描来设置安全策略及漏洞安全白名单制度，同时分享 Harbor 在内容安全方面的一些常见问题。

6.1 可信内容分发

作为容器技术的先驱，Docker 公司在 Docker 1.8.0 中引入了 DCT（Docker Content Trust）的概念，可实现容器镜像的内容信任机制，并且支持镜像的可信分发。DCT 会将发往或者收自远端镜像仓库的数据使用强加密的数字签名，而这些数字签名允许客户端或者容器运行时对镜像的发布者和完整性进行验证。当使用 DCT 的发布者将镜像推送到远端仓库时，Docker 会使用发布者的私钥在本地对镜像进行数字签名。当用户随后拉取该镜像时，Docker 会通过安全方式获得发布者的公钥，并用该公钥来验证镜像是否由发布者创建、未被篡改且为最新版本。

DCT 采用开源项目 Notary 来提供内容信任功能，而 Notary 是基于另一开源项目 TUF（The Updating Framework）实现的。为了保持与 Docker 工具链同样的流程与用户体验，

Harbor 仓库服务也通过 Notary 开源项目来实现对内容信任的支持。这里先讲解 TUF 和 Notary 的一些基本要素和机制。

6.1.1　TUF 与 Notary

TUF 是一种安全软件分发规范，具有由非对称密钥表示的具有层次结构的角色，并且运用这些非对称密钥签名的元数据来建立信任。TUF 具有层级密钥结构，包括根密钥、快照密钥、时间戳密钥及目标密钥，提供了诸如时效性保证和可存活的密钥泄露等多种安全保障。此多级密钥设计使得发布者发布的内容被服务器端和发布者端的密钥同时签名，保证攻击者仅通过破坏服务器密钥不足以篡改内容及发布恶意内容。图 6-1 展示了 TUF 角色和密钥层次。

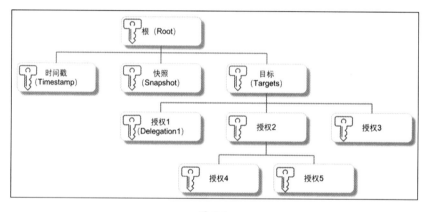

图 6-1

根密钥是所有信任的基础与来源，用来签名包含所有根（Root）、目标（Targets）、快照（Snapshot）和时间戳（Timestamp）的公钥 ID 的根元数据文件。客户端可以使用这些公钥来验证仓库中所有元数据文件的签名。根密钥具有极其重要的作用，应由集合（Collection）所有者持有，且需要离线安全保存。相比其他密钥，应该设置最长的过期时间。

快照密钥用来签名快照元数据文件。此文件列举了集合中根、目标及授权元数据文件的文件名、大小和哈希值，用来验证其他元数据文件的完整性。快照密钥可以由集合所有者或者管理员持有，也可交由 Notary 服务保存。

时间戳密钥对时间戳元数据文件进行签名。该文件具有任何特定元数据的最短到期时间，且通过指定该集合最新快照的文件名、大小及哈希值来为集合提供时效性保证，可用来验证快照元数据文件的完整性。时间戳密钥由 Notary 服务持有，因而可在过期之前在不需要集合所有者参与的情况下自动重新生成。

目标密钥会对目标元数据文件签名。此文件包含集合中内容文件的文件名、大小及对应的哈希值，可用来验证部分或者全部仓库实际内容的完整性，同时可通过授权角色对其他合作者进行信任授权。目标密钥由集合所有者或者管理员直接持有。

授权密钥针对授权元数据文件签名，与目标密钥有一定的相似性。授权元数据文件包含集合中内容文件的文件名、大小及对应的哈希值，这些文件可用来验证部分或者全部仓库实际内容的完整性。它们也可同时通过低级别的授权角色给其他合作者进行信任授权。授权密钥可以被集合所有者、管理员及合作者群体中的任何人持有。

TUF 各元数据文件之间的关联及相关密钥的存储场景如图 6-2 所示。

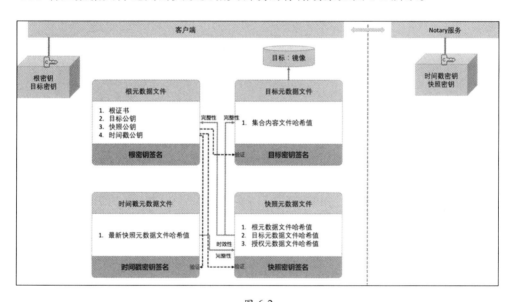

图 6-2

开源项目 Notary 基于 TUF 实现，提供了完整的工具链来更好地支持内容信任流程。借助于 TUF，Notary 具有了一些突出优势。

- 抗密钥泄露：TUF 的关键角色概念都用来在整个多层次密钥结构中分担职责，这样除根密钥外的任何特定密钥的丢失，都不会对系统的安全性造成致命损害。
- 时效性保证：重放攻击是安全系统里常见的攻击模式。攻击者将具有合法签名的旧版本内容伪装成最新版本的内容发布给用户，而这些旧版本可能包含了易受攻击的漏洞。Notary 在发布时使用时间戳使得用户确认他们收到的是最新内容。
- 可配置的信任阈值：在某些条件下需要允许多个发布者发布同一内容，比如具有多个维护者的开源项目。信任阈值可以确保只有一定数量的发布者签名同一份内容文件才可被信任。这样做可以确保单一密钥丢失不会导致恶意内容发布。
- 签名授权：内容发布者可将自己的部分可信内容集合授权给其他签名者。此授权通过元数据文件来体现，这样内容使用者可以同时验证内容和授权。
- 使用现存发布渠道：Notary 不需要与任何特殊的发布渠道绑定，可以很容易添加到现有渠道中。
- 非信任镜像和传输：所有 Notary 元数据都可通过任意渠道进行镜像分发。

Notary 的客户端可以从一个或者多个远端的 Notary 服务中拉取相关元数据，也可推送元数据到一个（甚至多个）Notary 服务中。

Notary 服务则由服务器和签名服务组成。服务器负责存储和更新数据库中多个受信任集合的已签名 TUF 元数据文件；签名服务则存储相关私钥并响应服务器的请求来签名元数据。Notary 服务的基本结构如图 6-3 所示。

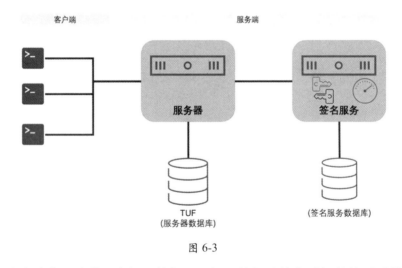

图 6-3

Notary 客户端会生成并签名根元数据、目标元数据及特定时候的快照元数据，并上传到 Notary 服务器上。

Notary 服务器负责确保上传的元数据合法、自包含且被签名；基于这些上传的元数据产生时间戳元数据；同时为可信任的集合存储向客户端提供最新且合法的元数据。

Notary 签名服务负责在 Notary 服务器之外的数据库中存储私钥，这些私钥是通过 Javascript Object Signing and Encryption 机制加密与封装的。在服务器有请求时，Notary 签名服务使用这些私钥执行签名操作。

Notary 客户端、服务器及签名服务之间的具体交互过程如图 6-4 所示。

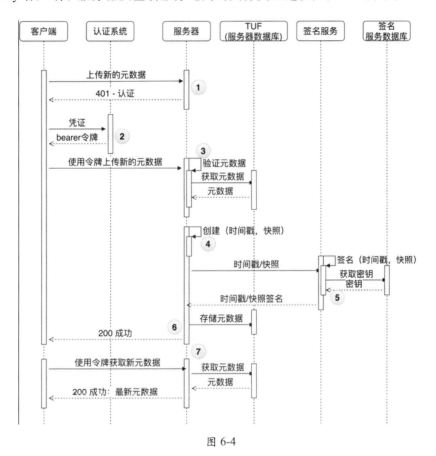

图 6-4

（1）Notary 服务器可选择使用 JWT 令牌来认证客户端。如果 Notary 服务器启用了 JWT 令牌认证机制，则所有不带令牌的客户端请求都会被重定向到认证服务器。

（2）客户端通过 HTTPS 的基本身份验证（Basic Auth）登录认证服务器以获取 Bearer 令牌，然后会在之后的请求中向 Notary 服务器出示此令牌。

（3）在客户端上传新的元数据文件时，Notary 服务器会对照之前的所有版本来检查它们之间是否存在冲突，并验证上传的元数据的签名、校验码及有效性。

（4）待所有上传的元数据验证完毕，Notary 服务器生成时间戳（也可能包含快照）元数据，并将生成的这些元数据发送给 Notary 签名服务进行签名。

（5）Notary 签名服务从其数据库获取所需要的加密私钥并对其解密，然后使用这些私钥对元数据进行签名。如果成功，则会将对应的签名发送回 Notary 服务器。

（6）Notary 服务器是数据可信集状态的真实来源，将客户端上传的元数据与服务器端生成的元数据一起存储在 TUF 数据库中。生成的时间戳和快照元数据证明客户端上传的元数据是对应可信集的最新版本。最后，服务器会通知客户端上传元数据成功。

（7）客户端此时可以使用仍然有效的令牌连接服务器并下载最新的元数据，服务器只需从数据库获取最新的元数据，因为此时不会有过期的元数据存在。在时间戳过期的情况下，Notary 服务器会重走一遍上述流程，即生成新的时间戳，请求签名服务对新时间戳进行签名，并将签过名的新时间戳存储到数据库中，然后将新时间戳及其余存储的元数据一并发给正在请求的客户端。

6.1.2 内容信任

在了解完 TUF 和 Notary 服务的相关概念之后，本节将重点讲解在 Harbor 服务中如何实现内容信任机制，以提升托管内容的可信度与安全性。

1. 集成 Notary

目前 Notary 在 Harbor 服务中为可选组件，是否安装和启用 Notary 由用户在安装部署 Harbor 服务时通过安装参数来决定。如果选择安装，则 Harbor 服务以图 6-5 所示的结构来集成 Notary 服务，以实现内容信任功能。

Notary 服务器和签名服务与 Harbor 其他组件一起部署在 Harbor 服务网络内。Notary 服务器和签名服务所依赖的数据库则由 Harbor 数据库服务组件负责。当通过 docker-compose 安装时，Notary 服务经过 Nginx 所承载的 API 路由层暴露 4443 端口供客户端访问；当部署到 Kubernetes 平台上时，Notary 通过 Kubernetes 的 Ingress 机制来提供客户端访问的端点。此结构遵循了 Notary 的基本架构模式，兼容 Docker 与 Notary 客户端，因而保留了与原生 Docker 体系相同的内容信任模式、流程与机制。

与此同时，在 Harbor 内核服务中实现了签名管理器，可通过 Notary 服务器实现 Artifact 数字签名的管理。需要再次强调的是，此管理器也仅在 Notary 启用的情况下使用。签名管理器向上层的 Artifact 控制器提供 Artifact 签名有关的元数据。如果客户端所请求的 Artifact 已签名，则 Artifact 控制器会在获取其他元数据之后，通过签名管理器得到对应 Artifact 的签名信息，并合并到 Artifact 元数据模型中一并返回给请求客户端。

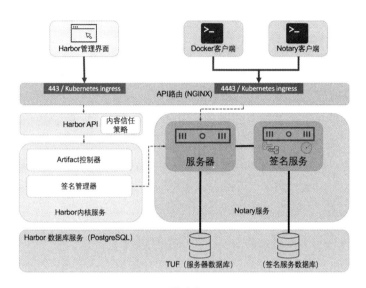

图 6-5

另外，在 Harbor 启用了内容信任策略后，如果 Harbor 收到客户端拉取 Artifact 的请求，Core 组件中的内容信任策略中间件处理器就会依据所请求 Artifact 的签名信息，决定该请求是否被允许。如果签名信息不存在，则拉取请求会被拒绝；如果存在且合法，则拉取请求会被允许通过。内容信任确保客户端或者容器运行时拉取的 Artifact 内容真实可靠，内容信任策略则从系统层面强制要求 Harbor 只响应已签名的 Artifact 的拉取请求，从而更好地提升系统的安全性。

最后需要提到的一点是，目前 Harbor 的内容信任机制基于并兼容 DCT，故而这里提到的支持内容信任机制的 Artifact 类型仅限于容器镜像，对其他类型 Artifact 的支持会在后续版本中逐步提供。

2. 使用 Notary 签名 Artifact

本节以 Docker 镜像为例，介绍如何使用 Notary 签名镜像。用户需要确保在安装 Harbor 时安装和启用了 Notary 服务。

首先，在命令行中设置以下环境变量来启用内容信任机制：

```
$ export DOCKER_CONTENT_TRUST=1
$ export DOCKER_CONTENT_TRUST_SERVER=https://<harbor 主机地址>:4443
```

如果在安装 Harbor 时启用了 TLS 并使用了自签证书,则需要确保 CA 证书已被复制到 Docker 客户端所在操作系统的以下位置:

```
/etc/docker/certs.d/<harbor 主机地址>
$HOME/.docker/tls/<harbor 主机地址>:4443/
```

此时使用 Docker 命令行工具向 Harbor 仓库推送镜像,在上传成功后会继续内容信任的签名步骤。如果根密钥还未创建,则系统会要求输入强密码以创建根密钥,之后在启用内容信任的条件下推送镜像都需要此密码。同时,系统会要求输入另外的强密码以创建正在推送的镜像仓库的目标密钥。这些生成的密钥都会以"$HOME/.docker/trust/private/<digest>.key"路径存放,对应的 TUF 元数据文件被存放在"$HOME/.docker/trust/tuf/<harbor 主机地址>/<镜像仓库完整路径>/metadata"目录下。一个推送示例如下:

```
$ docker push 192.168.1.2/sz/nginx:latest
The push refers to repository [192.168.1.2/sz/nginx]
787328500ad5: Layer already exists
077ae58ac205: Layer already exists
8c7fd6263c1f: Layer already exists
d9c0b16c8d5b: Layer already exists
ffc9b21953f4: Layer already exists
latest: digest: sha256:d9002da0297bcd0909b394c26bd0fc9d8c466caf2b7396f58948cac5318d0d0b size: 1362
Signing and pushing trust metadata
You are about to create a new root signing key passphrase. This passphrase
will be used to protect the most sensitive key in your signing system. Please
choose a long, complex passphrase and be careful to keep the password and the
key file itself secure and backed up. It is highly recommended that you use a
password manager to generate the passphrase and keep it safe. There will be no
way to recover this key. You can find the key in your config directory.
Enter passphrase for new root key with ID affd4a6:
Repeat passphrase for new root key with ID affd4a6:
Enter passphrase for new repository key with ID 15a6800:
Repeat passphrase for new repository key with ID 15a6800:
Finished initializing "192.168.1.2/sz/nginx"
Successfully signed 192.168.1.2/sz/nginx:latest
```

签名成功后,登录 Harbor 图形管理界面,通过"项目"→"项目名"→"镜像仓库→"镜像名"→"digest"打开镜像详情页面,可在 Tags 列表中看到"latest"处于已签名状态，这是因为签名信息是与具体的 Tag 关联的，如图 6-6 所示。

图 6-6

此时如果使用"docker"命令行来拉取未签名的镜像，则 Harbor 会直接拒绝拉取请求。注意：该操作需要客户端设置了上述环境变量来启用内容信任功能，如果客户端未设置，则内容信任功能不会启用，未签名的镜像依然可以被拉取。示例如下：

```
$ docker pull 192.168.1.2/sz/redis:latest
Error: remote trust data does not exist for 192.168.1.2/sz/redis:
192.168.1.2:4443 does not have trust data for 192.168.1.2/sz/redis
```

Harbor 提供了基于内容信任签名的安全保障策略，通过此策略可限制未签名镜像的拉取操作，与客户端的设置无关，极大提升了安全性与可靠性。

以项目管理员身份登录系统，通过"项目"→"项目名"→"配置管理"打开指定项目的配置管理页面，在"部署安全"部分勾选"内容信任"，可启用仅允许部署通过内容信任验证的镜像，保存配置，如图 6-7 所示。

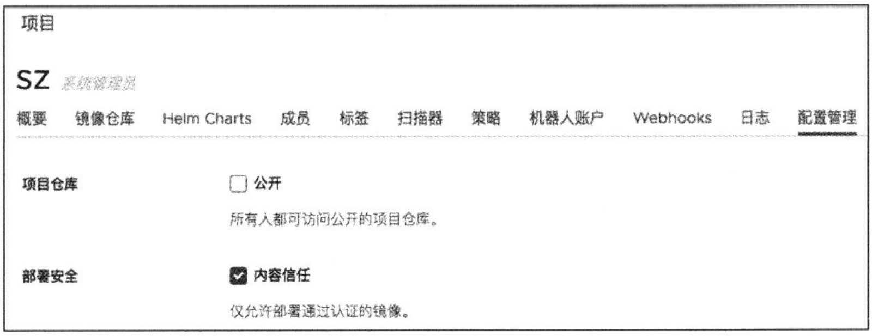

图 6-7

之后，即使客户端未做任何内容信任相关的环境变量设置，则拉取未签名镜像的请求都会被拒绝。示例如下：

```
$ env | grep DOCKER_CONTENT_TRUST
$ docker pull 192.168.1.2/sz/redis:latest
Error response from daemon: unknown: The image is not signed in Notary.
```

在 Harbor 中，已签名的 Tag 无法被直接删除，需要在移除签名之后才可成功删除，否则系统会给出错误，同时提示使用如下命令先移除 Tag 上的签名（此命令需要安装 Notary 命令行工具）：

```
$ notary -s https://<harbor主机地址>:4443 -d ~/.docker/trust remove -p 192.168.1.2/nginx:1.19
```

6.1.3　Helm 2 Chart 签名

Harbor 2.0 之前的版本对 Helm 2 Chart 的支持是通过开源项目 ChartMuseum 实现的。Harbor 2.0 直接提供了对 OCI Artifact 格式的 Helm 3 Chart 的支持，但仍然保留了通过 ChartMuseum 对 Helm 2 Chart 的支持。不过随着社区的发展和用户使用情况的变化，Harbor 的后续版本会逐步放弃对 Helm 2 Chart 的支持。Harbor 针对 Helm 2 Chart 签名的支持没有依赖 Notary 来实现，而是沿用了 Helm 社区使用的相关工具链。Helm 提供的相关出处校验工具链可以帮助用户验证 Chart 包的出处和完整性。基于 GnuPG（GPG）等行业标准工具，Helm 可以生成并验证相关签名文件。

Chart 的完整性通过将 Chart 与其对应的出处记录进行比较来确定。出处记录被存储在出处文件（provenance）中，与关联的 Chart 一并存储在仓库中。Chart 仓库需要确保出处文件可以通过特定的 HTTP 请求被访问到，且需要保证其与 Chart 在相同的 URL 路径下可用。比如，如果 Chart 包的基本 URL 路径是"https://<mywebsite>/charts/mychart-1.2.3.tgz"，则出处文件应该在 URL 路径 "https://<mywebsite>/charts/mychart-1.2.3.tgz.prov" 下可访问到。出处文件被设计为自动生成，包含 Chart 的 YAML 文件及多处验证信息，基本格式如下：

```
-----BEGIN PGP SIGNED MESSAGE-----
name: nginx
description: The nginx web server as a replication controller and service pair.
version: 0.5.1
keywords:
  - https
  - http
  - web server
  - proxy
source:
```

```
- https://github.com/foo/bar
home: https://nginx.com

...
files:
        nginx-0.5.1.tgz: "sha256:9f5270f50fc842cfcb717f817e95178f"
-----BEGIN PGP SIGNATURE-----
Version: GnuPG v1.4.9 (GNU/Linux)

iEYEARECAAYFAkjilUEACgQkB01zfu119ZnHuQCdGCcg2YxF3XFscJLS4lzHlvte
WkQAmQGHuuoLEJuKhRNo+Wy7mhE7u1YG
=eifq
-----END PGP SIGNATURE-----
```

其中主要包含的数据块如下。

- Chart 包的元数据文件（Chart.yaml）：以便了解 Chart 包的具体内容。
- Chart 包（.tgz 文件）的签名摘要：以便验证 Chart 包的完整性。
- GPG 的算法：对整个内容体进行加密签名。

通过这样的组合可以给用户以下安全保障。

- Chart 包自身没有被篡改（通过校验 tgz 文件）。
- 发布包的实体是已知、可信的（通过 GnuPG、PGP 签名）。

要对 Helm 2 Chart 进行签名，就需要确保"helm"命令行已经安装好，并且存在合法的二进制形式（非 ASCII 格式）的 PGP 密钥对。我们也可安装 GnuPG 2.1 以上版本的命令行工具以方便对密钥的管理。密钥对一般被存储在"~/.gnupg/"路径下，可通过"gpg --list-secret-keys"命令来查看当前存在的密钥。需要注意的是，如果密钥设置有密码，则每次密钥被使用时都需要输入其对应的密码。如果想避免频繁输入密码，则可以设置环境变量 HELM_KEY_PASSPHRASE 来略过密码输入操作。另外，密钥文件格式在 GnuPG 2.1 中发生了改变，新引入的 .kbx 格式不被 Helm 支持，因而需要使用 GnuPG 命令行对密钥文件的格式做转换。一个简单示例如下：

```
$ gpg --export-secret-keys >~/.gnupg/secring.gpg
```

对已经准备好打包的 Chart，在调用"helm package"命令打包时添加"--sign"参数进行签名操作。同时，需要指定已知签名密钥（--key）和包含相应私钥的密钥环（--keyring）：

```
$ helm package --sign --key 'my signing key' --keyring path/to/keyring.secret mychart
```

打包完成后，会产生 Chart 文件 mychart-0.1.0.tgz 和出处文件 mychart-0.1.0.tgz.prov。

这两个文件都需要被上传到 Chart 仓库中的同一个目录下，可通过 Harbor 的图形管理界面完成上传。单击"项目"→"项目名"→"Helm Charts"→"上传"，打开 Chart 上传对话框，如图 6-8 所示，选中所要上传的 Chart 文件及对应的出处文件，单击"上传"按钮即可完成。

成功上传后，可在 Chart 详情页面的"安全"部分查看到对应的签名状态。出处文件存在的 Chart 会显示就绪状态，如图 6-9 所示。单击"继续"按钮可下载对应的出处文件。

图 6-8   图 6-9

对 Chart 包的验证，可通过"helm verify"命令进行，如果验证失败，则系统会给出具体的错误信息：

```
$ helm verify topchart-0.1.0.tgz
Error: sha256 sum does not match for topchart-0.1.0.tgz:
"sha256:1939fbf7c1023d2f6b865d137bbb600e0c42061c3235528b1e8c82f4450c12a7" !=
"sha256:5a391a90de56778dd3274e47d789a2c84e0e106e1a37ef8cfa51fd60ac9e623a"
```

在安装过程中也可以使用"--verify"标志对要安装的 Chart 包进行验证：

```
$ helm install --verify mychart-0.1.0.tgz
```

如果验证失败，则在被推送到 Kubernetes 集群之前，Chart 包的安装进程终止。

6.2 插件化的漏洞扫描

代码和软件通常具有缺陷，作为应用与其所依赖的软件包和操作系统的打包形式，容器镜像自然也不例外。在编码与构建过程中，错误的出现不可避免。这些遗留在软件包中的错误也就是我们平常所称的缺陷，这些缺陷会成为其所在软件包的技术弱点。恶意的攻击者会利用其中的一些缺陷非法入侵系统，破坏系统的运行状况或者窃取有关私密信息，这些缺陷就是我们熟知的漏洞。

缺陷一旦被认定为漏洞，就可通过 MITRE 公司注册为 CVE（Common Vulnerabilities and Exposures，公开披露的计算机安全漏洞列表）。CVE 通常用分配给每个安全漏洞的 CVE ID 来引用。CVE 条目简单，并不包括技术数据、有关风险、影响和修复信息。这些信息的详情会在其他数据库中维护，包括美国国家漏洞数据库（NVD）、CERT/CC 漏洞说明数据库，以及供应商和其他组织维护的各类列表。在这些不同的数据库系统中，CVE ID 为用户提供了一种可靠的方式，可以将不同的安全漏洞区分开。

注册过的 CVE 的潜在严重程度会被评估，评估方式有多种，其中比较常见的是 CVSS（Common Vulnerability Scoring System，通用漏洞评分系统）。CVSS 基于一组开放的标准为漏洞评分，以衡量和评估漏洞的级别和严重性。NVD、CERT 和其他机构都使用 CVSS 评分系统来评估漏洞的影响，分数范围为 0.0～10.0，数字越高，表示漏洞的严重程度越高。其中，0.0 为"无"（None），0.1～3.9 为"低"（Low），4.0～6.9 为"中等"（Medium），7.0～8.9 为"高"（High），9.0～10.0 则为"严重"（Critical）。

漏洞数据库提供了软件包中已知的漏洞信息，基于这些信息很容易找出容器镜像中软件包所包含的漏洞信息，提供给软件开发者或者维护者作为修复和改进的重要参考依据，这也就是漏洞扫描。漏洞扫描由专门的应用完成，即漏洞扫描器或者漏洞扫描工具。漏洞扫描器会识别所有软件包，以及软件包所依赖的操作系统并创建相应的清单。在清单创建后，漏洞扫描器将对照一个或者多个已知的漏洞数据库检查清单中的每个项目，检查是否有项目受到这些漏洞的影响。漏洞扫描的结果是找到和识别所有系统中的软件包，并显示可能需要引起注意的已知漏洞。

Harbor 在 1.1 版本中就已经引入 CoreOS 旗下的开源项目 Clair，将其作为 Harbor 所存储和管理的容器镜像的漏洞扫描引擎，用户在安装 Harbor 系统时可以选择安装并启用 Clair。对镜像漏洞扫描功能的支持，在很大程度上增强了镜像的安全性，也使 Harbor 在某些企业级应用场景中的安全性得到提升，受到众多社区用户的欢迎和信赖。

另外，提供漏洞扫描工具和服务的厂商有很多，其中包含开源工具和商业软件，虽然不同的漏洞扫描工具或者服务提供了类似的漏洞扫描能力，但是不同的实现和依赖数据使得这些工具和服务存在差别，在代码共享模式、服务模式和服务计划等方面也有差异。不同的用户或者企业会在构建其 IT 环境时有不同的考量，也会有不同偏好的合作伙伴，这就使得企业选择不同的扫描工具，有的企业可能还会有自己的安全平台提供包括镜像扫描在内的安全保障。所以，企业或者用户在使用 Harbor 仓库服务时，会更倾向于与自己现有的扫描工具与服务整合，以避免额外的维护成本。

以上种种，都使得在 Harbor 中引入更为灵活的镜像扫描机制成为必然。在 Harbor 1.10 中，通过社区的努力，来自 Aqua Security、Anchore、VMware 和 HP 的团队成员共同组建了扫描工作组（Scanning Workgroup），设计和实现了插件化漏洞扫描框架。

通过插件化漏洞扫描框架，扫描工具或者服务与 Harbor 自身完成解耦，系统管理员可以通过管理界面完成扫描工具或者服务的配置、监控和管理。框架支持多个扫描工具或者服务的配置管理，管理员可将其中之一设置为系统默认的扫描引擎。项目管理员可以为其项目设置有别于系统默认扫描引擎的其他扫描引擎。若未在项目级别进行设置，则使用系统默认的扫描引擎来完成对应项目下的镜像扫描。显然，扫描工具的安装配置独立于 Harbor 的安装配置，运维者可在需要时安装新的扫描工具或者服务，并配置到 Harbor 中以启用其功能。插件化的扫描机制使得企业可将既有工具或者服务简便地集成，为企业带来很大的便利并节省整合成本。

接下来讲解插件化漏洞扫描框架的设计原理。

6.2.1 整体设计

图 6-10 给出了插件化漏洞扫描框架的整体设计架构，其主要组件模块包含在 Harbor 的核心（core）服务中，异步扫描任务的调度和执行则由异步任务系统（JobService）来承担。

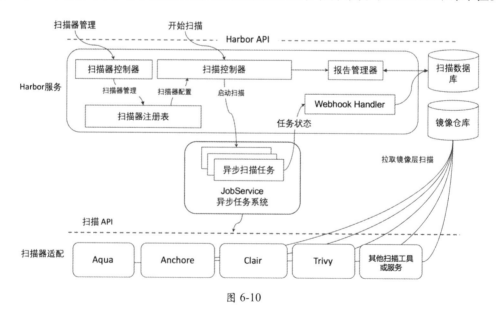

图 6-10

首先需要提到的是，不同的扫描工具或者服务具备不同的功能接口，为了屏蔽这些差异，插件化漏洞扫描框架提供了扫描 API 规范，定义了可被插件化漏洞扫描框架识别、管理并调用的扫描器应具备的功能集接口。一个扫描工具或者服务如果需要接入插件化漏洞扫描框架，则必须实现并暴露此 API 规范中所定义的相关功能接口。显然，为减少对底层扫描工具或者服务的依赖，比较合理和简单的方式是基于扫描 API 规范为特定的扫描工具或者服务实现适配器，通过适配器将扫描工具或者服务的能力引入框架。此规范使得新的扫描工具或者服务的接入与 Harbor 完全解耦，同时使插件化漏洞扫描框架具备强大的开放性，更容易与其他专注于容器与镜像安全的组织与公司形成良好的生态，进而促进 Harbor 社区的发展。

有了待选的漏洞扫描器,插件化漏洞扫描框架在 Harbor 里引入了插件化扫描器管理、启动扫描任务及获取扫描报告的相关 API，以支持与扫描相关的任务流程。

首先，通过 API 实现对扫描器的配置与管理，具体的管理请求通过 API 处理器调用扫描器控制器提供的统一接口来完成，扫描器控制器会依赖扫描器注册表实现扫描器信息的持久化与更新。扫描器注册表中的扫描器可被提供给扫描模块来完成具体的扫描操作。

其次，扫描 API 的请求通过对应的 API 处理器传达给作为主要流程控制与调度的扫描控制器，由其来完成具体流程的管控。扫描控制器会通过扫描器注册表获取当前扫描器的基本配置，选择合理的扫描器作为执行引擎。之后，提交异步扫描任务来启动具体的扫描流程。扫描控制器在扫描任务启动后，会通过监听异步任务系统的 Webhook 来获取扫描任务的进展和最终扫描结果。如果扫描流程正常完成，控制器则会通过报告管理器来存储扫描报告。

异步扫描任务使用实现了扫描 API 规范的适配器来执行具体的扫描过程。异步扫描任务从其参数中获取扫描所需要的相关信息并封装，通过扫描 API 提交给适配器所适配的扫描器。扫描器利用请求中的信息从 Harbor 侧拉取扫描内容并进行相应的漏洞扫描工作。在扫描请求提交后，扫描任务会定期查询扫描状态以便确认扫描器的扫描进度，直至整个扫描过程结束和报告生成。之后将报告通过 Webhook 通知的方式发送给 Harbor 服务中的监听方以便进行后续处理。

接下来在上述整体设计的基础上，重点讲解插件化漏洞扫描框架中的一些重要组件和模块的设计详情。

6.2.2 扫描器管理

扫描器管理主要用于对包含扫描器基本信息的注册对象进行管理，包括扫描器注册对象的名称（name）、描述（description）、连接地址（url）、鉴权模式（auth）及鉴权凭证（access_credential）等元数据，以及与连接访问形式相关的忽略证书验证（skip_certVerify）和使用内部地址（use_internal_addr）等。

注意：插件化漏洞扫描框架对扫描器的具体安装环境和网络配置没有限制，只需保证扫描器和 Harbor 仓库之间可互相访问即可。在某些情况下，管理员考虑到网络环境的特点，将扫描器与 Harbor 服务一起安装在相同的网络中（即 intree 模式），扫描器可以通过 Harbor 服务的内网地址来访问，进而避免服务组件之间可能出现的网络连接问题。对于可以使用 Harbor 仓库内网地址来访问服务的扫描器，在向 Harbor 注册时，需要启用"使用仓库内部地址"选项。另外，如果扫描器与 Harbor 服务不在相同的网络中，则启用这样的选项必然导致扫描器无法连通。

扫描器管理支持配置多种类型的扫描器，对于相同的扫描器类型也可有多个不同的部署实例。前面提到过，在多个扫描器中可以指定其中之一为系统的默认扫描器。若在项目中未特别设置扫描器的话，则可以直接继承系统的默认设置。若对项目有特别的需求，则项目管理员可为项目设置系统已配置扫描器列表中的其他扫描器，作为项目的专有扫描器以覆盖系统的默认设置。列表中的扫描器也可被禁用、启用或者移除，也可以更新扫描器的信息。

扫描器管理由扫描器控制器统筹协调，实际的存储操作由扫描器注册表实现。扫描器注册表实际上是对扫描器数据访问对象（DAO）方法的接口化封装。在 DAO 中实现了具体连接和操作数据库的增删改查等基本方法。

扫描控制器的功能声明在"src/controller/scanner/controller.go"的 Controller 接口中，定义的操作能力如下。

（1）ListRegistrations：列出系统中所有已经注册的扫描器对象，支持分页与基于关键属性的查询。

（2）CreateRegistration：注册新的扫描器对象到系统中进行管理。

（3）GetRegistration：通过唯一索引获取指定的扫描器注册对象信息。

（4）UpdateRegistration：基于新提供的信息更新指定的扫描器注册对象。

(5) DeleteRegistration：删除指定的扫描器注册对象。

(6) RegistrationExists：检测是否存在指定索引的扫描器注册对象。

(7) SetDefaultRegistration：设置指定的扫描器为系统默认。

(8) SetRegistrationByProject：为指定的项目设置给定的扫描器。

(9) GetRegistrationByProject：获取为指定的项目设置的扫描器。

(10) Ping：尝试测试指定的扫描器的连接性。

(11) GetMetadata：获取指定的扫描器的注册元数据信息。

扫描器的注册表相关接口和实现可在"src/pkg/scan/scanner"包中找到。扫描器的 DAO 基本操作实现可在"src/pkg/scan/dao/scanner"包中找到。鉴于篇幅限制，这里不再详细展开介绍，有兴趣的读者可以查阅源码了解详情。

6.2.3 扫描 API 规范

目前扫描 API 规范是 V1 版本，定义了 3 个相关的 Restful API 接口：返回扫描器元数据的 API；发起扫描请求的 API；获取扫描报告的 API。扫描 API 规范要求实现的 API 数量不多，因此对需要支持此规范的扫描工具和服务厂商来说，实现比较简单。这 3 个 API 的具体定义如下。

（1）元数据 API：此 API 除了返回扫描器如名称、厂商及版本等基本元数据，还返回特定扫描器的功能集，包含：支持扫描哪些类别的 Artifact（以媒体类型为准）的声明（capabilities.consumes_mime_types[]）、支持返回哪些格式的扫描报告（以自定义的内容媒体类型为准）的声明（capabilities.produces_mime_types[]），以及漏洞数据库的更新时间戳等其他扫描器的能力属性（properties{}）。此 API 的具体设计如表 6-1 所示。

表 6-1

HTTP 方法		GET
URI		/api/v1/metadata
请求参数		无
响应	200	Content-type: application/vnd.scanner.adapter.metadata+json; version=1.0 成功响应，返回扫描器的元数据和能力集声明。 响应体示例： {

HTTP 方法	GET
| | ```
"scanner": {
  "name": "Trivy",
  "vendor": "Aqua Security",
  "version": "0.7.0"
},
"capabilities": [
  {
    "consumes_mime_types": [
      "application/vnd.oci.image.manifest.v1+json",
      "application/vnd.docker.distribution.manifest.v2+json"
    ],
    "produces_mime_types": [
      "application/vnd.scanner.adapter.vuln.report.harbor+json; version=1.0"
    ]
  }
],
"properties": {
  "harbor.scanner-adapter/scanner-type": "os-package-vulnerability",
  "harbor.scanner-adapter/vulnerability-database-updated-at": "2019-08-13T08:16:33.345Z"
}
}
``` |
| 500 | Content-type: application/vnd.scanner.adapter.error+json; version=1.0<br>发生服务器内部错误。<br>响应体示例：<br>```
{
  "error": {
    "message": "Some unexpected error"
  }
}
``` |

（2）发起扫描请求 API：此 API 接收含有待扫描 Artifact 的基本信息、Artifact 所在仓库的地址和鉴权凭证的对象参数，以非阻塞式方式启动后端适配的扫描工具或者服务进行漏洞扫描操作，立即返回可唯一索引具体扫描报告的 ID。此 API 的具体设计如表 6-2 所示。

表 6-2

HTTP 方法	POST
URI	/api/v1/scan
请求参数	Content-type: application/vnd.scanner.adapter.scan.request+json; version=1.0
	扫描请求对象。 示例：

续表

HTTP 方法	POST	

请求参数	{
	  "registry": {
	    "url": "https://core.harbor.domain",
	    "authorization": "Basic BASE64_ENCODED_CREDENTIALS"
	  },
	  "artifact": {
	    "repository": "library/mongo",
	    "digest": "sha256:6c3c624b58dbbcd3c0dd82b4c53f04194d1247c6eebdaab7c610cf7d66709b3b",
	    "tag": "3.14-xenial",
	    "mime_type": "application/vnd.docker.distribution.manifest.v2+json"
	  }
	}	

响应	201	Content-type: application/vnd.scanner.adapter.scan.response+json; version=1.0
		成功响应，返回扫描响应对象。
		响应体示例：
		{
		  "id": "3fa85f64-5717-4562-b3fc-2c963f66afa6"
		}

	400	Content-type: application/vnd.scanner.adapter.error+json; version=1.0
		接收到非法 JSON 数据或者数据中含有错误类型。
		响应体示例：
		{
		  "error": {
		    "message": "Some unexpected error"
		  }
		}

	422	Content-type: application/vnd.scanner.adapter.error+json; version=1.0
		在数据中包含非法域。
		响应体示例：
		{
		  "error": {
		    "message": "Some unexpected error"
		  }
		}

	500	Content-type: application/vnd.scanner.adapter.error+json; version=1.0
		发生服务器内部错误。
		响应体示例：
		{
		  "error": {
		    "message": "Some unexpected error"
		  }
		}

（3）获取扫描报告 API：通过此 API 获取所给请求 ID 的扫描报告。注意：漏洞扫描需要耗费一定的时间才能完成，越大的 Artifact 花费的时间越长。因而在扫描过程还未完成的情况下，此 API 会以代码 302 的形式返回来告知调用者所请求的扫描报告正在产生及还未就绪，需要稍后继续尝试。在其返回的头部信息中可能包含下次尝试的建议时间"Refresh-After"的头部属性。在报告未就绪的前提下，需要不断尝试直至其就绪或者出现不可继续的系统错误。关于报告的格式，扫描器可以根据自身实现支持一种或者多种形式，所支持的格式在其元数据 API 中声明即可。不过需要注意的是，目前在 Harbor 的图形管理界面中仅支持具有"application/vnd.scanner.adapter.vuln.report.harbor+json;version=1.0"默认数据格式的渲染，有些扫描器支持的原始数据格式"application/vnd.scanner.adapter.vuln.report.raw"只在 API 中有效，在界面中无法正常、有效地渲染和展示。此 API 的具体设计如表 6-3 所示。

表 6-3

HTTP 方法		GET
URI		/scan/{scan_request_id}/report
请求参数		scan_request_id：扫描请求的索引 ID 请求报告的格式（请求头部）： Accept: application/vnd.scanner.adapter.vuln.report.harbor+json; version=1.0

响应	200	Content-type:application/vnd.scanner.adapter.vuln.report.harbor+json; version=1.0
		成功响应，返回扫描报告的 JSON 对象。
		响应体示例：
		{
		  "generated_at": "2020-08-25T15:19:14.528Z",
		  "artifact": {
		    "repository": "library/mongo",
		    "digest": "sha256:6c3c624b58dbbcd3c0dd82b4c53f04194d1247c6eebdaab7c610cf7d66709b3b",
		    "tag": "3.14-xenial",
		    "mime_type": "application/vnd.docker.distribution.manifest.v2+json"
		  },
		  "scanner": {
		    "name": "Trivy",
		    "vendor": "Aqua Security",
		    "version": "0.4.0"
		  },
		  "severity": "Low",
		  "vulnerabilities": [
		    {
		      "id": "CVE-2017-8283",
		      "package": "dpkg",
		      "version": "1.17.27",

HTTP 方法	GET
	`"fix_version": "1.18.0",` `"severity": "Low",` `"description": "dpkg-source in dpkg 1.3.0 through 1.18.23 is able to use a non-GNU patch program\nand does not offer a protection mechanism for blank-indented diff hunks, which\nallows remote attackers to conduct directory traversal attacks via a crafted\nDebian source package, as demonstrated by using of dpkg-source on NetBSD.\n",` `"links": [` `"https://security-tracker.debian.org/tracker/CVE-2017-8283"` `]` `}` `]` `}`
302	Refresh-After: 15
	扫描报告还未继续，可等待 15 秒后再次访问
404	Content-type: application/vnd.scanner.adapter.error+json; version=1.0

	未找到扫描请求 ID 所对应的报告。
	响应体示例：
	`{`
	`"error": {`
	`"message": "Some unexpected error"`
	`}`
	`}`

500	Content-type: application/vnd.scanner.adapter.error+json; version=1.0
	发生服务器内部错误。 响应体同上述 404

读者如果想了解扫描 API 规范的更多信息，则可以参阅 GitHub 上"goharbor"命名空间下扫描 API 规范项目 pluggable-scanner-spec 的 README.md 文档，以及该项目定义的 OpenAPI 文档"api/spec/scanner-adapter-openapi-v1.0.yaml"。

6.2.4 扫描管理

扫描管理主要关注扫描请求的发起及对应的扫描报告的存取，主要由扫描控制器把控流程和提供功能接口。

发起扫描的操作其实就是确定使用哪个扫描器对指定的 Artifact 进行扫描。因为扫描器有系统级别和项目级别的多级设置，因而扫描器的选择也需要一定的规则。另外，因为

Artifact 本身有多种格式，并非所有格式都可进行扫描，因而在启动实际扫描动作之前也需要有一个筛选的过程，如图 6-11 所示。

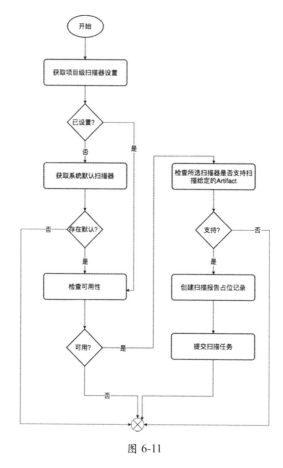

图 6-11

可以看出，在请求扫描过程中，扫描控制器会首先获取对应 Artifact 所在项目下的扫描器设置，如果有已设置的扫描器，则可以直接使用；如果没有，则需要继续获取系统默认的扫描器；如果依然不存在，则流程会因为无可用的扫描器而终止退出。

在获取可用的扫描器之后，还需要继续检测此扫描器是否可用，如果不可用，则流程需要终止；如果可用，则需要根据扫描器在其元数据中声明的能力来确定其是否支持当前给定的 Artifact 类型。如果不支持，则流程直接退出；如果支持，则可在提交异步任务到异步任务系统之前，为此次扫描创建扫描报告的占位记录，以此来接收通过异步任务系统报送的扫描报告的内容。

在 6.2.3 节已经提到，扫描器会返回具有特定媒体类型的（比如 "application/vnd.scanner.adapter.vuln.report.harbor+json; version=1.0"）扫描报告。考虑到数据的完整性和后续格式化读取的方便性，在 Harbor 数据库中并未为此类型的 JSON 数据创建与之对应的数据模式，而是将 JSON 数据作为整体数据进行持久化。同时，考虑到对扫描进展进行追踪、把控，以及针对特定的 Artifact 属性（主要为 Artifact 摘要）进行对应的扫描报告查询的需求，在 Harbor 中增加了其他辅助信息，设计了如图 6-12 所示的扫描报告数据模式。

图 6-12

扫描报告数据记录可以通过结构索引来唯一对应。结构索引包含默认的系统自增的数字 ID 和创建时分配的 UUID，数字 ID 仅作为数据记录的主键。在相关 API 和接口设计中，都会将 UUID 作为对扫描报告数据记录的唯一索引。

除此之外，每条扫描报告数据记录都与索引数据部分的三个属性域对应，即通过索引数据中的三个属性域也可以唯一确定对应的扫描报告数据记录。其实际意义是通过选定的扫描器（由 registration_uuid 所代表的 UUID 索引）对指定的某个 Artifact（通过其摘要 digest 唯一索引）进行扫描并产生特定格式（由 mime_type 定义）的扫描报告。如果扫描器支持多种类型的报告，则在一次扫描操作中，扫描器会同时为所扫描的对象产生多份报告。但是同一扫描器针对同一扫描对象所产生的特定格式的报告，在系统中只会存在一份，后续同样的扫描则会覆盖之前的报告，在系统中留下最近一次的扫描报告数据。

为了更容易地追踪到扫描报告数据，在报告数据模式下引入了三个追踪域：track_id、job_id 和 requester。其中的 track_id 以 UUID 形式来确定异步扫描任务的回调 Webhook 的监听地址，以便接收到对应任务的状态变化和返回的原始报告数据。job_id 仅用来标记此报告由哪个扫描任务提供，以便之后在有需要时通过此 ID 获取更多的任务信息，如获取任务执行的日志文本。requester 用来聚合多项为完成相同目标而启动的扫描任务，具有相同 requester 的任务可归结为同组。requester 一般用在基于镜像构建的复合 Artifact 的扫描过程中，如 Manifest List 和 CNAB 的扫描。在对复合 Artifact 进行扫描时，扫描控制器会为其所包含的每个子 Artifact（支持递归，但不常见）都创建一个扫描任务，每个扫描任务都会将 requester 设置为 Artifact 的摘要（digest），之后在提供汇总报告时，基于子报告列表聚合出一个完整报告。原始报告数据依然会以 JSON 格式整体持久化于数据库中，在有查看需求时可以读取并返回。

在之前的小节中也提到，扫描任务的执行需要一定的时间，执行过程也会由不同的状态来反映，因而依赖于扫描任务的扫描报告也有多种对应的状态。在扫描报告模式下引入了描述报告状态的数据域，扫描任务状态的变更可通过 Webhook 监听来获取，进而更新扫描报告的对应数据域。扫描报告的状态可以反映扫描的整体进展，这样便于用户通过关联 API 监控和了解到整个扫描进程。初始状态为待执行（pending）状态，可转换到运行（running）状态，最后进入或者成功生成报告的成功（success）状态，或者未成功完成扫描的错误（error）状态。

扫描报告的数据模式也提供了非常简单的统计数据域，可以提供扫描操作的开始时间，以及通过结束时间和开始时间运算得到的运行时长信息。

在了解扫描的基本流程和所产生报告的基本结构之后，接下来梳理一下扫描控制器都提供了哪些能力。扫描控制器的功能接口声明定义在"src/controller/scan/controller.go"文件中，核心操作包含以下几项。

（1）Scan：以异步方式启动对给定 Artifact 的漏洞扫描操作，此操作对应前面所述的扫描流程。在获取到关联的可用扫描器并创建报告数据的占位记录后，提交异步扫描任务到异步任务系统。此操作也接收特定选项以指定此次启动的扫描任务归属于哪一群组。

（2）GetReport：获取给定 Artifact 指定格式的关联漏洞扫描报告信息，此处得到的报告就是扫描报告模式。与报告处理有关的操作，扫描控制器会依赖于定义在"src/pkg/scan/report"包下的报告管理器来实现。报告管理器有关数据库的具体 CRUD 操作，会通过"src/pkg/scan/dao/scan"包下的报告 DAO 来支持。

（3）GetSummary：获取给定 Artifact 指定格式的关联漏洞扫描报告的摘要信息。与 GetReport 不同的是，这里返回的不是完整报告，而是通过解析报告得到的以漏洞严重级程度分类的漏洞个数，比如"严重：2""高：10""中等：20""低：30"等。

（4）GetScanLog：此操作会将异步扫描任务执行过程中的日志信息返回，以便用户了解更多的过程信息。

（5）DeleteReports：删除以数字摘要为索引的 Artifact 的漏洞扫描报告，未通过 API 暴露，仅供系统内部使用。

（6）GetStats：返回与给定群组关联的扫描任务的统计数据。主要用于在执行全局扫描场景中汇报整体扫描进度，全局扫描针对各个 Artifact 发起的扫描任务都互相关联，属于同一群组的任务。

6.2.5 异步扫描任务

异步扫描任务是进行具体扫描操作的实施者，按照异步作业系统的任务规范实现，其主要流程可通过图 6-13 来展现。

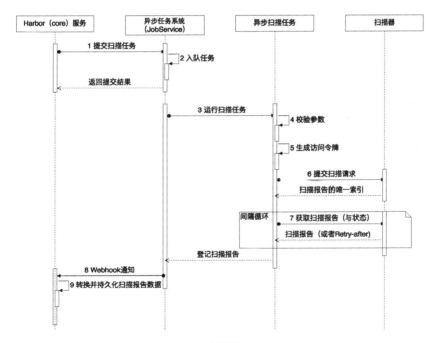

图 6-13

具体流程如下。

(1) Harbor 在收到扫描请求之后，将相关信息整合后提交给异步任务系统来启动扫描任务。

(2) 异步任务系统在获取启动任务请求后会入队一个异步扫描任务。

(3) 在有空闲执行器的条件下，异步任务系统从队列中拉取扫描任务并运行。

(4) 扫描任务会首先校验运行任务所需要的相关参数信息是否存在且合法。

(5) 扫描器需要有效凭证来访问 Harbor 以获取具体的扫描内容，因而扫描任务需要为其生成合理的访问凭证。

(6) 扫描任务将相关参数和访问凭证按照扫描 API 规范封装成请求对象，然后发送给扫描器执行，扫描器会返回一个索引 ID 以供扫描任务查询和获取对应的扫描报告。

(7) 通过定时尝试方式来获取扫描报告，直至报告就绪或者出现系统错误时为止。

(8) 就绪的扫描报告通过异步任务系统的 Webhook 发送给 Harbor（core）服务。

(9) Harbor（core）服务将扫描报告转化和持久化，以便之后查询。

任务的具体实现可在"src/pkg/scan/job.go"源文件中找到。

6.2.6 与扫描相关的 API

本节对 Harbor 与扫描功能相关的 API 进行简单梳理，更多 API 的使用说明请参考第 10 章。与扫描相关的 API 主要包含两个方面：扫描器管理和扫描操作管理。

首先看看与扫描器管理有关的 API，此类 API 的 OpenAPI 声明描述（Swagger）位于 Harbor 代码库的"api/v2.0/legacy_swagger.yaml"文件中，并被标记为"Scanner"标签。

(1) 列出当前系统中已配置的扫描器，如表 6-4 所示。

表 6-4

API	GET /api/v2.0/scanners
说明	此 API 支持以下查询参数。 (1) 分页（page 和 page_size）。示例：/api/v2.0/scanners?page=1&page_size=25 (2) 对名称、描述及 URL 的模糊查询（name、description 及 url）。示例：/api/v2.0/scanners?name=cla 或者 /api/v2.0/scanners?url=clair (3) 对名称及 URL 的精确查询（ex_name 与 ex_url）。示例：/api/v2.0/scanners?ex_name=clair 或者 /api/v2.0/scanners?ex_url=http%3A%2F%2Fharbor-scanner-clair%3A8080

（2）注册并配置新的扫描器到系统中，如表6-5所示。

表6-5

API	POST /api/v2.0/scanners

说明	需要提供扫描器的注册对象（registration）：
	{
	　"name": "Clair",
	　"description": "A free-to-use tool that scans container images for package vulnerabilities.\n",
	　"url": "http://harbor-scanner-clair:8080",
	　"auth": "Bearer",
	　"access_credential": "Bearer: JWTTOKENGOESHERE",
	　"skip_certVerify": false,
	　"use_internal_addr": false,
	}

（3）测试指定的扫描器的可连接性，如表6-6所示。

表6-6

API	POST /api/v2.0/scanners/ping

说明	需要提供测试扫描器的基本信息：
	{
	　"name": "Clair",
	　"url": "http://harbor-scanner-clair:8080",
	　"auth": "string",
	　"access_credential": "Bearer: JWTTOKENGOESHERE"
	}

（4）获取指定扫描器的注册对象的基本信息，如表6-7所示。

表6-7

API	GET /api/v2.0/scanners/{registration_id}
说明	registration_id 是注册对象的唯一索引值

（5）更新指定扫描器的注册对象的信息，如表6-8所示。

表6-8

API	PUT /api/v2.0/scanners/{registration_id}
说明	registration_id 是注册对象的唯一索引值。 需要提供更新后的注册对象： { 　"name": "Clair-Updated", 　"description": "A free-to-use tool that scans container images for package vulnerabilities.\n", 　"url": "http://harbor-scanner-clair:8080", 　"auth": "Bearer",

	续表
	"access_credential": "Bearer: JWTTOKENGOESHERE", "skip_certVerify": false, "use_internal_addr": false, "disabled": false }

（6）删除指定扫描器的注册对象，如表 6-9 所示。

表 6-9

API	DELETE /api/v2.0/scanners/{registration_id}
说明	registration_id 是注册对象的唯一索引值。 如果删除成功，被删除的扫描器对象就会在 API 的响应体中返回

（7）将指定扫描器设置为系统默认，如表 6-10 所示。

表 6-10

API	PATCH /api/v2.0/scanners/{registration_id}

说明	registration_id 是注册对象的唯一索引值。
	通过如下属性来指定：
	{
	  "is_default": true
	}

（8）获取指定扫描器的元数据信息，如表 6-11 所示。

表 6-11

API	GET /api/v2.0/scanners/{registration_id}/metadata
说明	registration_id 是注册对象的唯一索引值

（9）获取指定项目的关联扫描器，如表 6-12 所示。

表 6-12

API	GET /api/v2.0/projects/{project_id}/scanner
说明	project_id 为项目的唯一索引 ID。前面提到过，如果项目管理员未为项目设置扫描器且系统有默认的扫描器，则这里得到的就是系统默认的扫描器，否则为此项目关联的扫描器

（10）为指定项目设置独立的关联扫描器，如表 6-13 所示。

表 6-13

API	PUT /api/v2.0/projects/{project_id}/scanner
说明	project_id 为项目的唯一索引 ID

接下来讲解与扫描管理有关的 API。此类 API 实际上也包含两个维度：扫描的发起与进展控制；对应报告或者报告摘要的查看。另外，此类 API 目前定义较为分散，这里做个简单梳理。

在"api/v2.0/swagger.yaml"的 OpenAPI 文档中，与扫描发起和进展控制的 API 有以下两项，均标记有"scan"标签。

（1）针对指定 Artifact 发起扫描操作，如表 6-14 所示。

表 6-14

API	POST /api/v2.0/projects/{project_name}/repositories/{repository_name}/artifacts/{reference}/scan
说明	project_name 为项目的名称。 repository_name 为镜像库的名称。 reference 为 Artifact 的索引，使用其 sha256 的数字摘要

（2）获取扫描操作的日志信息，如表 6-15 所示。

表 6-15

API	GET /api/v2.0/projects/{project_name}/repositories/{repository_name}/artifacts/{reference}/scan/{report_id}/log
说明	project_name 为项目的名称。 repository_name 为镜像库的名称。 reference 为 Artifact 的索引，使用其 sha256 的数字摘要。 report_id 对应报告的唯一索引

与获取报告和报告摘要信息相关的 API 有以下两项，包含在 Artifact 的相关 API 中，标记有"artifact"标签。

（1）获取给定 Artifact 的漏洞报告摘要，如表 6-16 所示。

表 6-16

API	GET /api/v2.0/projects/{project_name}/repositories/{repository_name}/artifacts/{reference}
说明	project_name 为项目的名称。 repository_name 为镜像库的名称。 reference 为 Artifact 的索引，使用其 sha256 的数字摘要。 报告摘要信息可通过 Artifact 数据模型的"scan_overview"字段获得。如果报告没有就绪，则此字段会为空

（2）获取给定 Artifact 的漏洞报告详情，如表 6-17 所示。

表 6-17

API	GET /api/v2.0/projects/{project_name}/repositories/{repository_name}/artifacts/{reference}/additions/vulnerabilities

说明	project_name 为项目的名称。 repository_name 为镜像库的名称。 reference 为 Artifact 的索引，使用其 sha256 的数字摘要。 返回的漏洞详情报告会包含所有发现的漏洞信息列表

而与全局扫描操作有关的 API 在 OpenAPI 文档"api/v2.0/legacy_swagger.yaml"中，主要包含以下几项。

（1）创建全局扫描任务，如表 6-18 所示。

表 6-18

API	POST /api/v2.0/system/scanAll/schedule
说明	创建一个全局扫描任务。如果在参数对象中没有指定的日程参数，则任务为立即执行任务。如果设置了日程参数，则会按照指定的日程设置周期性地执行

（2）获取全局扫描任务设置的日程，如表 6-19 所示。

表 6-19

API	GET /api/v2.0/system/scanAll/schedule
说明	如果为创建的全局扫描任务指定了日程参数，则通过此 API 返回所设置的日程

（3）更新全局扫描任务设置的日程，如表 6-20 所示。

表 6-20

API	PUT /api/v2.0/system/scanAll/schedule
说明	如果为创建的全局扫描任务指定了日程参数，则通过此 API 更新设定的日程

（4）获取最近一次按指定日程执行的全局扫描任务的进度统计汇报，如表 6-21 所示。

表 6-21

API	GET /api/v2.0/scans/schedule/metrics

说明	返回以下格式的进度统计信息：
	{
	  "total": 100,
	  "completed": 90,
	  "requester": "28",
	  "metrics": {
	    "Success": 5,
	    "Error": "2,",
	    "Running": 3
	  }
	}

（5）获取最近一次手动执行的全局扫描任务的进度统计汇报，如表 6-22 所示。

表 6-22

API	GET /api/v2.0/scans/all/metrics
说明	进度统计报告的格式与（4）中 API 返回的一致

6.3 使用漏洞扫描功能

本节重点讲解如何使用漏洞扫描功能来增强所管理和分发内容的安全性，对这些功能的展示和说明将通过 Harbor 的图形管理界面来实现。

6.3.1 系统扫描器

要使用漏洞扫描，系统就首先需要配置至少一个扫描器。可以在安装 Harbor 系统时安装默认的扫描器（仅支持 Trivy 和 Clair），也可以在安装 Harbor 系统后独立安装、配置所选择的扫描器。管理和配置扫描器均可通过扫描器管理页面实现。

以系统管理员身份单击左侧导航菜单中的"系统管理"→"审查服务"，进入扫描器管理页面，如图 6-14 所示。

图 6-14

所有已配置的扫描器均在此页面以列表形式逐条展示，每条记录都包含扫描器的名称、连接地址、健康状态、是否启用及认证模式信息，并会以标签形式显示系统默认的扫描器。同时，对于这些已配置的扫描器，可以通过"设为默认"按钮来设置选中的扫描器为新的系统默认扫描器。通过"其他操作"中的"停用"或者"启用"菜单来更改所选中扫描器的启用状态；通过"其他操作"中的"编辑"菜单打开编辑窗，对扫描器的基本信息进行更新；通过"其他操作"中的"删除"菜单移除所选的扫描器。

单击列表项最左侧的箭头可以打开内置的元数据展示层，对应扫描器的所有元数据以键值对的形式列出以供参考。需要注意的是，元数据是实时获取的，如果扫描器处于不健康状态，则无法获取元数据。以默认的 Trivy 扫描器为例，其元数据如图 6-15 所示。

图 6-15

如果需要配置新的扫描器，则可单击"新建扫描器"按钮打开新建对话框（如图 6-16 所示），提供名称和扫描器的连接地址即可完成配置。除此之外，还可以设置扫描器的描述文本信息和认证模式。目前支持的认证模式如下。

（1）无：即扫描器未启用任何鉴权模式。

（2）Basic：HTTP Basic 模式，在此模式下需要提供必要的用户名和密码信息。

（3）Bearer：HTTP Bearer 令牌模式，在此模式下需要提供相应的令牌信息。

（4）APIKey：API 令牌模式，在此模式下需要提供扫描器认可的 API 令牌信息。

另外，对于如何连接要配置的扫描器，还有两个可用选项。

（1）跳过认证证书：如果远端扫描器采用了自签名或者不可信证书，则可勾选此项以跳过对其证书的验证。

（2）使用仓库内部地址：如果要添加的远端扫描器与 Harbor 系统处于同一网络中，则可通过勾选此项以使用网络的内部地址。

在提供了必要的信息之后，可通过对话框底部的"测试连接"按钮来验证所要添加的扫描器是否可用。只有连接测试通过的扫描器才能被添加到系统中，添加不可连接的扫描器会返回系统内部错误。

完成所需信息的录入后，单击"添加"按钮则可将验证通过的合法扫描器添加到扫描器列表中。若在此过程中出现任何问题导致添加失败，则会有对应的错误信息弹出以供定位出错原因。对于系统内部的错误，可能需要配合日志等其他信息来辅助定位。

图 6-16

6.3.2 项目扫描器

项目默认会使用系统设定的默认扫描器，但项目也可根据具体情况设置与系统默认不一致的专有扫描器。

以项目管理员身份单击左侧导航栏的"项目"菜单以打开项目列表，单击要设置的项目以打开项目页面，并切换到"扫描器"标签，项目扫描器设置页如图 6-17 所示。

图 6-17

在默认情况下会显示系统默认扫描器的信息和健康状态。单击左下角的"选择扫描器"按钮，会打开如图 6-18 所示的备选扫描器对话框。在此对话框中会列出系统的所有已配置扫描器以供选择。

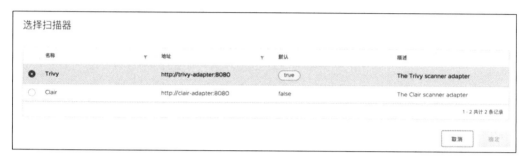

图 6-18

选中要设置的备选扫描器，单击"确定"按钮即可完成项目扫描器的设置。此时，项目的扫描器页面会显示新选择扫描器的基本信息和健康状态。之后，对此项目中 Artifact 的扫描由新选择的扫描器来负责。

注意：如果在切换项目扫描器之前，项目中的 Artifact 已经使用当时设定的扫描器进行过扫描且产生过报告，则在切换扫描器之后，项目中的漏洞扫描报告会重新确定。如果 Artifact 此前使用所切换的扫描器扫描过且有报告生成，则会使用此报告作为 Artifact 的漏洞报告，反之 Artifact 的漏洞扫描状态会回到初始的未扫描状态。此规则同样适用于系统默认扫描器的切换场景，只是其所针对的是整个系统。

6.3.3 项目漏洞扫描

配置了扫描器之后，可发起对项目内容的扫描操作。需要注意的是，目前系统所支持的可配置扫描器都是面向容器镜像的，因此除了容器镜像，只有基于容器镜像构建的 OCI Artifact 才能支持扫描，如镜像列表（OCI Index）和 CNAB 等。另外，当前用户至少具有项目的开发者角色才能启动扫描操作。

通过单击"项目"→"项目名"→"镜像仓库"→"镜像库名称"菜单进入特定镜像库的 Artifact 列表，选中要进行扫描的 Artifact 列表，单击左上角的"扫描"按钮即可开始内容漏洞扫描过程，如图 6-19 所示。

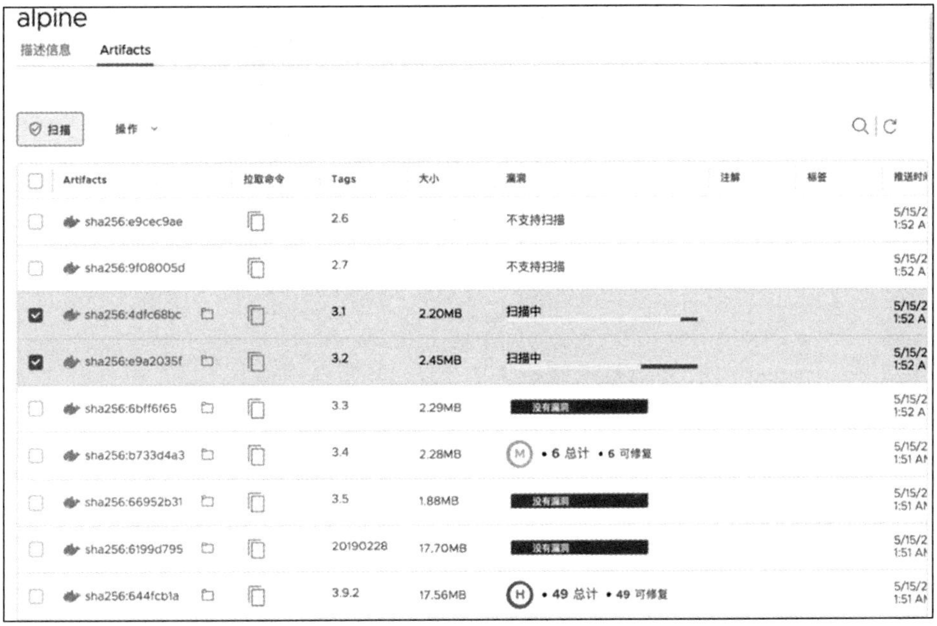

图 6-19

某些 Artifact 的媒体类型不被当前所设置的扫描器支持，所以其漏洞状态列会直接显示"不支持扫描"，对于此类 Artifact，即使选中，扫描按钮也不可用。成功触发的扫描过程会有对应的进度提示器显示扫描工作进入不同的阶段。

（1）已入队列：扫描过程的起始阶段，扫描任务已创建但还未执行。

（2）扫描中：扫描正在进行中，还未完成。

（3）失败：扫描过程因为遇到某种不可忽略的错误，导致扫描进程未成功完成。此时，系统会提供对应扫描任务的日志信息以供参考。

（4）成功：扫描过程成功完成并生成对应的报告。基于当下漏洞数据库未发现任何漏洞的，直接显示"没有漏洞"；发现漏洞的，生成含有整体漏洞风险级别及以柱状图形式显示的各级别漏洞数的漏洞报告总结，以及包含发现的具体漏洞信息的详细报告。

将鼠标移动到 Artifact 漏洞列中的报告摘要上，会弹出漏洞报告总结图表，如图 6-20 所示。

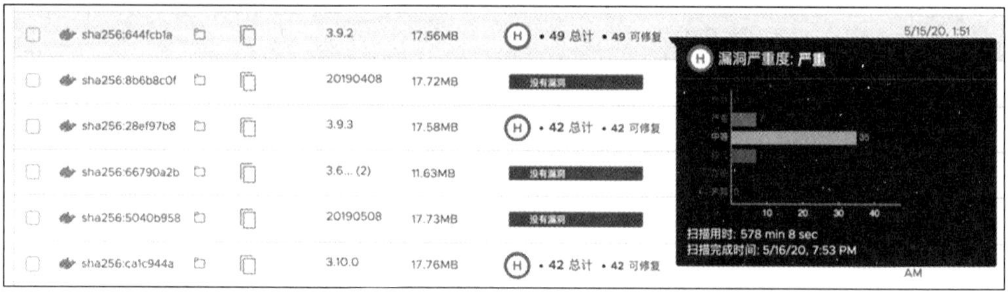

图 6-20

单击对应 Artifact 的数字摘要列的超链接，可打开其详情信息页面，在页面的"其他"栏目中会有在此 Artifact 中发现的漏洞信息的完整报告，如图 6-21 所示。

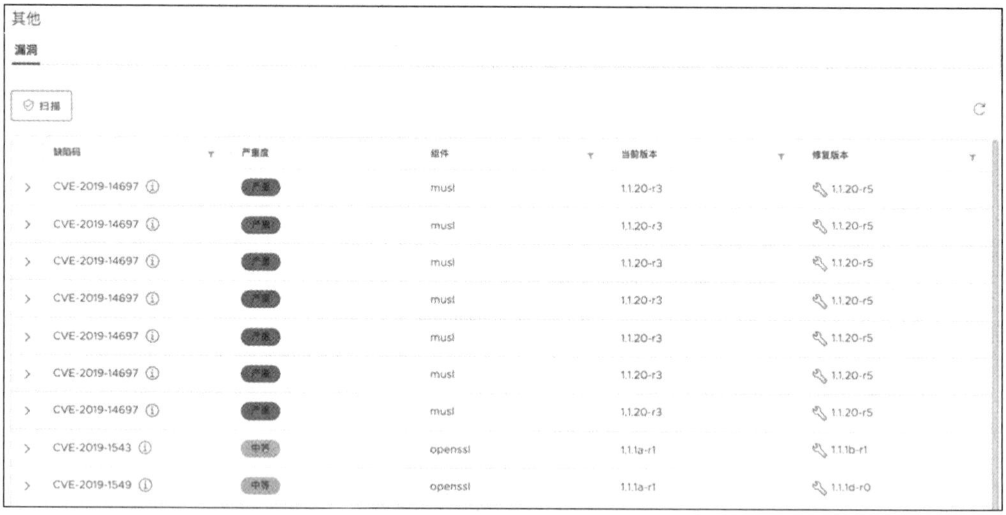

图 6-21

另外，镜像库中的 Artifact 如果是诸如 CNAB 或者 OCI Index 等构建于容器镜像之上的格式，则其漏洞扫描报告是所有子 Artifact 漏洞报告的简单聚合结果，可通过单击 Artifact 数字摘要列右侧的"文件夹"图标打开 Artifact 的列表视图来浏览。而子 Artifact 的详细漏洞报告，与其父级 Artifact 一样，可通过单击其数字摘要的超链接打开详情页面来查看，如图 6-22 所示。

图 6-22

6.3.4　全局漏洞扫描

项目内的扫描只针对特定仓库下所选中的 Artifact 进行。如果系统管理员需要对 Harbor 管理的所有 Artifact 进行扫描，则可采用全局漏洞扫描功能。全局漏洞扫描可手动触发，也可配置定时器触发。

以系统管理员身份单击"系统管理"→"审查服务"→"漏洞"进入全局漏洞扫描管理页面，单击"开始扫描"按钮即可开始全局漏洞扫描。在扫描过程中，右侧会显示具体的进展报告，包括需要扫描的 Artifact 总数、已完成的数量或者失败的数量，以及进行中的数量，如图 6-23 所示。

除上述通过单击按钮手动触发全局漏洞扫描外，还可以通过设置定时器的方式来周期性地运行全局漏洞扫描操作。在图 6-23 的页面上单击"编辑"按钮即可进入定时器的设定模式。定时器的设定以 Cron 格式为准，通过下拉框来选择预定义的一些模式，如每小时、每天、每周。也可通过在下拉框中选择自定义模式来设置自定义的值。如图 6-24 所示，"0 0 8 * * *"代表每天早上 8 点整（UTC 时间）启动全局漏洞扫描任务。若不清楚 Cron 格式中每个字段的意义，则可以将鼠标指针移动到输入栏右边的小图标上，即可显示相关提示来快速获得帮助。

图 6-23

图 6-24

6.3.5 自动扫描

以项目管理员身份通过"项目"→"项目名"→"配置管理"菜单打开指定的项目配置页面，如图 6-25 所示。在"漏洞扫描"部分勾选"自动扫描镜像"选项，即可开启自动扫描功能。在镜像上传成功后，系统会自动对其进行扫描操作并生成相关报告。

图 6-25

6.3.6 与漏洞关联的部署安全策略

通过漏洞扫描，我们可以发现 Artifact 内容中不同严重程度的漏洞信息，基于这些信息可以设定是否允许部署有这些漏洞的 Artifact，以及部署安全策略。以项目管理员身份通过"项目"→"项目名"→"配置管理"菜单路径打开指定项目的配置页面，在"部署安全"部分勾选"阻止潜在漏洞镜像"选项以启用与漏洞关联的部署安全策略。与此同时，在"阻止危害级别___以上的镜像运行"下拉框中选择一个危害级别的阈值,可选项包括"危急""严重""中等""较低"及"无"。设置后,只要 Artifact 所含漏洞的严重程度超过或等同于所设定的阈值,就在被阻止部署范畴内,如图 6-26 所示。

图 6-26

"阻止潜在漏洞镜像"的部署安全策略可以保证具有特定严重程度漏洞的镜像不会被分发到部署平台,大大提升了部署的安全性。然而在某些特定情况下,组织者或者部署者对某些漏洞的危害有十分明确的认知,在其平台的其他措施保护下或者应用部署场景中,这些漏洞的危害可防可控,不会产生不可接受的后果,因而需要将这些漏洞排除在阻止下发的安全策略外,即建立漏洞白名单。

在 Harbor 的当前系统设计中,漏洞白名单有两个维度:一个是系统级别,即系统内的所有项目可见并共享;一个是项目级别的自定义名单。项目管理员可以选择直接引用系统级别所定义的白名单或者自定义。

对于系统漏洞白名单,以管理员身份通过"系统管理"→"配置管理"→"系统设置"菜单路径打开系统设置页,在"部署安全性"部分进行编辑,如图 6-27 所示。白名单以漏洞唯一 ID 构成,可通过单击"添加"按钮增加一条或者多条漏洞 ID 到名单中,通过漏洞 ID 右侧的"删除"按钮可将对应的漏洞 ID 移出名单。且支持为白名单设置有效期,默认为"永不过期"。

而对于项目漏洞白名单,以项目管理员身份通过"项目"→"项目名"→"配置管理"菜单路径打开指定项目的配置页面,在"CVE 白名单"部分进行编辑和设定,如图 6-28 所示。

图 6-27

图 6-28

正如前面提到的,对项目漏洞白名单通过勾选"启用系统白名单",可选择沿用系统白名单;通过勾选"启用项目白名单",则可自定义项目的白名单。在自定义模式下可以选择从头开始设置,也可以在将系统白名单复制后再进行自定义编辑。使用自定义白名单时,有效期同时需要自定义,不过默认值依然为"永不过期"。

6.3.7 已支持的插件化扫描器

截至目前,按照插件化扫描器框架规范实现的扫描器如下。

1. Trivy

Trivy 是以色列安全公司 Aqua 旗下的一款开源的漏洞扫描工具,主要用于容器和其他 Artifact 的扫描,已经成为 Harbor 支持的两款默认漏洞扫描器之一。Trivy 既能够检测出许多操作系统中的漏洞,包括 Alpine、RHEL、CentOS、Debian、Ubuntu、SUSE、Oracle Linux、Photon OS 和 Amazon Linux 等;也能发现应用程序依赖中的漏洞,包括 Bundler、Composer、Pipenv、Poetry、npm、Yarn 和 Cargo 等。据 Aqua 公司所称,相比于其他扫描器,Trivy 在检测漏洞方面具有很高的准确性,尤其是在 Alpine Linux 和 RHEL/CentOS 上。Trivy 的安装和使用都非常简便,只需下载、安装二进制文件,就可以使用基本命令行开始扫描操作,在扫描时指定容器的镜像名称或者路径即可。扫描过程无状态,也不需要数据库和系统库等先决条件。Trivy 也非常适用于 CI 场景,可以很容易地集成在 Travis CI、CircleCI、Jenkins、GitLab CI 等 CI 工具中以完成镜像的漏洞扫描操作。

2. Clair

Clair 是 CoreOS(已被红帽收购)发布的一款开源容器漏洞扫描工具,也是 Harbor 之前默认集成的漏洞扫描工具。目前,Clair 依然是可随 Harbor 一起安装的两个默认扫描器之一。Clair 可以交叉检查容器镜像的操作系统,以及安装于其上的任何软件包是否与已知的具有漏洞的不安全版本相匹配,漏洞信息从特定操作系统的 CVE 数据库中获取。目前支持的操作系统包括 Debian、Ubuntu、CentOS、Oracle Linux、Amazon Linux、OpenSUSE 和 Alpine 等。Clair 是一种静态扫描工具,在其扫描过程中不需要实际运行容器。通过从镜像文件中获取静态信息及维护一个构成镜像的不同层之间的差异列表,可使分析过程仅需进行一次,之后基于当前的漏洞披露数据库重新匹配与校正即可,大大缩短了分析时间。

3. Anchore

Anchore 是美国的一家安全公司,旗下的 Anchore 引擎是为容器镜像检查、分析和认证提供中心服务的开源项目。Anchore 引擎可以以容器形式独立部署,也可以在 Kubernetes 和 Docker Swarm 等容器编排平台上运行。其基本功能可以通过 Restful API 或者命令行访问。Anchore 引擎会从与 Docker V2 兼容的镜像仓库中下载并分析容器镜像,然后根据用户可自定义的相关策略进行评估,以执行安全性、合规性和最佳实践的检查。Anchore 引擎支持扫描的操作系统包括 Alpine、Amazon Linux2、CentOS、Debian、Google Distroless、Oracle Linux、RHEL、Red Hat UBI 和 Ubuntu;支持的应用包依赖包括 GEM、Java Archive 文件(Jar、War、Ear)、NPM 和 Python(PIP)。其商业软件 Anchore 的企业版构建于开源的 Anchore 引擎之上，提供了更易于运维管理的操作界面和其他后台功能与模块。基于相同的内核，Anchore 引擎和 Anchore 企业版都可被 Harbor 支持。

4. Aqua CSP（Cloud-native Security Platfrom）

Aqua CSP 是 Aqua 公司旗下专注于云原生平台与环境安全的平台服务，其目标是加速容器采用并缩小 DevOps 与 IT 安全之间的差距。CSP 提供了对容器活动的全面可见性，使得企业能够检测并防止可疑操作和攻击，提供透明且自动化的安全性，同时帮助执行安全策略和简化可控的合规性流程。CSP 是复合安全平台，适配 Harbor 集成的 CSP 扫描器实现，仅将 CSP 中的漏洞扫描能力暴露给 Harbor。CSP 中的其他安全功能则在 Harbor 服务中不可用，需要在 CSP 原生平台上使用。

5. DoSec

DoSec 扫描器由中国云安全产品提供商小佑科技开发并提供，是唯一支持中文漏洞库的扫描器，开箱即用。考虑到很多用户在无互联网的环境下使用扫描器，此扫描器在安装时包含了版本发布时的全部最新漏洞库，其中包括最新的 CNNVD 中文漏洞库。不过扫描器也支持实时在线更新漏洞库，在网络环境下可获取最近的更新。目前其支持扫描的操作系统包括 Debian（7 及以上版本）、Ubuntu LTS（12.04 及以上版本）、RHEL（5 及以上版本）、CentOS（5 及以上版本）、Alpine（3.3 及以上版本）、Oracle Linux（5 及以上版本）。

未来会有更多的扫描器（比如 Sysdig 等）支持此框架，以便与 Harbor 集成，进而服务更多的用户。而插件化扫描框架和规范也会随着用户的使用和反馈，不断演进与增强，在目前仅提供与漏洞相关扫描的基础上，逐步支持诸如许可证检查、包依赖扫描甚至镜像安全配置检查等更多的功能，并引入诸如 OPA 等策略引擎以提供更强大的用户自定义安全策略的支持，将 Harbor 仓库的安全性推向更高的水平。

6.4 常见问题

1. Artifact 的签名信息能随着 Artifact 内容一起复制到其他 Harbor 仓库服务中吗？

Artfact 的目标集合是与 Harbor 访问路径及仓库路径、Tag 关联的，因而无法支持在具有不同访问路径的 Harbor 服务中复制和共享签名信息。不过令人欣慰的是，Notary 社区正在讨论如何重构与增强 Noatry 功能，使得签名可随着其关联的 Artifact 转移。

2. 删除指定 Artifact 的某个 Tag 时系统抛出错误，提示已签名的 Tag 不能被删除。在这种情况下，如何进行删除操作？

在 Harbor 中，已签名 Artifact 的 Tag 是不允许被删除的。要删除，就必须先清除关联的签名信息。使用 Notary 命令行，执行"notary -s https://<harbor 主机地址>:4443 -d ~/.docker/trust remove -p 10.1.10.20/nginx"类似的命令来清除签名，成功之后可顺利删除指定 Artifact 的特定 Tag。此命令在页面的"事件日志"的错误提示里也会给出范例。

3. 明知 Artifact 存在漏洞，却在扫描完成后提示未发现任何漏洞，这是为什么？

漏洞扫描需要依赖漏洞数据信息，这些信息往往需要扫描器通过网络从特定的线上数据库下载和更新，该过程需要一定的时间。在漏洞数据未完全就绪的条件下，有可能出现上述情况。可以等待一定时间，直至漏洞数据下载完毕。作为系统管理员，可以在"审查服务"→"漏洞"标签页下通过检查是否存在"数据库更新于"时间戳来判断数据是否就位。目前 Harbor 支持的默认扫描器 Trivy 和 Clair 都支持此属性。另外，漏洞数据的完整性会直接影响扫描的准确性。

4. 针对指定的 Artifact 进行扫描时出现类似"未识别的操作系统（unknown OS）"的错误信息，如何解决？

不同扫描器的实现和扫描能力会存在差别，所能识别的镜像构建的基础操作系统也是有限的，超出范围的话，就无法支持扫描。在这种情况下如果配置了多种扫描器，就可切换至其他扫描器中尝试。

5. 切换扫描器对相同的 Artifact 进行扫描，结果出现差异，这是什么原因？

之前提到过，扫描器扫描结果的精确性基于其所依赖的漏洞数据库。不同扫描器的漏洞数据规模有差异，最终的扫描结果也会有所不同。

6. 在 Manifest List 或者 CNAB 的扫描结果中出现重复项，这对吗？

这是符合当前设计的。因为目前 Harbor 所支持的扫描器都是针对容器镜像进行扫描的，而 Manifest List 或者基于其构建的 CNAB 实际上对应的是一组镜像。目前对此类复合 Artifact 的扫描是通过对其子镜像扫描实现的，相应报告的生成也是基于各子镜像扫描报告的简单聚合，在聚合过程中不进行去重处理，故而在聚合的漏洞报告或者总结中可能出现重复的漏洞项或者漏洞项计数。

第 7 章
内容的远程复制

Artifact 的复制和分发一直缺少良好的工具，是实际运维和发布的一大痛点。Harbor 提供了基于策略的 Artifact 复制功能，用户通过制定不同的策略规则，以不同的运行模式、触发方式、过滤规则在多种不同类型的 Artifact 仓库服务之间完成 Artifact 的复制和分发。Harbor 的远程复制是最常用的功能之一，适用于多种不同的场景。本章从基本原理、使用方式、适用场景等方面详细介绍 Artifact 的远程复制功能，帮助读者在理解其原理的基础之上，具备设计复制策略的能力，以应对 Artifact 复制分发的各种场景。

7.1 基本原理

在日常的开发运维过程中，往往需要同时用到多个 Artifact 仓库服务来完成不同的任务，比如开发测试对应一个仓库服务实例，生产环境对应另一个不同的实例，一个 Artifact 经过开发测试后需要从开发仓库推送到生产仓库中；又或者为了提高下载速度，在不同的数据中心搭建多个不同的仓库服务，一个 Artifact 在被推送到其中任意一个仓库后，就会被自动分发到其他数据中心的仓库；并且在构建一个 Artifact 后会将其推送到中心仓库，这个 Artifact 需要被分发到其他仓库服务中以供使用。

在一些简单场景中，这些推送、分发任务可以通过自动化脚本甚至手动完成，但如果仓库数量较多，或者需要在异构仓库服务之间复制镜像等制品，则实现便于管理的通用解决方案就不是一件简单的事情了。

Harbor 提供的远程复制功能可以帮助用户实现上述需求，解决镜像等云原生制品跨系统可靠移动的问题。除了支持在不同 Harbor 实例之间的复制，远程复制功能还支持 Harbor 和其他多种第三方仓库服务（AWS Elastic Container Registry、Google Container Registry 等）之间的复制，具体的支持列表请参考 7.2 节。此外，远程复制功能支持多种不同的运行模式、过滤规则和触发方式，以满足不同使用场景的需要。

远程复制是基于复制策略完成的，用户通过设定复制策略来描述所期望的复制逻辑（复制策略参考 7.3 节）。复制策略的每次执行都会产生一条执行过程记录，每一个执行过程都由数个任务组成，一个任务会负责处理同一个 Repository 下所有 Artifact 的复制。

由于不同的 Artifact 仓库服务对 Artifact 会有各自不同的管理方式（如命名空间的管理等），所以远程复制使用适配器来抽象这些不同的行为，每种 Artifact 仓库服务都对应一种适配器的实现，从而屏蔽底层差异，向上提供统一的接口。

远程复制模块的总体架构如图 7-1 所示。控制、协调、调度和基本功能逻辑运行在 Core 组件中，比较耗时的数据传输任务则利用 JobService（异步任务服务）组件来完成。具体来看，适配器注册表注册了系统所有的仓库服务适配器信息，在执行远程复制的任务时会根据所配置的仓库服务的类型来选择相应的适配器；策略管理器负责策略的创建、修改、查看和删除等操作，用户定义的复制策略最终会被持久化到数据库中；仓库服务管理器负责 Artifact 仓库服务的管理操作；远程复制控制器则根据用户定义的策略和仓库服务信息构建相应的工作流，触发远程复制任务；复制任务最终交由 JobService 组件完成调度和执行，并通过 Webhook 将运行状态实时汇报给 Core 组件，Core 组件会将此状态持久化到数据库中以供用户随时了解工作状态。

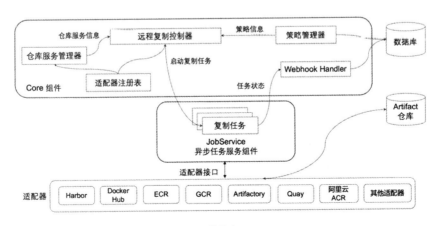

图 7-1

下面以镜像为例，简单介绍远程复制的基本工作流程。

在一个复制策略被触发后，根据触发方式和要复制的操作的不同会形成两种工作流：复制和删除。复制工作流将 Artifact 从源镜像仓库同步到远程仓库；删除工作流则负责把源镜像仓库中被删除的镜像在远程仓库中进行删除。

复制工作流的工作流程如图 7-2 所示，其中 Core 组件在流程中出现了两次。

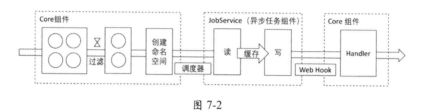

图 7-2

复制工作流被触发后，首先从复制策略指定源镜像仓库中拉取镜像并根据过滤器规则过滤出所有要复制的镜像列表。由于不同的仓库服务有各自不同的命名空间管理方式，所以在将镜像推送到远程仓库之前，需要首先检查相应的命名空间在远程仓库中是否已经存在，如果不存在，则需要创建对应的命名空间。然后根据镜像所属的 Repository 将镜像分组，相同 Repository 下的所有镜像都会被放入同一个分组，每一个分组都会对应一个复制任务，最终交由 JobService 组件执行。复制任务被提交到 JobService 组件后，会进入任务队列等待 JobService 组件的依次调度，进而完成真正的复制工作。在默认情况下最多可以有 10 个复制任务并发执行，用户可以修改 JobService 组件的并发任务数量来调整此数值。

在 JobService 组件中执行的复制流程如下所述。

（1）拉取源镜像的 manifest。

（2）检查源镜像在远程仓库中是否已经存在。如果存在则直接结束，否则继续以下步骤。

（3）检查在远程仓库中是否存在同名但不同内容的镜像，如果存在且复制策略中禁止覆盖此类镜像，则直接结束，否则继续以下步骤。

（4）如果 manifest 类型为 list，则说明该 manifest 是镜像的索引，该 list 所引用的子 manifest 依次跳到第 1 步执行，否则依次复制 manifest 所引用的 layer。复制 layer 时，首先，如果 layer 为 foreign layer（非本地存储的 layer），则直接跳过此 layer 的复制，否则继续后续步骤；然后，检查 layer 在远程仓库中是否存在，如果存在，则直接跳过此 layer 的复制，否则继续后续步骤；最后，从源仓库中拉取 layer 并同时向远程仓库推送，避免大量占用内存或存储空间。

（5）将 manifest 推送到远程仓库。

如果复制任务在执行过程中出现错误，则此任务被再次放入 JobService 组件的执行队列末尾，等待下一次被调度执行。这一过程最多被重复 3 次，以尽可能保证任务执行的成功率。在 JobService 组件中的复制任务完成后，JobService 组件会通过 Webhook 将复制任务的状态汇报给 Core 组件，最终完成整个复制工作流。

一个 Artifact 被删除时会触发删除工作流，其工作流程与复制工作流相似：根据在复制策略中设置的过滤规则判断当前 Artifact 是否符合过滤条件，如果符合，则将构建删除任务并交由 JobService 组件完成真正的删除工作，否则该 Artifact 的删除动作不会被同步到远程仓库服务。

此外，执行过程中的复制或者删除任务还可以被停止。在任务的执行逻辑中安插了数个检查点，当执行到检查点时，程序会检查当前任务是否被停止，如果是，则停止执行，否则继续执行。也就是说，在用户发出停止执行请求后，任务还会继续执行，直到遇到第一个检查点才会执行停止动作。

7.2 设置 Artifact 仓库服务

当前很多公有云和私有云的云计算供应商都提供了 Artifact 仓库产品或者在线服务。Harbor 的远程复制功能已经对其中使用广泛的多种仓库产品和服务提供了支持，并且支持列表在不断更新。在 Harbor 2.0 版本中，根据所管理的 Artifact 类型，已支持的仓库服务可分为两类：镜像仓库服务和 Helm Chart 仓库服务。

所支持的镜像仓库服务有 Harbor、Docker Hub、Docker Registry、AWS Elastic Container Registry、Azure Container Registry、AliCloud Container Registry、Google Container Registry、Huawei SWR、GitLab、Quay.io 和 JFrog Artifactory。

所支持的 Helm Chart 仓库服务有 Harbor 和 Helm Hub。

在使用远程复制功能前，首先需要创建相应的远程 Artifact 仓库服务实例，该 Artifact 仓库服务必须已经存在且正常运行。

以系统管理员账号登录 Harbor，进入"系统管理"→"仓库管理"页面，单击"新建目标"按钮，创建 Artifact 仓库服务，如图 7-3 所示。

图 7-3

根据远程 Artifact 仓库服务的类型，在"提供者"下拉列表中选择相应的选项，填写目标名和描述信息，提供远程仓库服务的目标 URL、访问 ID 和访问密码，根据远程仓库服务所使用的协议选择是否勾选"验证远程证书"，单击"测试连接"按钮测试当前 Harbor 实例与远程仓库服务的连接，在连接成功后单击"确定"按钮完成仓库服务的创建。

如果要复制的 Artifact 没有访问权限控制（比如要拉取 Docker Hub 公共仓库下的镜像），则访问 ID 和访问密码可以为空。对于不同的仓库服务来说，访问 ID 和访问密码有不同的形式，在 7.5 节会有相应的详细介绍。

当访问 ID 和访问密码为空时，单击"测试连接"按钮只测试当前 Harbor 实例与远程仓库服务之间的网络连通性；不为空时，还会验证所提供的认证凭证。

对于使用 HTTP 及使用自签名证书的 HTTPS 仓库服务，请不要勾选"验证远程证书"选项。

后台程序会定期查询已创建的远程仓库服务的运行状态，用户可以在该页面观察到当前 Harbor 实例与仓库服务之间的连接是否正常，也可以在管理界面完成对仓库服务的修改、删除等操作。注意：只有当远程仓库服务没有被任何复制策略使用时，此远程仓库服务才被允许删除。

7.3 复制策略

系统管理员需要通过创建复制策略实现 Artifact 的复制和分发。本节详细介绍复制策略的模式、过滤器和触发方式，以及如何创建复制策略和查看复制策略的执行状态。

7.3.1 复制模式

复制策略支持推送和拉取两种模式。推送指将当前 Harbor 实例的 Artifact 复制到远程 Artifact 仓库服务下；拉取指将其他 Artifact 仓库服务中的 Artifact 复制到当前 Harbor 实例中。在推送模式下，当前的 Harbor 实例是源仓库，复制的目标 Artifact 仓库是远程仓库；在拉取模式下恰好相反，其他 Artifact 仓库是源仓库，当前 Harbor 实例是复制的目标仓库，在其他 Artifact 仓库看来，当前 Harbor 实例是远程仓库。这两种模式分别适用于不同的使用场景，比如在配置了特定规则防火墙的环境下，处于防火墙内的仓库服务实例只能通过拉取模式获得远程 Artifact。

7.3.2 过滤器

在源仓库的项目中可能会有较多的 Artifact，但用户不一定希望全部 Artifact 都被复制到目标仓库中，因此需要对 Artifact 进行筛选。在复制策略中可以设置多种过滤器规则，以满足不同场景对所需复制的 Artifact 的过滤需求。Harbor 支持 4 种过滤器，分别针对 Artifact 的不同属性进行过滤：名称过滤器、Tag 过滤器、标签过滤器、资源过滤器。下面分别对这 4 种过滤器进行介绍。

名称过滤器对"Artifact"名称中的仓库部分进行过滤，Tag 过滤器针对 Tag 部分进行过滤。如"library/hello-world:latest"是容器镜像 hello-world 的全称，则名称过滤器针对其中的"library/hello-world"部分，Tag 过滤器针对"latest"部分。名称过滤器和 Tag 过滤器支持以下匹配模式（在匹配模式下用到的特殊字符需要使用反斜杠"\"进行转义）。

- "*"：匹配除分隔符"/"外的所有字符。
- "**"：匹配所有字符，包括分隔符"/"。
- "?"：匹配除分隔符"/"外的所有单个字符。
- "{alt1,alt2,...}"：匹配能够被大括号中以逗号分隔的任一匹配模式所匹配的字符序列。

下面是一些匹配模式的示例。

- "library/hello-world"：只匹配 library/hello-world。
- "library/*"：匹配 library/hello-world，但不匹配 library/my/hello-world。
- "library/**"：既匹配 library/hello-world，也匹配 library/my/hello-world。
- "{library,goharbor}/*"：匹配 library/hello-world 和 goharbor/core，但不匹配 google/hello-world。
- "1.?"：匹配 1.0，但不匹配 1.01。

用户可以使用 Harbor 中的标签（Label）对 Artifact 进行各种自定义分类，标签过滤器针对 Artifact 上被标注的标签进行过滤。标签过滤器可以设置多个标签，当且仅当 Artifact 被标注了过滤器设置的所有标签时，此 Artifact 才会被复制。

Harbor 2.0 提供了两种类型的 Artifact 存储管理服务：一种针对 OCI Artifact，比如镜像、Helm Chart、CNAB（Cloud Native Application Bundle）等；另一种针对 Helm Chart，由集成的 ChartMuseum 组件提供服务。

在这两种存储管理服务中都提供了对 Helm Chart 的支持，要注意区分。在 Helm 3 客户端中提供了将 Helm Chart 推送到 OCI 仓库服务的试验性功能，所以如果使用了 Helm 3 客户端，则可以将 Chart 推送到 Harbor 中并以 OCI Artifact 形式管理。另外，Harbor 依然保留了对 Helm 2 客户端的支持，这种支持是通过 ChartMuseum 组件实现的，可以通过 Helm 2 客户端将 Chart 推送到 Harbor 中。

资源过滤器针对 Artifact 的类型进行过滤。创建复制策略时，可以选择只复制 ChartMuseum 中的 Chart，或只复制镜像，抑或是只复制 OCI Artifact 或全部复制。当选择全部复制时，当前仓库服务和远程仓库服务必须同时支持所有资源类型，否则不被支持的 Artifact 类型的复制任务将会失败。

7.3.3 触发方式

在创建复制策略时，可以根据不同的使用场景选择不同的触发方式以满足不同的需求，Harbor 当前支持三种不同的触发方式：手动触发、定时触发、事件驱动。

手动触发指在需要进行复制时由系统管理员手动单击"复制"按钮来触发一次性的复制流程，会复制当前 Harbor 实例中所有符合此过滤器条件的 Artifact。

定时触发指通过定义类似的 Cron 任务周期性地执行复制操作。Cron 表达式采用了"* * * * * *"格式，各字段的意义如表 7-1 所示。注意：此处设置的 Cron 表达式中的时间是服务器端的 UTC 时间，而不是浏览器的时间。

表 7-1

字段的名称	是否强制	允许的值	允许的特殊字符
秒	是	0-59	*/,-
分钟	是	0-59	*/,-
小时	是	0-23	*/,-
一个月内的一天	是	1-31	*/,-?
月	是	1-12 或 JAN-DEC	*/,-
一周内的一天	是	0-6 或 SUN-SAT	*/,-?

特殊字符的意义如下。

- "*"：表示任意可能的值。
- "/"：表示跳过某些给定的值。
- ","：表示列举。
- "-"：表示范围。
- "?"：用在"一个月内的一天"和"一周内的一天"里，可以代替"*"。

Cron 表达式的具体例子如下。

- "0 0/5 * * * ?"：每 5 分钟执行一次。
- "10 0/5 * * * ?"：每 5 分钟执行一次，每次都在第 10 秒时执行。
- "0 30 10-13 ? * WED,FRI"：每周三和周五的 10：30、11：30、12：30 和 13：30 执行。
- "0 0/30 8-9 5,20 * ?"：每月的 5 号和 20 号的 8：00、8：30、9：00 和 9：30 执行。

与手动触发模式相同，定时触发模式也会把当前 Harbor 实例中符合过滤器条件的所有 Artifact 进行复制。

事件驱动触发指将 Harbor 作为源仓库，在发生某些事件时自动触发复制操作。Harbor 目前支持两种事件：推送 Artifact 和删除 Artifact。在这两种事件执行完成后，如果操作的资源满足过滤器设置的条件，则此操作会被立刻同步到远程仓库服务中，完成相应的 Artifact 推送或删除动作。这种驱动方式在一定程度上可以应对实时同步的场景，但是根据不同的网络环境会有不同程度的延迟发生。如果复制任务失败,则后续会进行 3 次重试，但无法保证 100%的成功率（比如远程仓库服务宕机）。因此，如果是对数据一致性有很高要求的环境，则需要考虑其他方案。同步 Artifact 删除操作是可选的，可以在创建复制策略时进行设置，当目标仓库是生产环境时，可以选择不同步删除操作，以免造成误删。

7.3.4 创建复制策略

以系统管理员账号登录 Harbor，进入"系统管理"→"同步管理"页面，单击"新建规则"按钮创建复制策略，如图 7-4 所示。

图 7-4

填写策略名称和描述，选择同步模式，根据不同的复制模式选择相应的源 Registry（拉取模式）和目的 Registry（推送模式），设置源资源过滤器，填写目的 Namespace，选择触发模式并选择是否勾选"覆盖"选项，单击"保存"按钮完成复制策略的创建。

目的 Namespace 用来指定被复制的 Artifact 存放在目的仓库的哪个命名空间中，如果为空，则 Artifact 会被存放在和源 Artifact 相同的命名空间中，表 7-2 给出了几个示例。

表 7-2

源 Artifact	目的 Namespace	目的 Artifact
hello-world:latest	destination	destination/hello-world:latest
library/hello-world:latest	destination	destination/hello-world:latest
library/my/hello-world:latest	destination	destination/hello-world:latest
library/hello-world:latest	空	library/hello-world:latest

在勾选"覆盖"选项后，如果复制时在目的端 Artifact 仓库中有同名但不同内容的 Artifact，则此 Artifact 会被覆盖，否则此 Artifact 的复制流程会被跳过。

用户可以在同步管理页面中看到所有已创建的复制策略并完成对策略的修改、删除等操作。只有当某一复制策略的所有执行记录都变为终止状态（停止、成功或失败）时，此策略才可以被修改和删除。

7.3.5 执行复制策略

在复制策略被触发后，用户可以在复制管理页面看到所有复制策略的执行记录，包括此次执行的触发方式、开始时间、所用时间、执行状态、任务总数和任务的成功比例，如图 7-5 所示。

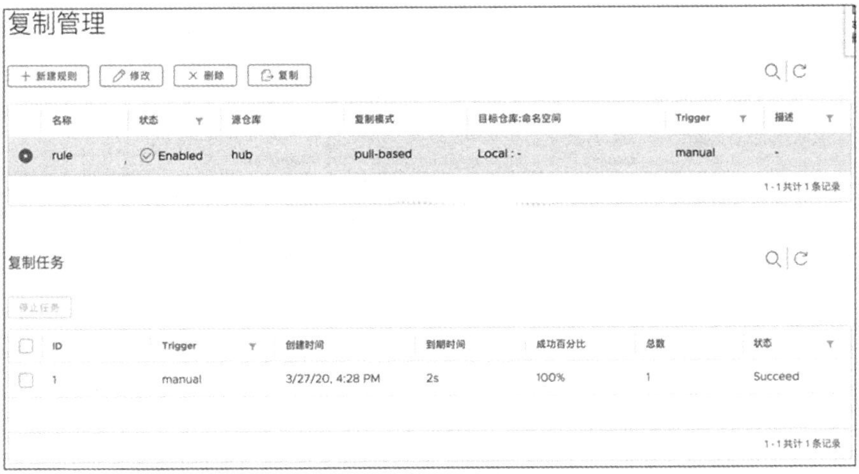

图 7-5

单击图 7-5 中执行记录的 ID（编号），可以进入此次执行任务的详情页面。在详情页面中可以看到此次执行记录所包含的所有子任务的执行情况。单击某个子任务的日志图标，可以看到子任务的执行日志，如图 7-6 和图 7-7 所示。

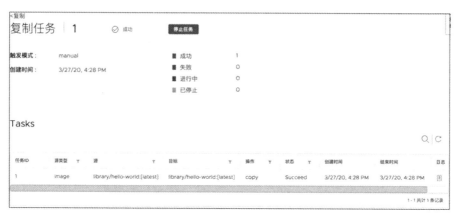

图 7-6

```
2020-03-27T08:28:48Z [INFO] [/replication/transfer/image/transfer.go:95]: client for source registry [type: docker-hub,
URL: https://hub.docker.com, insecure: false] created
2020-03-27T08:28:48Z [INFO] [/replication/transfer/image/transfer.go:105]: client for destination registry [type: harbor,
URL: http://core:8080, insecure: true] created
2020-03-27T08:28:48Z [INFO] [/replication/transfer/image/transfer.go:138]: copying library/hello-world:[latest](source
registry) to library/hello-world:[latest](destination registry)...
2020-03-27T08:28:48Z [INFO] [/replication/transfer/image/transfer.go:157]: copying library/hello-world:latest(source
registry) to library/hello-world:latest(destination registry)...
2020-03-27T08:28:48Z [INFO] [/replication/transfer/image/transfer.go:261]: pulling the manifest of image library/hello-
world:latest ...
2020-03-27T08:28:48Z [INFO] [/replication/transfer/image/transfer.go:272]: the manifest of image library/hello-
world:latest pulled
2020-03-27T08:28:48Z [INFO] [/replication/transfer/image/transfer.go:294]: trying abstract a manifest from the manifest
list...
2020-03-27T08:28:48Z [INFO] [/replication/transfer/image/transfer.go:306]: a manifest(architecture: amd64, os: linux)
found, using this one: sha256:92c7f9c92844bbbb5d0a101b22f7c2a7949e40f8ea90c8b3bc396879d95e899a
2020-03-27T08:28:48Z [INFO] [/replication/transfer/image/transfer.go:261]: pulling the manifest of image library/hello-
world:sha256:92c7f9c92844bbbb5d0a101b22f7c2a7949e40f8ea90c8b3bc396879d95e899a ...
2020-03-27T08:28:48Z [INFO] [/replication/transfer/image/transfer.go:272]: the manifest of image library/hello-
world:sha256:92c7f9c92844bbbb5d0a101b22f7c2a7949e40f8ea90c8b3bc396879d95e899a pulled
2020-03-27T08:28:48Z [INFO] [/replication/transfer/image/transfer.go:231]: copying the blob
sha256:fce289e99eb9bca977dae136fbe2a82b6b7d4c372474c9235adc1741675f587e...
2020-03-27T08:28:48Z [INFO] [/replication/transfer/image/transfer.go:252]: copy the blob
sha256:fce289e99eb9bca977dae136fbe2a82b6b7d4c372474c9235adc1741675f587e completed
2020-03-27T08:28:48Z [INFO] [/replication/transfer/image/transfer.go:231]: copying the blob
sha256:1b930d010525941c1d56ec53b97bd057a67ae1865eebf042686d2a2d18271ced...
2020-03-27T08:28:48Z [INFO] [/replication/transfer/image/transfer.go:252]: copy the blob
sha256:1b930d010525941c1d56ec53b97bd057a67ae1865eebf042686d2a2d18271ced completed
2020-03-27T08:28:48Z [INFO] [/replication/transfer/image/transfer.go:331]: pushing the manifest of image library/hello-
world:latest ...
2020-03-27T08:28:48Z [INFO] [/replication/transfer/image/transfer.go:343]: the manifest of image library/hello-
world:latest pushed
2020-03-27T08:28:48Z [INFO] [/replication/transfer/image/transfer.go:200]: copy library/hello-world:latest(source
registry) to library/hello-world:latest(destination registry) completed
2020-03-27T08:28:48Z [INFO] [/replication/transfer/image/transfer.go:151]: copy library/hello-world:[latest](source
registry) to library/hello-world:[latest](destination registry) completed
```

图 7-7

在图 7-5 所示的界面中选执行记录，单击"停止任务"按钮可以停止所选中的非终止状态（等待、运行、重试等）任务的执行。

7.4 Harbor 实例之间的内容复制

由于不同的 Harbor 版本之间 API 可能会有所不同，所以不同版本之间的远程复制功能并不保证一定能够正常工作。这里建议使用相同版本的 Harbor 实例来配置相互复制策略，以避免不可预见的情况发生。

首先创建 Harbor Artifact 仓库服务实例，以系统管理员账号登录 Harbor，进入"系统管理"→"仓库管理"页面，单击"新建目标"按钮，提供者选择"harbor"，如图 7-8 所示。

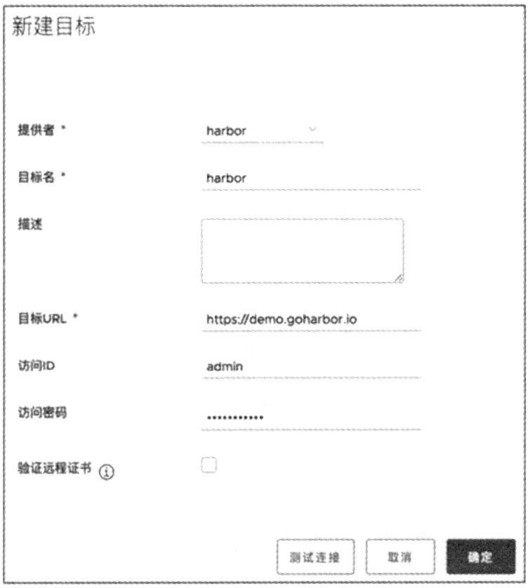

图 7-8

访问 ID 和访问密码是目标仓库的本地用户（使用数据库认证模式）或者 LDAP/AD 用户（使用 LDAP 认证模式）的名称和密码。当使用 OIDC 认证模式时，OIDC 的用户凭证无法用于远程复制，在这种情况下需要使用目标仓库的本地系统管理员账号配置复制策略。注意：无论在何种认证模式下，机器人账号都是无法在远程复制中使用的。

填写其他必要信息完成仓库服务的创建。

进入"系统管理"→"复制管理"页面，单击"新建规则"按钮创建复制策略，根据需求选择相应的复制模式、过滤器、触发模式等，如图 7-9 所示。

图 7-9

如果"源资源过滤器"中的"名称"过滤器为空或者被设置为"**",而其他过滤器都保持默认值,则此策略会对源仓库服务下有权限的所有项目下的 Artifact 进行复制。也就是说,如果在创建的仓库服务实例中使用的是系统管理员账号,则此复制策略会对系统中的所有 Artifact 都进行复制。这种策略可以满足系统整体备份等需求。

根据当前实例(推送模式下)或者远程 Harbor 实例(拉取模式下)是否启用了 Helm Chart 服务,"源资源过滤器"中的资源类型列表会有所不同。在没有启用 Helm Chart 的情况下,在此列表中将没有"chart"选项。

填写其他必要信息完成复制策略的创建。

根据配置的触发方式,手动或者自动触发当前复制策略,完成 Harbor 实例之间的远程复制。

7.5 与第三方仓库服务之间的内容复制

由于 Harbor 在不同的第三方仓库服务之间配置远程复制时存在一些差异,所以本节通过配置几种典型的第三方仓库服务,帮助读者全面掌握远程复制功能在不同仓库服务下的配置方式。

7.5.1 与 Docker Hub 之间的内容复制

Docker Hub 是由 Docker 官方维护的一个在线镜像仓库服务，其上存储了数量庞大的 Docker 镜像。与 Docker Hub 之间的镜像复制对日常的开发、测试、发布和运维都有着极大的意义。

首先创建 Docker Hub 的仓库服务实例，提供者选择"docker-hub"，目标 URL 会被自动填充，如图 7-10 所示。

图 7-10

当只需从 Docker Hub 拉取公共镜像时，由于这些镜像没有访问控制，所以"访问 ID"和"访问密码"可以为空。在其他情况下，需要填写已注册的 Docker Hub 的合法用户名和密码，并确保"验证远程证书"为勾选状态，单击"确定"按钮完成仓库服务的创建。

在创建复制策略时，如果想要拉取 Docker Hub 的官方镜像，比如 hello-world、busybox 等，则需要在源资源过滤器的名称过滤器中加上"library"前缀，如"library/hello-world""library/busybox""library/**"等。如果名称过滤器为空或者被设置为"**"，而其他过滤器都保持默认值，则此复制策略将会拉取认证账户名下的所有镜像，如图 7-11 所示。

图 7-11

填写其他必要信息完成复制策略的创建。

7.5.2 与 Docker Registry 之间的内容复制

Docker Registry 是由 Docker 官方维护的开源私有镜像仓库,开源项目的名称为 Docker Distribution,可以提供基本的镜像仓库管理功能。

首先,创建 Docker Registry 的仓库服务实例,提供者选择"docker-registry",如图 7-12 所示。

Harbor 目前可以与没有启用认证或采用基于令牌认证(token)方式的 Docker Registry 进行复制,暂不支持采用 silly 和 basic auth 认证方式的 Docker Registry。

在创建复制策略时,如果源资源过滤器中的名称过滤器为空或者被设置为"**",而其他过滤器都保持默认值,则此策略会对源仓库服务下有权限的所有镜像都进行复制。

填写其他必要信息完成复制策略的创建。

图 7-12

7.5.3 与阿里云镜像仓库之间的内容复制

AliCloud Container Registry（下简称 ACR）是由阿里云提供的在线镜像仓库服务。

首先创建 ACR 的仓库服务实例，提供者选择"ali-acr"，在目标 URL 列表中选择所在的区域，如图 7-13 所示。

图 7-13

填写其他必要信息完成复制策略的创建。

7.5.4 与 AWS ECR 之间的内容复制

Amazon Elastic Container Registry 是由亚马逊托管的在线镜像仓库服务。

首先创建 ECR 的仓库服务实例，提供者选择 "aws-ecr"，在目标 URL 列表中选择所在的区域，填写访问 ID 和访问密码。注意：这里的访问 ID 和访问密码应该使用 Access ID 和 Access Secret，而不是用户名和密码，Access ID 应该有相应的足够权限，如图 7-14 所示。

图 7-14

填写其他必要信息完成复制策略的创建。

7.5.5 与 GCR 之间的内容复制

Google Container Registry（下简称 GCR）是由 Google Cloud 托管的在线镜像仓库服务。

首先创建 GCR 的仓库服务实例，提供者选择 "google-gcr"，在目标 URL 列表中选择相应的 URL，填写访问密码。注意：这里的访问密码需要使用 Service Account 生成的整个 JSON key 文件，如图 7-15 所示。另外，账号应该有存储管理员权限。

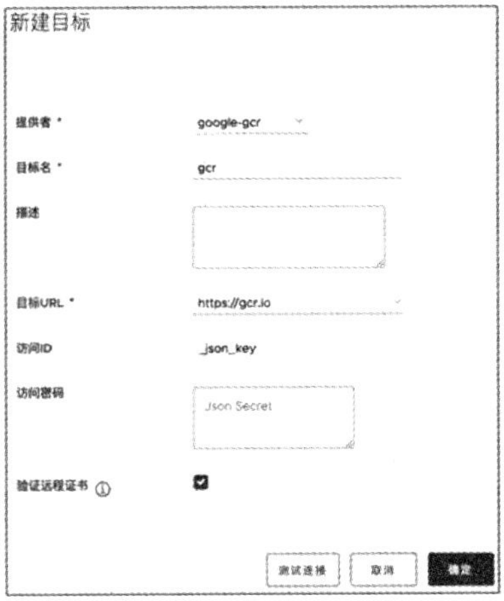

图 7-15

填写其他必要信息完成复制策略的创建。

7.5.6　与 Helm Hub 之间的内容复制

Helm Hub 是由 Helm 官方维护的一个在线 Helm Chart 仓库服务,它引用了众多公共的第三方 Helm Chart 仓库,提供了统一的 Chart 仓库视图。

首先创建 Helm Hub 的仓库服务实例,提供者选择"helm-hub",目标 URL 会被自动填充,如图 7-16 所示。

图 7-16

由于 Helm Hub 并未启用任何认证方式，所以对访问 ID 和访问密码无须填写任何内容。确保"验证远程证书"为勾选状态，单击"确定"按钮完成仓库服务的创建。

由于 Helm Hub 当前只支持拉取 Helm Chart，所以在创建复制策略时同步模式请选择"Pull-based"。如果名称过滤器为空或者被设置为"**"，而其他过滤器都保持默认值，则此复制策略将会拉取 Helm Hub 上的所有 Chart，如图 7-17 所示。

图 7-17

填写其他必要信息完成复制策略的创建。

7.6 典型使用场景

经过前面几节的介绍，读者应该已经了解了远程复制的基本原理和用法。本节通过介绍远程复制的一些典型使用场景，帮助读者深入理解远程复制的原理，并根据自己的需求在各种场景中对远程复制进行灵活应用。

7.6.1 Artifact 的分发

在大规模集群环境下，如果所有 Docker 主机都要从一个单点的镜像仓库中拉取镜像，那么此镜像仓库很可能会成为镜像分发的瓶颈，影响镜像分发的速度。通过搭建多个镜像仓库并配合使用远程复制功能，可以在一定程度上解决这个问题，实现负载均衡。

镜像仓库的拓扑结构如图 7-18 所示。图中的镜像仓库分为两级：主仓库和子仓库。在主仓库和子仓库之间配置了远程复制策略。在一个应用的镜像被推送到主镜像仓库后，根据所配置的复制策略，此镜像可以被立刻分发到其他子镜像仓库。集群中的 Docker 主机则可以就近在其中任意一个子仓库中拉取所需的镜像，减轻主仓库的压力。如果集群规模比较大或者地域分布较广，则子仓库也可被部署成多层级的结构，由一级子仓库再将镜像分发到二级子仓库，Docker 主机则在就近的二级子仓库中完成镜像的拉取。

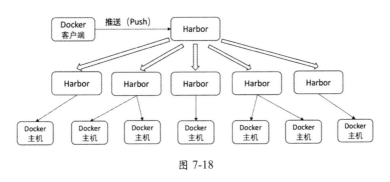

图 7-18

7.6.2　双向同步

远程复制也可以用于实现简单的跨地理位置复制功能或者公有云与私有云之间的同步功能。

镜像仓库的拓扑结构如图 7-19 所示。

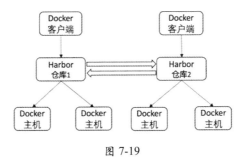

图 7-19

在图 7-19 中有两个镜像仓库，仓库 1 通过配置复制策略可以实时地将推送到仓库 1 的镜像复制到仓库 2；同时，在仓库 2 上也配置了类似的策略，可实时地将推送到仓库 2

的镜像复制到仓库 1。这样当一个镜像被推送到其中任何一个仓库时，这个镜像都会被实时推送到另一个仓库，从而达到同步的效果。在拓扑结构中也可以包含多于两个的镜像仓库，这些仓库之间相互通过配置双向的复制策略来实现同步。

注意：虽然复制策略配置了镜像的实时推送，但由于网络传输的延时，镜像到达目的仓库的时间实际上是有滞后的，因此在使用时需要考虑这个因素的影响。此外，由于远程复制功能只简单复制镜像，虽然有重试机制尽量保证复制的成功率，但使用的并不是一种强一致性算法，无法避免镜像同步失败的情况发生。因此这种方式只是一种简单的同步功能，可以在开发测试环境下应用，但并不推荐在生产环境下应用。如果需要保证同步的成功率，则应该使用共享存储或者其他强一致性算法来保证。

7.6.3 DevOps 镜像流转

在开发和运维过程中，一个应用从开发到上线往往要经历多个步骤：开发、测试、进入准生产环境、最终上线进入生产环境，相应的镜像也要经过多个步骤的流转。利用镜像复制功能可以搭建如图 7-20 所示的 DevOps 流水线来实现镜像的发布和管控。

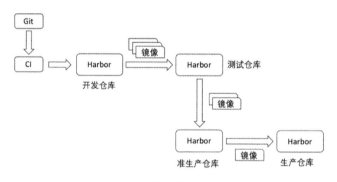

图 7-20

在图 7-20 中，在开发、测试、准生产和生产镜像仓库之间都配置了相应的远程同步策略。在代码被提交到代码仓库后可以触发 CI（持续集成）系统构建应用镜像，并将镜像推送到开发镜像仓库，将需要进行测试的镜像推送到测试镜像仓库进行测试，之后再推送到准生产仓库，经过验证后最终推送到生产环境仓库。其中镜像的多次流转可以利用镜像的远程复制功能，通过制定不同的策略来实现，以达到可控、灵活、自动的镜像发布。比如，将开发仓库中需要进行测试的镜像标以特定的名称，并配置名称过滤器和基于事件的触发策略，可实时向测试仓库复制镜像；而在测试仓库中经过测试的镜像可以被标记特定的标签，并配置定时触发策略每天向准生产仓库复制；最后由运维人员手动触发准生产仓库向生产环境仓库的复制策略，完成镜像的上线运行。

7.6.4 其他场景

远程复制也可以用来做数据迁移。当用户想要从使用其他仓库服务转向使用 Harbor 时，可以在 Harbor 中配置拉取模式的复制策略来将其他仓库中的镜像数据迁移到 Harbor 中。当需要在两个第三方仓库之间迁移数据时，也可以将 Harbor 作为中间仓库，利用复制策略完成数据迁移，如图 7-21 所示。

图 7-21

远程复制功能也可以用作数据备份，将一个数据中心镜像仓库中的数据复制到另一个数据中心来实现容灾和备份，可参考第 9 章的内容。

第 8 章

高级管理功能

本章讲解 Harbor 的多项实用功能,包括项目的资源配额管理、存储空间的垃圾回收、不可变 Artifact、Artifact 保留策略、Webhook 通知和多语言能力的支持。Harbor 2.0 把有关镜像的功能扩展到了 OCI Artifact,如镜像的远程复制可支持 Artifact 的远程复制;不可变镜像可支持 Artifact 的不可改变性(immutability)等。本章在不同的场景中提到了镜像和 Artifact,我们在大多数情况下都可以认为镜像是 Artifact 的一个特例。因为镜像是用户在日常工作中主要使用的 Artifact,所以为了易于理解,这里在说明 Artifact 功能时,有时也会使用"镜像"的提法,因此,"镜像"和"Artifact"在本章中近似于同义词。

8.1 资源配额管理

在日常运维过程中,对系统资源的分配和管理是一个重要环节。为避免一个项目占用过多的系统资源,Harbor 提供了资源配额管理功能实现对项目资源的管控。系统管理员可用资源配额管理功能限制项目的存储空间,或者为项目申请更多的存储空间。

本节将从基本原理、基本设置及客户端交互等方面详细介绍 Harbor 的资源配额(Quota)管理功能。

8.1.1 基本原理

在 Harbor 系统中,资源配额指的是项目的存储总量。资源配额计算基于项目而非用户。资源配额管理一直是 Artifact 仓库的痛点之一,主要原因是,Artifact 的层文件存储有共享性,不同项目下的不同 Artifact 可以共享一个或者多个层文件,资源配额管理亟待解决的问题包括:如何为共享的资源分配配额,应该将共享的资源配额计入哪个项目。

在详细介绍 Harbor 的资源配额管理功能的基本原理之前,这里先讲解几个基本概念,理解这些概念有助于理解 Harbor 实现资源配额管理功能的原理。

1. OCI Artifact 的组成

第 1 章提到,OCI Artifact 是依照 OCI 镜像规范打包的数据,一个基本的 OCI Artifact 包括以下几部分。

- Configuration(配置):OCI Artifact 的配置文件,包含了该镜像的元数据,如镜像的架构、配置信息、构建镜像的容器的配置信息。
- Layers(层文件):OCI Artifact 的层文件,一般一个镜像包含一组层文件。
- Manifest(清单):OCI Artifact 的 Manifest 文件。该文件是一个 JSON 格式的 OCI Artifact 描述文件,包含了层文件和配置文件的 digest(摘要)信息。

这里用 hello-world:latest 镜像举例说明。如下面的 Manifest 描述文件所示,hello-world:latest 有一个层文件和一个 configuration 文件。包括 Manifest 文件自身,hello-world:latest 镜像由三个文件组成。其中,config 表示 configuration 文件的类型、大小及 digest 值;layers 表示该 Manifest 所引用的一组层文件,并标识每一个层文件的类型、大小及 digest 值。

```
{
    "schemaVersion": 2,
    "mediaType": "application/vnd.docker.distribution.manifest.v2+json",
    "config": {
        "mediaType": "application/vnd.docker.container.image.v1+json",
        "size": 1510,
        "digest": "sha256:fce289e99eb9bca977dae136fbe2a82b6b7d4c372474c9235adc1741675f587e"
    },
    "layers": [
        {
            "mediaType": "application/vnd.docker.image.rootfs.diff.tar.gzip",
            "size": 977,
            "digest": "sha256:1b930d010525941c1d56ec53b97bd057a67ae1865eebf042686d2a2d18271ced"
        }
```

```
        ]
    }
```

2. 推送 Artifact 到 Artifact 仓库

当客户端推送一个 Artifact 到 Artifact 仓库时，会按照顺序依次执行以下几个步骤。

（1）推送 Configuration 配置文件。

（2）依次推送层文件。客户端会根据层文件的 digest 判断层文件在仓库中是否存在，如果不存在就会推送。对于较大的层文件，客户端通过 PATCH Blob 请求分块推送。在所有块文件都推送成功后，客户端会发起 PUT Blob 请求，让 Artifact 仓库知道该层文件推送完成。

（3）推送 Manifest 描述文件。在客户端没有推送 Manifest 文件时，仓库端不知道上一步推送的层文件属于哪一个 Artifact。在 PUT Manifest 请求成功后，仓库端会依据 Manifest 文件的信息为 Artifact 建立层文件的索引关系。

3. Docker Distribution 的分层管理及层共享

在执行"docker pull"命令从镜像仓库中拉取镜像时，用户可能会注意到 Docker 是分层拉取的，而且每一层都是独立的，如图 8-1 所示。

```
18.04: Pulling from library/ubuntu
5bed26d33875: Pull complete
f11b29a9c730: Pull complete
930bda195c84: Pull complete
78bf9a5ad49e: Pull complete
Digest: sha256:bec5a2727be7fff3d308193cfde3491f8fba1a2ba392b7546b43a051853a341d
Status: Downloaded newer image for ubuntu:18.04
docker.io/library/ubuntu:18.04
```

图 8-1

镜像层中的数据使用加密哈希算法（SHA256）可生成 ID，这个 ID 是层的唯一标识，也是 Manifest 描述文件的 digest 值。一个 OCI Artifact 的 Manifest 文件包含了该 Artifact 的一组层文件，并指明了每一个层文件的 ID。这样一来，当 Docker 客户端发起 pull 请求时，只需要根据 Manifest 文件中的 digest 去拉取相应的层文件，就可实现分层拉取。

Docker Distribution 为了优化存储结构以提升存储效率，将 Artifact 分层化管理。同一个 digest 的镜像层在 Artifact 仓库中仅保存一份，这样就做到了存储空间的优化。层文件存储共享的确节省了存储空间，但对配额管理造成了很多困扰。首当其冲的问题是，当一个层文件被多个项目下的不同 Artifact 引用时，因其只在存储中复制了一份，所以该层文件的存储应被计算在哪一个项目的配额中？

下面将通过一个实例来讲解 Harbor 如何获取一个 OCI Artifact 的大小，并为其分配配额。通过客户端推送 Artifact 到 Harbor 时，Harbor 将针对不同的请求进行流量拦截和数据持久化。

4. PATCH Blob

Harbor 接收到 PATCH Blob 请求时，会将写入存储的字节数记录在 Redis 数据库中。Docker Distribution 为每一个层文件都分配一个 Session ID，当上传的一个层文件被划分为多个 PATCH Blob 请求时，这些 PATCH 请求共享同一个 Session ID。在 Redis 中将该 Session ID 作为键值。Harbor 从每个 PATCH 请求中获取块的大小，并将其更新为该 Session ID 对应的值。在所有的 PATCH 请求都结束后，在 Redis 中存放的就是该层文件的大小，如图 8-2 所示。

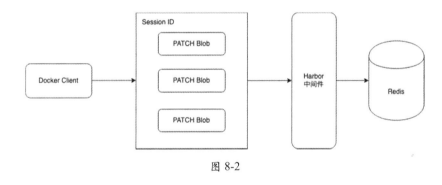

图 8-2

5. PUT Blob

Harbor 接收到 PUT Blob 请求，意味着该层文件全部上传完毕。此时 Harbor 用在 Redis 存储中记录的层文件的大小去申请项目对应的配额。如果可以申请到足够的配额，那么项目的配额被更新，并持久化 Blob 数据；如果无法申请到足够的配额，那么拒绝 PUT Blob 请求，如图 8-3 所示。

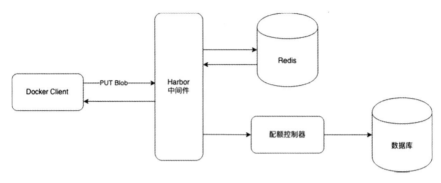

图 8-3

6. PUT Manifest

Harbor 接收到 PUT Manifest 请求时，将用请求的数据大小去申请项目对应的配额。如果可以申请到足够的配额，那么项目配额被更新，并持久化 Manifest 和 Blob 数据；如果无法申请到足够的配额，那么将拒绝该 PUT Manifest 请求，如图 8-4 所示。

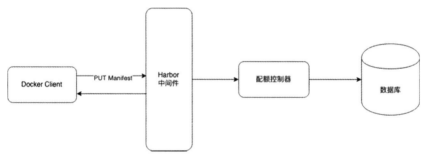

图 8-4

通过上面的讲解，读者可大体了解 Harbor 是如何获取 Artifact 的大小并为其申请配额的。Harbor 的配额限制在项目级别，而 Docker Distribution 的层文件是系统级别共享的。这里 Harbor 变更了层文件的存储共享概念，对于配额而言，层文件的存储共享被缩小至项目级别。也就是说，当不同项目下的 Artifact 都引用了同一个层文件时，该层文件的大小会被计算到所有引用它的项目配额上。而当同一个项目下的不同 Artifact 引用了同一个层文件时，该层文件的大小不会被多次计算到该项目的可用配额上。所以，Harbor 的所有项目配额总和可能大于实际存储的使用量。

8.1.2 设置项目配额

在了解 Harbor 如何计算资源的配额后,下面就要使用配额对资源进行管理了。本节详细介绍如何在 Harbor 中设置项目配额,并且对项目资源进行管控。

在创建一个新的项目时,用户可以指定其项目所需的存储容量,如图 8-5 所示。

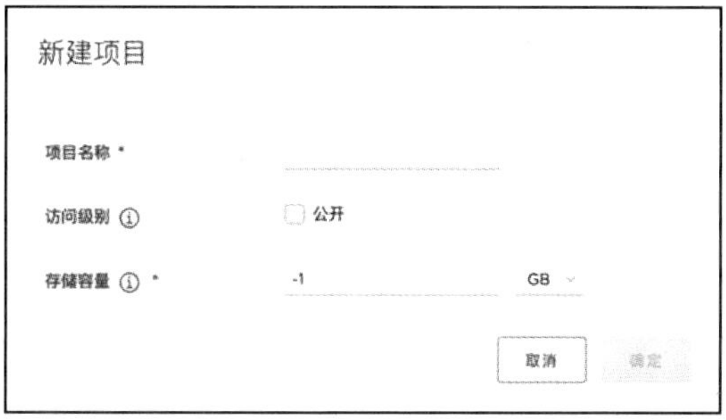

图 8-5

存储容量是一个必选值,一般使用了系统的配额默认值,其中"-1"代表容量无限制。在填写容量值和选择容量单位后,单击"确定"按钮即可成功创建一个项目,并且为该项目分配配额资源。

在成功创建项目后,可以通过概要页面查看容量的使用情况,如图 8-6 所示。

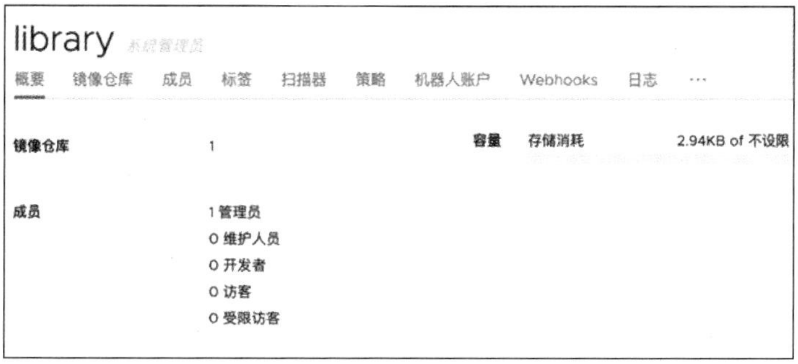

图 8-6

8.1.3 设置系统配额

Harbor 系统管理员可以设置系统的默认配额值,也就是每一个新建项目的配额默认值。

此外，最为重要的是可以为任意一个项目增加或减少配额，以达到系统配额管理的目的。

在配额管理页单击"系统管理"→"项目定额"→"修改"按钮便可弹出"修改项目默认配额"对话框，其中"-1"代表配额无限制，如图8-7所示。

图 8-7

输入默认存储值及选择对应的存储单位，单击"确认"按钮即可设置成功。在更改成功后，新建的项目将使用该默认值，但已经创建的项目不受影响。

系统管理员需要对系统资源进行调整时，可以在"项目定额"页总览配额使用情况，并针对某一个项目进行设置，如图8-8所示。

图 8-8

在总览页面，系统管理员可以清晰地了解当前系统的存储使用情况。在选中其中任意一个项目并单击"修改"按钮时，便可弹出"修改项目容量"对话框，如图8-9所示。

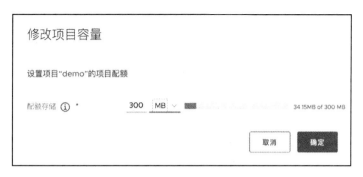

图 8-9

输入需要修改的容量值和对应的单位,单击"确定"按钮即可修改成功。在修改成功后,该项目将获得对应的配额。注意:如果修改的值小于当前已使用的值,那么该项目将无法接收任何新的镜像。

8.1.4 配额的使用

一个项目在被创建后,会获得一定的配额。那么在 Harbor 系统里有哪些操作会影响到可用配额呢?本节将详细讲解。

1. Artifact 的推送

在用户推送 Artifact 到项目中后,Harbor 会对项目扣除该 Artifact 对应大小的配额。

这里以 Docker 镜像为例,在用户推送镜像 hello-world:latest 到 Harbor 项目 library 后,项目的配额被更新为 hello-world:latest 的大小,如图 8-10 所示。

图 8-10

注意：当用户推送的 Artifact 与同处于一个项目的已有 Artifact 共享层文件时，该层文件对应的配额并不会被扣除。

2. Artifact 的删除

当项目用户将任意 Artifact 从项目中删除时，如图 8-11 所示，Harbor 将把该 Artifact 的大小增加到项目的可用配额上。注意：当该 Artifact 与同处于一个项目的其他 Artifact 共享层文件时，该层文件对应的配额并不会被回收。

图 8-11

3. Artifact 的拷贝

当项目用户将任意 Artifact 复制到其他项目时，如图 8-12 所示，Harbor 会对目标项目的配额做相应的扣除。注意：只有当目标项目和当前项目非同一个项目时，配额才会做相应扣除。否则，项目配额不发生变化。

图 8-12

4. Artifact 的远程复制

系统管理员创建远程复制策略时，会从其他镜像仓库复制 Artifact 到当前 Harbor，对应项目的配额被相应地扣除。

5. 无 Tag 的 Artifact 操作

在 Harbor 系统中，没有关联任何 Tag 的 Artifact 都被称作无 Tag 的 Artifact，它的产生有以下几种方式。

- 用户将 Artifact 的所有 Tag 删除后，该 Artifact 就是无 Tag 的 Artifact。
- 用户推送新 Artifact 覆盖已有的同名 Artifact。当新推送的 Artifact 的 digest 值不同于已有 Artifact 的 digest 值时，已有 Artifact 变为无 Tag 的 Artifact。
- 在用户推送 Artifact 索引的过程中，客户端会先推送其子 Artifact，等到所有子 Artifact 都推送成功后，再推送索引本身。在索引没有被完全推送成功前，这些先被推送的子 Artifact 就是无 Tag 的 Artifact。

对无 Tag 的 Artifact 的处理，在 Harbor 系统中有 Tag 保留和垃圾回收两种操作。

当用户执行 Tag 保留策略时，可选中无 Tag 的 Artifact 选项，如图 8-13 所示，Harbor 会依据保留策略，决定是否删除无 Tag 的 Artifact。当删除时，无 Tag 的 Artifact 对应的配额会被回收。

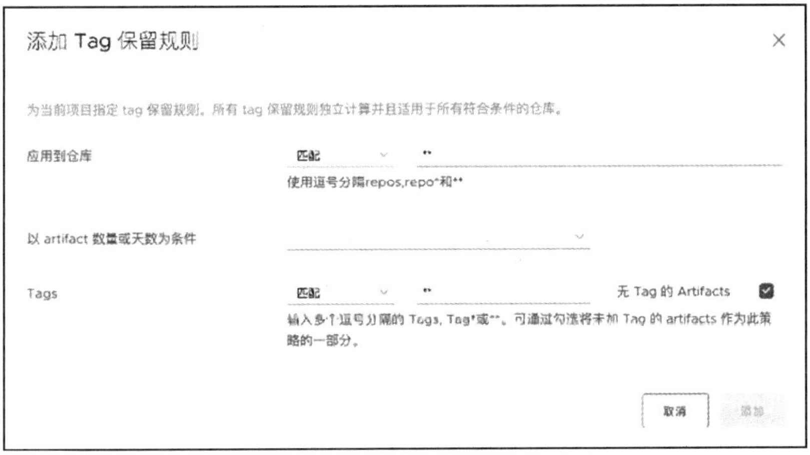

图 8-13

当用户执行垃圾回收任务，选中删除无 Tag 的 Artifacts 时，如图 8-14 所示，Harbor 的垃圾回收任务会删除无 Tag 的 Artifacts，并且回收对应的配额。

图 8-14

8.1.5 配额超限的提示

在用户推送 Artifact 后,如果此时配额已达上限,那么 Harbor 系统如何提示用户相应的信息呢?

1. Docker 客户端推送时配额不足

在推送层文件的过程中,如果某个层文件的推送请求无法申请到足够的配额,那么将被提示相应的错误信息,如图 8-15 所示。Docker 客户端接收到错误码为 412 的申请配额无效错误信息,表明当前项目配额已经接近或超过上限,无法为当前请求申请足够的配额。用户可通知系统管理员为该项目设置更多配额。

图 8-15

2. 其他项目配额不足

当用户在 Harbor 中将 Artifact 从一个项目复制到另一个项目时,如果目标项目没有足够的配额,则用户将收到系统提示,如图 8-16 所示。

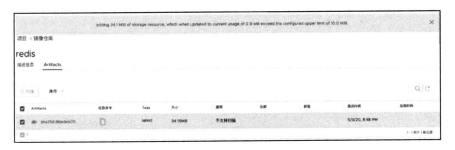

图 8-16

8.2 垃圾回收

在 Harbor 的日常使用过程中,对资源的使用会随着 Artifact 的增加而增加。由于资源有限,所以在删除 Artifact 后需要将其所占用的存储空间释放。垃圾回收在本质上是对存储资源的自动管理,即回收 Harbor 存储系统中不再被使用的 Artifact 所占用的存储空间。

本节将详细讲解垃圾回收的基本原理、使用方法和策略设置等。

8.2.1 基本原理

在讲解垃圾回收的基本原理之前,先来了解 Harbor 系统中一个 Artifact 的生命周期。

- 在用户推送一个 Artifact 到 Harbor 后,系统会为其在 Artifact 数据表中插入一个记录。Artifact 数据表记录着当前 Harbor 系统中存在哪些有效的 Artifact。
- 在用户从 Harbor 中删除一个 Artifact 后,系统会将其在 Artifact 数据表中的数据删除,同时在 Artifact 垃圾数据表中插入一条记录。Artifact 垃圾数据表记录着当前 Harbor 系统中所有被删除的 Artifact。

Harbor 对 Artifact 的删除是"软删除"。软删除即仅删除 Artifact 对应的数据记录,并不做存储删除,真正的存储删除交由垃圾回收任务完成。接下来将垃圾回收任务分解,一步一步地进行详细介绍。

1. 设置只读模式

由于在垃圾回收任务的执行过程中需要为物理存储中每个层文件的引用进行计数,而在计数过程中不可被任何推送请求影响,所以需要将 Harbor 系统设置为只读模式,任何修改系统的请求都将被拒绝,用户仅能拉取 Artifact 和查看系统数据,如图 8-17 所示。

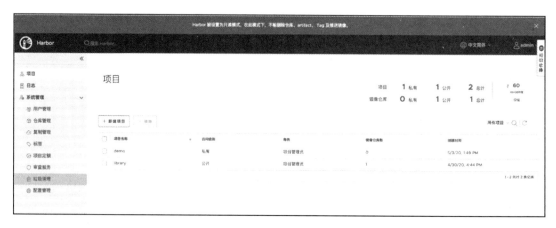

图 8-17

2. 标记备选 Artifact

当用户执行垃圾回收任务选择删除无 Tag 的 Artifact 时,如图 8-18 所示,垃圾回收任务会选择系统中所有无 Tag 的 Artifact 并将它们删除,删除操作会将这些无 Tag 的 Artifact 记录在 Artifact 垃圾数据表中。

图 8-18

这样一来,Harbor 系统中所有待删除的 Artifact 就都被 Artifact 垃圾数据表记录了。但是,并非垃圾数据表中的所有记录都是需要被真正删除的 Artifact。试想这样的场景:一个被删除过的 Artifact 再次被用户推送到 Harbor,那么虽然在 Artifact 垃圾数据表中记录着该 Artifact,但是其不属于待删除队列。垃圾回收任务会对 Artifact 垃圾数据表的数据进行一次筛选,得到最终需要删除的 Artifact。

3. 删除 Manifest

前面提到过，在 Harbor 系统中删除 Artifact 时仅删除数据记录。而删除 Artifact 所对应的 Manifest 是在本步骤中完成的。垃圾回收任务根据上一步得到的需要删除的 Artifact，依次调用 Registry API 删除 Manifest。这里删除 Manifest 是为了对下一步中 Registry 垃圾回收的引用计数做准备，因为在 Manifest 被删除后，对其层文件的引用也随之失效。

4. 执行 Registry 垃圾回收

垃圾回收任务需依赖 Registry 自身的垃圾回收机制，调用 Registry 的 CLI 来执行垃圾回收命令，完成最终的存储空间释放。

注意：在执行 Registry 的垃圾回收命令时，不能使用 "--delete-untagged=true" 或者 "-d" 参数，此参数用于在 Registry 垃圾回收执行过程中删除无 Tag 的 Artifact 的 Manifest。需要关闭此功能的原因是，在 Harbor 系统中，Artifact 的 Tag 完全由 Harbor 管理，并非 Registry。也就是说，在 Harbor 系统中存储的 Artifact 都是有 Tag 的，但在 Registry 存储中的都是无 Tag 的，如图 8-19 所示。使用 Tag 的镜像拉取请求会被 Harbor 转换为使用 digest 发起镜像拉取请求。所以，一旦开启此功能，Regsitry 垃圾回收机制就会删除 Harbor 系统中所有有效的 Artifact。

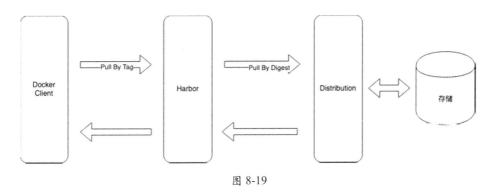

图 8-19

Registry 的垃圾回收主要分为两步：标记和回收，通过这两步来达到释放存储空间的目的。

（1）标记：为每个层文件都做引用计数，将引用计数为 0 的层文件视为待删除的层文件。

（2）回收：通过存储系统的 API 删除层文件。

5. 释放配额空间

前面已经详细介绍了配额管理。在大多数情况下，配额的释放是不需要通过垃圾回收任务实现的，有种情况例外：在用户推送 Artifact 的过程中遇到配额限制，未能成功推送 Artifact 时，在推送过程中层文件所申请的配额就无法通过删除 Artifact 得到释放，这就需要通过垃圾回收任务来释放这部分配额。垃圾回收任务会根据数据库记录检索到该层文件，将其删除并释放对应的配额。

6. 清理缓存

在垃圾回收任务清理完存储后，需要将 Registry 的缓存清空，这主要是因为 Registry 自身的一个问题：执行 Registry 的垃圾回收命令后，Registry 并没有清理缓存，导致用户无法再次推送已被清理的镜像，因为 Registry 依据缓存数据认为其是存在的。Harbor 将 Registry 的缓存配置为 Redis，在垃圾回收任务清理完存储后清理 Registry 缓存。

7. 恢复读写状态

在垃圾回收任务完成所有清理后，便恢复系统的读写状态。用户可以继续推送 Artifact 到 Harbor。如果在执行垃圾回收任务之前，系统已经是只读状态，那么这里不做状态改变。

8.2.2 触发方式

系统管理员在 Harbor 系统管理页面单击"垃圾回收"按钮便可进入垃圾回收（清理）设置页面，如图 8-20 所示。

图 8-20

Harbor 的垃圾回收提供了两种执行方式：手动触发和定时触发。

- 手动触发指在用户需要执行垃圾回收任务时由系统管理员单击"立即清理垃圾"按钮触发一次性的垃圾回收任务。
- 定时触发指用户通过定义 Cron 任务周期性地执行垃圾回收任务。

Crontab 表达式采用了"* * * * * *"格式，各字段的意义如表 8-1 所示。注意：此处设置的 Crontab 表达式中的时间是服务器端的时间，不是浏览器的时间。

表 8-1

字段名称	是否强制	允许的值	允许的特殊字符
秒	是	0~59	*/,-
分钟	是	0~59	*/,-
小时	是	0~23	*/,-
一个月内的一天	是	1~31	*/,-?
月	是	1~12 或 JAN-DEC	*/,-
一周内的一天	是	0~6 或 SUN-SAT	*/,-?

特殊字符的意义如下。

- "*"：表示任意可能的值。
- "/"：表示跳过某些给定的值。
- ","：表示列举。
- "-"：表示范围。
- "?"：用在"一个月内的一天"和"一周内的一天"里，可以代替"*"。

Crontab 表达式的具体示例如下。

- "0 0/5 * * * ?"：每 5 分钟执行一次。
- "10 0/5 * * * ?"：每 5 分钟执行一次，每次都在第 10 秒执行。
- "0 30 10-13 ? * WED,FRI"：每周三和周五的 10：30、11：30、12：30 和 13：30 执行。
- "0 0/30 8-9 5,20 * ?"：每月的 5 号和 20 号的 8：00、8：30、9：00 和 9：30 执行。

8.2.3 垃圾回收的执行

在垃圾回收被触发后，Harbor 会启动一个垃圾回收任务。系统管理员可以通过"历史记录”来查看垃圾回收任务的执行情况，如图 8-21 所示。

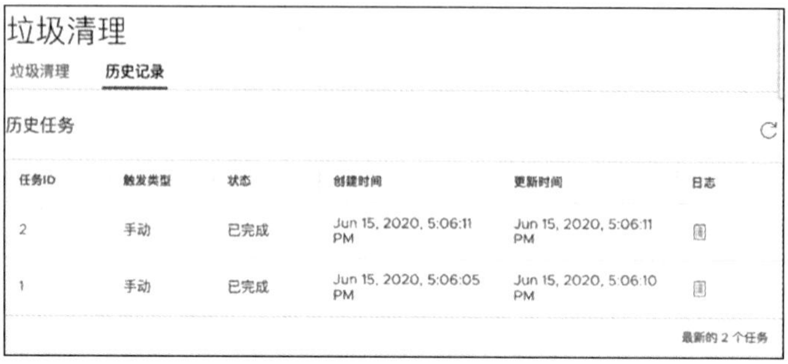

图 8-21

在垃圾回收任务执行完毕时，系统管理员可以单击“日志”图标查看垃圾回收任务的日志，如图 8-22 所示。

```
2020-06-15T09:06:11Z [INFO] [/jobservice/job/impl/gc/garbage_collection.go:131]: start to run gc in job.
2020-06-15T09:06:11Z [INFO] [/jobservice/job/impl/gc/garbage_collection.go:271]: required candidate: %+v[]
2020-06-15T09:06:11Z [INFO] [/jobservice/job/impl/gc/garbage_collection.go:279]: end to delete required artifact.
2020-06-15T09:06:11Z [INFO] [/jobservice/job/impl/gc/garbage_collection.go:236]: flush artifact trash
2020-06-15T09:06:11Z [INFO] [/jobservice/job/impl/gc/garbage_collection.go:144]: GC results: status: true, message: demo/redis
demo/redis: marking manifest sha256:86edeb058fb97b7e9441515a5f1bb57f1547432fedbaf3513117ba521d99ef9d
demo/redis: marking blob sha256:4cdbec704e477aab9d249262e60b9a8a25cbef48f0ff23ac5eae879a98a7ebd0
demo/redis: marking blob sha256:c499e6d256d6d4a546f1c141e04b5b4951983ba7581e39deaf5cc595289ee70f
demo/redis: marking blob sha256:bf1bc8a5a7e4b2529c9f893946e08a020b961ff8b2682807987f407e6da2f266
demo/redis: marking blob sha256:7564fb795604548fde45efccac7008b17ac86faf01f7fd393a6b9ecfb31d0889
demo/redis: marking blob sha256:ec6e86f783e4327c9957a6fc3ba1079aac5adf4c60bd0af15204508ca4b885d9
demo/redis: marking blob sha256:1371d6223f46d8d18bfee5f54db873d03a116e0d02e2b7887e32d50db56af58a
demo/redis: marking blob sha256:021fd554320fb855c449e33fe30fe134f781409c5da4f78683f8ebd80e0188c1

8 blobs marked, 0 blobs and 0 manifests eligible for deletion
, start: 2020-06-15 09:06:11.5387112 +0000 UTC, end: 2020-06-15 09:06:11.601464316 +0000 UTC.
2020-06-15T09:06:11Z [INFO] [/jobservice/job/impl/gc/garbage_collection.go:145]: success to run gc in job.
```

图 8-22

通过查看日志记录，可以知道垃圾回收的运行时间、运行状态及 blobs 删除记录等信息。注意：在 Artifact 数据较多或者存储使用 S3 等云存储的情况下，垃圾回收任务的执行时间会比较长，在某些情况下甚至超过 24 小时。这里建议设置垃圾回收任务定期在非工作日的夜间执行。

8.3 不可变 Artifact

在 Harbor 中，对项目有写权限的任何用户都可以推送 Artifact 到项目中。在大多数情况下，用户都是通过 Tag 推送 Artifact 的，这就导致用户无法保证自己推送的 Artifact 不被其他用户同名覆盖，甚至是用完全不同的 Artifact 覆盖。一旦覆盖，就很难在使用过程中追踪问题的源头。

用户在需要保护某个或者多个 Artifact 不被修改时，可以用 Harbor 提供的不可变 Artifact 对其进行保护。一旦设置了不可变属性，Harbor 就不允许任何用户推送与被保护 Artifact 同名的 Artifact。

不可变 Artifact 的功能在 Harbor 2.0 之前的版本中被称为"不可变镜像"，主要保护镜像资源不被意外的操作所覆盖。在 Harbor 2.0 中，绝大部分的镜像功能都被扩展到了 Artifact，因此被称为"不可变 Artifact"。不可变 Artifact 的功能实现原理是依据 Tag 来判定 Artifact 的不可变性，所以在管理界面上也显示为"不可变的 TAG"。

8.3.1 基本原理

不可变 Artifact 的目标是：无论用户何时用同一个 Tag 去同一个 Repository 中拉取 Artifact，都会得到同一个 Artifact。这就需要保证不可变 Artifact 不可被覆盖、不可被删除。

1. 不可被覆盖

从客户端推送 Artifact 到仓库时，最后一步是客户端发起 PUT Manifest 请求推送 Artifact 的 Manifest 文件，从而完成整个推送过程。Harbor 通过拦截客户端的 PUT Manifest 请求来实现对不可变 Artifact 的保护，如图 8-23 所示。

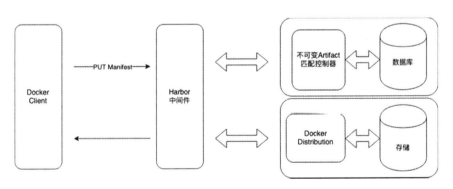

图 8-23

Harbor 在接收到 PUT Manifest 请求后，会用项目的不可变 Artifact 规则去匹配当前 Artifact。如果任意一条规则匹配成功，则表明用户正在推送一个不可变 Artifact，该请求就会被阻止。注意：因为使用基于模型匹配的规则来判定 Artifact 是否为不可变 Artifact，所以用户正在推送的 Artifact 可能并不存在于项目中。在这种情况下，即使该 Artifact 能够被不可变 Artifact 规则成功匹配，依然可以正常推送。

不可被覆盖的情况可发生在用户推送 Artifact 阶段，也可发生在 Artifact 远程复制阶段。

2. 不可被删除

当用户在 Harbor 中请求某个 Artifact 的 Tag 列表时，系统会根据当前的不可变 Artifact 规则为每一个 Tag 都标记不可变属性。而当用户选择删除某个 Tag 时，如果该 Tag 是不可变属性，那么 Harbor 会阻止该删除请求。

通过上述过程可以达到不可变 Artifact 的目的。

8.3.2　设置不可变 Artifact 的规则

不可变 Artifact 的规则其实就是一个包含仓库名称匹配和 Tag 名称匹配的过滤器。在一个项目下，项目管理员或系统管理员至多可创建 15 条不可变 Artifact 的规则。Harbor 使用 OR（或）关系应用规则到 Artifact，如果 Artifact 被任意一条规则匹配成功，就为不可变 Artifact。

在项目策略页面下单击"不可变的 TAG"按钮，可以查看项目的不可变 Tag 规则，如图 8-24 所示。

图 8-24

单击"添加新规则"按钮后，会弹出不可变规则设置窗口，如图 8-25 所示。

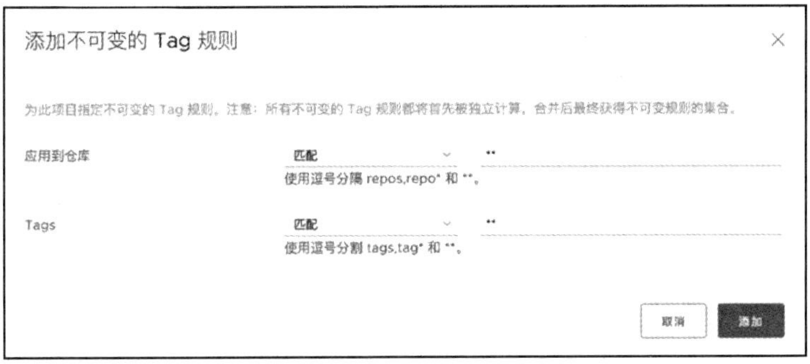

图 8-25

一个不可变 Artifact 的规则包括两部分：仓库和 Tag。其中每个部分都包括动作和名称表达式。

（1）动作：包括匹配和排除。

- 匹配：指包含，包含规则表达式命中的仓库或者 Tag。
- 排除：指不包含，不包含规则表达式命中的仓库或者 Tag。

（2）名称表达式：指明需要设置为不可变 Artifact 的仓库或者 Tag 名称表达式。

名称表达式分别对 Artifact 名称中的仓库和 Tag 部分进行过滤，支持以下匹配模式（在匹配模式下用到的特殊字符需要使用反斜杠"\"进行转义）。

- "*"：匹配除分隔符"/"外的所有字符。
- "**"：匹配所有字符，包括分隔符"/"。
- "?"：匹配除分隔符"/"外的所有单个字符。
- "{alt1,...}"：如果能够匹配以逗号分隔的任意匹配模式（alt1 等），则该规则匹配。

示例如下。

- "library/hello-world"：只匹配"library/hello-world"。
- "library/*"：匹配"library/hello-world"，但不匹配"library/my/hello-world"。
- "library/**"：既匹配"library/hello-world"，也匹配"library/my/hello-world"。
- "{library,goharbor}/*"：匹配"library/hello-world"和"goharbor/core"，但不匹配"google/hello-world"。
- "1.?"：匹配 1.0，但不匹配 1.01。

8.3.3 使用不可变 Artifact 的规则

不可变 Artifact 的规则一旦创建成功，便立刻发挥作用。多个规则之间是独立计算的，每个规则匹配的 Artifact 都是独立的。由于使用了 OR（或）关系，所以一个 Artifact 只要匹配任意一条规则，即为不可变 Artifact。

用户可以通过 Artifact 的 Tags 列表来查看 Tag 是否被设定为不可变，如图 8-26 所示。

图 8-26

1. 推送

当用户推送一个不可变 Artifact 到 Harbor 时，客户端会得到错误提示，图 8-27 显示的是 Docker 客户端的错误提示。

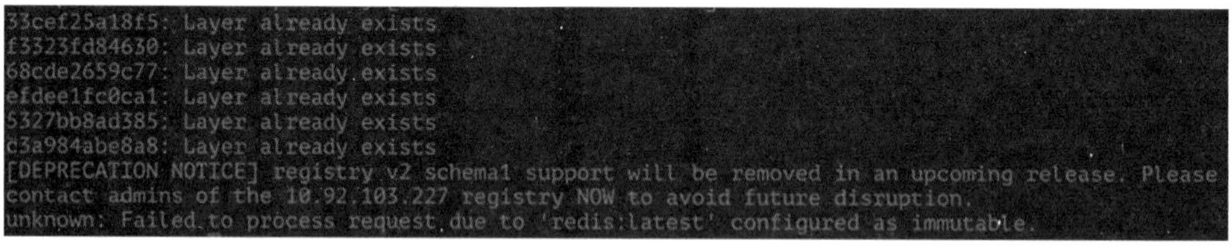

图 8-27

2. 删除

当用户删除一个不可变 Artifact 时，系统会禁止"删除"按钮，如图 8-28 所示。

当 Tag 保留策略删除不可变 Artifact 时，系统执行日志会提示错误，如图 8-29 所示。

图 8-28

图 8-29

8.4 Artifact 保留策略

Harbor 早期版本作为镜像仓库管理着大量的容器镜像，而且这些镜像通常有不同的版本，管理员面对日益增长的数据量，需要对这些历史镜像有灵活的自动控制能力。Harbor 1.9 引入了镜像的保留（retention）策略，帮助用户解决冗余镜像批量删除的问题。在 Harbor 2.0 中支持 OCI 规范，保留策略也能应用在 Artifact 上，即根据用户设置的 Tag 过滤器决定哪些 Artifact 应该被保留，并且删除其余 Artifact。

本节从基本原理、使用方式、适用场景等方面详细介绍保留策略的功能，帮助读者在理解其背后原理的基础上，利用该功能设计相应的策略自动删除历史镜像或其他 Artifact。

8.4.1 基本原理

Artifact 保留策略（又叫作 Tag 保留策略）的原则是：根据用户制定的保留规则，保留用户需要的 Artifact，删除用户不需要的 Artifact。这就需要通过计算知道哪些 Artifact 需要被保留，哪些需要被删除。

在讲解基本原理之前，首先明确一个概念：Artifact 的保留规则。该规则是一个包含仓库名称匹配、Artifact 条件和 Tag 名称匹配的过滤器。Harbor 保留策略在执行过程中对每个 Artifact 都用保留规则匹配，如果 Artifact 被任意一条规则匹配成功，即为需要保留的 Artifact，否则为待删除的 Artifact。

Harbor 对于保留策略的执行交由 Artifact 保留任务完成，接下来一步一步地进行详细介绍。

（1）Retention API Controller 在最外层提供统一的 REST API 接口，并负责与 Scheduler 任务调度模块交互。

（2）Retention Manager 负责策略和规则的创建、修改，以及任务执行状态的记录，通过 DAO 层的接口保存数据。

（3）Scheduler 任务调度模块可以定义和取消定时任务，定时任务可以按照 Crontab 的格式进行定义。

（4）Launcher 触发器在接收到定时任务或者用户手工触发后，启动 Retention Job。

（5）Retention Job 首先根据用户配置的仓库过滤条件（Repo Selector）匹配出待操作的仓库列表，并给每个仓库都创建一个子任务执行，这样就可以并行、高效地操作各仓库。

（6）任务会先在对应的仓库上应用 Tag Selector 过滤出候选的 Artifact，称之为 Candidate（待选）列表。

（7）将 Candidate 列表传入规则器 Ruler。

（8）不同的 Ruler 根据各自的算法及用户的输入参数，过滤出可以保留的 Artifact，再将各计算结果集求并集得到 Retained（保留）列表。

（9）从 Candidate 列表中减去 Retained 列表，即为 Delete（删除）列表，交由 Performer 完成操作。

（10）Performer 会判断 Artifact 是否处于 Immutable 不可变状态，并根据用户是否设置了 Dryrun 模拟操作标记决定是否要调用删除 Artifact 的 API。

（11）JobService（异步任务系统）组件获取执行结果，打印日志，并且发送给 Webhook 模块，可进行通知等操作。

Artifact 保留策略的架构设计如图 8-30 所示。

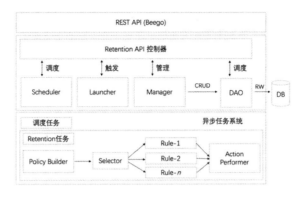

图 8-30

8.4.2 设置保留策略

同不可变 Artifact 的功能一样，Artifact 保留策略的设置是以项目为单位的，并且以 Tag 作为 Artifact 的标识来判断是否需要保留，所以管理界面上显示的是"Tag 保留规则"。系统管理员在项目策略页面单击"TAG 保留"按钮，可以查看项目的 Tag 保留规则，如图 8-31 所示。

图 8-31

单击"添加规则"按钮,便弹出"添加 Tag 保留规则"页面,如图 8-32 所示。

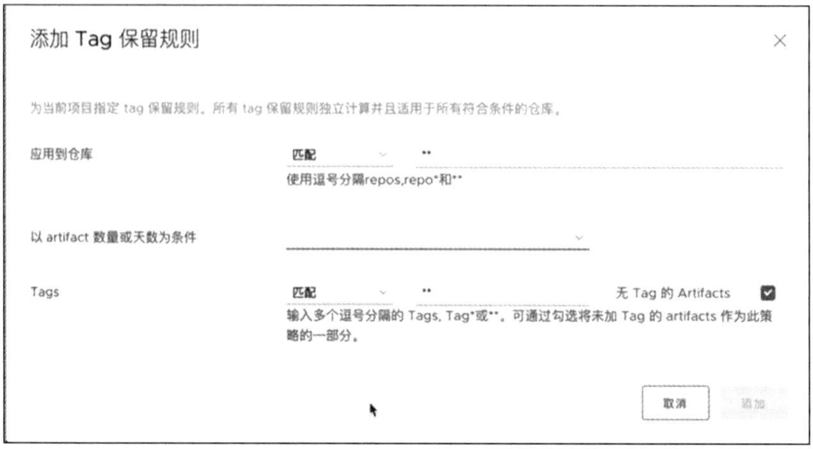

图 8-32

一个 Artifact 保留规则包括三部分:仓库、Artifact 条件及 Tag。

(1)可配置此规则需要应用到的仓库,用户可以选择"匹配"或"排除"来设置,仓库名称支持以下匹配模式(对在匹配模式下用到的特殊字符使用反斜杠"\"进行转义)。

- *:匹配除分隔符"/"外的所有字符。
- **:匹配所有字符,包括分隔符"/"。
- ?:匹配除分隔符"/"外的所有单个字符。
- {alt1,...}:如果能够匹配以逗号分隔的任意匹配模式(alt1 等),则该规则匹配。

相应的例子如下。

- "library/hello-world":只匹配"library/hello-world"。
- "library/*":匹配"library/hello-world",但不匹配"library/my/hello-world"。
- "library/**":既匹配"library/hello-world",也匹配"library/my/hello-world"。
- "{library,goharbor}/*":匹配"library/hello-world"和"goharbor/core",但不匹配"google/hello-world"。
- "1.?":匹配"1.0",但不匹配"1.01"。

(2)设置 Artifact 保留的条件时,用户可以选择以推送或者拉取的个数或者天数为条件进行设置,如图 8-33 所示。注意:如果同一条件的匹配数超过设置,或者因没有拉取时间而匹配到多条记录,则会按照数据库中的顺序截取查询结果并返回。

图 8-33

（3）配置此规则需要应用到的 Tag，用户可以选择"匹配"或"排除"来设置，匹配模式和仓库一样。如果用户想保留无 Tag 的镜像，则可勾选无 Tag 的 Artifacts 选项（参见图 8-32）。

在同一个项目下，项目管理员至多可以创建 15 条保留规则。Harbor 使用 OR（或）关系应用规则到 Artifact，当 Artifact 被任意一条规则匹配成功时，则为被保留的 Artifact。

我们通过上述流程可以了解如何设置保留策略，下面用一个实例具体讲解如何实现镜像的保留，其原理对其他 Artifact 也适用，如图 8-34 所示，在 library 项目下创建以下两条 TAG 保留规则。

图 8-34

TAG 保留规则 1 如下。

- 仓库匹配：**。
- 保留全部 Tag。
- artifacts 匹配条件：tags 为 "latest"。
- 包括：无 Tag 镜像。

TAG 保留规则 2 如下。

- 仓库匹配：**。
- 保留最近推送的两个 Tag。
- artifacts 匹配条件：tags 为 "*.*"。
- 包括：无 Tag 镜像。

同时，在 library 项目下有如下镜像和 Tag，同一个 repo 的镜像按照上传的时间顺序从前到后列出。

（1）repo1:1.0、2.0、3.0、dev、latest。其中 dev 和 latest 这两个 Tag 的 digest 相同。

（2）repo2:1.0、2.0、latest。

（3）repo3:dev。

（4）repo4:userful（不可变 Artifact）。

那么，在运行保留策略后，各镜像匹配规则的情况如图 8-35 所示。

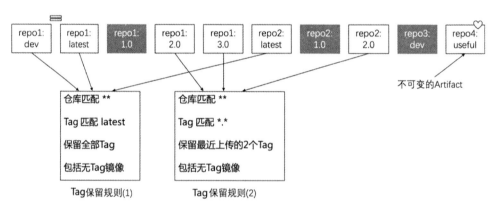

图 8-35

在图 8-35 中描述了两条保留规则的匹配条件，以及被这两条保留规则所匹配的镜像（白色框），它们将被保留，如下所述。

- 所有 Tag 为 "latest" 的镜像。
- 每个 repo 中最新上传的两个镜像。
- 与 repo1:latest 具有相同 digest 的 repo1:dev 镜像。
- 具有不可变属性的 repo4:useful。

未被匹配的镜像用深色表示，它们将被删除：repo1:1.0、repo2:1.0、repo3:dev。

8.4.3 模拟运行保留策略

在配置完策略后,便可模拟运行(Dry Run)保留策略以验证配置的正确性,如图8-36所示。

图 8-36

模拟运行指系统根据保留规则执行运算并提供模拟结果,即 Artifact 哪些被保留,哪些被删除。模拟运行并不真正删除 Artifact,用户可根据模拟结果验证保留规则的正确性,并对规则进行调整。

单击"模拟运行"按钮,用户可以触发一次保留策略任务的模拟执行,并可查看执行的详细状态,如图8-37所示。

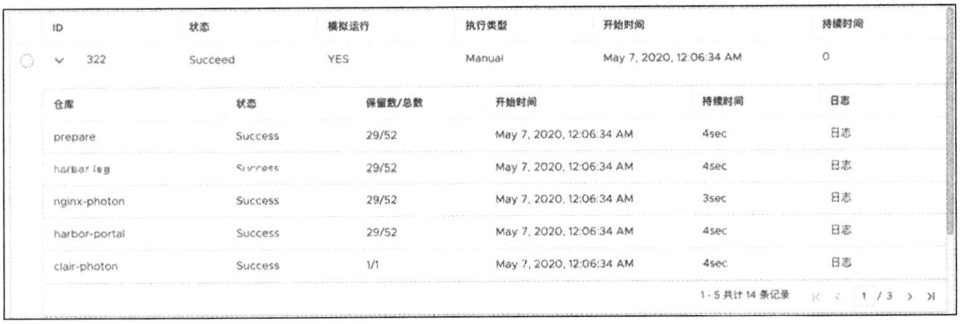

图 8-37

其中,每个仓库都会对应一个子任务。主任务的状态为 InProgress(在处理中)、Succeed(成功)、Failed(失败)、Stopped(停止);子任务的状态为 Pending(等待)、Running(运行)、Success(成功)、Error(错误)、Stopped(停止)、Scheduled(已安排);主任务的状态是根据子任务的状态动态计算得出的:

- 如果任何子任务都没有结束，则主任务的状态为 InProgress；
- 如果子任务的状态为 Pending、Running 或 Scheduled，则主任务的状态为 Running；
- 如果子任务的状态为 Stopped，则主任务的状态为 Stopped；
- 如果子任务的状态为 Error，则主任务的状态为 Failed，否则主任务的状态为 Succeed。

执行类型分 Manual 手动触发和 Schedule 定时任务，其中：

- 开始时间为触发时间；
- 子任务的持续时间为结束时间减去开始时间，主任务的持续时间为子任务的最大持续时间减去开始时间；
- 子任务中的保留数为计算后不会被删掉的 Artifact 数量；
- 总数为此仓库中所有匹配 Tag 的数量，如果勾选了"无 Tag 的 Artifacts"，则也会把无 Tag 的 Artifacts 计算其中；
- 任务变为 Running 状态后即可查看日志，如图 8-38 所示，在日志中可以看到 Artifact 的 Digest 和 Tag 等信息，从 Retention 列可以看到 Artifact 是否被保留，其中，"RETAIN"表示会被保留，"DEL"表示会被删除。

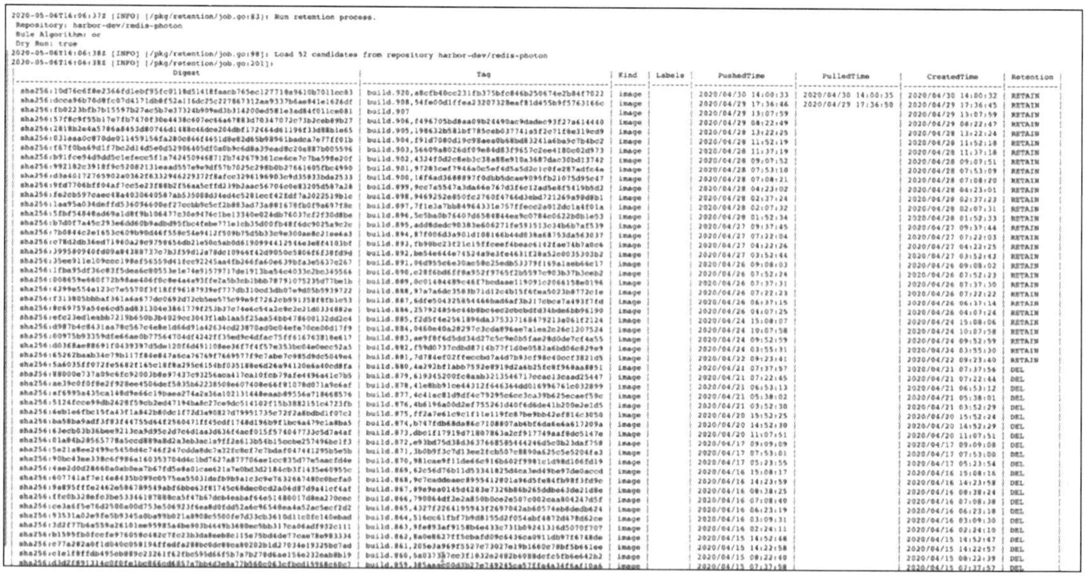

图 8-38

注意：如果 Artifact 被设置为 Immutable，则会被强制保留。

8.4.4 触发保留策略

Harbor 的 Artifact 保留策略提供了两种触发方式：手动触发和定时触发。

1. 手动触发

单击"立即运行"按钮，便可以触发一次保留策略的真正执行。因为立即运行时会根据保留规则直接删除 Artifact，所以这里会弹出提示框提示用户操作的风险，如图 8-39 所示。

图 8-39

单击"执行"按钮后便立即执行一次 Artifact 保留。此时如果删除失败，则日志中的状态为 Error，并会在日志中打印报错信息。注意：这里和模拟运行的区别是，凡是没有被标记为"RETAIN"的 Artifact 都会被删除。

2. 定时运行

定时触发指用户通过定义 Cron 任务周期性地执行保留策略。Crontab 表达式采用了"* * * * * *"格式，各字段的意义如表 8-1 所示。注意：此处设置的 Crontab 表达式中的时间是服务器端的时间，而不是浏览器的时间。

单击"编辑"按钮后便立即设置定时执行，如图 8-40 所示。

用户可以设置以小时、天、周为单位的预定义定时任务，也可设置自定义的定时任务。在选择自定义定时任务后，需要按照 Crontab 的语法自定义执行时间。如图 8-41 所示为在每个小时的半点运行一次。

图 8-40

图 8-41

设置好定时后，单击“保存”按钮后有提示框弹出，如图 8-42 所示，单击“确定”按钮后定时任务设置成功。

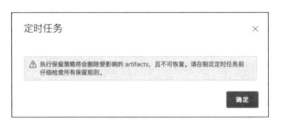

图 8-42

在第一次定时任务执行后，可在任务列表中看到一条执行类型为 Schedule 的记录，如图 8-43 所示。

ID	状态	模拟运行	执行类型	开始时间	持续时间
321	Succeed	YES	Manual	May 7, 2020, 12:06:09 AM	3sec
319	Succeed	NO	Schedule	May 3, 2020, 8:09:49 AM	2sec

1 - 2 共计 2 条记录

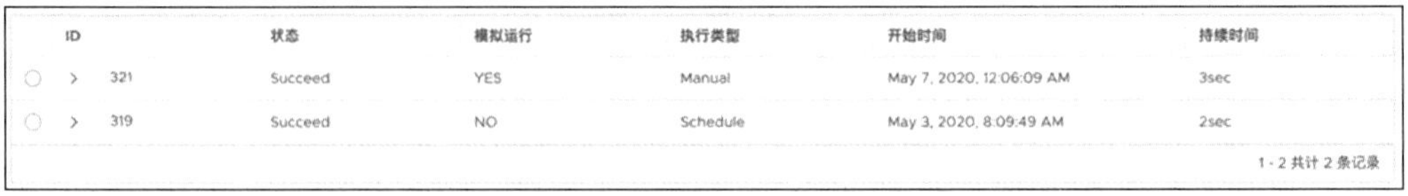

图 8-43

注意：Artifact 保留策略应避免和垃圾回收同时执行。因为在垃圾回收任务执行时，Harbor 会被设为只读状态，无法删除 Artifact。

同手动删除 Artifact 一样，保留策略对 Artifact 的删除也是“软删除”，即仅删除 Artifact 对应的数据记录，并不做存储上的删除。

8.5 Webhook

Webhook 是一个系统重要的组成部分，一般用于将系统中发生的事件通知到订阅方。Harbor 的 Webhook 严格意义上应该叫通知（Notification）系统，因为 Harbor 的 Webhook 不仅可以实现基于 Web 的回调功能，还支持 Slack 订阅等功能。

Webhook 功能的设计路线是将 Harbor 内用户可能感兴趣的事件发送到第三方系统内，它目前提供了多达 11 种事件供用户订阅，以及两种类型的 Hook 模式：一种是 HTTP 的回调，另一种是 Slack 的 Incoming Webhook。用户可以基于 Webhook 实现容器应用部署的自动化，从而完善持续交付流程；或者通过 Webhook 的通知机制实现告警功能；还可以通过 Webhook 接入第三方统计平台，实现对 Harbor Artifact 使用的统计和运营数据展示。

本节将详细讲解 Webhook 的基本原理、设置方法和使用方法。

8.5.1 基本原理

Webhook 系统需要考虑到一些问题，如在事件触发后，怎样将事件成功发送到订阅方？在有大量事件的场景中，如何才能保证其性能和消息投递的成功率？本节将讲解 Webhook 采用了怎样的系统设计解决这些问题。

1. 基本架构

Webhook 的架构设计如图 8-44 所示。

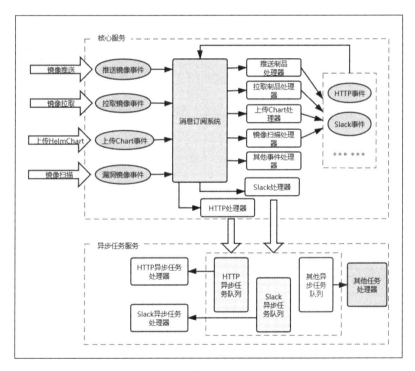

图 8-44

Webhook 是一个异步任务处理系统，借助于 Redis 的缓存功能和异步任务服务（JobService），拥有强大的任务分发和处理能力。

Webhook 架构采用了两次异步任务发布机制。首先在获取事件源信息后，Harbor 直接将其发布到核心服务的消息订阅框架中，在这里事件按照类型被不同的处理器处理成通用的异步任务数据，然后根据用户定义的回调方类型生成不同的异步任务。接下来这些异步任务通过 HTTP 接口发送给异步任务服务。

基于图 8-44 的架构设计，一个事件从其产生到发送到配置的 Webhook，可分解为如下步骤：

（1）Harbor 系统触发可被 Webhook 订阅的事件；

（2）事件的源信息被提取出来，生成一个源事件体；

（3）事件的源事件体被加工成消息订阅框架的通用事件类型，并被发送到处理框架中；

（4）框架中对应的处理器接收到事件数据并开始处理；

（5）处理器首先检查在事件发生项目下是否定义了 Webhook 策略；

（6）如果没有定义任何策略，则处理流程结束，否则逐个评估策略；

（7）检查策略是否启用，如果没有，则继续评估下一条策略；

（8）如果启用，则继续查看策略是否订阅了对应的事件，如果没有，则继续评估下一条策略；

（9）如果有订阅，则开始组装异步任务（异步任务会被发送到异步任务服务中）；

（10）异步任务包括了需要发送给订阅方的所有信息，部分内容需要根据源信息查询；

（11）组装完成后，开始评估策略的 Hook 类型；

（12）根据不同的 Hook 类型生成不同的包含异步任务消息的事件，继续将其投放到消息订阅框架中；

（13）框架中对应的处理器（HTTP 处理器或者 Slack 处理器）进一步处理上面产生的异步任务，将任务发送到异步任务服务中。

（14）收到异步任务后，异步任务服务将它按照类型放入不同的任务队列等待调度中；

（15）当有空闲的任务处理器时，任务就被调度出来，并交由对应类型的处理器来处理；

（16）异步任务处理器会将任务的内容提取出来，根据类型定义的处理逻辑，将信息发送到第三方订阅系统中；

（17）处理完成后，异步任务的状态通过回调方式写回 Harbor 核心服务；

（18）Harbor 的核心服务收到异步任务的回调信息，将状态信息写入数据库中。

至此，整个 Webhook 流程处理完毕。

2. 消息结构

Webhook 可以针对多种事件发送通知，尽管这些事件的来源可能不一样，但是 Harbor 仍然使用了统一的消息体来发送通知。所以用户在订阅系统中做 Hook 消息处理时，也可以使用一个统一的结构来解析这条消息，这样可以简化订阅系统的处理逻辑。

Webhook 消息由消息元信息和事件数据组成，在事件数据中包含了事件发生的仓库和资源。Harbor 的核心资源是 Artifact，Artifact 的管理由项目、Artifact 名、Artifact 标签组成，而所有事件触发的源都是 Artifact。所以，Harbor 在设计时将同名 Artifact 的事件放在一个消息体中，这也符合 Harbor 业务功能的处理逻辑。

Webhook 的消息体结构设计如下：

```
{
    "type": "PUSH_ARTIFACT",
    "occur_at": 1586922308,
    "operator": "admin",
    "event_data": {
        "resources": [{
            "digest": "sha256:8a9e9863dbb6e10edb5adfe917c00da84e1700fa76e7ed02476aa6e6fb8ee0d8",
            "tag": "latest",
            "resource_url": "hub.harbor.com/test-webhook/debian:latest"
        }],
        "repository": {
            "date_created": 1586922308,
            "name": "debian",
            "namespace": "test-webhook",
            "repo_full_name": "test-webhook/debian",
            "repo_type": "private"
        }
    }
}
```

消息体的属性及其说明如表 8-2 所示。

表 8-2

属 性	说 明
type	事件类型
occur_at	事件触发时间
operator	触发事件的操作者
event_data.repository.date_created	事件源所在仓库的创建时间
event_data.repository.name	事件源所在仓库的名称
event_data.repository.namespace	事件源所在仓库的命名空间（即 Harbor 项目名）
event_data.repository.repo_full_name	事件源所在仓库的全名
event_data.repository.repo_type	事件源所在仓库的类型（private 指私有仓库，public 指公开仓库）
event_data.resources.digest	事件源的摘要
event_data.resources.tag	事件源的 Tag
event_data.resources.resource_url	事件源资源的 URL（即该资源在 Harbor 中的存储路径）

针对不同类型的事件，消息体属性会有些差别，比如对于 Helm Chart 类型的资源，在 resources 下就不包含 digest 属性。

3. 消息重试

在 Webhook 任务执行过程中，Harbor 通过可配置的重试次数保证消息被正确投递到第三方系统中。异步框架保证了系统较大的吞吐率，而失败重试机制保证了消息投递的可靠性。

用户部署 Harbor 时，可以在配置文件 harbor.yml 中设置 Webhook 失败重试的次数，这个值默认是 10，具体可参考 3.1 节。这里用户可权衡选择，如果为保证准确性而设置过大的重试次数，则可能会造成 Harbor 异步任务服务的负载过大，尤其在远程复制镜像的情况下会产生大量 Artifact 复制事件。注意：此配置仅在安装时生效，后续的修改需要重新安装，相关配置如下：

```
notification:
# webhook 异步任务最大重试次数
webhook_job_max_retry: 10
```

8.5.2 设置 Webhook

Webhook 的设置以项目为单位，项目管理员或系统管理员可以进行新建、删除和查看 Webhook 等操作。

1. 新建 Webhook

在项目页面下单击"Webhooks"按钮，可以查看项目的 Webhooks，如图 8-45 所示。

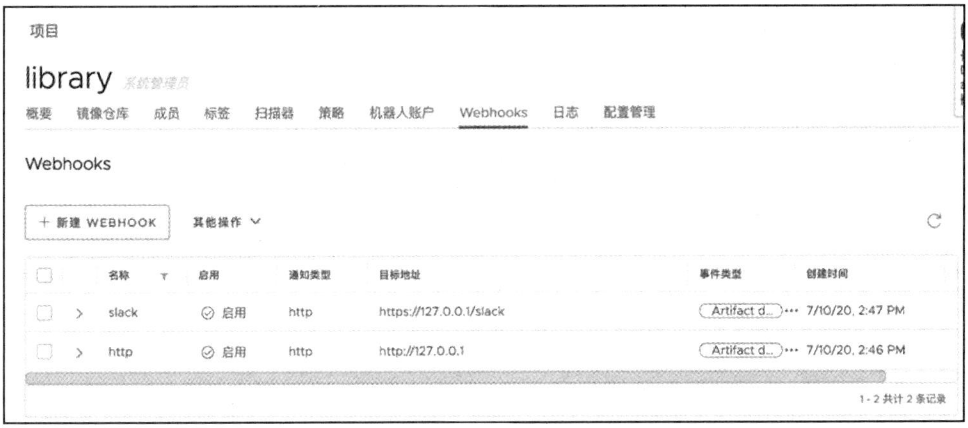

图 8-45

Webhook 功能页提供了新建 Webhook、启停、编辑、删除和查看触发功能。用户可以通过"新建 WEBHOOK"按钮新建一个 Webhook 策略，如图 8-46 所示。

图 8-46

Webhook 功能的核心是 Webhook 策略，该策略包含两部分：事件类型和 Hook 模式。Webhook 支持的事件类型如下所述，如图 8-47 所示。

（1）Artifact deleted：当 Artifact 被删除时触发。

（2）Artifact pulled：当 Artifact 被拉取时触发。

（3）Artifact pushed：当 Artifact 被推送时触发。

（4）Chart deleted：当 Helm Chart 被删除时触发。

（5）Chart downloaded：当 Helm Chart 被下载时触发。

（6）Chart uploaded：当 Helm Chart 被上传时触发。

（7）Quota exceed：当上传 Artifact 且项目配额超限时触发。

（8）Quota near threshold：当上传 Artifact 且项目配额达到限制 85%时触发。

（9）Replication finished：当远程复制镜像任务完成时触发。

（10）Scanning failed：当扫描镜像任务失败时触发。

（11）Scanning finished：当扫描镜像任务完成时触发。

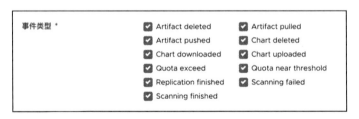

图 8-47

Webhook 支持的 Hook 模式有 HTTP 和 Slack，如图 8-48 所示。

（1）HTTP 模式：主要针对通用的 Webhook 模式，用户可以选择 HTTP 模式，然后填写订阅系统的 URL 和认证头。当有对应的事件发生时，消息就会被发送到订阅系统中，用户填写的认证头会被写入 HTTP 请求头 Authorization 中。

（2）Slack 模式：通过 Slack 的 Incoming Webhook 向 Slack 账号中发送消息。因为 Slack Incoming Webhook 限制了消息接收的频率为每秒 1 条，所以在 Harbor 的异步任务服务中也限制了消息发送频率，使两次消息发送的间隔超过 1 秒。

图 8-48

在项目管理员设置完 Webhook 策略后,如果在 Harbor 中发生了对应的事件,用户的订阅系统就会立即收到一条消息。目前,每个项目下面可配置的策略数量没有限制。

2. Webhook 的管理

用户可以通过策略最左侧的复选框选定策略,然后单击"其他操作"菜单中的"停用"(当状态是"停用"时显示"启用")"编辑""删除"项对策略做出相应的管理,如图 8-49 所示。

图 8-49

3. 查看 Webhook

用户可以展开策略,这样可以看到当前策略触发的情况,可以看到策略订阅了哪些事件,哪些被触发过,以及最近一次触发的时间,如图 8-50 所示。

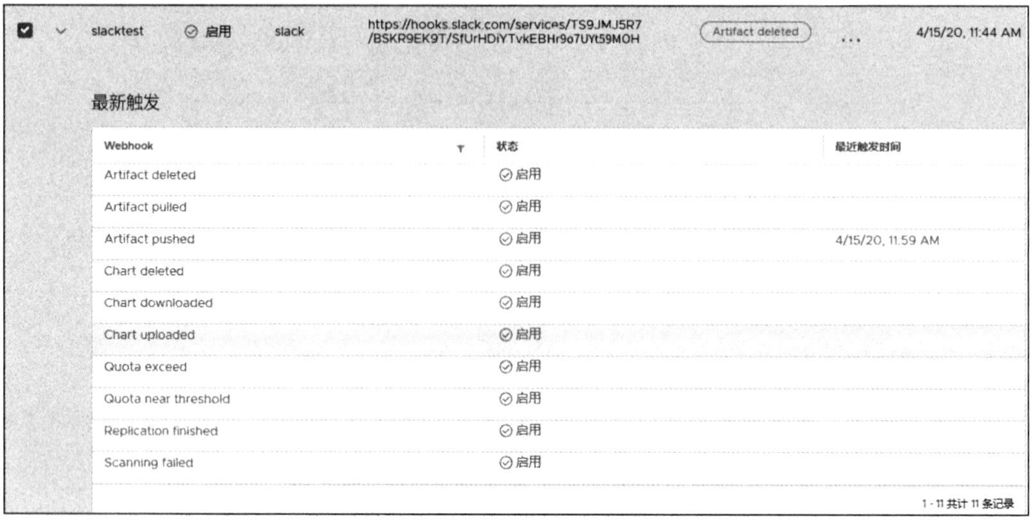

图 8-50

4. 设置全局启停状态

系统管理员可以在 Harbor 的系统设置页面中，设置 Webhook 的全局启停状态。在关闭 Webhook 功能后，系统中所有项目的 Webhook 都禁用，如图 8-51 所示。

图 8-51

8.5.3 与其他系统的交互

本节通过实例讲解设置完 Webhook 后，如何在配置了 Webhook 的系统中查看收到的事件消息，以及如何利用收到的事件消息。

1. 与 Slack 的交互

项目管理员创建 Slack 类型的 Hook 模式并且订阅所有的事件类型后，在 Harbor 对应的项目中推送一个镜像，Slack 对应的频道很快会收到一条信息，如图 8-52 所示。

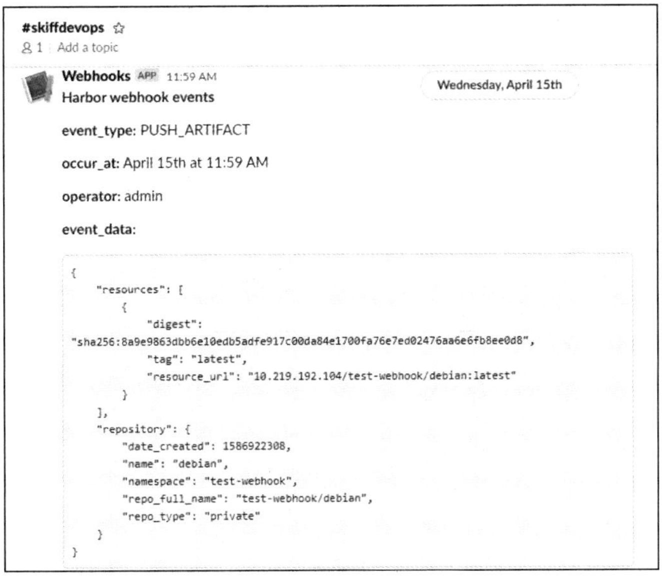

图 8-52

查看 Harbor 中对应策略的触发记录，可以发现 Artifact pushed 的最近触发时间变成了刚才 Slack 收到的消息中事件发生的时间，如图 8-53 所示。

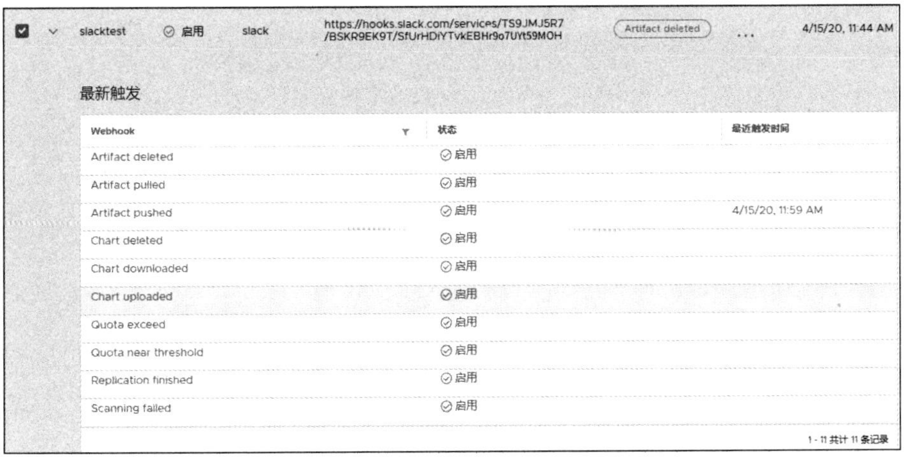

图 8-53

Slack 消息可被视作一种"通知"，频道里的组员都可以及时收到该事件消息。关注该消息的组员，可以依据消息的内容来完成后续工作。

2. 与 CI/CD 系统的交互

Webhook 不仅限于接收被系统触发的事件，这里用一个实例介绍如何利用 Webhook 事件触发用户的 CI/CD 系统中自定义的部署流水线（需要用户的 CI/CD 平台支持 Harbor 的 Webhook 功能）。

（1）在用户的 CI/CD 系统中，流水线的镜像信息是通过解析 Webhook 消息体并以参数方式注入的，如图 8-54 所示。

图 8-54

（2）流水线通过 Webhook 的方式触发，如图 8-55 所示。

（3）在 Harbor 中的指定项目下创建一个名称为"流水线自动部署"的 Webhook 策略。选择 HTTP 类型，并且将流水线的 Webhook URL 填入 Endpoint 地址中，如图 8-56 所示。

图 8-55

图 8-56

通过以上步骤，便完成了通过 Webhook 触发用户自定义的 CI/CD 自动部署流水线的设置。在推送一个需要部署的镜像到指定项目后，便可通过事件触发自动部署流水线。在 Harbor 端可看到 Webhook 策略触发的事件信息，如图 8-57 所示。

• 283 •

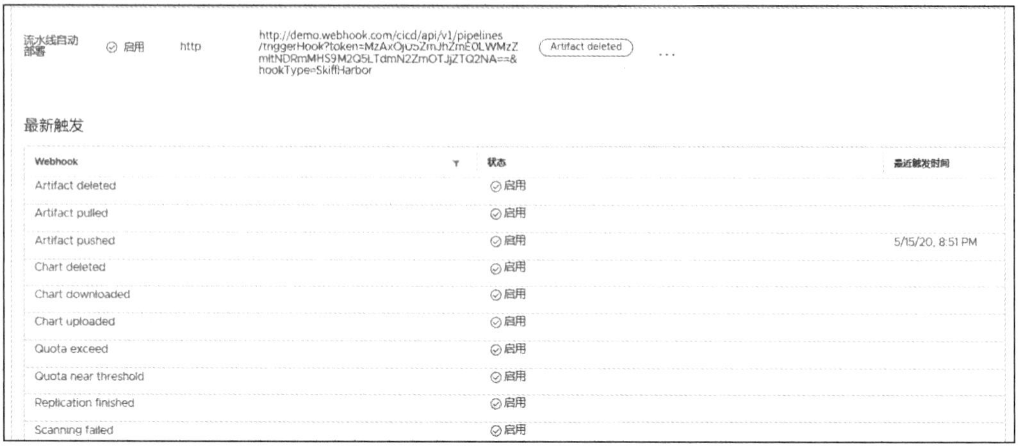

图 8-57

8.6 多语言支持

考虑到用户可能来自世界各地，Harbor 项目在发布之初就对多语言进行了支持。本节介绍如何在各语言之间切换，然后介绍 Harbor 的多语言支持原理，以及如何为 Harbor 添加一种新的语言。

目前在 Harbor 2.0 中支持英文、简体中文、法文、西班牙文、葡萄牙文、土耳其文六种语言，其中英文为 Harbor 发布时的官方语言。Harbor 原创于中国，其中文版目前也由 Harbor 官方维护，其他语言版则由社区用户提供和维护。

如果想修改 Harbor 当前显示的语言，则需要进行如下几步。

（1）单击管理控制台的"语言切换"菜单，该菜单位于 Harbor 页面上方的导航栏右侧，在此图中是用户名（admin）左边的"中文简体"所在的位置。

（2）页面下方弹出一个如图 8-58 所示的列表框，其中会列出当前支持的所有语言。选择需要的语言，再次单击。

（3）等待页面自动刷新，刷新完毕后，Harbor 的当前语言会切换到所选的语言。

图 8-58

如果 Harbor 支持的语言还是无法满足用户的需求，或者当前语言的某些翻译有瑕疵，那么用户可以创建属于自己的新语言，支持或者修复当前语言。

Harbor 的国际化支持由前端代码控制，主要使用了 Google 开源的前端框架 Angular 和 VMware 开源的前端组件 Clarity，两者共同完成了国际化的功能。

为了能够将同一个单词在不同的设置下显示为不同的文字，Harbor 不直接在页面上输出原始内容，而是先定义一系列索引键，然后根据不同的语言为每个索引键都创建相应的值（字符串类型）。Harbor 前端一开始会用那些索引键生成页面，然后根据对应语言的国际化定义文件中的值，将其渲染成最终用户所看到的界面。

知道前端国际化的原理后，创建新的语言就十分简单了，以西班牙语（语言代码"es"，区域代码"es"）为例，创建步骤如下。

（1）在 Harbor 源代码中的"src/portal/src/i18n/lang"文件夹下找到"en-us-lang.json"文件，复制它，将其命名为 es es-lang.json 格式。在此文件中包含 Harbor 国际化所需的键（key）及相应的英文释义，然后将其中的英文释义编辑成用户想要创建的语言（注意：不要修改文件中的键名）。

（2）将新的语言添加到前端代码的支持语言列表中：找到"src/portal/src/app/shared/shared.const.ts"文件中的变量 supportedLangs，将新的语言添加在其列表中（如 export const supportedLangs = ['en-us', 'zh-cn', 'es-es']; ）。定义新添加语言的显示名称，其定义在变量 supportedLangs 中，是一个字典类型的变量，在其中增加"es-es": " Español"项。

（3）在前端模板文件中添加新语言列表：找到"src/portal/src/app/base/navigator/navigator.component.html"文件，然后找到定义 Harbor 所支持语言的标签，添加新的项目，代码如下：

```
<clr-dropdown-menu *clrIfOpen>
    <a href="javascript:void(0)" clrDropdownItem (click)='switchLanguage("en-us")'
[class.lang-selected]='matchLang("en-us")'>English</a>
    <a href="javascript:void(0)" clrDropdownItem (click)='switchLanguage("zh-cn")'
[class.lang-selected]='matchLang("zh-cn")'>中文简体</a>
    <!-- 以西班牙语为例，添加如下一行代码 -->
    <a href="javascript:void(0)" clrDropdownItem (click)='switchLanguage("es-es")'
[class.lang-selected]='matchLang("es-es")'>Español</a>
    <a href="javascript:void(0)" clrDropdownItem (click)='switchLanguage("fr-fr")'
[class.lang-selected]='matchLang("fr-fr")'>Français</a>
    <a href="javascript:void(0)" clrDropdownItem (click)='switchLanguage("pt-br")'
[class.lang-selected]='matchLang("pt-br")'>Português do Brasil</a>
    <a href="javascript:void(0)" clrDropdownItem (click)='switchLanguage("tr-tr")'
[class.lang-selected]='matchLang("tr-tr")'>Türkçe</a>
</clr-dropdown-menu>
```

（4）重新编译代码。

本机源代码编译：

```
$ make build <harbor 编译时参数>
```

若想在其他主机上安装新编译好的 Harbor，则还需要打包一个离线安装包：

```
$ make package_offline
```

这样，新增语言的过程就完成了。当然，如果只是想修改当前的某些内容，则只需找到相关的国际化 JSON 文件，修改相关内容后编译即可。

用户可能会有疑问：不同语言的日期格式各不相同，对这个在哪里配置呢？其实在 Harbor 中使用了 Clarity 库的日期组件，它处理了日期格式的问题，会根据语言和区域代码（locale）信息自动切换日期格式。得益于 Angular 和 Clarity，用户首次登录时，Harbor 也会根据浏览器的语言配置自动匹配合适的语言。

8.7 常见问题

1. 为什么运行完垃圾回收，Harbor 仍然处于只读模式？

垃圾回收任务会保留其执行之前的系统状态。即在执行垃圾回收之前，如果 Harbor 系统为只读状态，那么 Harbor 不会将系统只读状态撤销。

2. 为什么 Harbor 会自动地定期设置只读模式？

如果用户在使用 Harbor 的过程中，设置并取消过垃圾回收周期任务，则在某些情况下，垃圾回收任务的调度会从数据库中成功移除，但并未成功从 Redis 中移除。这就造成了 JobService 依然会定期执行垃圾回收任务，定期将 Harbor 设置为只读模式。若要解决这个问题，则可参考 github.com/goharbor/harbor/issues/12209#issuecomment-657952180 手动删除 Redis 周期任务，从而解决此问题。

3. 为什么不建议用户在 Registry 容器内手动执行垃圾回收？

因为从 Harbor v2.0.0 开始，镜像的 Tag 将不再由 Docker Distribution 管理，而由 Harbor 自身管理。这样一来，在 Distribution 中存储的镜像都是无 Tag 镜像。如果用户在 Registry 容器内手动执行垃圾回收，并指定"--delete-untagged=true"或者"-d"参数，Registry 的垃圾回收功能就会将所有有效的镜像删除，这样会造成用户的损失。

4. 为什么实际的存储使用量小于所有项目的配额总和？

由于层文件的共享性，所有共享的层文件在存储上仅保存一份。而在 Harbor 系统中，项目的配额仅与其引用了哪些层文件有关。如果一个层文件被多个项目引用，这个层文件的大小就都被多个引用的项目重复计算。这就造成了项目的配额总和大于存储使用总量。

5. 为什么在不可变 Artifact 策略中设置了"**"匹配 Repository 和 Tags，依然可以推送新的镜像？

不可变 Artifact 仅应用在已存在的 Artifact（镜像）上，即"**"匹配到的是所有项目里已经存在的镜像。而对于新推送的镜像，第一次可以推送成功，一旦推送成功后，便成为不可变 Artifact，后续无法再次推送。

6. 为什么有时候 Webhook 消息没有在事件触发后立即收到？

在 Harbor 系统中，所有任务都交由异步任务服务 JobService 处理。当系统中有大量任务需要处理时，JobService 会将未处理的任务放入等待队列。这就造成了事件触发时间和事件收到时间的时延。

第 9 章

生命周期管理

Harbor 被部署到生产环境下后，将在线上持续地为用户提供仓库服务，这时便进入了 Harbor 的运维阶段。用户在生产环境下需要对 Harbor 的生命周期管理知识了如指掌，才能做到对风险的可防可控。

本章将从 Harbor 的架构和历史演变出发，围绕 Harbor 的备份、恢复、版本升级、线上问题排查等常见场景，介绍如何对 Harbor 的整个生命周期进行有效管理。

9.1 备份与恢复

备份与恢复是运维中的常规操作，其重要性显而易见：当系统文件出现损坏且无法修复时，可以使用备份文件来恢复系统。

9.1.1 数据备份

备份指将数据复制一份或多份副本并将其存放到其他地方，当系统发生故障导致数据丢失时，可以通过这些副本恢复到之前的状态。

由此可见，备份和恢复都是围绕数据进行的。Harbor 备份的前提是了解 Harbor 中有哪些数据需要备份。如图 9-1 所示，Harbor 所依赖的数据可分为两大类：临时数据和持久化数据。

（1）临时数据是在 Harbor 安装期间通过配置文件生成的数据，主要是 Harbor 组件所依赖的配置文件和环境变量。这些数据通常在 Harbor 安装目录的 common 目录下（如果 Harbor 是通过源代码安装的，则这些数据在源码目录的 "make/common" 目录下），在 Harbor 各组件启动时会被挂载到对应的容器中。虽然临时数据对服务的顺利运行至关重要，但是安装程序每次都会读取 Harbor 配置文件重新生成一份临时数据，所以我们仅需备份配置文件即可，不必将整个 common 目录全部备份。

（2）持久化数据被存放在数据目录配置项下（即配置文件中 data_volume 项所配置的值），这些数据主要包括 Harbor 的数据库数据、Artifacts 数据、Redis 数据、Chart 数据，以及 Harbor 各个组件所依赖的运行时数据。

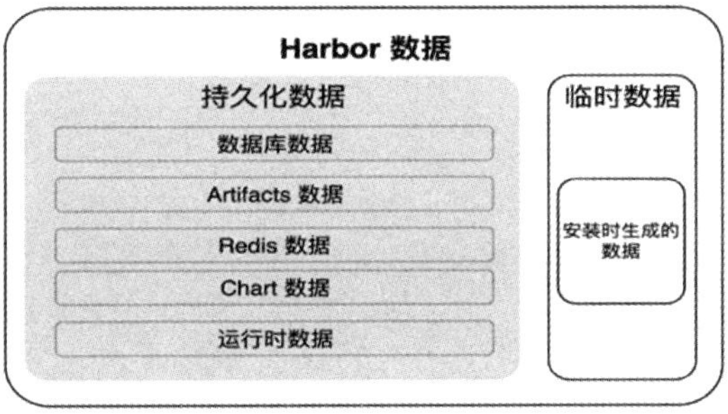

图 9-1

data 目录包含的文件夹和相应的作用如下。

- ca_download：存放用户访问 Harbor 时所需的 CA。
- cert：Harbor 启动 HTTPS 服务时所需的证书和密钥。
- chart_storage：存放 Helm v2 版本的 Chart 数据。
- database：存放数据库的目录，Harbor、Clair 和 Notary 数据库的数据都在此目录下。
- job_logs：存放 JobService 的日志信息。
- redis：存放 Redis 数据。
- registry：存放 OCI Artifacts 数据（对于大部分用户来说是镜像数据）。
- secret：存放 Harbor 内部组件通信所需的加密信息。
- trivy-adapter：存放 Trivy 运行时相关的数据。

注意：Harbor 在启动时需要挂载这些目录下的文件，在 Harbor 各组件的容器中除了 log 容器（依赖 logrotate，必须以 root 权限运行），其他容器都是以非 root 用户身份运行的，这些文件的用户组信息及权限信息与其在容器中的信息不匹配，在容器中就会发生读取权限相关的错误。所以在主机上需要将这些目录和文件设置成容器的指定用户和用户组，这些文件的用户和权限信息主要有如下两类。

- 数据库和 Redis：以 999:999 的用户组运行容器。
- Harbor 的其他容器：以 10000:10000 的用户组运行容器。

还原后的数据一定要与备份时保持一致。许多用户在恢复数据后无法启动 Harbor，而且日志里同时会有文件权限相关的错误信息，这极有可能就是备份数据的文件权限不正确导致的。

接下来进行备份。

（1）备份 Harbor 安装目录至"/my_backup_dir"目录下：

```
$ cp ./harbor /my_backup_dir/harbor
```

若没有修改生成的文件，也不想同时备份 Harbor 镜像和相关文件（可以在需要时从 Harbor 官网下载），则可以只备份配置文件：

```
$ cp ./harbor/harbor.yml /my_backup_dir/harbor.yml
```

（2）备份 Harbor data 目录至"/my_backup_dir"目录下：

```
$ cp -r /data /my_backup_dir/data
```

（3）备份外部存储（使用了外部存储时才需要这一步）：如果使用了外部的数据库、Redis 或者块存储，则需要参考所使用的外部存储提供的备份方案来备份其数据。

以上备份工作就完成了。

9.1.2　Harbor 的恢复

本节介绍如何使用在 9.1.1 节备份时得到的文件，恢复到之前版本的 Harbor。

我们都明白，线上服务总会有突发事件发生，面对火灾、地震、误删数据或者新版本有严重 Bug 等的场形，我们都会有恢复到之前的稳定运行版本的需求。下面就介绍如何恢复 Harbor。

（1）如果 Harbor 还在运行，则需要先停止 Harbor：

```
$ cd harbor
```

```
$ docker-compose down
```

(2)删除当前的 Harbor 目录:

```
$ rm -rf harbor
```

(3)恢复之前版本的 Harbor 目录:

```
$ mv /my_backup_dir/harbor harbor
```

(4)若未备份 Harbor 目录,但备份了配置文件,则可重新下载再解压 Harbor 安装包,然后恢复配置文件(如下命令中的 "xxx" 为 Harbor 的版本号):

```
$ tar xvf harbor-offline-installer-xxx.tgz
$ mv /my_backup_dir/harbor.yml ./harbor/harbor.yaml
```

(5)恢复 data 目录。

- 若 data 目录存在,则需要先删除它(或修改目录名):

```
$ rm -rf /data
```

- 恢复目录:

```
$ mv /my_backup_dir/data /data
```

(6)恢复外部存储数据,如果使用了外部数据库、Redis 或者存储,则需要针对不同的存储和服务,进行相应的恢复操作。

(7)重启 Harbor,使用如下命令:

```
$ cd harbor
$ ./install.sh
```

等待几分钟,Harbor 就会重新启动。

9.1.3 基于 Helm 的备份与恢复

很多 Harbor 用户在生产环境下都使用了 Harbor Helm Chart 在 Kubernetes 平台上部署的高可用集群,对这种场景如何进行备份和恢复呢?

在这种场景中并不建议将数据保存在 Harbor 节点本地,而是使用第三方存储。比如数据库和 Redis 选用外部的 PostgreSQL 或 Redis 的高可用方案,或者直接使用云端的服务,将镜像仓库的后端存储配置为其他共享存储服务如 Ceph。这样一来,数据备份与恢复工作就交给了第三方组件。Harbor 本身除了 values.yaml 上的配置文件,实际上不需要备份

任何其他数据。其备份流程如下:

(1) 备份 values.yaml;

(2) 备份数据库;

(3) 备份 Redis;

(4) 备份对象存储。

恢复时只需运行"helm install"命令即可。

在如下命令中,<Harborname>是 Helm 部署的名称标识,harbor-backup.yaml 是备份时的 values.yaml 文件。

Helm V3 的命令如下:

```
$ helm install -f harbor-backup.yaml <Harborname> harbor/harbor
```

Helm V2 的命令如下:

```
$ helm install -f harbor-backup.yaml --name <Harborname> harbor/harbor
```

若没有使用第三方存储,而是直接部署在本地 Kubernetes 集群上,则不建议自己做备份,可以参考第三方备份工具,如 velero.io。

9.1.4 基于镜像复制的备份和恢复

除了上述常规备份方式,用户也可以使用 Harbor 的镜像复制功能,达到备份的效果。众所周知,Harbor 的镜像复制功能可以用来做镜像分发及与 DevOps 的工作流集成等工作,其在本质上是利用 JobService 组件启动一个异步任务将本地镜像分发到其他端点,或是将其他端点的镜像拉取到本地。这里稍微改变一下使用场景,如图 9-2 所示,准备一个 Harbor 实例作为备份节点,用来备份其他节点的镜像,然后将其他工作节点的镜像复制到此节点。

图 9-2

当原服务失效且需要恢复时,则如图 9-3 所示,将此备份节点的镜像恢复到新的 Harbor 实例。

第 9 章 生命周期管理

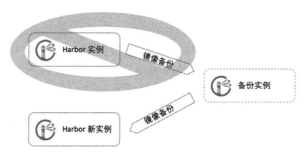

图 9-3

备份时的配置流程如下。

（1）启动 Harbor 服务实例和备份实例，可参考本书第 3 章安装 Harbor。

（2）把备份实例配置为 Harbor 服务实例的复制目标。登录 Harbor 服务实例，在仓库管理页面选择"新建目标"，添加备份实例的信息："提供者"需要选择"Harbor"；"目标名"根据用户的需求填写；"目标 URL"填写 Harbor 备份节点的地址；"访问 ID""访问密码"及是否勾选"验证远程证书"都根据用户安装时的配置填写，如图 9-4 所示。

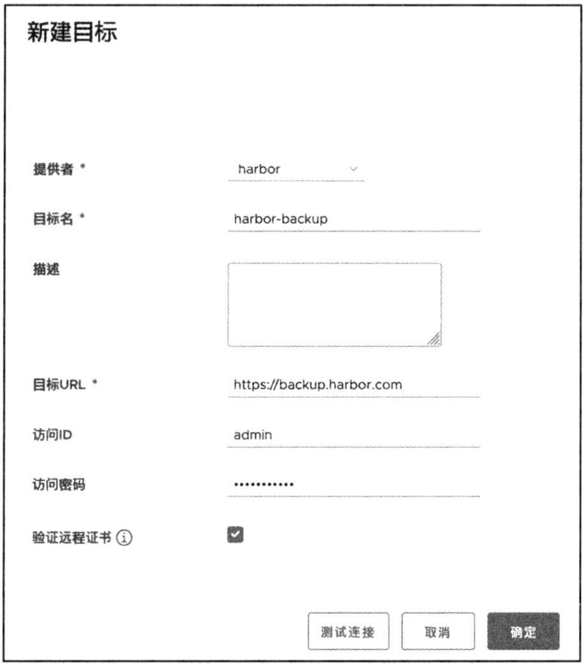

图 9-4

（3）为备份创建复制规则，以定期备份镜像。在 Harbor 管理员界面的"复制管理"栏中新建一条复制镜像到备份节点的规则。如图 9-5 所示，复制模式选择"Push-based"；源资源过滤器根据需求自定义填写，若想备份所有镜像数据，则名称和 Tag 都填写"**"；目的 Registry 填写刚才创建的目标，目的 Namespace 留空，以便备份节点与源节点 Namespace 一致；触发模式选择"定时"，可以根据规则定期运行备份任务。

图 9-5

恢复时的配置流程如下。

（1）启动 Harbor 的新实例。

（2）创建指向 Harbor 备份实例的目标，其内容与本节"备份时的配置流程"中第 2 步创建的目标对应。

（3）创建恢复规则。如图 9-6 所示，名称根据用户的需求填写；复制模式选择"Pull based"；源 Registry 选择 Harbor 备份的节点；目的 Namespace 留空，以便镜像的 Namespace 与备份节点一致；触发模式根据恢复的需求自行选择。

需要指出的是，采用本方式进行备份和恢复具有局限性。因为 Harbor 的远程同步仅确保对镜像、Helm Charts 等 Artifacts 的备份，用户在项目上的权限、标签（Label）等并没有同步到备份实例上。因此在恢复时，仅重新复制了一份原来的 Artifact 数据，用户权限等数据并没有恢复，管理员仍需手动恢复项目的权限等。如果结合用户统一认证（如 LDAP 等），则可在一定程度上满足恢复后新实例的认证需求。这是一种简便的备份方式，把用户最重要且数据量最大的镜像等数据做了副本，在一些用户权限模型比较简单的环境（如生产环境）下具有一定的实用价值，用户可以结合实际场景来使用。

图 9-6

9.2 版本升级

Harbor 只支持当前版本及当前版本的前两个小版本。如在 Harbor 2.0 发布后，Harbor 只支持 2.0、1.10、1.9 这 3 个版本，不再支持 1.8 及之前的版本。如果用户继续使用不再被支持的 Harbor 版本，则在这些版本存在漏洞或缺陷时，因为无法修复，可能会使系统处于风险之中。所以，建议用户及时更新到支持的版本（安全告警机制参考第 13 章）。因为版本升级很容易因为操作不当而出错，造成数据丢失或者无法启动等严重事故，所以本节会从 Harbor 版本升级方案的设计思路、实现细节及历史背景等方面讲解版本升级的解决方案。

9.2.1 数据迁移

在升级 Harbor 服务之前,用户需要先对它的数据进行迁移以适配新的版本。需要迁移的数据有两类:数据库模式(schema)和配置文件数据。

- 数据库模式也就是数据库中表的结构,每次新版本发布时新的功能及对老功能、代码的重构都会导致数据库模式的变更,所以每次升级时都需要升级数据库模式。
- 配置文件数据,顾名思义指 Harbor 组件配置文件,在部分新功能或者新的组件出现时,都需要在配置文件中新增其参数;在老功能、组件重构或者废弃时,也会对配置文件进行更新。

如果升级时不做数据迁移,则会导致数据与新版本不兼容而引发问题。数据迁移是一种高风险操作,操作出现问题时会造成数据丢失等严重后果,所以一定要先按照 9.1 节的操作进行数据备份。

接下来讲解数据迁移。以 Harbor 2.0 为例,用户只用关注配置文件而不必关注数据库的迁移,因为在每次启动实例时,其数据库模式都是自动升级的,其原理为:Harbor 在每次启动时都会调用第三方库"golang-migrate",它会检测当前数据库模式的版本,如果 Harbor 实例的版本比当前数据库的版本高,则会对数据库自动升级。配置文件则需要用户手动执行升级的命令行工具包。此工具包与 Harbor 一同发布,被包含在"goharbor/prepare:v2.0.0"镜像中。用户可以在 Harbor 的离线安装包中找到它,也可以在 Docker Hub 中获取它,命令如下:

```
$ docker pull goharbor/prepare:v2.0.0
```

在 Harbor 2.0 中支持以 1.9.x 或 1.10.x 两个版本为起点的升级迁移。以 1.9 升级到 2.0 为例,迁移命令如下:

```
$ docker run -v /:/hostfs goharbor/prepare:v2.0.0 migrate --input
/home/harbor/upgrade/harbor-19.yml --output /home/harbor/upgrade/harbor-20.yml
--target 2.0.0
```

其中,"-v /:/hostfs"是将主机的根目录"/"挂载到容器中的"/hostfs"目录。因为命令是运行在容器中的,而文件是在主机上的,为了能在容器中访问到指定的文件,需要这样挂载,之后 prepare 会对"/hostfs"这个文件做特殊处理,使得在容器中也能访问主机上的指定文件。但是注意:主机上的文件路径不能包含软链接,否则在容器中会找不到正确的路径。

"migrate"命令有如下 3 个参数。

- --input（缩写为"-i"）：是输入文件的绝对路径，也就是需要升级的原配置文件。
- --output（缩写为"-o"）：是输出文件的绝对路径，也是升级后的配置文件，是可选参数，如果取默认值，则升级后的文件会被写回输入文件中。
- --target（缩写为"-t"）：是目标版本，也就是打算升级到的版本，也是可选参数，如果取默认值，则版本为支持的最新版本。

所以如上命令是将 Harbor 1.9 的配置文件"/home/harbor/upgrade/harbor-19.yml"升级到 Harbor 2.0 版本，并且保存到"/home/harbor/upgrade/harbor-20.yml"目录下。若使用缩写和默认的参数，则命令可以简化如下：

```
$ docker run -v /:/hostfs goharbor/prepare:v2.0.0 migrate -i
/home/harbor/upgrade/harbor.yml
```

如果数据迁移成功，则运行结果如下：

```
migrating to version 1.10.0
migrating to version 2.0.0
Written new values to /home/harbor/upgrade/harbor-20.yml
```

以上为 Harbor 从 1.9、1.10 升级到 2.0 版本的方法。如果想将更早版本的 Harbor 升级到 2.0 版本，则需要先将其升级到 1.9 或者 1.10 版本，再升级到 2.0 版本。

Harbor 2.0 之前的版本与 Harbor 2.0 之后的版本在升级方式上存在不少差别，Harbor 2.0 之前的版本迭代经历了数据库、配置文件格式、迁移工具等多次变更。如图 9-7 所示，Harbor 的 1.5、1.7、1.8、2.0 版本引入的变化都会影响数据迁移方式。

图 9-7

下面列出了其中的变化和影响。

- **1.5**：在此版本之前，Harbor 使用 MySQL 作为底层数据库，之后切换为 PostgreSQL。如果用户使用的是 Harbor 内部的数据库组件，Harbor 的数据迁移工具就会自动处理数据库的升级和变更；但是如果使用了外部的 MySQL 服务作为数据库，则用户需要自己手动迁移数据。

- **1.7**：在此版本之前，Harbor 使用 Python 的 Alembic 库作为数据库迁移工具，之后切换为 golang-migrate。所以，之前的版本需要先使用 Harbor 迁移工具进行数据迁移；在之后的版本中，用户只需迁移配置数据，不再需要手动操作数据库，因为数据库的数据迁移会在实例启动时自动完成。
- **1.8**：在这个版本中，配置文件的格式发生了改变，之前使用的是微软的 INI 配置文件格式，之后变更为 yaml 格式。由于之前的配置文件迁移都是在源文件上修改的，但是在 1.8 版本里面输入文件和输出文件的格式不相同，用同样的名字会引起误会，所以此版本中的配置文件数据迁移需要同时指定输入文件名与输出文件名。
- **2.0**：在此版本中，Harbor 进行了重大升级与重构，只支持 1.9.x 与 1.10.x 版本的升级，而 Harbor 的迁移工具的大量工作都是针对 Harbor 1.9 之前的版本的。另外，之前的迁移工具由 Python 2.7 实现，而 Python 2.7 在 2020 年停止支持，所以在 Harbor 2.0 版本中迁移工具被废弃，1.9 和 1.10 版本的数据迁移功能被移至 prepare 工具包中。所以从此版本开始，Harbor 的升级工具发生了改变。如果想将 Harbor 之前的版本升级到 2.0 版本，则需要先将数据迁移到 1.9 或者 1.10 版本。

了解这些之后，就可以进行升级了，若想得到一个稳妥的升级路径，则可以参考图 9-8。

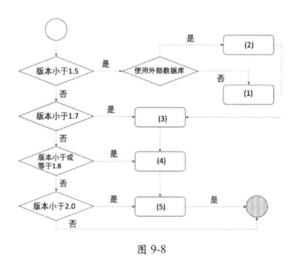

图 9-8

图 9-8 中数字序号对应的升级操作命令如下。

（1）将数据升级到 1.6 版本：

```
$ docker run -it --rm -e DB_USR=root -e DB_PWD=<数据库密码> -v <数据库文件夹路
```

径>:/var/lib/mysql -v <配置文件地址>:/harbor-migration/harbor-cfg/harbor.cfg
goharbor/harbor-migrator:1.6 up
    $ docker run -it --rm -e DB_USR=root -v <notary 数据库路径> :/var/lib/mysql -v
<harbor 数据库路径>:/var/lib/postgresql/data goharbor/harbor-migrator:1.6 --db up
    $ docker run -it --rm -v <clair 数据库路径>:/clair-db -v <harbor 数据库路
径>:/var/lib/postgresql/data goharbor/harbor-migrator:1.6 --db up
```

（2）参考 Harbor 的实现，进行外部数据库的升级和迁移。

（3）将配置文件升级到 1.8 版本：

```
    $ docker run -it --rm -v <harbor.cfg 路
径>:/harbor-migration/harbor-cfg/harbor.cfg -v <harbor.yml 路径>:/harbor-migration/
harbor-cfg-out/harbor.yml goharbor/harbor-migrator:1.8 --cfg up
```

（4）将配置文件升级到 1.10 版本：

```
    $ docker run -it --rm -v <harbor.yml 路
径>:/harbor-migration/harbor-cfg/harbor.yml goharbor/harbor-migrator:1.10 --cfg up
```

（5）将配置文件升级到 2.0 版本：

```
    $ docker run -v /:/hostfs goharbor/prepare:v2.0.0 migrate -i <harbor.yml 路径>
```

9.2.2　升级 Harbor

本节介绍如何升级 Harbor。Harbor 目前支持从 1.9、1.10 升级到 2.0 版本。对于更早的版本，请先参照 9.2.1 节将数据迁移到 1.9 或者 1.10 版本。本节仅介绍从 Harbor 的 1.9、1.10 版本升级到其 2.0 版本的操作方法。

（1）如果 Harbor 还在运行，则需要先将其关闭：

```
$ cd harbor
$ docker-compose down
```

（2）备份当前 "Harbor" 文件夹（可选）：

```
$ mv harbor /my_backup_dir/harbor
```

（3）备份数据：

```
$ cp -r /data/database /my_backup_dir/
```

（4）从 "github.com/goharbor/harbor/releases" 获取最新版本的 Harbor 安装包。

（5）进行数据迁移（如果当前 Harbor 版本低于 1.9，则请参考 9.2.1 节进行数据迁移）：
```

```
$ docker run -v /:/hostfs goharbor/prepare:v2.0.0 migrate -i <harbor.yml 路径>
```

(6)使用新的配置文件安装 Harbor：

```
$ cd <新版本 Harbor 解压的文件夹>
#根据实际需求安装 harbor
$ ./install.sh --with-notary -with-clair -with-chartmuseum
```

到这里，Harbor 升级的相关内容就讲完了。读者可能会问：Harbor 的补丁版本升级（如从 1.9.1 升级至 1.9.2 版本）并没有在文中提到，对这种情况应该如何处理？其实 Harbor 的升级遵循一个约定：补丁版本的升级不会涉及配置文件和数据库的修改，所以对这种情况就不需要考虑了。

如果以上升级一切顺利，则会看到 Harbor 正常启动并提供服务，如果没有正常启动，则可以进行系统排错，见 9.3 节。

9.3 系统排错方法

刚接触 Harbor 的新手在遇到错误想排查时，想必会发现 Harbor 组件众多，不知从哪儿下手。所以本节会基于 Harbor 的架构，给出排错的基本思路。

基本思路是通过观察来定位错误的根源，再根据错误的根源解决或者绕过具体问题。观察的点首先是服务的运行状态，其次是日志内容。对错误的定位则是通过观察得到的信息一步一步地定位错误的源头。要定位错误的源头，首先需要知道 Harbor 各个组件之间的通信关系，才能顺着数据的流向溯源。如图 9-9 所示是 Harbor 的数据流向图。

从图 9-9 中可知，所有用户请求都会先经过 Proxy。Proxy 截获请求后，根据请求的是 API、Notary 还是前端文件，将请求分别代理给 Core 组件、Notary 组件、Portal 组件。Core 组件处理不同的 API 请求时，也会涉及不同组件内部的相互调用，以及对数据库和 Redis 的访问。

Harbor 的各个组件主要通过日志及 health API 对外暴露自己的状态。在使用"docker-compose"命令部署 Harbor 时，日志由 harbor-log 组件统一收集和处理。它首先会在各组件收集上来的日志内容中增加统一的前缀，前缀的内容依次为采集时间、源组件 IP 地址、源组件进程名称和进程 ID，然后以组件的进程名为文件名将日志写入文件系统中。如果 Harbor 被部署在 Kubernetes 上，则可用"kubectl logs"命令类似地查看对应组件的容器的日志，此处不再赘述。

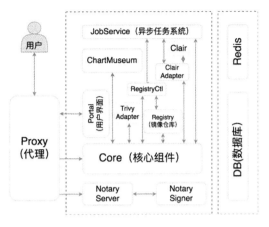

图 9-9

Harbor 各个组件的日志文件参考表 9-1。

表 9-1

组件名称	日志文件名称	组件名称	日志文件名称
ChartMuseum	chartmuseum.log	Portal	portal.log
ClairAdapter	clair-adapter.log	Harbor-DB	postgresql.log
Clair	clair.log	Proxy	proxy.log
Core	core.log	Redis	redis.log
JobService	jobservice.log	RegistryCtl	registryctl.log
NotaryServer	notary-server.log	Registry	registry.log
NotarySigner	notary-signer.log	TrivyAdapter	trivy-adapter.log

下面以 Core 组件的一条日志为例，讲解各字段的含义。

```
Apr 26 08:55:37 172.18.0.1 core[5166]: 2020-04-26T08:55:37Z [INFO]
[/replication/adapter/harbor/adaper.go:31]: the factory for adapter harbor
registered
```

在 Harbor-log 组件添加的前缀中：第 1 个字段"Apr 26 08:55:37"表示 harbor-log 组件采集到日志的时间；第 2 个字段"172.18.0.1"表示 Core 组件在容器网络中的 IP 地址；第 3 个字段"core[5166]"表示进程名为 core，进程 ID 为 5166。

在 Core 组件产生的日志中（Harbor 其他核心组件的日志结构也与此类似）：第 1 个字段"2020-04-26T08:55:37Z"是该日志产生的时间；第 2 个字段"[INFO]"是日志级别；第 3 个字段"[/replication/adapter/harbor/adaper.go:31]"是产生该日志的代码文件名及行号；第 4 个字段"the factory for adapter harbor registered"是日志的具体内容。

除核心组件外，Harbor 引用的第三方组件如 Redis、Postgres、Nginx 等的日志格式可参考相关文档。

Harbor 组件大部分带有健康检测功能，具体如表 9-2 所示。

表 9-2

组件名称	健康检测方法	组件名称	健康检测方法
ChartMuseum	API：/health	Portal	API：/
ClairAdapter	API：/probe/healthy	Harbor-DB	脚本：/docker-entrypoint.sh
Clair	API：/health	Proxy	API：/
Core	API：/api/v2.0/ping	Redis	脚本：docker-healthcheck
JobService	API：/api/v1/stats	RegistryCtl	API：/api/health
NotaryServer	无	Registry	API：/
NotarySigner	无	TrivyAdapter	API：/probe/healthy

其中主要通过组件的健康状态 API 或特定的脚本进行检测。这些检测的脚本或 API 如果检测结果为健康，容器状态就会显示"healthy"，否则容器状态显示"unhealthy"。

了解上述背景后，我们再看看如何通过观察定位问题的源头。如图 9-10 所示是定位问题的源头的流程图。

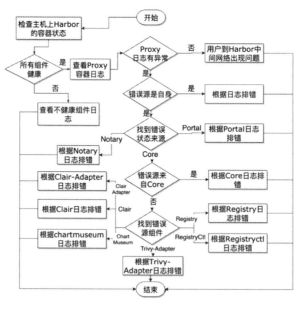

图 9-10

参考此流程图，得到 Harbor 错误溯源的步骤如下。

（1）查看 Harbor 主机上的容器状态是否都健康：

```
$ docker ps
```

（2）若发现了有容器是 unhealthy 状态或者在不停地重启，那么它们极有可能是错误的源头。在 Harbor 错误溯源结束后，接下来做的就是根据其日志解决具体问题。

（3）若所有组件都健康，则继续查看上游 Proxy 组件的日志。

（4）若 Proxy 组件的日志没有异常，也没有用户的访问日志，那么极有可能是用户和 Harbor 之间的网络出现了问题。所以 Harbor 错误溯源结束，接下来排查网络问题。

（5）如果在 Proxy 日志中发现了错误信息，且错误源是 Proxy 组件本身，那么 Harbor 错误溯源结束，接下来根据日志错误排查 Proxy 问题。

（6）如果 Proxy 日志中的异常信息或者错误状态码来自其代理的某个组件（比如代理 Portal 组件出现错误、Core 组件返回"501"状态码），那么说明 Proxy 自身没有问题，问题的源头为其代理的组件。

（7）若 Proxy 日志错误源自 Portal，则对 Portal 组件排错，Harbor 错误溯源结束。

（8）若 Proxy 日志错误源自 Notary，则对 Notary 组件排错，Harbor 错误溯源结束。

（9）若 Proxy 日志错误源自 Core，则继续分析 Core 日志，以进行下一步的溯源。

（10）若 Core 日志的错误由其自身导致，则对 Core 组件排错，Harbor 错误溯源结束。

（11）若 Core 的日志错误源自其他组件，则继续对上游组件排错。

（12）若 Proxy 日志错误源自 Registry，则对 Registry 组件和 Registryctl 排错，Harbor 错误溯源结束。

（13）若 Proxy 日志错误源自 Clair，则对 Clair 组件和 ClairAdapter 排错，Harbor 错误溯源结束。

（14）若 Proxy 日志错误源自 Trivy，则对 Trivy 组件排错，Harbor 错误溯源结束。

（15）若 Proxy 日志错误源自 ChartMuseum，则对 ChartMuseum 组件排错，Harbor 错误溯源结束。

（16）若错误涉及垃圾回收、内容复制、漏洞扫描等异步任务系统的功能，则可在触发任务页面找到对应任务日志的入口，并且根据此日志进行排查。更多详细信息可参考第 11 章的内容。

通过上述步骤可以定位 Harbor 自身的错误源头。除了 Harbor 自身的这些错误，还有许多任务是发生在异步任务中的。在线垃圾回收、镜像复制同步等都会触发异步任务，异步任务的错误可以通过在任务历史记录中查看任务日志（如图 9-11 所示的位置）发现。

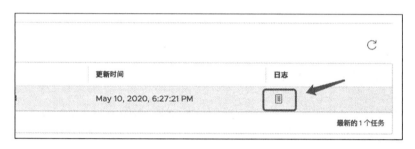

图 9-11

通过以上的溯源分析后，我们一般都能准确定位问题的源头。接下来将进入排错阶段。通常从以下几个方面排错。

（1）网络：修复网络设备；修复网络配置；修复 DNS 配置。

（2）环境：升级运行环境的软件版本；安装 Harbor 运行所依赖的软件；修改 Harbor 运行时依赖的文件权限；确保证书等依赖文件的正确性。

（3）配置：升级配置文件到正确的版本；修改错误的配置；确保配置文件生效（需要手动运行 prepare 或者 install 脚本）。

（4）数据：解决数据库、Redis 和第三方存储与 Harbor 的兼容性问题；确保数据模型的版本与 Harbor 的版本对应。

（5）硬件：更换坏掉的 CPU、硬盘、内存等设备。

生产环境下的问题千差万别，很难有标准的排错方式覆盖到所有的错误，还有些错误虽然在 Harbor 中暴露了，但其源头可能是其他服务，这里由于篇幅有限，就不再一一展开了。我们通过上述排错思路可以排查出一部分问题，若遇上无法解决的难题或者 Bug，则可以去 Harbor 的 GitHub 仓库中提交 issue（问题）来提供错误描述求助社区，建议同时附带上相关组件的日志。日志文件默认位于 "/var/log/harbor" 目录下。使用如下命令将所有日志打包，然后将 harbor.log.tar.gz 上传至 issue 内容中，或者直接将日志内容复制粘贴至 issue 中，这样社区成员便可更准确地帮助定位问题的源头。注意：因为 GitHub 是所有用户可见的，所以应该先将日志里面的敏感信息删除再上传：

```
$ tar -zxvf harbor.log.tar.gz /var/log/harbor
```

9.4 常见问题

对 Harbor 进行维护时，我们还会遇到许多问题，本节将会列出几个常见的问题及应对方法。

9.4.1 配置文件不生效

无论是在生产环境下还是在测试环境下，都会有对配置文件进行修改的场景。很多用户在停掉 Harbor 容器后，都会修改配置文件然后启动 Harbor，发现配置还是保持原样，而不是更新为刚修改的值。这是因为 Harbor 的配置文件在修改后并不会直接生效。Harbor 的众多组件都有自己的配置文件和环境变量，但是配置文件只有一个，用户需要通过运行 prepare 容器，使得 Harbor 配置文件中的配置项能够渲染到各组件所依赖的配置文件。所以修改配置文件后，应该运行如下命令更新配置：

```
$ docker-compose down -v
$ ./prepare --with-notary --with-clair --with-trivy --with-chartmuseum
$ docker-compose up -d
```

这样就能确保用户对配置的每次修改都能生效了。

9.4.2 Docker 重启后 Harbor 无法启动

在将 Harbor 部署到生产环境后，其主机上的 Docker 后台进程很大概率都会主动或者被动地重启。但是在重启后，Harbor 常常会启动失败，某些组件的容器陷入无限重启状态。

这是因为 Harbor 的各个组件容器之间会有依赖关系，这些信息都被定义在配置文件"docker-compose.yml"中。其中，日志容器会监听本地 IP 地址 127.0.0.1 的 1514 端口，以接收和汇总其他容器的日志。其他容器则将日志输出到标准输出中，然后通过 Docker 的后台进程（Docker Daemon）将日志统一转发到 127.0.0.1:1514。但是，日志容器和 Docker 后台进程的启动顺序是随机的，若日志容器先启动，则它会发现 Docker 后台并未启动，所以启动失败，其他容器无法连接日志容器，也会启动失败。

这个问题的源头是两个互相依赖的进程无法保证启动顺序，因为其启动顺序由操作系统调度决定，所以 Docker 后台进程的生命周期管理已经超出了 Harbor 的能力范围，无法在 Harbor 层面解决。但是，我们可以在操作系统层面定义服务的启动顺序，在主流 Linux 系统如 Ubuntu 和 CentOS 中利用类似如下所示的 systemd 配置，将其根据自己的需求稍做修改，并保存到操作系统的 systemd 启动配置文件夹处，如 Ubuntu 18.04 中的 "/lib/systemd/system" 文件夹：

```
[Unit]
Description=Harbor
After=docker.service systemd-networkd.service systemd-resolved.service
Requires=docker.service

[Service]
Type=simple
Restart=on-failure
RestartSec=5
ExecStart=/usr/local/bin/docker-compose -f <docker-compose.yml 文件路径> up
ExecStop=/usr/local/bin/docker-compose -f <docker-compose.yml 文件路径> down


[Install]
WantedBy=multi-user.target
```

9.4.3　在丢失 secret key 的情况下删除已签名的镜像

Harbor 的镜像签名功能是镜像安全相关功能的重要一环，由 Notary 提供。已签名的镜像需要得到 Notary 的验证和授权才能被删除，如果用户丢失了 Notary 的 secret key，则无法再删除已签名的镜像。在这种情况下，管理员是可以绕开限制将其删除的，步骤如下。

（1）停止 Harbor：

```
$ docker-compose down -v
```

（2）运行 prepare，生成不带 Notary 的 docker-compose 文件：

```
$ ./prepare --with-clair --with-chartmuseum --with-trivy
```

（3）启动 Harbor：

```
$ docker-compose up -d
```

（4）此时 Harbor 已经关闭了 Notary 组件，可以在 Harbor 中删除已签名的镜像。

（5）恢复之前的配置：

```
$ docker-compose down -v
$ ./prepare --with-clair --with-chartmuseum --with-trivy --with-notary
$ docker-compose up -d
```

9.4.4　丢失了系统管理员 admin 的密码

Harbor 的系统管理员 admin 有很多权限，其密码保管工作十分重要，万一丢失了密码，则可用如下方法将 admin 的密码重置。

（1）用客户端连接 Harbor 数据库，并选择 Harbor 数据库：

```
$ docker exec -it harbor-db
$ psql -U postgres
postgres=# \c registry;
```

（2）执行如下命令，重置 admin 账号：

```
registry=# select * from harbor_user update harbor_user set salt='', password=''
where user_id = 1;
```

（3）重启 Harbor 后，系统管理员 admin 就能使用在 harbor.yml 中配置的初始密码登录了。

注意：重启 Harbor 后应尽快修改 admin 的密码。

第 10 章
API 的使用方法

前面的章节介绍了 Harbor 各类管理的功能，其中绝大部分功能都可以通过 API（应用编程接口）来实现。本章讲解 Harbor API 的主要功能、认证方式和使用方式等，介绍如何通过 API 与 Harbor 交互，读者可在此基础上开发各类管理工具或者把 Harbor 集成到其他系统中。Harbor API 在开发运维实践中有重要作用，主要体现在以下几个方面：

- 其他系统（如 CI/CD 系统）通过 API 调用来触发 Harbor 的功能，提升系统之间的互操作性和自动化能力；
- 其他系统（如监控系统）可以从 API 中获取 Harbor 的数据，并进行整合、保存或展现；
- 用户可以编写脚本或命令行工具来调用 Harbor，进行交互式访问。

10.1 API 概述

衡量一个软件成熟度的标准之一，是看该软件是否提供了丰富和完善的 API，能否方便、灵活地与其他系统集成，满足各种场景的需求。Harbor 提供了完整的 RESTful API，以方便用户进行二次开发、系统集成和流程自动化等相关工作。Harbor 的代码实现了用户、项目、扫描、复制、Artifact 等核心管理功能。除此之外，Harbor 也集成了其他开源组件（如 Docker Distribution 等）来完成相应的功能，这些组件的 API 会通过 Harbor 暴露给用户。根据功能组件的不同，Harbor 提供的 API 主要分为两类：核心管理 API 和 Registry API，整体结构如图 10-1 所示。核心管理 API 的功能基本由 Harbor 项目实现，Registry API 的功能主要由 Docker Distribution 组件提供，通过 Harbor 透传 API 供外部调用。

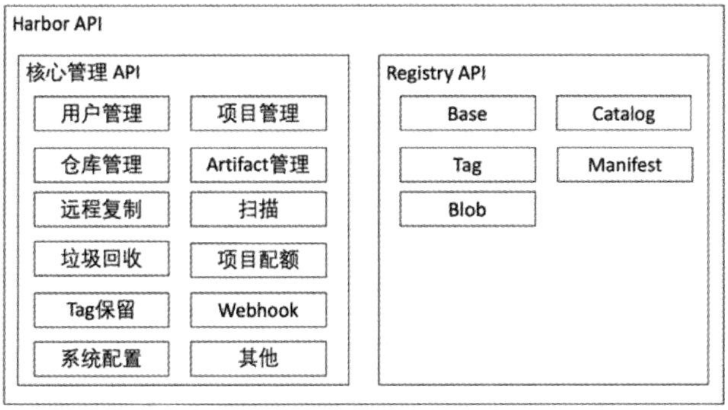

图 10-1

10.1.1 核心管理 API 概述

核心管理 API 提供了 Harbor 核心管理功能的编程接口，这些功能主要如下。

- 用户管理（"/users"和"/usergroups"）：覆盖用户和用户组相关的管理功能，包括用户和用户组的创建、修改、查找、删除等。
- 项目管理（"/projects"）：覆盖项目相关的管理功能，包括项目的创建、修改、查找、获取概要、删除和项目元信息的管理等。
- 仓库管理（"/projects/{project_name}/repositories"）：覆盖仓库相关的管理功能，包括仓库的修改、查找和删除等。
- Artifact 管理（"/projects/{project_name}/repositories/{repository_name}/artifacts"）：覆盖 Artifact 相关的管理功能，包括 Artifact 查找、删除、添加；标签移除；附加属性获取；Tag 管理等。
- 远程复制（"/replication"和"/registries"）：覆盖远程复制相关的功能，包括仓库服务实例管理及远程复制策略的管理、执行等。
- 扫描（"/scanners""/projects/{project_id}/scanner"和"/projects/{project_name}/repositories/{repository_name}/artifacts/{reference}/scan"等）：覆盖扫描相关的功能，包括扫描器管理、触发扫描和查看扫描结果等。
- 垃圾回收（"/system/gc"）：覆盖垃圾回收相关的功能，包括触发垃圾回收和查看执行结果等。
- 项目配额（"/quotas"）：覆盖项目配额相关的功能，包括项目配额的设置、更改和查看等。
- Tag 保留（"/retentions"）：覆盖 Artifact 保留策略相关的功能，包括保留策略的创建、修改、删除和执行等。
- Artifact 管理（"/projects/{project_id}/immutabletagrules"）：覆盖项目中不可变 Artifact 策略相关的功能，包括不可变策略的创建、修改、删除和执行等。
- Webhook（"/projects/{project_id}/webhook"）：覆盖 Webhook 相关的功能，包括 Webhook 的创建、修改和删除等。
- 系统配置（"/configurations" 和 "/systeminfo"）：覆盖系统配置和基本信息相关的功能，包括系统配置的查看和修改等。

核心管理 API 符合 OpenAPI 2.0 规范，用户可以参考 GitHub 上 Harbor 官方代码仓库中的 Swagger 文档获取核心管理 API 的详细信息。查看某个特定版本的 API 文档时，需要先切换到相应的代码分支，具体位置如表 10-1 所示。

表 10-1

版　本	分　支	文档位置
2.0	release-2.0.0	/api/v2.0
1.10	release-1.10.0	/api/harbor
1.9 及之前	release-1.9.0 等	/docs/swagger.yaml

也可以直接使用 API 控制中心功能，通过 Web 页面查看和使用 API，具体使用方法请参考 10.2.13 节。

1. API 版本

Harbor 2.0 引入了 API 版本机制来更好地支持后续 API 的演进，如果代码的改动无法保证向前兼容，则将会被归入更高版本的 API 中。在一个特定的发行版本中，Harbor 只会维护一个版本的 API，所以如果用户使用了 API，在升级时就要注意 API 的版本是否有所变动。用户可以发送请求"GET /api/version"获取所部署的 Harbor 支持的 API 版本：

```
$ curl https://demo.goharbor.io/api/version
```

返回结果如下：

```
{"version":"v2.0"}
```

可以看到，当前 Harbor API 的版本为 v2.0，那么所有核心管理 API 都以"/api/v2.0"为前缀。

2. 认证方式

核心管理 API 采用 HTTP 进行基本认证（Basic Auth），在基本认证过程中，请求的 HTTP 头会包含 Authorization 字段，形式为"Authorization: Basic <凭证>"，该凭证是由用户和密码组合而成的，采用了 Base64 编码。

使用 cURL 以 Harbor 系统管理员 admin 的用户名和密码调用项目列表 API，代码如下：

```
$ curl -u admin:xxxxx https://demo.goharbor.io/api/v2.0/projects
```

返回结果如下：

```
[
  {
    "project_id": 1,
    "owner_id": 1,
    "name": "library",
    "creation_time": "2020-04-30T20:46:40.359337Z",
    "update_time": "2020-04-30T20:46:40.359337Z",
    "deleted": false,
    "owner_name": "",
    "current_user_role_id": 1,
    "current_user_role_ids": [
      1
    ],
    "repo_count": 0,
    "chart_count": 0,
    "metadata": {
      "public": "true"
    },
    "cve_whitelist": {
      "id": 0,
      "project_id": 0,
      "items": null,
      "creation_time": "0001-01-01T00:00:00Z",
      "update_time": "0001-01-01T00:00:00Z"
    }
  }
]
```

3. 错误格式

在请求 API 时，有可能会因为客户端或者服务器端发生错误而导致请求失败，在这种情况下，一种标准的 API 错误会被返回，用来说明错误发生的具体原因。

返回的 API 错误的格式是一个数组，数组中的每个元素都代表一个具体的错误信息，每个错误信息都由 HTTP 响应状态码和具体的错误内容两部分构成，而具体的错误内容又包含两个字段：错误码和错误信息。举例来说，当请求 Repository API 获取一个不存在的 Repository 时，请求如下：

```
$ curl -u admin:xxxxx
https://demo.goharbor.io/api/v2.0/projects/library/repositories/hello-world
```

返回结果如下：

```
HTTP/1.1 404 Not Found
Server: nginx
Date: Sun, 03 May 2020 04:02:15 GMT
Content-Type: application/json; charset=utf-8
Content-Length: 87
Connection: keep-alive
Set-Cookie: sid=9c31cb12979604d6df71b30536166dde; Path=/; Secure; HttpOnly
X-Request-Id: 544b8371-85f8-42b2-ab0f-7d06e38a681e

{
    "errors": [{
        "code": "NOT_FOUND",
        "message": "repository library/hello-world not found"
    }]
}
```

该响应的状态码为 404，具体的错误内容为 {"errors":[{"code":"NOT_FOUND","message":"repository library/hello-world not found"}]}，在返回的错误数组（errors[]）中只包含一个元素，在该元素中"NOT_FOUND"是错误码，"repository library/hello-world not found"是错误信息。

4. 查询关键字"q"

从 Harbor 2.0 开始，部分 API 引入了对查询关键字"q"的支持，提供了一种通用的方式来过滤查询结果。

目前查询关键字"q"支持 5 种查询语法。

- 精确匹配：key=value。
- 模糊匹配：key=~value。在值前增加"~"来表示模糊匹配。
- 范围：key=[min~max]。通过指定最小值 min 与最大值 max 并以"~"分隔来表示范围，范围包含边界值。如果忽略最大值即 key=[min~]，则表示查询 key 大于等于 min 的所有结果；如果忽略最小值即 key=[~max]，则表示查询 key 小于等于 max 的所有结果。
- 或关系的集合：key={value1 value2 value3}。查询 key 等于所给值中任意一个值的所有结果，多个值之间以空格分隔，如 tag={'v1' 'v2' 'v3'}。
- 与关系的集合：key=(value1 value2 value3)。查询 key 同时等于全部所给值的所有结果，多个值之间以空格分隔，如 label=('L1' 'L2' 'L3')。

范围和集合的值可以是字符串（使用单引号或者双引号引用）、整数或者时间（时间格式示例如 "2020-04-09 02:36:00"）。

在请求 API 时，所有查询条件都要放在查询关键字 "q" 中并以逗号分隔，如查询项目 ID 为 1、名称包含 "hello" 且创建时间不早于 2020-04-09 02:36:00 的 Repository，对应的 API 请求如下：

```
$ curl -u admin:xxxxx -globoff
https://demo.goharbor.io/api/v2.0/projects/library/repositories?q=project_id=1,name=~hello,creation_time=[2020-04-09%2002:36:00~]
```

10.1.2　Registry API 概述

Docker Distribution 是 OCI 分发（Distribution）规范的一个实现。Harbor 通过集成 Docker Distribution 提供了 Artifact 的基础管理功能，因此直接暴露了 Docker Registry 的 API 供用户使用。Registry API 的详细信息可以参考 OCI 分发规范的官方文档。

Harbor 对 Registry API 提供了两种认证方式：HTTP Basic Auth 认证和 Bearer Token 认证。

1. HTTP Basic Auth 认证

HTTP Basic Auth 的使用方式和核心管理 API 相同，使用 HTTP Basic Auth 认证方式获取 manifest 的 API 的请求如下：

```
$ curl -u admin:xxxxx
https://demo.goharbor.io/v2/library/hello-world/manifests/latest
```

返回结果如下：

```
{
    "schemaVersion": 2,
    "mediaType": "application/vnd.docker.distribution.manifest.v2+json",
```

```
    "config": {
      "mediaType": "application/vnd.docker.container.image.v1+json",
      "size": 1510,
      "digest":
s"sha256:fce289e99eb9bca977dae136fbe2a82b6b7d4c372474c9235adc1741675f587e"
    },
    "layers": [
      {
        "mediaType": "application/vnd.docker.image.rootfs.diff.tar.gzip",
        "size": 977,
        "digest":
"sha256:1b930d010525941c1d56ec53b97bd057a67ae1865eebf042686d2a2d18271ced"
      }
    ]
  }
```

2. Bearer Token 认证

Bearer Token 的认证流程在 5.1.3 节中介绍过，这里介绍用 API 认证的实现细节。还是以请求 manifest 为例，不带任何认证信息的请求如下：

```
$ curl -i https://demo.goharbor.io/v2/library/hello-world/manifests/latest
```

返回结果如下：

```
HTTP/1.1 401 Unauthorized
...
Www-Authenticate: Bearer
realm="https://demo.goharbor.io/service/token",service="harbor-registry",scope="repository:library/hello-world:pull"

{
    "errors": [{
        "code": "UNAUTHORIZED",
        "message": "unauthorized to access repository: library/hello-world,
action: pull: unauthorized to access repository: library/hello-world, action: pull"
    }]
}
```

响应状态码为 401，在响应头"Www-Authenticate"中包含了认证服务的地址及所需申请的权限。

根据所需的权限（示例中是 pull 权限）发送获取 Token 的请求：

```
$ curl -u admin:xxxxx
https://demo.goharbor.io/service/token?service=harbor-registry\&scope=repository
:library/hello-world:pull
```

返回结果如下:

```
{
  "token": "eyJ0eX…",
  "access_token": "",
  "expires_in": 1800,
  "issued_at": "2020-08-04T12:52:28Z"
}
```

将获取的 Token 放在请求头部中再次请求 manifest:

```
$ curl -H "Authorization: Bearer eyJ0eX…"
https://demo.goharbor.io/v2/library/hello-world/manifests/latest
```

返回结果如下:

```
{
    "schemaVersion": 2,
    "mediaType": "application/vnd.docker.distribution.manifest.v2+json",
    "config": {
        "mediaType": "application/vnd.docker.container.image.v1+json",
        "size": 1510,
        "digest": "sha256:fce289e99eb9bca977dae136fbe2a82b6b7d4c372474c9235adc1741675f587e"
    },
    "layers": [
        {
            "mediaType": "application/vnd.docker.image.rootfs.diff.tar.gzip",
            "size": 977,
            "digest": "sha256:1b930d010525941c1d56ec53b97bd057a67ae1865eebf042686d2a2d18271ced"
        }
    ]
}
```

10.2 核心管理 API

本节梳理主要的核心管理 API 的使用方法,并给出部分示例,更多信息可以查看 Harbor 的 OpenAPI(Swagger)文档或通过交互式的 API 控制中心获取。

10.2.1 用户管理 API

用户管理 API("/users"和"/usergroups")覆盖用户和用户组相关的管理功能,包括用户和用户组的创建、修改、查找、删除等，如表 10-2 所示。

表 10-2

Endpoint（终端地址）	方法说明
/users	GET：获取已注册用户的信息。 POST：创建用户账户
/users/{user_id}	GET：获取某个用户的信息。 PUT：更新某个用户的信息。 DELETE：删除某个用户
/users/{user_id}/password	PUT：更新用户密码
/users/{user_id}/sysadmin	PUT：更新用户是否为系统管理员状态
/users/{user_id}/cli_secret	PUT：产生新的用户 CLI 密码
/users/search	GET：搜索用户
/users/current	GET：获取当前用户的信息
/users/current/permission	GET：获取当前用户的权限
/ldap/users/search	GET：从 LDAP 中搜索用户
/ldap/users/import	POST：从 LDAP 中导入用户信息
/usergroups	GET：获取所有用户组的信息。 POST：创建用户组
/usergroups/{group_id}	GET：获取某个用户组的信息。 PUT：更新某个用户组的信息。 DELETE：删除用户组

获取系统中所有已有用户信息的请求如下：

```
$ curl -u admin:xxxxx https://demo.goharbor.io/api/v2.0/users
```

返回结果如下：

```
[
  {
    "user_id": 3,
    "username": "zhangsan",
    "email": "zhangsan@example.com",
    "password": "",
    "password_version": "sha256",
    "realname": "San Zhang",
    "comment": "",
    "deleted": false,
    "role_name": "",
    "role_id": 0,
    "sysadmin_flag": false,
```

```
    "admin_role_in_auth": false,
    "reset_uuid": "",
    "creation_time": "2020-08-18T08:53:11Z",
    "update_time": "2020-08-18T08:53:11Z"
  }
]
```

10.2.2 项目管理 API

项目管理 API（"/projects"）覆盖项目相关的管理功能，包括创建、修改、查找、删除项目；管理成员和项目元信息等，如表 10-3 所示。

表 10-3

Endpoint（终端地址）	方法说明
/projects	GET：列出符合条件的项目信息。 POST：创建新项目。 HEAD：检查项目是否存在
/projects/{project_id}	GET：获取某个项目的详细信息。 PUT：更新某个项目的信息。 DELETE：删除某个项目
/projects/{project_id}/metadatas	GET：获取某个项目的元信息。 POST：给某个项目增加元信息
/projects/{project_id}/metadatas/{meta_name}	GET：获取某个项目的某个元信息。 PUT：更新某个项目的某个元信息。 DELETE：删除某个项目的某个元信息
/projects/{project_id}/members	GET：获取某个项目的成员。 POST：给某个项目增加成员
/projects/{project_id}/members/{mid}	GET：获取某个项目的某个成员信息。 PUT：更新某个项目的某个成员信息。 DELETE：从某个项目中删除某个成员

创建一个名称为"test"的公开项目的请求如下：

```
$ curl -u admin:xxxxx -H "Content-Type: application/json" -d
'{"project_name":"test","metadata":{"public":"true"}}'
https://demo.goharbor.io/api/v2.0/projects
```

获取名称中包含"test"的项目的请求如下：

```
$ curl -u admin:xxx https://demo.goharbor.io/api/v2.0/projects?q=name=~test
```

返回结果如下：

```
[
  {
    "project_id": 4,
    "owner_id": 1,
    "name": "test",
    "creation_time": "2020-08-18T09:20:30Z",
    "update_time": "2020-08-18T09:20:30Z",
    "deleted": false,
    "owner_name": "",
    "current_user_role_id": 1,
    "current_user_role_ids": [
      1
    ],
    "repo_count": 0,
    "chart_count": 0,
    "metadata": {
      "public": "true"
    },
    "cve_whitelist": {
      "id": 0,
      "project_id": 0,
      "items": null,
      "creation_time": "0001-01-01T00:00:00Z",
      "update_time": "0001-01-01T00:00:00Z"
    }
  }
]
```

获取 ID 为 1 的项目元信息的请求如下：

```
$ curl -u admin:xxxxx https://demo.goharbor.io/api/v2.0/projects/1/metadatas
```

返回结果如下：

```
{
  "auto_scan": "false",
  "enable_content_trust": "false",
  "prevent_vul": "true",
  "public": "true",
  "reuse_sys_cve_whitelist": "true",
  "severity": "low"
}
```

删除 ID 为 4 的项目的请求如下：

```
$ curl -u admin:xxxxx -X DELETE https://demo.goharbor.io/api/v2.0/projects/4
```

10.2.3　仓库管理 API

仓库管理 API（"/projects/{project_name}/repositories"）覆盖仓库（Repository）相关的管理功能，包括仓库的修改、查找和删除等，如表 10-4 所示。

表 10-4

Endpoint（终端地址）	方法说明
/projects/{project_name}/repositories	GET：列出项目中符合条件的仓库信息
/projects/{project_name}/repositories/{repository_name}	GET：获取某个项目的某个仓库的信息。 PUT：更新某个项目的某个仓库的信息。 DELETE：删除某个项目的某个仓库

获取项目 library 中所有仓库的请求如下：

```
$ curl -u admin:xxxxx
https://demo.goharbor.io/api/v2.0/projects/library/repositories
```

返回结果如下：

```
[
  {
    "artifact_count": 1,
    "creation_time": "2020-08-18T09:45:26.617Z",
    "id": 1,
    "name": "library/hello-world",
    "project_id": 1,
    "update_time": "2020-08-18T09:45:26.617Z"
  }
]
```

删除名称为"library/hello-world"的仓库的请求如下：

```
$ curl -u admin:xxxxx -X DELETE
https://demo.goharbor.io/api/v2.0/projects/library/repositories/hello-world
```

10.2.4　Artifact 管理 API

Artifact 管理 API（"/projects/{project_name}/repositories/{repository_name}/artifacts"）覆盖 Artifact 相关的管理功能，包括：Artifact 获取与查找、删除与添加；标签管理；附加属性获取；Tag 管理，等等，如表 10-5 所示。注意：API 中的 reference 参数为 Artifact 的摘要值或者 Tag。

表 10-5

Endpoint（终端地址）	方法说明
/projects/{project_name}/repositories/{repository_name}/artifacts	GET：列出某个项目的某个仓库下符合条件的 Artifact 信息。 POST：复制 Artifact 到某个项目的某个仓库下
/projects/{project_name}/repositories/{repository_name}/artifacts/{reference}	GET：获取某个项目的某个仓库下某个 Artifact 的信息。 DELETE：删除某个项目的某个仓库下的某个 Artifact
/projects/{project_name}/repositories/{repository_name}/artifacts/{reference}/labels	POST：为某个 Artifact 添加 label
/projects/{project_name}/repositories/{repository_name}/artifacts/{reference}/labels/{label_id}	DELETE：删除某个 Artifact 的某个 label
/projects/{project_name}/repositories/{repository_name}/artifacts/{reference}/tags	GET：获取某个项目的某个仓库下某个 Artifact 的 Tag。 POST：为某个 Artifact 添加 Tag
/projects/{project_name}/repositories/{repository_name}/artifacts/{reference}/tags/{tag_name}	DELETE：删除某个 Artifact 的某个 Tag

获取仓库"library/hello-world"下所有 Artifact 的请求如下：

```
$ curl -u admin:xxxxx
https://demo.goharbor.io/api/v2.0/projects/library/repositories/hello-world/artifacts
```

返回结果如下：

```
[
  {
    "addition_links": {
      "build_history": {
        "absolute": false,
        "href":
"/api/v2.0/projects/library/repositories/hello-world/artifacts/sha256:92c7f9c92844bbbb5d0a101b22f7c2a7949e40f8ea90c8b3bc396879d95e899a/additions/build_history"
      },
      "vulnerabilities": {
        "absolute": false,
        "href":
"/api/v2.0/projects/library/repositories/hello-world/artifacts/sha256:92c7f9c92844bbbb5d0a101b22f7c2a7949e40f8ea90c8b3bc396879d95e899a/additions/vulnerabilities"
      }
    },
```

```
    "digest":
"sha256:92c7f9c92844bbbb5d0a101b22f7c2a7949e40f8ea90c8b3bc396879d95e899a",
      "extra_attrs": {
        "architecture": "amd64",
        "author": null,
        "created": "2019-01-01T01:29:27.650294696Z",
        "os": "linux"
      },
      "id": 2,
      "labels": null,
      "manifest_media_type":
"application/vnd.docker.distribution.manifest.v2+json",
      "media_type": "application/vnd.docker.container.image.v1+json",
      "project_id": 1,
      "pull_time": "0001-01-01T00:00:00.000Z",
      "push_time": "2020-08-18T10:11:35.453Z",
      "references": null,
      "repository_id": 2,
      "size": 3011,
      "tags": [
        {
          "artifact_id": 2,
          "id": 2,
          "immutable": false,
          "name": "latest",
          "pull_time": "0001-01-01T00:00:00.000Z",
          "push_time": "2020-08-18T10:11:35.472Z",
          "repository_id": 2,
          "signed": false
        }
      ],
      "type": "IMAGE"
    }
  ]
```

获取该仓库下摘要值为"sha256:92c7f9c92844bbbb5d0a101b22f7c2a7949e40f8ea90c8b3bc396879d95e899a"的 Artifact 的所有 Tag 的请求如下：

```
    $ curl -u admin:xxxxx
https://demo.goharbor.io/api/v2.0/projects/library/repositories/hello-world/artifacts/sha256:92c7f9c92844bbbb5d0a101b22f7c2a7949e40f8ea90c8b3bc396879d95e899a/tags
    [
      {
        "artifact_id": 2,
        "id": 2,
        "immutable": false,
```

```
    "name": "latest",
    "pull_time": "0001-01-01T00:00:00.000Z",
    "push_time": "2020-08-18T10:11:35.472Z",
    "repository_id": 2,
    "signed": false
  }
]
```

为该仓库中摘要值为 "sha256:92c7f9c92844bbbb5d0a101b22f7c2a7949e40f8ea90c8b3bc396879d95e899as" 的 Artifact 添加名称为 "dev" 的 Tag 的请求如下：

```
$ curl -u admin:xxxxx -H "Content-Type: application/json" -d '{"name":"dev"}' https://demo.goharbor.io/api/v2.0/projects/library/repositories/hello-world/artifacts/sha256:92c7f9c92844bbbb5d0a101b22f7c2a7949e40f8ea90c8b3bc396879d95e899a/tags
```

10.2.5 远程复制 API

远程复制 API（"/replication"）覆盖远程复制相关的功能，包括远程复制策略的管理、执行等。另外一组相关的 API 是仓库管理（"/registries"），主要负责对远端镜像或制品仓库服务的访问端点进行管理，对远程复制等依赖远端仓库集成的功能进行支持。具体 API 如表 10-6 所示。

表 10-6

Endpoint（终端地址）	方法说明
/replication/executions	GET：列出远程复制任务的执行记录。 POST：开始一个新的远程复制任务的执行
/replication/executions/{id}	GET：列出某个远程复制任务的执行记录。 PUT：停止某个远程复制任务的执行
/replication/executions/{id}/tasks	GET：获取某个远程复制的子任务
/replication/executions/{id}/tasks/{task_id}/log	GET：获取某个远程复制的某个子任务的日志
/replication/policies	GET：列出远程复制策略。 POST：创建一个新的远程复制策略
/replication/policies/{id}	GET：获取某个远程复制策略。 PUT：更新某个远程复制策略。 DELETE：删除某个远程复制策略
/replication/adapters	GET：列出支持的远程复制适配器

续表

Endpoint（终端地址）	方法说明
/registries	GET：列出远程复制的目标 Registry。 POST：创建一个新的远程复制目标 Registry
/registries/{id}	GET：获取某个目标 Registry。 PUT：修改某个目标 Registry 的信息。 DELETE：删除某个目标 Registry
/registries/{id}/info	GET：获取某个目标 Registry 的信息

获取所有远程复制策略的请求如下：

```
$ curl -u admin:xxxxx https://demo.goharbor.io/api/v2.0/replication/policies
[
  {
    "id": 2,
    "name": "rule01",
    "src_registry": {
      "type": "docker-hub",
      "url": "https://hub.docker.com",
      ...
    },
    "dest_registry": {
      "type": "harbor",
      "url": "http://core:8080",
      ...
    },
    "dest_namespace": "",
    "filters": [
      {
        "type": "name",
        "value": "library/hello-world"
      },
      ...
    ],
    "trigger": {
      "type": "manual",
      ...
    },
    "override": true,
    "enabled": true,
    ...
  }
]
```

10.2.6　扫描 API

第 6 章介绍过扫描 API 的一些细节，本节汇总了扫描 API 的用途并给出部分示例。扫描 API（"/scanners""/projects/{project_id}/scanner"和"/projects/{project_name}/repositories/{repository_name}/artifacts/{reference}/scan"等）覆盖扫描相关的功能，包括扫描器管理、触发扫描和查看扫描日志等，如表 10-7 所示。注意：API 中的"reference"参数为 Artifact 的摘要值或者 Tag。

表 10-7

Endpoint（终端地址）	方法说明
/scanners	GET：获取系统级扫描器。 POST：注册一个新的系统级扫描器
/scanners/{registration_id}	GET：获取某个扫描器的注册信息。 PUT：更新某个扫描器的注册信息。 DELETE：删除某个扫描器。 PATCH：设置系统默认的扫描器
/scanners/{registration_id}/metadata	GET：获取某个扫描器的元数据
/scanners/ping	POST：测试扫描器的配置
/projects/{project_id}/scanner	GET：获取某个项目的扫描器。 PUT：更新某个项目的扫描器
/projects/{project_id}/scanner/candidates	GET：获取某个项目待选的扫描器
/projects/{project_name}/repositories/{repository_name}/artifacts/{reference}/scan	POST：对某个 Artifact 进行扫描
/projects/{project_name}/repositories/{repository_name}/artifacts/{reference}/scan/{report_id}/log	GET：获取某个 Artifact 的扫描操作日志
/system/scanAll/schedule	GET：获取系统全局扫描计划。 PUT：更新系统全局扫描计划。 POST：创建系统全局扫描计划或手动触发全局扫描

"/scanners"和"/projects/{project_id}/scanner"分别针对系统级别和项目级别的扫描器进行管理。获取系统级别的扫描器的请求如下：

```
$ curl -u admin:xxxxx https://demo.goharbor.io/api/v2.0/scanners
```

返回结果如下：

```
[
    {
```

```
      "uuid": "de8aecb5-a87b-11ea-83ab-0242ac1e0004",
      "name": "Trivy",
      "description": "The Trivy scanner adapter",
      "url": "http://trivy-adapter:8080",
      "disabled": false,
      "is_default": true,
      "auth": "",
      "skip_certVerify": false,
      "use_internal_addr": true,
      "create_time": "2020-08-07T05:00:55.631199Z",
      "update_time": "2020-08-07T05:00:55.631202Z"
   },
   {
      "uuid": "de8b3143-a87b-11ea-83ab-0242ac1e0004",
      "name": "Clair",
      "description": "The Clair scanner adapter",
      "url": "http://clair-adapter:8080",
      "disabled": false,
      "is_default": false,
      "auth": "",
      "skip_certVerify": false,
      "use_internal_addr": true,
      "create_time": "2020-08-07T05:00:55.632944Z",
      "update_time": "2020-08-07T05:00:55.632946Z"
   }
]
```

"/projects/{project_name}/repositories/{repository_name}/artifacts/{reference}/scan"用来触发扫描。触发对 Artifact 的扫描操作的请求如下：

```
$ curl -u admin:xxxxx -X POST
https://demo.goharbor.io/api/v2.0/projects/library/repositories/hello-world/arti
facts/sha256:92c7f9c92844bbbb5d0a101b22f7c2a7949e40f8ea90c8b3bc396879d95e899a/sc
an
```

"/projects/{project_name}/repositories/{repository_name}/artifacts/{reference}/scan/{report_id}/log"可用来查看扫描操作日志，请求如下：

```
$ curl -u admin:xxxxx
https://demo.goharbor.io/api/v2.0/projects/library/repositories/hello-world/arti
facts/sha256:92c7f9c92844bbbb5d0a101b22f7c2a7949e40f8ea90c8b3bc396879d95e899a/sc
an/f5981728-9640-4f1d-820e-c366afd3b70a/log
```

返回结果如下：

```
2020-08-31T12:52:48Z [INFO] [/pkg/scan/job.go:325]: registration:
2020-08-31T12:52:48Z [INFO] [/pkg/scan/job.go:336]: {
```

```
            "uuid": "b18f1069-ebda-11ea-a362-0242ac1c0009",
            "name": "Trivy",
            "description": "The Trivy scanner adapter",
            "url": "http://trivy-adapter:8080",
            "disabled": false,
            "is_default": true,
            "health": "healthy",
            "auth": "",
            "skip_certVerify": false,
            "use_internal_addr": true,
            "adapter": "Trivy",
            "vendor": "Aqua Security",
            "version": "v0.9.2",
            "create_time": "2020-08-30T22:38:30.256269Z",
            "update_time": "2020-08-30T22:38:30.256271Z"
        }
2020-08-31T12:52:48Z [INFO] [/pkg/scan/job.go:325]: scanRequest:
2020-08-31T12:52:48Z [INFO] [/pkg/scan/job.go:336]: {
    "registry": {
        "url": "http://core:8080",
        "authorization": "[HIDDEN]"
    },
    "artifact": {
        "namespace_id": 1,
        "repository": "library/hello-world",
        "tag": "",
        "digest": "sha256:92c7f9c92844bbbb5d0a101b22f7c2a7949e40f8ea90c8b3bc396879d95e899a",
        "mime_type": "application/vnd.docker.distribution.manifest.v2+json"
    }
}
```

10.2.7 垃圾回收 API

垃圾回收 API（"/system/gc"）覆盖垃圾回收相关的功能，包括触发垃圾回收和查看执行结果等，如表 10-8 所示。

表 10-8

Endpoint（终端地址）	方法说明
/system/gc	GET：获取最新的垃圾回收报告
/system/gc/{id}	GET：获取某次垃圾回收状态
/system/gc/{id}/log	GET：获取某次垃圾回收报告

续表

Endpoint（终端地址）	方法说明
/system/gc/schedule	POST：创建垃圾回收任务的计划。 GET：获取垃圾回收任务的计划。 PUT：更新垃圾回收任务的计划

查看垃圾回收执行记录的请求如下：

```
$ curl -u admin:xxxxx https://demo.goharbor.io/api/v2.0/system/gc
```

返回结果如下：

```
[
  {
    "schedule": {
      "type": "Manual",
      "cron": ""
    },
    "id": 1,
    "job_name": "IMAGE_GC",
    "job_kind": "Generic",
    "job_parameters":
"{\"delete_untagged\":false,\"redis_url_reg\":\"redis://redis:6379/1\"}",
    "job_status": "finished",
    "deleted": false,
    "creation_time": "2020-07-21T07:36:20Z",
    "update_time": "2020-07-21T07:36:23.177984Z"
  }
]
```

10.2.8 项目配额 API

项目配额 API（"/quotas"）覆盖项目配额相关的功能，包括项目配额的设置、更改和查看等，如表 10-9 所示。

表 10-9

Endpoint（终端地址）	方法说明
/quotas	GET：获取项目配额
/quotas/{id}	GET：获取某个配额的信息。 PUT：更新某个配额的信息

查看系统中所有项目配额的请求如下：

```
$ curl -u admin:xxxxx https://demo.goharbor.io/api/v2.0/quotas
```

返回结果如下：

```
[
  {
    "id": 1,
    "ref": {
      "id": 1,
      "name": "library",
      "owner_name": "admin"
    },
    "creation_time": "2020-08-08T05:00:53.579175Z",
    "update_time": "2020-08-08T07:36:23.186501Z",
    "hard": {
      "storage": -1
    },
    "used": {
      "storage": 3011
    }
  }
]
```

10.2.9 Tag 保留 API

Tag 保留 API（"/retentions"）覆盖 Artifact 保留策略相关的功能，包括保留策略的创建、修改、删除和执行等，如表 10-10 所示。

表 10-10

Endpoint（终端地址）	方法说明
/retentions	POST：创建一个保留策略
/retentions/{id}	GET：获取某个保留策略。 PUT：修改某个保留策略
/retentions/{id}/executions	GET：获取某个保留策略的执行状态。 POST：触发某个保留策略的执行
/retentions/{id}/executions/{eid}	PATCH：停止保留策略的某次执行
/retentions/{id}/executions/{eid}/tasks	GET：获取保留策略某次执行的子任务
/retentions/{id}/executions/{eid}/tasks/{tid}	GET：获取保留策略某次执行的子任务日志
/retentions/metadatas	GET：获取某个保留策略的元数据

执行某个 Artifact Tag 保留策略的请求如下：

```
$ curl -u admin:xxxxx -H "Content-Type:application/json" -d '{"dry_run":false}' https://demo.goharbor.io/api/v2.0/retentions/2/executions
```

10.2.10 不可变 Artifact API

不可变 Artifact 又叫作不可变 Tag，其 API（"/projects/{project_id}/ immutabletagrules"）覆盖不可变 Artifact 策略相关的功能，包括策略的创建、修改、删除和执行等，如表 10-11 所示。

表 10-11

Endpoint（终端地址）	方法说明
/projects/{project_id}/immutabletagrules	POST：创建某个项目下的不可变 Tag 策略。 GET：获取某个项目下的不可变 Tag 策略
/projects/{project_id}/immutabletagrules/{id}	PUT：更新某个项目下的不可变 Tag 策略，包括开启和禁用。 DELETE：删除某个项目下的某个不可变 Tag 策略

获取项目 ID 为 1 的不可变 Tag 策略的请求如下：

```
$ curl -u admin:xxxxx -H "accept: application/json"
https://demo.goharbor.io/api/v2.0/projects/1/immutabletagrules
```

返回结果如下：

```
[
  {
    "id": 1,
    "project_id": 1,
    "disabled": false,
    "priority": 0,
    "action": "immutable",
    "template": "immutable_template",
    "tag_selectors": [
      {
        "kind": "doublestar",
        "decoration": "matches",
        "pattern": "**"
      }
    ],
    "scope_selectors": {
      "repository": [
        {
          "kind": "doublestar",
          "decoration": "repoMatches",
          "pattern": "**"
        }
      ]
    }
  }
]
```

10.2.11 Webhook API

Webhook API（"/projects/{project_id}/webhook"）覆盖 Webhook 相关的功能，包括 Webhook 的创建、修改和删除等，如表 10-12 所示。

表 10-12

Endpoint（终端地址）	方法说明
/projects/{project_id}/webhook/policies	POST：创建某个项目下的新 Webhook 策略。 GET：获取某个项目下的 Webhook 策略
/projects/{project_id}/webhook/policies/{id}	GET：获取某个项目下的某个 Webhook 策略。 PUT：修改某个项目下的某个 Webhook 策略。 DELETE：删除某个项目下的某个 Webhook 策略
/projects/{project_id}/webhook/policies/test	POST：测试某个项目下的 Webhook 策略
/projects/{project_id}/webhook/lasttrigger	GET：获取某个项目最近一次触发的 Webhook 策略信息
/projects/{project_id}/webhook/jobs	GET：获取某个项目的 Webhook 任务
/projects/{project_id}/webhook/events	GET：获取某个项目支持的 Webhook 事件和通知类型

查看项目 ID 为 1 的所有 Webhook，请求如下：

```
$ curl -u admin:xxxxx
https://demo.goharbor.io/api/v2.0/projects/1/webhook/policies
[
  {
    "id": 1,
    "name": "hook01",
    "description": "",
    "project_id": 1,
    "targets": [
      {
        "type": "http",
        "address": "https://192.168.0.2",
        "skip_cert_verify": true
      }
    ],
    "event_types": [
      "DELETE_ARTIFACT",
      "PULL_ARTIFACT",
      "PUSH_ARTIFACT",
      "DELETE_CHART",
      "DOWNLOAD_CHART",
      "UPLOAD_CHART",
      "QUOTA_EXCEED",
      "QUOTA_WARNING",
```

```
        "REPLICATION",
        "SCANNING_FAILED",
        "SCANNING_COMPLETED"
      ],
      "creator": "admin",
      "creation_time": "2020-08-08T09:18:04.716279Z",
      "update_time": "2020-08-08T09:18:04.716279Z",
      "enabled": true
    }
]
```

10.2.12 系统服务 API

系统服务 API 包括配置（"/configurations"）和系统信息（"/systeminfo"）等，如表 10-13 所示。

表 10-13

Endpoint（终端地址）	方法说明
/configurations	GET：获取系统配置信息。 PUT：修改系统配置信息
/systeminfo	GET：获取系统信息，如版本号、认证模式等
/systeminfo/volumes	GET：获取系统存储空间和剩余空间等信息
/systeminfo/getcert	GET：下载系统默认的根证书

获取系统配置的请求如下：

```
$ curl -u admin:xxxxx https://demo.goharbor.io/api/v2.0/configurations
{
  "auth_mode": {
    "value": "db_auth",
    "editable": false
  },
  "count_per_project": {
    "value": -1,
    "editable": true
  },
  "email_from": {
    "value": "admin <sample_admin@mydomain.com>",
    "editable": true
  },
  "email_host": {
    "value": "smtp.mydomain.com",
    "editable": true
```

```
    },
    "email_identity": {
      "value": "",
      "editable": true
    },
    "email_insecure": {
      "value": false,
      "editable": true
    },
    "email_port": {
      "value": 25,
      "editable": true
    },
    "email_ssl": {
      "value": false,
      "editable": true
    },
    "email_username": {
      "value": "sample_admin@mydomain.com",
      "editable": true
    },
    ......
}
```

修改系统配置以开启自注册功能的请求如下：

```
$ curl -u admin:xxxxx -H "Content-Type:application/json" -X PUT -d
'{"self_registration":true}' https://demo.goharbor.io/api/v2.0/configurations
```

10.2.13　API 控制中心

从 1.8 版本开始，Harbor 新增了 API 控制中心，提供了 API 的 Swagger 界面，用户可以通过 Web 页面直接查看和调用核心管理 API（Registry API 并不包含在 API 控制中心中，Registry API 的详细信息请查看 10.3 节），方便用户调试和使用。

使用任意权限的用户账号登录 Harbor，单击左侧导航栏底部"API 控制中心"下的"Harbor Api V2.0"菜单项，如图 10-2 所示。

在弹出的新页面中可以浏览所有核心管理 API 的详细使用说明，在如图 10-3 所示的 API 列表中单击每一个 API 所在的一行，可以展开该 API 详细的说明，包括输入参数、输出结果和返回值等。

第 10 章　API 的使用方法

图 10-2

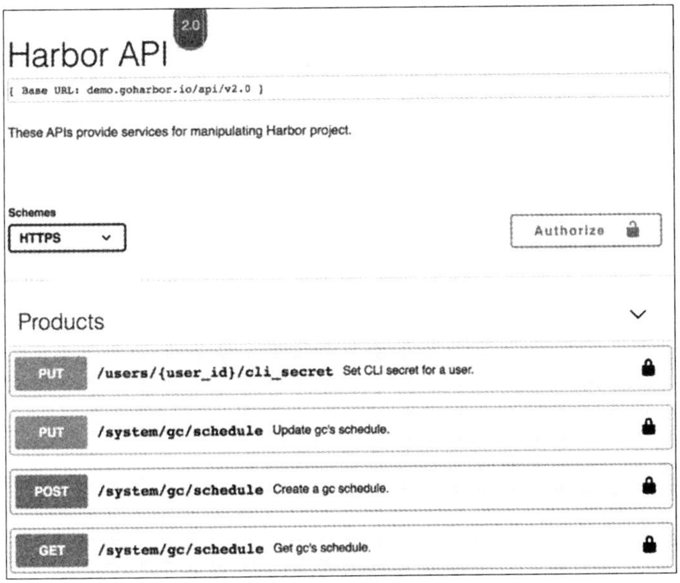

图 10-3

用户可以在页面上直接对 API 进行测试，测试时默认使用当前登录账户来调用 API。

如果需要更改成其他账户来调用 API，则可单击图 10-3 中的 Authorize 按钮并输入所需的账户名和密码。测试时，可单击展开需要调用的 API，如按照用户名搜索用户的 API 为 "GET /users/search"，如图 10-4 所示。

图 10-4

单击 "Try it out" 按钮可激活测试功能，在 Parameters（调用参数）栏中输入必需的调用参数 username（用户名），如图 10-5 所示，输入需要查找的用户名 "test"，然后单击 Execute 按钮执行 API 的调用。

执行结果如图 10-6 所示，可以看到 HTTP 响应的代码是 200（成功），从响应内容中可看到有一条符合要求的记录，user_id 为 35，并且可以看到 HTTP 响应头的信息。

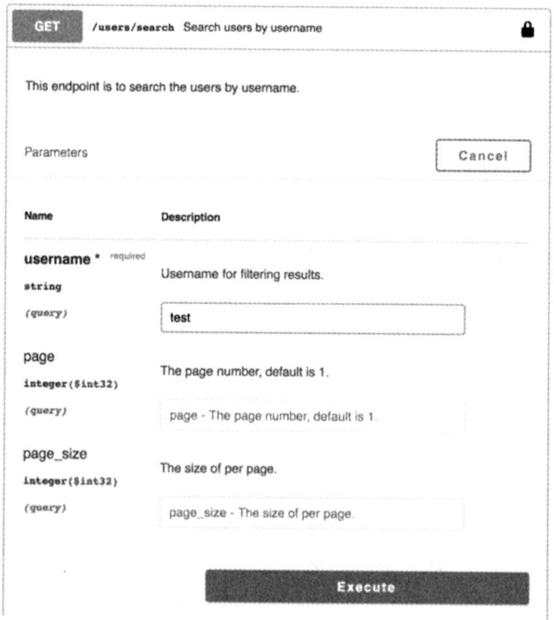

图 10-5

图 10-6

此外，在界面上还会显示"curl"命令的调用格式和 Harbor API 的 URL，供用户在命令行或代码中使用，如图 10-7 所示。

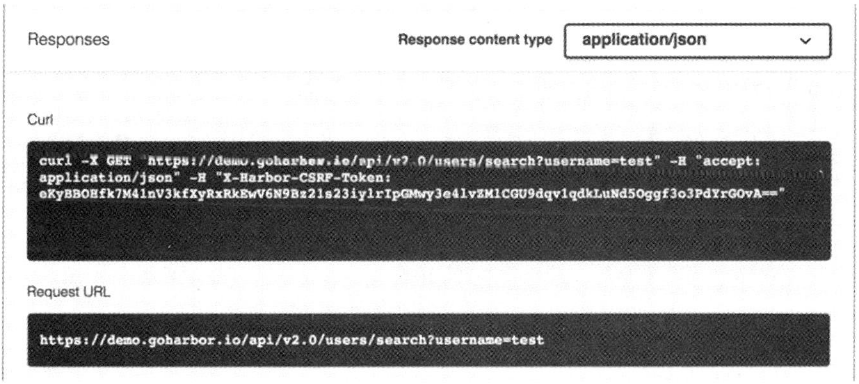

图 10-7

如图 10-8 所示，在 API 页面的最下方还有 API 使用的所有数据模型（Models）列表。用户可以单击每个数据模型的名称，查看具体的数据结构定义，如图 10-9 所示，可以看到 UserGroup 的数据结构。

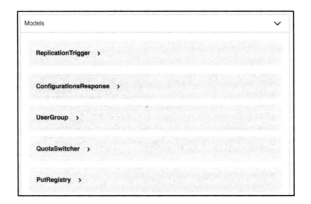

图 10-8

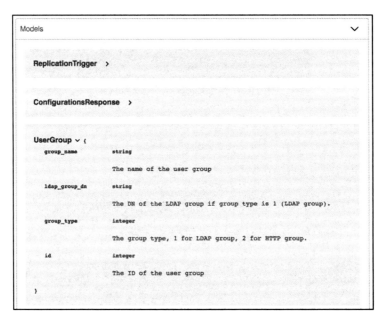

图 10-9

10.3 Registry API

本节帮助用户梳理各类 Registry API 的使用方法，Registry API 以 "/v2/" 为前缀，API 请求由 Harbor 透传给 Docker Distribution 等组件来处理。

10.3.1 Base API

Base API（"/v2/"）用来检查所请求的服务器是否实现了 Registry v2 API。发送请求：

```
$ curl -I -u admin:xxxxx https://demo.goharbor.io/v2/
```

如果返回的响应状态码为 200，则表示服务器实现了 Registry v2 API：

```
HTTP/1.1 200 OK
Server: nginx
Date: Fri, 08 Aug 2020 18:18:18 GMT
Content-Type: application/json; charset=utf-8
Content-Length: 2
Connection: keep-alive
Docker-Distribution-Api-Version: registry/2.0
Set-Cookie: sid=630e22029853b760672aa0af7ec7b9bd; Path=/; HttpOnly
X-Request-Id: b6e771f4-b78d-4c64-ae80-b67fb03fa9e3
Strict-Transport-Security: max-age=31536000; includeSubdomains; preload
X-Frame-Options: DENY
Content-Security-Policy: frame-ancestors 'none'
```

10.3.2 Catalog API

Catalog API（"/v2/_catalog"）用来获取系统中的所有 Repository，只有拥有系统管理员权限的用户才可以请求此 API。发送请求：

```
$ curl -u admin:xxxxx https://demo.goharbor.io/v2/_catalog
```

返回结果如下：

```
{
  "repositories": [
    " library/hello-world"
  ]
}
```

10.3.3 Tag API

Tag API（"/v2/{repository}/tags/list"）用来获取某个 Repository 下的所有 Tag。若想列出"/library/hello-world"下的所有 Tag，则发送的请求如下：

```
$ curl -u admin:xxxxx https://demo.goharbor.io/v2/library/hello-world/tags/list
```

返回结果如下：

```
{
  "name": "library/hello-world",
  "tags": [
    "latest"
  ]
}
```

10.3.4 Manifest API

Manifest API（"/v2/{repository}/manifests/{reference}"）用来获取某个 Artifact 的 manifest。若想获取 "/library/hello-world:latest" 下的 manifest，则发送请求如下：

```
$ curl -u admin:xxxxx
https://demo.goharbor.io/v2/library/hello-world/manifests/latest
```

返回结果如下：

```
{
  "schemaVersion": 2,
  "mediaType": "application/vnd.docker.distribution.manifest.v2+json",
  "config": {
    "mediaType": "application/vnd.docker.container.image.v1+json",
    "size": 1510,
    "digest": "sha256:fce289e99eb9bca977dae136fbe2a82b6b7d4c372474c9235adc1741675f587e"
  },
  "layers": [
    {
      "mediaType": "application/vnd.docker.image.rootfs.diff.tar.gzip",
      "size": 977,
      "digest": "sha256:1b930d010525941c1d56ec53b97bd057a67ae1865eebf042686d2a2d18271ced"
    }
  ]
}
```

10.3.5 Blob API

Blob API（"/v2/{repository}/blobs/{digest}"）通过摘要来获取某个 Artifact 的 Blob 数据。若想获取仓库 "/library/hello-world" 下的 Blob 数据，则发送请求如下（在调用中使用了摘要）：

```
$ curl -u admin:xxxxx
https://demo.goharbor.io/v2/library/hello-world/blobs/sha256:fce289e99eb9bca977d
ae136fbe2a82b6b7d4c372474c9235adc1741675f587e
```

返回结果如下:

```
{
  "architecture": "amd64",
  "config": {
    "Hostname": "",
    ...
    "Labels": null
  },
  "container": "8e2caa5a514bb6d8b4f2a2553e9067498d261a0fd83a96aeaaf303943dff6ff9",
  ...
}
```

10.4　API 编程实例

为了帮助读者理解 Harbor 的 API 功能,本节以 Go 语言为例,综合运用 Harbor API 来获取 Artifact 仓库"library/hello-world"下的所有 Artifact,并把最近一次被拉取的时间大于一天的 Artifact 删除。具体实现代码如下(为节省篇幅,该段代码忽略了错误处理部分):

```
// 定义URL、用户名和密码
url := "https://demo.goharbor.io"
username := "admin"
password := "xxxxx"

// 获取API版本
resp, _ := http.Get(url + "/api/version")
defer resp.Body.Close()

type Version struct {
    Version string `json:"version"`
}
encoder := json.NewDecoder(resp.Body)
version := &Version{}
_ = encoder.Decode(version)

// 获取"library/hello-world"下的所有Artifact
req, _ := http.NewRequest(http.MethodGet,
```

```go
        fmt.Sprintf("%s/api/%s/projects/library/repositories/hello-world/artifacts",
            url, version.Version), nil)
        req.SetBasicAuth(username, password)
        resp, _ = http.DefaultClient.Do(req)
        defer resp.Body.Close()

        type Artifact struct {
            Digest   string    `json:"digest"`
            PullTime time.Time `json:"pull_time"`
        }
        encoder = json.NewDecoder(resp.Body)
        artifacts := []*Artifact{}
        _ = encoder.Decode(&artifacts)

        t := time.Now().Add(-24 * time.Hour)
        // 遍历获取到的所有 Artifact
        for _, artifact := range artifacts {
            // 判断 Artifact 最近一次被拉取的时间是不是一天前
            if artifact.PullTime.Before(t) {
                // 如果是，则删除 Artifact
                req, _ := http.NewRequest(http.MethodDelete,
                    fmt.Sprintf("%s/api/%s/projects/library/repositories/hello-world/artifacts/%s",
                        url, version.Version, artifact.Digest), nil)
                req.SetBasicAuth(username, password)
                resp, _ = http.DefaultClient.Do(req)
                defer resp.Body.Close()
            }
        }
```

10.5 小结

本章介绍了 Harbor 提供的 API，主要分为两类：核心管理 API 和 Registry API。前者提供了 Harbor 管理功能的 API，后者主要是 Harbor 暴露的 Docker Distribution API。Harbor 的核心管理 API 还可以用内置了 API 控制中心的图形界面来交互式测试，方便用户使用。通过 Harbor 的 API，用户可以实现 Harbor 与其他系统之间的互操作能力，并且可编制脚本等自动化工具来提升效率。

第 11 章
异步任务系统

前面的章节介绍了 Harbor 的内容复制、垃圾回收、镜像扫描、保留策略等管理功能，这些功能的共同点是耗时较长，统一由异步任务系统（JobService）来调度和执行。异步任务系统是 Harbor 至关重要的基础支撑组件服务，也叫作异步任务服务。因为它在后台运行，所以很少被大家所了解。本章将对 Harbor 的异步任务系统和其工作原理做一个全面、详细的介绍，加深读者对 Harbor 相关功能的理解，同时会解读异步任务系统的核心代码，以便读者更为深入地了解其背后的工作机制，也为需要扩展和定制异步任务系统功能的读者提供必要的基础。本章的代码解读不会平铺展开，主要以异步任务系统的运行机理为线索，介绍其中涉及的核心代码和接口设计。建议读者具备 Go 语言的背景知识，便于理解代码中的语法含义。

11.1 系统设计

作为云原生制品仓库，Harbor 会存在大量的 Artifact 及其不同的版本，大量的运维操作都在这些 Artifact 上应用。考虑到处理时间和效率的要求，采用同步机制来处理不太现实，转换为多个可异步并行的后台运行任务比较合理。考虑到多节点高可用的部署需求，异步任务系统的引入成为必要。

Harbor 早期的异步任务系统内嵌在 Core 服务中，并且依赖数据库、过于紧耦合，难以扩展，增加新的任务类型还会涉及数据结构的变化，非常不灵活。Harbor 从 1.5 版本开始引入了独立运行、易于扩展且相对灵活的异步任务系统，将其作为基础服务，支持其他组件的异步任务运行需求。

随着 Harbor 引入越来越多的功能，除最早的镜像复制外，镜像的漏洞扫描、垃圾回收和保留策略等功能也依赖异步任务系统执行大批量的异步任务。异步任务系统已成为 Harbor 中至关重要的基础服务组件之一。

11.1.1 基本架构

Harbor 的异步任务系统构建在另一开源任务系统项目 gocraft/work 的基础上，该项目是 Go 语言的后台任务实现，具有以下特点：

- 高效与快速地执行任务；
- 高可靠性，即使任务进程崩溃也不会丢失运行任务；
- 重试性，如果运行任务失败，则可重试特定次数；
- 调度任务到指定的时间执行；
- 保证特定任务及特定参数在执行队列中的唯一性；
- 可基于 Cron 标准设置周期性地执行任务。

Harbor 对 gocraft/work 进行了扩展，增加了新的功能以满足项目的需求，包括：

- 拥有完备的 REST API，便于调用与集成；
- 引入任务执行的上下文参数并提供任务执行的特定辅助方法；
- 提供更为丰富的任务状态：错误、成功、停止及已调度；
- 支持更多的控制操作，如停止任务；
- 改进与增强了周期性任务的调度；
- 增加了任务执行状态改变和中间任务数据检入的 Webhook 机制；
- 可灵活地生成与管理任务日志。

图 11-1 给出了异步任务系统的整体设计架构，通过该图，读者可以更为深入地了解异步任务系统的内部设计详情，以及组件与组件之间的交互与依赖关系。

异步任务系统包含一个轻量级 API 服务器，通过此服务器对外提供所有任务运行和管理相关的 REST API 服务，其他组件可通过 REST API 访问异步任务系统的相关功能。API 服务器可以依据相关配置以 HTTP 或者 HTTPS 的模式来运行。一般来说，HTTPS 是推荐启用的运行模式。

第 11 章 异步任务系统

图 11-1

异步任务系统运行所依赖的相关基本配置是通过配置管理器来支持的，配置管理器可以从 yaml 配置文件或者相关的环境变量中载入这些配置，以便有配置需求的其他模块通过配置访问接口来访问。在异步任务系统中，环境变量的配置会优先于文件配置，也就是如果在环境变量和文件中设置了相同的配置项，则环境变量中的设置会覆盖文件中的设置。

系统启动器是异步任务系统的关键入口模块，主要负责基于系统配置初始化系统上下文环境及创建系统运行所依赖的相关模块，并创建、启动轻量级 API 服务器和任务工作池。同时，在启动之前，系统启动器会通过数据迁移器来检查是否需要做数据升级，如果需要，则会先运行相关的数据升级逻辑，之后再启动异步任务系统。

服务控制器作为流程控制模块，主要依赖并协调相关子模块以实现对异步任务系统整个工作流的管控，比如通过任务工作池（worker pool）来实现任务的启动或者调度及执行追踪，通过任务信息管理器来管理和查询任务的基本信息和状态，并将这些对任务访问与管控的能力封装为标准接口供其他模块调用。API 服务器中的 API 处理器都会依赖服务控制器的接口来实现具体功能。

任务工作池作为异步任务系统的核心模块，提供与任务运行调度相关的所有能力和接口。任务能在异步任务系统中运行，首先需要通过任务工作池的任务注册接口，将任务（实现）以其唯一名称为索引注册到工作池的任务映射集合中成为已知任务（Known Jobs），并以任务类型的常量定义作为唯一索引。对于单次普通任务或者延迟特定时间执行的任务，任务工作池通过调用底层的任务启动器来完成。对于周期性执行的任务的调度，则另通过周期任务调度器来实现。这里所谓的任务启动或者调度，指的是将任务数据序列化为 JSON

格式后，通过 Redis LPUSH 方式推送到对应的任务队列中，目前队列则利用 Redis 来支持。任务工作池提供了其健康状态检查的接口，以便其他组件通过 API 了解其健康状态。

运行起来的任务的生命周期管理，则由生命周期管理（Lifecycle Management，LCM）控制器负责。生命周期管理控制器会为运行任务创建对应的状态追踪器，可以实现任务基本信息的维护管理及任务运行状态的转换和记录。生命周期管理控制器包含状态更新守护协程，会接收信息更新失败或者状态转换失败的重试请求，之后以合适的方式重试相应的操作，最终实现操作的成功执行。另外需要注意的是，任务执行状态的变更会产生相应的 Webhook 事件，由 Webhook 代理发出。

Webhook 代理主要负责异步任务系统 Webhook 相关的功能，包含：一个客户端，即一个 HTTP 客户端，可以向订阅方发送相关的 Webhook 事件实体；一个 Webhook 守护协程，对于发送失败的 Webhook 事件会以合适的方式重新发送，直至成功或者超时放弃。Webhook 的目标地址一般在提交任务时的任务请求实体中指明，未指明的则在执行时不发送任何 Webhook 事件。

系统的崩溃或者网络的抖动都可能造成任务执行的中断或者任务状态信息的紊乱，或给系统带来诸多的不一致性甚至不稳定性。因而，任务工作池包含任务修复器，会通过定期筛检来发现状态不一致甚至"僵死"的任务，进而还原或修复这些任务的实际状态。另外，任务修复器在启动后，会执行一次异常中断任务的筛查，将发现的异常中断任务重新放回调度队列，以待之后重新执行，避免造成任务的丢失。

任务信息管理器用来管理和维护任务的基本信息和状态信息，提供了丰富的管理接口来支持对任务及其状态的管理和查询，这些功能也通过服务控制器以 API 的形式暴露给客户端，可以实现更为丰富的任务管理机制。

日志服务提供任务日志记录器的加载与管理及日志输出工作。截至目前，日志记录器有基于数据库、标准输出流及日志文件三种实现，可依据不同的需求来配置。日志服务的职责涵盖了两个场景：一个是异步任务系统自身的日志需求，一个是被执行任务的日志需求。在这两种场景中要基于相同的日志框架应用不同的配置。系统自身的日志一般被输出到标准输出流，以便和其他 Harbor 的服务组件保持一致，这些被输出到标准输出流的日志可以通过 syslog 收集、管理。而任务执行的日志，一般同时配置标准输出流和日志文件记录器。因为产生了日志文件，所以其所包含的日志内容可通过异步任务系统相关的 API 访问。

工作池框架依赖是上游任务框架 gocraft/work 向上层组件提供的基础能力，主要通过客户端库、任务工作池及数据代理器来体现。客户端库主要提供了 API 对任务池的状态、相关任务队列及任务执行过程进行监控和管理，任务信息管理系统的部分能力支持基于此客户端库。任务工作池则是系统的核心部件，用以承载不同任务的运行，并通过数据代理（broker）来连接 Redis 服务，并在其中创建和管理相关的任务队列。此框架的任务工作池以库的形式封装在上层的任务工作池中。任务工作池会按照特定配置启动和维护指定数量的轮询 go 协程（Worker）来处理队列中的待执行任务，任务工作池同时支持附加特定的中间层来完成诸如任务附加请求 ID 或者设置默认值等场景。池中的工作协程会根据调度算法从 Redis 的相关任务队列中拉取待执行任务并启动运行。调度算法的核心逻辑如下。

- 每个具有相同任务类型（通过注册任务名来区分）的任务都存在于以列表为基础的任务队列中，这些任务队列可指定执行优先级，为 1～100000 的数值。
- 工作池中的工作协程每次拉取待执行任务时，都需要首先基于各任务队列的优先级计算出各队列的拉取概率，比如各队列优先级的和为 10000，其中某个队列的优先级为 1000，则此队列会获得 10% 左右的执行时间。
- 空队列不会被纳入考量。
- 如果需要某个任务 X 始终先于任务 Y 来执行，则可以通过给 X 设置较高优先级（比如 5000）而给 Y 设置较低优先级（比如 1）来实现。

具体的调度过程如下。

（1）如果任务队列未被暂停且当前激活的任务数未超过最大并发数限制，Worker 则将待执行任务从其队列移入运行时队列。

（2）Worker 增加任务锁定计数并运行任务。任务执行结果有 3 种可能：成功完成、因错误导致失败或者崩溃。如果执行进程崩溃，则任务修复器最终依然会在任务运行时队列中找到它们并将它们重新入队。

（3）成功完成的任务会被直接从其运行时队列中移除。

（4）如果任务失败或者崩溃，则系统会检视剩余的重试次数。如果已经没有重试次数，则任务会被直接移入"终止"（Dead）队列中，不再做任何尝试。如果还有重试次数，则任务会被移入重试队列以等待重新入队执行。

图 11-2 描述了异步任务系统启动时各组件之间的交互过程，通过该图，我们可以更清楚上述各个组件之间的协作关系。

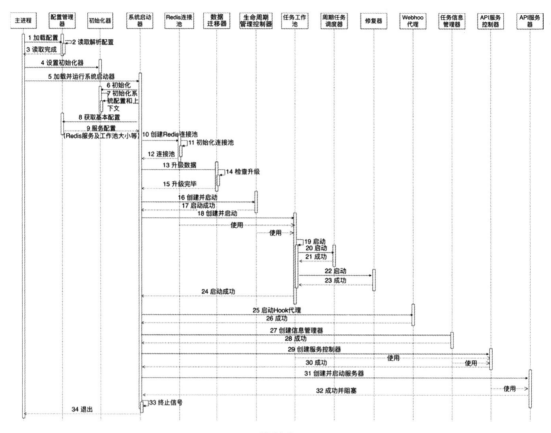

图 11-2

异步任务系统的具体启动过程如下。

（1）主进程首先获取配置文件路径并调用配置管理器去加载配置，即图 11-2 中第 1 步。

（2）配置管理器从配置文件和系统环境变量中读取和解析各项配置，然后缓存起来以备之后调用；若有错误发生，则主程序会立即退出，即图 11-2 中第 2~3 步。

（3）异步任务系统提供了注入式的初始化过程，在当前的异步任务系统主程序中会设置一个与 Harbor 核心配置服务连接以读取相关系统配置的初始化器，即图 11-2 中第 4 步。

（4）主程序加载运行系统启动器，并通过它启动异步任务系统运行的所有组件，主进程会被阻塞在这里，直至系统退出，即图 11-2 中第 5 步。

（5）系统启动器首先检查是否有预置的初始化器，如果有，则运行初始化器；初始化器则会完成系统运行上下文环境的初始化，即图 11-2 中第 6~7 步。

（6）系统启动器通过配置管理器获得启动系统组件所需的诸如 Redis 连接池配置等相关配置项，即图 11-2 中第 8~9 步。

（7）系统启动器基于上述配置创建并初始化 Redis 连接池，即图 11-2 中第 10~12 步。

（8）系统启动器通过数据迁移器来检查相关数据模型是否需要更新、升级，如有需要，则进行数据模型的升级及具体数据的迁移、更新，即图 11-2 中第 13~15 步。

（9）创建任务生命周期管理控制器并启动其状态更新守护协程，即图 11-2 中第 16~17 步。

（10）基于 Redis 连接池及任务生命周期管理控制器创建任务工作池，并启动其守护协程，即图 11-2 中第 18~19 步。

（11）任务工作池在其启动过程中会创建并启动周期任务调度器和任务修复器两个组件的守护协程，即图 11-2 中第 20~23 步。

（12）任务工作池的启动结果会被返回给系统启动器，如果成功，则系统启动器继续启动，否则系统启动器直接报错退出，即图 11-2 中第 24 步。

（13）系统启动器启动 Webhook 代理，其包含针对失败 Hook 事件发起重试的守护协程，即图 11-2 中第 25~26 步。

（14）创建提供任务管理查询能力的任务信息管理器，即图 11-2 中第 27~28 步。

（15）基于任务工作池和任务信息管理器构建服务控制器，服务控制器则依赖它们完成对整个异步任务系统流程的把控，并通过接口将能力暴露给上层组件来使用，即图 11-2 中第 29~30 步。

（16）以服务控制器为基础，创建并启动 API 服务器，至此异步任务系统的基本能力以标准 REST API 暴露出来以供使用，即图 11-2 中第 31~32 步。

（17）系统启动器会监听相关系统信号，如果收到退出信号，则主程序会结束阻塞状态并终止，即图 11-2 中第 33~34 步。

在异步任务系统启动后，有任务执行需求的其他组件（客户端）就可以通过异步任务系统的 API 来实现任务提交、任务信息管理及任务执行过程追踪等需求了。具体的交互及系统工作流程如图 11-3 所示。

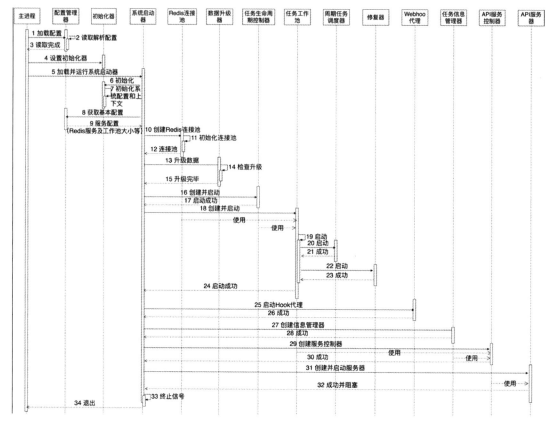

图 11-3

任务提交与运行的基本交互过程如下。

（1）客户端通过 API 调用将所执行任务的请求传送到异步任务系统，即图 11-3 中第 1 步。

（2）API 服务控制器获取并验证相关请求数据后，会通过任务工作池接口将请求数据传递给任务工作池处理，即图 11-3 中第 2 步。

（3）如果是常规或者延迟执行任务类型，任务工作池则会调用任务启动器来运行或者调度任务，即图 11-3 中第 3 步。

（4）任务启动器会将任务信息序列化，并基于任务注册类型将任务 LPUSH 到远端 Redis 任务队列中等待执行，即图 11-3 中第 4~6 步。

（5）如果是周期任务，则由周期任务调度器将周期任务序列化并添加到周期任务集合中（此集合具有去重功能，如有相同类型的任务且设置了相同的执行周期，则只会保存一份）。需要注意的是，此时的任务只是任务"模板"，还没有可执行的具体任务产生，即图 11-3 中第 7～10 步。

（6）对于周期任务，周期任务调度器中的后台守护进程会定时（每 2 分钟）从 Redis 数据库中获取当前的周期任务集合。对集合中的每一项任务，都以当前时间为基点，计算其下一窗口期（4 分钟）内所有可能执行的时间点，为每一个时间点都创建对应的定时执行任务，并将这些任务 LPUSH 到执行队列中以等待执行。比如，周期任务设定的执行周期为 "*/15 15 0 * * *"，即在每天的 UTC 时间 00:15:00、00:15:15、00:15:30 和 00:15:45 执行，如果当前时间基点为 00:13:00，那么调度器会计算 00:13:00～00:17:00 所有符合设定周期的时间点，因而会有 4 个分别在 00:15:00、00:15:15、00:15:30 及 00:15:45 执行的定时任务产生。除了定时任务入队，这些任务的基本信息和初始状态信息也会一并通过任务信息管理器存储到远端 Redis 数据库中以备追踪、管理和查询，即图 11-3 中第 11～21 步。

（7）如果任务启动或者调度成功，则其基本信息和状态初始化信息会被存储到远端 Redis 数据库中，即图 11-3 中第 22～28 步。

（8）任务提交创建的状态（成功与否）会返回对应的信息到客户端，即图 11-3 中第 29 步。

（9）可以通过相关的管理 API 获取任务列表或者查询到某种功能任务列表，亦可查询某个具体任务包含执行状态的详细信息，即图 11-3 中第 30～35 步。

（10）任务在执行过程中可能会产生日志信息，对于启用了支持日志流的文件或者数据库等日志记录器的情况，任务执行所产生的日志信息可以通过异步任务系统的日志读取 API 获得，即图 11-3 中第 36～43 步。

Harbor 目前的实现是控制器和任务工作池模块运行在相同的进程中，这样做可以简化其部署难度和复杂度。在要求高可用的前提下，也可通过部署多个服务节点且各节点都指向同一 Redis 集群服务，并通过负载均衡服务来暴露访问服务。基本结构如图 11-4 所示。

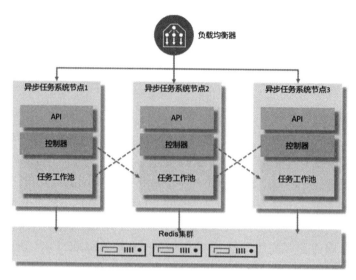

图 11-4

从图 11-4 可以看出,控制器可以"访问"其他节点上的任务工作池。其实这不是实际的直接访问,而是通过 Redis 集群中的工作队列来实现的一种虚拟的"访问"关系,也就是说被某一节点上的控制器调度的任务,可能会被位于另一节点上的任务工作池获取并在其上执行。

11.1.2 任务编程模型

异步任务系统提供的是任务运行时环境,不关注具体的执行逻辑,具体的业务逻辑需要封装成符合特定接口规范的任务模型。只有符合接口规范的任务模型才可能被注册到异步任务系统中并按需执行。异步任务系统在任务执行的上下文环境下也提供了一些服务的工具接口,以便任务实现者方便地与异步任务系统交互进而实现特定的功能和流程支持。

任务都需要实现以下接口规范:

```
package job

// 接口定义了运行任务所需支持的相关方法
type Interface interface {
    // 声明任务失败时允许的最大重试数
    //
    // 返回值:
    // uint:允许的最大重试数。如果值为 0,则系统会使用默认值 4
```

```
MaxFails() uint

// 声明任务的最大并发数。与任务池的并发数设置不同的是，它限制的是单个工作池一次可激活的
// 该功能任务的数量
//
// 返回值：
// uint: 任务最大并发数。默认值为 0，即 "无限制"
MaxCurrency() uint


// 声明该任务是否需要重试
//
// 返回值：
// true 则重试，false 则不重试
ShouldRetry() bool

// 验证任务的参数是否合法
//
// 返回值：
// 如果参数不合法则返回对应的错误信息。注意：如果为无参任务，则可直接返回空
Validate(params Parameters) error

// 运行任务的业务逻辑
// 相关的参数由任务工作池注入
//
// ctx Context: 任务执行上下文
// params Parameters : 键值对形式的任务执行所需的参数
//
// 返回值：
// 执行出现错误则返回错误信息。注意：如果任务被停止，则直接返回空
//
Run(ctx Context, params Parameters) error
}
```

在上述任务接口规范定义中通过 MaxFails 来指定重试次数的上限；利用 ShouldRetry 指明是否需要在失败后重试；依赖 MaxCurrency 声明此任务的最大并发数，比如将其设置为 1，则表示即使在任务队列中有多个待执行的任务，此功能任务最多同时仅有一个被执行；Validate 则对传入的任务参数进行验证，不合法的直接返回错误，进而避免浪费资源来调度不合法的任务。

任务的正统逻辑则会包含在 Run 函数里，其包含两个参数，如下所述。

首参为任务执行的上下文引用，通过此上下文可以做到如下事项。

（1）可以获取日志句柄，以便将任务执行的相关信息输出到日志系统中：

```
logger := ctx.GetLogger()
logger.Info("Job log")
```

（2）获取系统的上下文引用：

```
sysCtx := ctx.SystemContext()
withV := context.WithValue(sysCtx, ValueKey, "harbor")
```

（3）获取任务执行相关的控制信号，如停止等：

```
if cmd, ok := ctx.OPCommand(); ok {
    if cmd == job.StopCommand {
        logger.Info("Exit for receiving stop signal")
        return nil
    }
}
```

（4）获取检入函数来发送相关数据或者任务进度信息：

```
ctx.Checkin('{"data": 1000}')
```

（5）通过属性名称获取属性值。在 Harbor 初始化句柄启用的前提下，可以通过配置属性名称获取 Harbor 系统中的相关配置信息和数据库连接等信息：

```
if v, ok := ctx.Get("sample"); ok {
    fmt.Printf("Get prop form context: sample=%s\n", v)
}
```

次参则为任务执行所需要的所有参数集合的字典形式，可以通过参数名称从其中获取具体的参数值。注意：对于对象形式的参数，需要通过其序列化的形式在任务提交服务（比如 Harbor 的 core 服务）和异步任务系统两个不同进程之间传递，比较常用的方式则是通过 JSON 格式。一个简单的参数获取示例如下：

```
data, ok := params["myParam"]
if !ok {
  return errors.New("missing parameter [myParam]")
}

obj := &MyParameter{}
if err := json.Unmarshal(data, obj); err != nil {
  return errors.Wrap(err, "unmarshal parameter[myParam] error")
}
```

11.1.3 任务执行模型

封装好的任务通过异步任务系统提供的注册接口注册到异步任务系统中,在注册过程中会根据任务模型的声明设置特定的执行选项,包括最大重试数、任务执行的优先级及最大的任务并发数等。注册过的可识别的任务就可以被异步任务系统按需调度执行。另外,对每一个特定任务,异步任务系统都会在 Redis 服务中为其创建独立的任务队列,在不同的任务之间不共享队列。各队列中任务的调度执行概率是基于其声明的优先级得到的。相同优先级的任务具备相同的调度执行概率。

异步任务系统会对任务的生命周期进行相关的追踪和记录。整个过程会分为多个阶段,每个阶段到下一阶段的变更都会有特定的 Webhook 发出,任务提交者在提交任务时可以设定特定的 Webhook 监听地址以便跟踪这些变化。任务执行的生命周期具体可以划分为如图 11-5 所示的几个阶段。

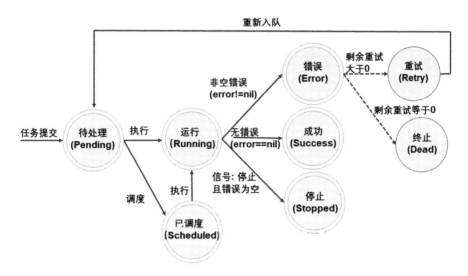

图 11-5

提交执行的任务首先进入待执行(Pending)状态,此状态意味着所要求执行的任务已经被放入其对应的工作队列(Redis 队列)中等待任务工作池的拉取。在未达到任务工作池最大并发限制的前提下,任务工作池会依据特定的算法从所有非空的工作队列中公平地选择并拉取任务,拉取到的任务会被放到特定的协程中执行。此时,任务进入运行(Running)阶段。运行中的任务,如果成功完成,即任务最终没有返回任何执行错误,则被标记为"成功(Success)",这是正常的结果。任务的执行过程也可以被中断,异步任系统会响应 API 的请求，停止执行中的任务。之后，任务即成为停止（Stopped）状态。"停止"也是终态，且不支持重试。如果在任务执行过程中出现特定错误而导致任务逻辑无法继续完成，则任务转入错误（Error）状态。在错误状态下，如果任务声明其可被重试且其重试次数还未达到所声明的上限，则任务被转入重试队列中等待重试。任务的重试会让任务重新回到待执行状态，从头调度并执行。如果已无重试的机会，则任务进入终止（Dead）状态。

另外，任务的调度执行可以有多种形态，包括 Generic、Schedule 和 Periodic，具体形式可以在提交任务时通过参数来设定。Generic 意即一般任务，也就是会立即调度且仅执行单次的任务（这里的单次不包含重试次数）。Schedule 则是用来满足延迟执行场景的，即可以设置任务具体延迟多长时间来执行（单位为秒）。这里需要注意的是，Schedule 只会延迟任务的执行，任务依然执行单次，不会重复。要周而复始地重复执行特定的任务，则需要任务以 Periodic 形式进行。被设置为 Periodic 的任务，可以设置一个 Cron 形式（比如 UTC 时间的早 8 点："0 0 8 * * *"）的字符串来确定执行周期，每日、每月、每年及特定时间都支持。从这个意义上说，Periodic 任务其实是一种任务执行策略，异步任务系统会根据这个策略，在一定的窗口期范围内生成一定量的 Schedule 任务来执行，这些任务复制了 Periodic 任务相同的配置。同时，异步任务系统会建立 Periodic 任务与这些 Schedule 任务的关联关系，以便查询和管理。

11.1.4 任务执行流程解析

正如之前章节所述，具体的业务逻辑按照任务编程模型接口要求实现并声明相关执行参数，之后通过任务工作池提供的接口注册成为可识别的任务对象。这里需要注意的是，在此注册过程中，注册到底层任务工作池的任务对象并非是实现编程模型接口的任务对象，而是封装成任务执行器（job runner）的执行实例。任务执行器除了执行任务编程模型所实现的业务逻辑，同时注入了控制追踪任务生命周期过程的必要逻辑。通过异步任务系统 API 提交执行任务的请求，其实是生成特定功能任务的实例，并将任务实例信息序列化后推送到任务队列中等待执行。任务工作池中的任务工作器（Worker）从任务队列中依据任务调度算法拉取任务信息，这也是任务具体执行过程的起点。具体执行过程如图 11-6 所示。

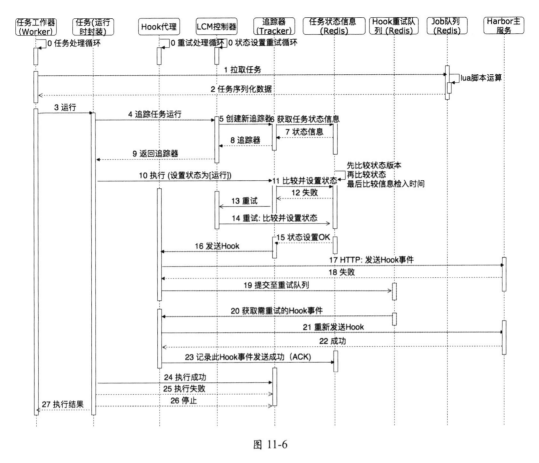

图 11-6

任务的具体执行过程如下。

（1）任务工作器依据调度算法从任务队列中遴选出一个待执行的任务，并获取包括任务参数等在内的基本信息，即图 11-6 中第 1～2 步。

（2）任务工作器调用注册任务的执行方法（Run()）以启动任务的执行，也就是任务封装对象的执行方法，即图 11-6 中第 3 步。

（3）任务运行需要能追踪到任务的生命周期，因而依赖 LCM 控制器生成任务追踪器，即图 11-6 中第 4 步。

（4）LCM 控制器会为新执行的任务创建新的追踪器，追踪器在创建过程中会从 Redis 数据库中获取执行任务的基本状态信息并缓存起来以备后用，即图 11-6 中第 5～6 步。

（5）在未有错误发生的情况下，当前执行的任务可被追踪，即图 11-6 中第 7~9 步。

（6）将任务的状态变更到"运行"，即图 11-6 中第 10 步。

（7）任务状态不会直接进行覆盖式设置。考虑到任务可能被重试，这里进行的是比较式设置（即图 11-6 中第 11 步），会将后台 Redis 数据库中的状态数据和当前要设置的状态数据进行比较，如下所述。

- 状态信息的版本：只有在版本相同或者当前要设置的状态数据版本高的情况下，才有效。
- 状态：如前文所述，任务的执行有多个状态且有前后关系，只有状态相同或者后续状态（"运行"后于"待执行"，"成功"、"错误"或者"停止"则后于"运行"）才有效。
- 检视时间戳：在运行状态下，任务可以多次检视定制信息，因而检视的时间戳也是比较的因素之一。

（8）如果状态设置在某些情况下出现错误而导致无法进行，则追踪器会将任务设置操作提交给 LCM 控制器重试队列，以让其在特定的循环周期中完成重试。重试可以发生多次直至过期、失效，即图 11-6 中第 12~14 步。

（9）如果状态成功设置并更新，则追踪器会向 Webhook 代理提交一个任务状态转变的 Hook 事件发送请求，即图 11-6 中第 15~16 步。

（10）Webhook 代理通过其 HTTP 客户端提交任务时设置的 Webhook 地址发送 Hook 事件，即图 11-6 中第 17 步。

（11）如果 Hook 事件发送失败，则此 Hook 事件会被推送到 Redis 上的 Hook 事件重试队列中暂存。Webhook 代理的重试处理循环则会择机从重试队列中拉取失败的事件，并重新发送。此过程可能进行多次，直至发送成功或者事件过期（比如新的状态转换事件已经发送成功或者超时），即图 11-6 中第 18~21 步。

（12）如果 Hook 事件被成功发送到目标订阅方，则 Webhook 代理会更新特定任务对象的状态信息中的 ACK，以明确特定的状态转换已得到确认，即图 11-6 中第 22~23 步。

（13）根据后续具体任务执行逻辑的返回结果来更新任务的不同状态，可为"成功""错误"或者"停止"，即图 11-6 中第 24~26 步。

（14）在任务执行完成后退出并返回结果，即图 11-6 中第 27 步。

11.1.5 系统日志

前面提到，在异步任务系统中日志涉及两部分，一个是异步任务系统自身的日志，另一个是执行任务的日志。两部分日志支持类似的配置，都可以从已支持的日志记录器中选择多个来配置。

异步任务系统的日志记录器，除了实现了要求的日志输出接口，还可以根据实际情况选择实现其他特定的接口，包括支持过期日志清理的接口及提供日志内容输出的接口。实现的日志记录器通过唯一的名称静态注册到异步任务系统日志记录器列表中，之后可在异步任务系统的启动配置中通过名称索引为异步任务系统本身和执行任务启用一个或者多个日志记录器。

截至目前，异步任务系统已经支持以下三种日志记录器。

- STD_OUTPUT：标准输出流记录器，将日志内容输出到标准输出设备中，不支持日志清理和日志内容获取接口。
- FILE：文件记录器，将日志内容输出到指定文件中。支持日志的定期清理和内容获取。对于执行任务，每一个任务的日志都会输出到以任务 ID 为索引的日志文件中，通过系统 API 即可查看日志的内容。
- DATABASE：数据库记录器，将日志输出到对应的数据库中，支持日志的清理和内容获取。对于执行任务，每一个任务的所有日志输出都会被存储到以任务 ID 为索引的一条数据记录中，其内容也可通过系统 API 查看。

在异步任务系统的启动配置中，日志记录器为列表类型，可以同时配置多个。对于每一个日志记录器，其设置可通过表 11-1 的参数来实现。

表 11-1

配 置 项	描 述
loggers[x].name	日志记录器的唯一索引名。比如"FILE""STD_OUTPUT""DATABASE"
loggers[x].level	日志输出级别设置，可以为 INFO、DEBUG、WARNING、ERROR、FATAL
loggers[x].settings	可选项，字典格式的数据，用来接收日志记录器的额外配置。比如文件记录器的"根目录（base_dir）"配置项
loggers[x].sweeper.duration	如果日志记录器支持定期清理，则可通过此参数设置清理周期，以天为单位
loggers[x].sweeper.settings	可选项，字典格式的数据，用来接收清理器的额外配置，比如文件记录器的"工作目录（worker_dir）"配置项

一个简单配置示例如下：

```yaml
# 日志记录器
loggers:
  - name: "STD_OUTPUT" # 记录器索引名，当前仅支持 "FILE""STD_OUTPUT"和"DATABASE"
    level: "DEBUG" #可选值包括 INFO、DEBUG、WARNING、ERROR、FATAL
  - name: "FILE" # 多记录器配置
    level: "DEBUG"
    settings: # 文件日志记录器的额外配置
      base_dir: "/tmp/job_logs"
    sweeper: # 文件日志记录器的清理器配置
      duration: 1 # 单位为天
      settings: # 清理器的额外配置项
        work_dir: "/tmp/job_logs"
```

11.1.6 系统配置

异步任务系统需要一些必备的启动设置，这些设置可以通过 YAML 形式的文件或者环境变量形式传入。本节对这些启动配置做一个简单的梳理，如表 11-2 所示。

表 11-2

配 置 项	描 述	环境变量
protocol	无论 API 服务器以何种 HTTP 启动，都可以设置为 http 或者 https	JOB_SERVICE_PROTOCOL
https_config.cert	如果协议被设置为 https，则需要提供 TLS 证书	JOB_SERVICE_HTTPS_CERT
https_config.key	如果协议被设置为 https，则需要提供 TLS 私钥	JOB_SERVICE_HTTPS_KEY
port	API 服务器监听端口，默认为 9443	JOB_SERVICE_PORT
worker_pool.workers	任务工作池的大小，即任务并发执行数	JOB_SERVICE_POOL_WORKERS
worker_pool.backend	任务工作池的后端驱动形式，目前仅支持 Redis 服务	JOB_SERVICE_POOL_BACKEND
worker_pool.redis_pool.redis_url	任务工作池的后端为 Redis，需要提供 Redis 服务器地址	JOB_SERVICE_POOL_REDIS_URL
worker_pool.redis_pool.namespace	任务工作池后端为 Redis，需要提供 Redis 中的根键的命名空间	JOB_SERVICE_POOL_REDIS_NAMESPACE
loggers	异步任务系统自身的日志记录器配置，具体内容可参阅 11.1.5 节	
job_loggers	用于执行任务的日志记录器配置，具体内容可参阅 11.1.5 节	

下面给出了一个异步任务系统的简单配置示例：

```yaml
---
# API 服务启动协议
protocol: "https"

# HTTPS 相关的证书配置
https_config:
  cert: "server.crt"
  key: "server.key"

# API 服务器监听端口
port: 9443

# 任务工作池
worker_pool:
  # 任务处理并发数
  workers: 10
  # 工作池后端驱动，当前仅支持"redis"
  backend: "redis"
  # redis 后端所需的额外配置
  redis_pool:
    # redis://[arbitrary_username:password@]ipaddress:port/database_index
    # or ipaddress:port[,weight,password,database_index]
    redis_url: "localhost:6379"
    namespace: "harbor_job_service"

# 用于执行任务的日志记录器配置
# 具体配置同 11.1.5 节中所讲一致
job_loggers:
  - name: "STD_OUTPUT" #记录器索引名，当前仅支持"FILE""STD_OUTPUT"和"DATABASE"
    level: "DEBUG" # INFO/DEBUG/WARNING/ERROR/FATAL
  - name: "FILE"
    level: "DEBUG"
    settings: # 日志记录器的额外配置
      base_dir: "/tmp/job_logs"
    sweeper:
      duration: 1 #天
      settings: # 清理器的额外配置
        work_dir: "/tmp/job_logs"

# 用于异步任务系统自身的日志记录器配置
loggers:
  - name: "STD_OUTPUT" # 启用的记录器唯一索引名称
    level: "DEBUG"
```

需要指出的是，Harbor 的安装脚本会自动生成异步任务系统的配置，一般情况下用户无须另行配置。

11.1.7 REST API

异步任务系统除了提供了强大、高效的并发任务执行监控能力，还提供了便于对异步任务系统状态进行监控及进行任务管理的 REST API 以便调用。本节将对这些 API 的功能及涉及的请求和响应结构做一个简单的总结和梳理。

在介绍具体功能 API 之前，需要提到的是，虽然异步任务系统的设计初衷是系统支撑服务，会运行在后端环境下，但是异步任务系统的 API 还是启用了授权机制，对其 API 的访问、调用需要通过身份验证。异步任务系统 API 的授权机制采用了比较简单的类 API Key 的形式，服务器会校验 API 请求中的 "Authorization: Harbor-Secret <secret>" 头部，从其值中获取带有 "Harbor-Secret" 前缀的访问密钥，之后与异步任务系统环境变量中的密钥做对比以判断是否通过，验证失败的请求会返回 401 未授权的错误。密钥会在 Harbor 安装时生成，是一个加密的随机字符串，并且注入到异步任务系统和其他需要调用异步任务系统的 Harbor 组件中。

客户端提供正确授权后，可正常访问异步任务系统相关的 REST API 服务，如下所述。

（1）提交任务执行，REST API 如表 11-3 所示。

表 11-3

场　景	提交任务
操作与 API 端点	POST /api/v1/jobs

请求体	（1）通过任务的唯一索引类型名称指明执行任务的类型，比如 demo。
	（2）如果任务支持参数，则可以以字典形式提供对应的参数。
	（3）如果需要接收任务状态变更的 Webhook，则需要提供接收服务的访问端点。
	（4）在任务的元数据单元中，可以指定任务的执行类型，包含常规（Generic）、定时（Scheduled）及周期（Periodic）。对于定时任务，则还需指定以秒为单位的延迟时间。对于周期任务，还需指定 Cron 形式的周期时间。另外，如果需要避免重复提交的任务，则可将"唯一性（unique）"设置为 True。
	请求体示例：
	{
	　　"job": {
	　　　　"name": " DEMO ",
	　　　　"parameters": {
	　　　　　　"image": "demo-steven"
	　　　　},
	　　　　"status_hook": "https://my-hook.com",
	　　　　"metadata": {

场　　景	提交任务

	``
	        "kind": "Generic",
	        "schedule_delay": 90,
	        "cron_spec": "* 5 * * * *",
	        "unique": false
	    }
	}
	``

响应体	202，接收，返回提交任务的相关基本信息及可作为唯一索引的 ID。示例：
	``
	{
	    "job": {
	        "id": "a4dd94cd54ad30a0f57c6d73",
	        "status": "Pending",
	        "name": "DEMO",
	        "kind": "Generic",
	        "unique": false,
	        "ref_link": "/api/v1/jobs/a4dd94cd54ad30a0f57c6d73",
	        "enqueue_time": 1587628291,
	        "update_time": 1587628291,
	        "parameters": {
	            "image": "demo-steven"
	        }
	    }
	}
	``

错误响应体	（1）400：非法请求。
	（2）401：未经授权。
	（3）403：请求冲突。
	（4）500：内部错误。
	``
	{
	    "code": 500,
	    "err": "short error message",
	    "description": "detailed error message"
	}
	``

（2）获取任务信息，REST API 如表 11-4 所示。

表 11-4

场　　景	获取任务
操作与 API 端点	GET /api/v1/jobs/{job_id}

续表

场 景	获取任务
请求体	无
响应体	200：OK，返回的信息与表 11-3 中启动任务成功后返回的任务基本信息相似。如果任务已开始执行，则某些信息会有所改变以反映最新的执行情况。为避免重复，这里不再列出任务的 JSON 格式的基本信息
错误响应体	返回的错误内容在异步任务系统内保持一致，为避免重复，后续的 API 介绍不再提供返回错误的 JSON 格式的内容信息。 （1）400：非法请求。 （2）401：未经授权。 （3）404：未找到。 （4）500：内部错误

（3）获取任务列表，REST API 如表 11-5 所示。

表 11-5

场 景	获取任务列表
操作与 API 端点	GET /api/v1/jobs?<key=value>
请求体	无请求体。以查询参数形式支持： （1）内容分页设置（page_num 和 page_size）； （2）仅获取特定任务类型（kind）
响应体	（1）200：OK，满足条件的当前页的任务列表。 （2）响应体头部会包含下次数据访问的游标信息（Next-Cursor）；如果任务执行类型为定时任务（Scheduled），则会在头部包含任务总数的信息（Total-Count）
错误响应体	（1）400：非法请求。 （2）401：未经授权。 （3）404：未找到。 （4）500：内部错误

（4）停止执行指定任务，REST API 如表 11-6 所示。

表 11-6

场 景	任务操作：停止
操作与 API 端点	POST /api/v1/jobs/{job_id}

请求体	提供要应用到任务的操作（目前仅提供"停止（stop）"项）：
	{
	　"action": "stop"
	}

续表

场景	任务操作：停止
响应体	204 NO_CONTENT：无响应体内容
错误响应体	（1）400：非法请求。 （2）401：未经授权。 （3）404：未找到。 （4）500：内部错误。 （5）501：未实现，提交的操作未被支持

（5）获取指定任务的日志信息，REST API 如表 11-7 所示。

表 11-7

场景	获取任务日志信息
操作与 API 端点	GET /api/v1/jobs/{job_id}/log
请求体	无
响应体	200 OK：返回具体的日志内容文本流
错误响应体	（1）400：非法请求。 （2）401：未经授权。 （3）404：未找到。 （4）500：内部错误

（6）获取与周期任务具体关联的执行任务列表，REST API 如表 11-8 所示。

表 11-8

场景	获取与周期任务具体关联的执行任务
操作与 API 端点	GET /api/v1/jobs/{job_id}/executions
请求体	无请求体。以查询参数形式支持： （1）内容分页设置（page_num 和 page_size）； （2）仅获取未停止运行的执行任务（non_dead_only）
响应体	200 OK：返回对应周期任务的关联执行任务列表
错误响应体	（1）400：非法请求。 （2）401：未经授权。 （3）500，内部错误

（7）异步任务系统健康检查，REST API 如表 11-9 所示。

表 11-9

场景	异步任务系统健康检查
操作与 API 端点	GET /api/v1/stats

续表

场　　景	异步任务系统健康检查
请求体	无

响应体	200 OK：返回异步任务系统基本信息和健康状态，包含任务工作池的启动时间戳、上次心跳时间戳及已注册任务类型的列表等：
	{
	　　"worker_pools": [
	　　　　{
	　　　　　　"worker_pool_id": "1fc3886f25f7f6b2266aa3e1",
	　　　　　　"started_at": 1587828118,
	　　　　　　"heartbeat_at": 1587828278,
	　　　　　　"job_names": [
	　　　　　　　　"DEMO",
	　　　　　　　　"IMAGE_GC",
	　　　　　　　　"IMAGE_REPLICATE",
	　　　　　　　　"IMAGE_SCAN",
	　　　　　　　　"IMAGE_SCAN_ALL",
	　　　　　　　　"REPLICATION",
	　　　　　　　　"RETENTION",
	　　　　　　　　"SCHEDULER",
	　　　　　　　　"SLACK",
	　　　　　　　　"WEBHOOK"
	　　　　　　],
	　　　　　　"concurrency": 10,
	　　　　　　"status": "Healthy"
	　　　　}
	　　]
	}

错误响应体	（1）400：非法请求。 （2）401：未经授权。 （3）500：内部错误

11.2　核心代码解读

通过 11.1 节的介绍，相信读者对于 Harbor 异步任务系统的基本功能和原理有了大概的了解。本节将从源代码的主函数开始，逐层、逐步地解读异步任务系统的核心源代码，让读者了解代码的实现方法，并作为开发和扩展异步任务系统功能的参考。

11.2.1～11.2.5 节介绍了代码的主要结构和处理逻辑，11.2.6 节对部分关键子模块做了更详细的说明，读者可对照阅读。

11.2.1 代码目录结构

异步任务系统的代码位于 Harbor 代码库目录 src 的 jobservice 子目录下，按照基本组件模块来划分，目录结构如下：

```
.
├── api
├── common
│   ├── list
│   ├── query
│   ├── rds
│   └── utils
├── config
├── core
├── env
├── errs
├── hook
├── job
│   └── impl
│       ├── gc
│       ├── notification
│       ├── replication
│       └── sample
├── lcm
├── logger
│   ├── backend
│   ├── getter
│   └── sweeper
├── mgt
├── migration
├── period
├── runner
├── runtime
├── tests
└── worker
    └── cworker
```

下面自上而下依次讲解上面的内容（当前目录"."为"/harbor/src/jobservice"）。

- ./api：含有 API 服务器相关、请求路由声明及对应请求处理器的相关代码。
- ./common/list：是一个 FIFO 列表的实现，用于状态更新和操作重试的场景中。
- ./common/query：定义了接收 HTTP 请求查询参数的统一结构。

- ./common/rds:提供与 Redis 操作相关的辅助方法和系统用到的 Redis 键名的声明。
- ./common/utils:定义通用的工具方法。
- ./config:提供系统配置解析能力。
- ./core:系统服务控制器的接口定义与实现。
- ./env:定义任务执行的上下文环境结构。
- ./errs:异步任务系统错误包,定义了特定类型的错误和其他处理错误的方法。
- ./hook:对 Webhook 代理和客户端的支持。
- ./job:任务接口的声明和诸如任务执行追踪器等与任务相关的功能的支持和实现。
- ./job/impl/gc:垃圾回收任务的定义。
- ./job/impl/notification:Webhook 相关的任务定义。
- ./job/impl/replication:复制任务的定义。
- ./job/impl/sample:示例任务的定义。
- ./lcm:任务生命周期管理控制器的定义与实现。
- ./logger:日志记录器的接口声明与多记录器注册管理等能力的支持。
- ./logger/backend:各种日志记录器的后端实现,比如 FILE、DATABASE 及 STD_OUTPUT。
- ./logger/getter:各种日志内容读取器实现,比如 FILE 和 DATABASE。
- ./logger/sweeper:各种陈旧日志清理器的实现。
- ./mgt:任务元信息管理的支持。
- ./migration:任务数据迁移器的定义与实现。
- ./period:周期任务调度器的定义与实现。
- ./runner:执行任务的封装定义。
- ./runtime:系统启动器的实现。
- ./tests:单元测试通用工具方法的定义。
- ./worker:任务工作池的接口声明和相关模型定义。
- ./worker/cworker:基于 gocraft/work 库和 Redis 的任务工作池的实现。

11.2.2 主函数入口

主函数首先通过启动命令的"-c"选项获取配置文件的路径,然后将有关配置项解析到默认的配置对象中以备之后使用。Load 方法的第 2 个参数被设置为 true,指明同时从环境变量中读取配置。如果相同的配置在配置文件和环境变量中都有设置，则环境变量中的设置优先于配置文件中的设置：

```
if err := config.DefaultConfig.Load(*configPath, true); err != nil {
    panic(fmt.Sprintf("load configurations error: %s\n", err))
}
```

之后创建可取消的系统根上下文（Root Context）对象，并为当前运行节点产生唯一ID并存储在上下文对象中，此ID用来在高可用模式下区别不同的运行实例。主程序在退出时通过延迟函数cancel向依赖此上下文对象的协程发出退出信号：

```
// 附加节点ID
vCtx := context.WithValue(context.Background(), utils.NodeID,
utils.GenerateNodeID())
// 创建根上下文对象
ctx, cancel := context.WithCancel(vCtx)
defer cancel()
```

再之后基于系统上下文和配置中关于日志的相关配置，初始化日志记录器"err := logger.Init(ctx)"。在日志的Init函数里创建对应的日志记录器，如果支持日志内容获取器，则继续创建内容获取器，如果还支持日志清理器，则会创建清理器并启动来清理周期循环。

接着，为异步任务系统启动器注入初始化回调函数来读取Harbor核心服务中的相关配置，然后缓存在任务执行上下文的对象中以备后用。此方法会逐步弃用，建议通过任务参数来传递需要的配置。

主函数最后调用系统启动器启动基本服务，然后进入阻塞状态，直至收到系统退出信号：

```
// Start
if err := runtime.JobService.LoadAndRun(ctx, cancel); err != nil {
    logger.Fatal(err)
}
```

11.2.3　系统的启动过程

异步任务系统的启动过程由系统启动器来完成，其代码位于"./runtime"包的bootstrap.go文件中。系统启动器会依照依赖关系初始化并启动异步任务系统所需要的相关子模块。

在启动过程中首先创建任务执行环境的基础上下文对象，包含系统根上下文对象、任务上下文对象、协调相关组件协程的WaitGroup及在多个协程间传递错误的管道对象。其中的任务上下文对象可通过主程序中注入的任务上下文初始化器创建，或者直接使用默认的任务上下文实现。此处创建上下文对象的代码如下：

```go
rootContext := &env.Context{
    SystemContext: ctx,
    WG:            &sync.WaitGroup{},
    ErrorChan:     make(chan error, 5),
}

// 如果任务上下文初始化器存在，则构建任务上下文对象
if bs.jobConextInitializer != nil {
    rootContext.JobContext, err = bs.jobConextInitializer(ctx)
    if err != nil {
        return errors.Errorf("initialize job context error: %s", err)
    }
}
// 确保任务上下文对象存在，即此时若任务上下文依然为空，则使用默认的实现
if rootContext.JobContext == nil {
    rootContext.JobContext = impl.NewDefaultContext(ctx)
}
```

完成任务上下文初始化之后，进入任务工作池及相关子组件的创建与启动阶段。系统启动器从配置中获取任务池的后端驱动配置，因为目前仅支持 Redis，所以会直接进入基于 Redis 的任务工作池的初始化与启动过程中。

首先要做的是，基于配置项创建并初始化 Redis 连接池，此连接池通过 redigo 库实现。因为使用库的限制，Harbor 2.0 的 Redis 连接池不支持 Redis 集群（Cluster）或者哨兵（Sentinel）模式的 Redis 部署，后续版本会加入对哨兵模式的支持。在这种情况下，可以通过在 Redis 服务前部署 HAProxy 类似的代理服务来支持类 Redis 集群方式。

```go
// 读取工作协程数量配置
workerNum := cfg.PoolConfig.WorkerCount
// 添加 "{}" 到 Redis 数据命名空间以避免数据槽分配的问题
namespace := fmt.Sprintf("{%s}", cfg.PoolConfig.RedisPoolCfg.Namespace)
// 获取 Redis 连接池
redisPool := bs.getRedisPool(cfg.PoolConfig.RedisPoolCfg)
```

getRedisPool 封装了通过 redigo 库创建连接池的过程，具体代码如下：

```go
// 获取一个 Redis 连接池
func (bs *Bootstrap) getRedisPool(redisPoolConfig *config.RedisPoolConfig) *redis.Pool {
    return &redis.Pool{
        MaxIdle:   6,
        Wait:      true,
```

```
            IdleTimeout: time.Duration(redisPoolConfig.IdleTimeoutSecond) *
time.Second,
        Dial: func() (redis.Conn, error) {
            return redis.DialURL(
                redisPoolConfig.RedisURL,
                redis.DialConnectTimeout(dialConnectionTimeout),
                redis.DialReadTimeout(dialReadTimeout),
                redis.DialWriteTimeout(dialWriteTimeout),
            )
        },
        TestOnBorrow: func(c redis.Conn, t time.Time) error {
            if time.Since(t) < time.Minute {
                return nil
            }

            _, err := c.Do("PING")
            return err
        },
    }
}
```

有了 Redis 连接池之后,就可以对 Redis 数据进行操作了。所以在其他组件启动之前,会优先检查 Redis 数据库的数据是否需要迁移和升级,此工作由数据迁移器完成。具体迁移代码如下:

```
// 如有必要,执行数据迁移和升级
rdbMigrator := migration.New(redisPool, namespace)
rdbMigrator.Register(migration.PolicyMigratorFactory)
if err := rdbMigrator.Migrate(); err != nil {
    // 仅记录日志,不需要阻断启动进程
    logger.Error(err)
}
```

在数据升级和迁移过程完成后,则会逐个创建任务工作池启动所依赖的相关组件。

首先,创建 Webhook 代理器来支持 Webhook 事件的发送和重试等操作,同时定义一个 Hook 发送的回调函数以备之后的生命周期管理控制器引用。启动过程中的 Webhook 代理器相关代码如下:

```
// 创建单例的 Webhook 代理器
hookAgent := hook.NewAgent(rootContext, namespace, redisPool)
hookCallback := func(URL string, change *job.StatusChange) error {
}
// 略去非 Webhook 代理器相关代码
// 启动代理器
```

```
// 非阻塞调用
if err = hookAgent.Serve(); err != nil {
    return errors.Errorf("start hook agent error: %s", err)
}
```

在创建并启动完 Webhook 代理器之后，可基于已有的 Redis 连接池和创建的 Webhook 回调函数来构建任务生命周期管理控制器，以实现对任务执行过程和执行状态的追踪与管理。任务生命周期管理控制器的创建与启动代码如下：

```
// 创建任务生命周期管理控制器
lcmCtl := lcm.NewController(rootContext, namespace, redisPool, hookCallback)
// 略去启动任务池代码
// 运行生命周期管理控制器后台
if err = lcmCtl.Serve(); err != nil {
    return errors.Errorf("start life cycle controller error: %s", err)
}
```

在生命周期管理控制器就位之后，就到了更为关键的环节，即系统核心的任务工作池的创建与启动。此过程由内部定义方法 loadAndRunRedisWorkerPool 完成，具体代码如下：

```
// 启动后台任务工作池
backendWorker, err = bs.loadAndRunRedisWorkerPool(
    rootContext,
    namespace,
    workerNum,
    redisPool,
    lcmCtl,
)
```

在 loadAndRunRedisWorkerPool 中，首先基于 Redis 连接池和生命周期管理控制器构建出任务池对象，再通过其提供的任务注册接口方法注册所有要支持的任务对象，包括制品扫描、全局扫描、远程复制及 Webhook 等功能任务对象，最后通过 Start 方法启动任务池的守护进程。具体代码如下：

```
// 加载并运行基于 Redis 的任务工作池
func (bs *Bootstrap) loadAndRunRedisWorkerPool(
ctx *env.Context,
ns string,
workers uint,
redisPool *redis.Pool,
lcmCtl lcm.Controller,
) (worker.Interface, error) {
redisWorker := cworker.NewWorker(ctx, ns, workers, redisPool, lcmCtl
```

```
    // 注册功能任务
    if err := redisWorker.RegisterJobs(
    map[string]interface{}{
        // 此任务仅用于调试和测试
        job.SampleJob:           (*sample.Job)(nil),
        // 功能任务列表
        job.ImageScanJob:        (*sc.Job)(nil),
        job.ImageScanAllJob:     (*all.Job)(nil),
        job.ImageGC:             (*gc.GarbageCollector)(nil),
        job.Replication:           (*replication.Replication)(nil),
        job.ReplicationScheduler:  (*replication.Scheduler)(nil),
        job.Retention:             (*retention.Job)(nil),
        scheduler.JobNameScheduler: (*scheduler.PeriodicJob)(nil),
        job.WebhookJob:            (*notification.WebhookJob)(nil),
        job.SlackJob:              (*notification.SlackJob)(nil),
    }); err != nil {
    return nil, err
    }

    if err := redisWorker.Start(); err != nil {
        return nil, err
    }
    return redisWorker, nil
    }
```

至此，随着任务工作池的启动，整个异步任务系统的启动过程也进入最后一个阶段，即启动 API 服务器以对外提供功能服务。

11.2.4 API 服务器的启动过程

API 服务器的启动过程分为两个阶段：依赖组件的创建和 HTTP 服务器的路由绑定与启动。首先创建任务信息管理器，然后基于任务信息管理器和任务工作池构建出 API 控制器，接着就可以利用 API 控制器实现 API 服务器的创建了。此过程主要在系统启动器的"LoadAndRun"方法中涉及，部分主要代码如下：

```
func (bs *Bootstrap) LoadAndRun(ctx context.Context, cancel context.CancelFunc) (err error) {
    // 略去部分代码
    // 创建任务信息管理器
    manager = mgt.NewManager(ctx, namespace, redisPool)

    // 略去部分代码
    // 初始化 API 控制器
```

```
        ctl := core.NewController(backendWorker, manager)
        // 创建 API 服务器
        apiServer := bs.createAPIServer(ctx, cfg, ctl)

        // 略去部分代码
    }
```

从这段代码中可以看到，API 服务器创建的核心逻辑在系统启动器的内部方法"createAPIServer"中实现。具体代码如下：

```
    // 创建 API 服务器
    func (bs *Bootstrap) createAPIServer(ctx context.Context, cfg
*config.Configuration, ctl core.Interface) *api.Server {
        authProvider := &api.SecretAuthenticator{}
        handler := api.NewDefaultHandler(ctl)
        router := api.NewBaseRouter(handler, authProvider)
        serverConfig := api.ServerConfig{
            Protocol: cfg.Protocol,
            Port:cfg.Port,
        }
        if cfg.HTTPSConfig != nil {
            serverConfig.Protocol = config.JobServiceProtocolHTTPS
            serverConfig.Cert = cfg.HTTPSConfig.Cert
            serverConfig.Key = cfg.HTTPSConfig.Key
        }

        return api.NewServer(ctx, router, serverConfig)
    }
```

从上述代码可以看到，服务器的创建具体包含以下几个关键步骤。

（1）API 服务是需要授权访问的，因而需要创建鉴权器（SecretAuthenticator）来保证有效的授权访问。异步任务系统作为内部使用的系统，鉴权并未采用特别烦琐的模式，而是采用"<Authorization Harbor-Secret [secret]>"类 API key 的形式。此处的 secret 是在 Harbor 安装时生成并通过环境变量注入的随机密码，可以保证相当级别的安全性。鉴权器的具体实现定义在"./api/authenticator.go"的源文件中，这里不再赘述。

（2）API 的具体响应逻辑如参数处理、逻辑执行及最后的响应、回写都由 API 处理器（handler）的处理方法来完成。默认处理器（DefaultHandler）通过 API 控制器来构建以实现 API 逻辑和后台控制层逻辑的关联。处理器的接口声明和默认实现定义在"./api/handler.go"的源文件中。处理器的逻辑职责较为清晰易懂，故而此处不再赘述。

（3）API 处理器中的具体响应方法需要与特定的 API 路径关联、映射，此过程通过定义在"./api/router.go"源文件中的路由器组件实现。具体的对应关系如下：

```go
const (
    baseRoute = "/api"
    apiVersion = "v1"
)

// registerRoutes 添加路由信息到服务器的多路复用器中
func (br *BaseRouter) registerRoutes() {
    subRouter := br.router.PathPrefix(fmt.Sprintf("%s/%s", baseRoute,
apiVersion)).Subrouter()

    subRouter.HandleFunc("/jobs",
br.handler.HandleLaunchJobReq).Methods(http.MethodPost)
    subRouter.HandleFunc("/jobs",
br.handler.HandleGetJobsReq).Methods(http.MethodGet)
    subRouter.HandleFunc("/jobs/{job_id}",
br.handler.HandleGetJobReq).Methods(http.MethodGet)
    subRouter.HandleFunc("/jobs/{job_id}",
br.handler.HandleJobActionReq).Methods(http.MethodPost)
    subRouter.HandleFunc("/jobs/{job_id}/log",
br.handler.HandleJobLogReq).Methods(http.MethodGet)
    subRouter.HandleFunc("/stats",
br.handler.HandleCheckStatusReq).Methods(http.MethodGet)
    subRouter.HandleFunc("/jobs/{job_id}/executions",
br.handler.HandlePeriodicExecutions).Methods(http.MethodGet)
}
```

（4）创建出的路由器用来构建 API 服务器。API 服务器是定义在"./api/server.go"源文件中的定制化的 HTTP 网络服务器的封装，提供了启动（Start）和停止（Stop）两种对外操作。依据异步任务系统的基本配置，可以以 HTTP 或者 HTTPS 模式启动。相关代码逻辑比较直观，这里不做过多分析。

创建好的 API 服务器可以进入启动阶段。

启动器会创建一个系统信号量管道来接收系统相关的终止信号，同时启动一个协程来监听此系统信号量管道和之前创建的系统错误管道，以便收到系统终止信号或者相关错误发生时，可以优雅地停止 API 服务器的运行（通过 defer 函数来实现），以及通过系统根上下文的 cancel 方法向其他系统子组件发出终止运行信号，以便它们能以正常状态退出。具体代码如下：

```go
// 略去部分代码
// 监听系统信号量
sig := make(chan os.Signal, 1)
signal.Notify(sig, os.Interrupt, syscall.SIGTERM, os.Kill)
terminated := false
go func(errChan chan error) {
    defer func() {
        // 优雅地终止和退出
        if er := apiServer.Stop(); er != nil {
            logger.Error(er)
        }
        // 通知共享上下文的其他模块正常退出
        cancel()
    }()

    select {
    case <-sig:
        terminated = true
        return
    case err = <-errChan:
        logger.Errorf("Received error from error chan: %s", err)
        return
    }
}(rootContext.ErrorChan)
// 略去部分代码
```

之后则启动 API 服务器监听来开启异步任务系统功能服务，启动函数为阻塞函数，故而进程会阻塞在此。需要提到的一点是，这里对启动返回的错误做了差异化处理，如果是非异步任务系统发出的停止运行操作，即返回的错误 terminated 为假（false），则错误会被处理，否则直接忽略（即使是正常终止，也会有错误返回）。

```go
// 略去部分代码
if er := apiServer.Start(); er != nil {
    if !terminated {
        // Tell the listening goroutine
        rootContext.ErrorChan <- er
    }
} else {
    sig <- os.Interrupt
}
// 略去部分代码
```

至此，API 服务器完成启动，也就意味着整个异步任务系统完成启动，可以正常对外服务。

11.2.5　任务运行器的执行过程

在之前的章节中已经提到，注册和执行任务时，其实并非直接针对实现了任务接口的任务对象，而是借助任务运行器来封装具体的任务对象并提供任务执行生命周期管控能力。本节将对这一执行过程做出基本说明，以便读者更能清楚地理解任务执行的具体流程。

当前任务运行器的具体逻辑定义在 "./runner/redis.go" 源文件中，由 RedisJob 结构体的 "Run(j *work.Job) (err error)" 方法完成。此 Run 方法遵循上游任务框架 gocraft/work 定义的任务规范，对之前介绍过的任务生命周期管理控制器有依赖。实现任务接口规范的具体任务对象则通过 RedisJob 的构造函数传入并建立引用，下面是对主要过程的描述。

首先，需要通过任务 ID 获取任务追踪器以记录任务执行过程状态的变更。具体代码如下：

```
// 开始追踪运行任务
jID := j.ID

// 检查任务是否为周期任务，因为周期任务有特有的 ID 格式
if eID, yes := isPeriodicJobExecution(j); yes {
    jID = eID
}

// 某些时候，在任务开始执行时，它们的状态数据可能还没有就绪
// 获取追踪器的方法调用可能返回 NOT_FOUND 错误。在种情况下，我们可以通过重试来恢复
for retried := 0; retried <= maxTrackRetries; retried++ {
    tracker, err = rj.ctl.Track(jID)
    if err == nil {
        break
    }

    if errs.IsObjectNotFoundError(err) {
        if retried < maxTrackRetries {
            // 依然有机会直接获取指定任务的追踪器
            // 稍微等待后重试
            b := backoff(retried)
            logger.Errorf("Track job %s: stats may not have been ready yet, hold for %d ms and retry again", jID, b)
            <-time.After(time.Duration(b) * time.Millisecond)
            continue
        } else {
            // 退出并永不再重试
            // 直接退出并放弃重试，因为无法重新恢复任务的状态信息
            j.Fails = 10000000000 // 永不重试
```

```
        }
    }

    // 记录错误信息并退出
    logger.Errorf("Job '%s:%s' exit with error: failed to get job tracker: %s",
j.Name, j.ID, err)

    return
}
```

对于任务 ID，这里需要注意的是，如果是周期任务的关联任务，则需要使用其特别的 ID 格式。有了任务 ID，就可以创建任务追踪器。这里做了简单重试的逻辑，主要原因是任务入队和任务状态信息存储非事务操作，导致任务调度执行时其状态信息可能没有就位，导致创建追踪器可能失败（NOT_FOUND 错误）。通过重试机制可以避免此类情况的发生。如果因其他原因（如 Redis 数据库错误或者不可用）导致追踪器创建失败，则任务会立即执行失败并退出。

接着以延迟函数的方法来定义任务执行结果的处理流程。如果执行过程出现错误（error 非空），则输出日志并且变更任务状态信息为"失败"。如果未出现错误，则也需要首先检查是不是被停止的任务，即其状态已经被设置为"停止"。如果是，则输出日志并直接退出即可。如果是非停止任务，则意味着任务执行成功，变更任务状态为"成功"。如之前所示，状态的变更都会有对应的 Webhook 事件发出，以便任务提交者通过 Webhook 事件知悉任务的状态变换。具体代码如下：

```
    // 通过延迟方式处理任务执行的结果
    defer func() {
        // 基于任务执行返回的错误对象辨别任务的执行状态
        // 此处发生的错误不应该覆盖任务执行返回的错误对象，直接进行日志记录即可
        if err != nil {
            // 记录错误日志
            logger.Errorf("Job '%s:%s' exit with error: %s", j.Name, j.ID, err)

            if er := tracker.Fail(); er != nil {
                logger.Errorf("Error occurred when marking the status of job %s:%s
to failure: %s", j.Name, j.ID, er)
            }

            return
        }

        // 空错误对象也可能是被停止的任务返回的，需要进一步检查任务的最新状态
        // 如果此处获取任务的最新状态失败，则让过程继续以避免错过状态的更新操作
```

```
        if latest, er := tracker.Status(); er != nil {
            logger.Errorf("Error occurred when getting the status of job %s:%s: %s",
j.Name, j.ID, er)
        } else {
            if latest == job.StoppedStatus {
                // 日志记录
                logger.Infof("Job %s:%s is stopped", j.Name, j.ID)
                return
            }
        }

        // 标记任务状态为"成功"
        logger.Infof("Job '%s:%s' exit with success", j.Name, j.ID)
        if er := tracker.Succeed(); er != nil {
            logger.Errorf("Error occurred when marking the status of job %s:%s to
success: %s", j.Name, j.ID, er)
        }
    }()
```

之后，以延迟函数的形式定义运行时异常错误的处理逻辑即可。

紧接着，对执行任务的状态做预处理和判断。如果状态是"待执行"和"已调度"，则不做任何处理。如果是"停止"，则意味着任务已被停止，执行过程直接正常退出。如果任务是"运行"或者"错误"，则意味着此任务是重试任务，需要通过追踪器重新 Reset 状态信息以便重新执行。如果状态是"成功"，虽然它在理论上不应出现，但若出现则直接正常退出。其他非识别状态则会导致任务执行失败。具体代码如下：

```
    // 基于待执行任务状态进行预处理
    jStatus := job.Status(tracker.Job().Info.Status)
    switch jStatus {
    case job.PendingStatus, job.ScheduledStatus:
        // 无动作
        break
    case job.StoppedStatus:
        // 任务很可能已经通过标记任务状态信息而被停止
        // 直接退出且不重试
        return nil
    case job.RunningStatus, job.ErrorStatus:
        // 失败的任务可以被放到重试队列中稍后重新执行, 运行中的任务也可能因为某种突发的服务崩溃
而被阻断, 这些任务都可被重新调度执行

        // 重置任务的状态信息
        if err = tracker.Reset(); err != nil {
            // 记录错误日志并返回原始错误（如果存在的话）
            err = errors.Wrap(err, fmt.Sprintf("retrying %s job %s:%s failed",
```

```
jStatus.String(), j.Name, j.ID))

            if len(j.LastErr) > 0 {
                err = errors.Wrap(err, j.LastErr)
            }

            return
        }

        logger.Infof("Retrying job %s:%s, revision: %d", j.Name, j.ID,
tracker.Job().Info.Revision)
        break
    case job.SuccessStatus:
        // 无动作
        return nil
    default:
        return errors.Errorf("mismatch status for running job: expected %s/%s but got %s", job.PendingStatus, job.ScheduledStatus, jStatus.String())
    }
```

状态预处理之后，基于根任务上下文对象为当前执行的任务创建任务上下文对象。有了任务上下文对象，就可以创建运行器封装的具体任务对象并调用其运行方法来执行具体逻辑。通过任务注册时提供的任务对象类型信息以反射的方式构建出任务对象，标记任务进入运行状态，以任务上下文对象和任务参数信息作为传入参数，调用其所实现的 Run 方法来运行业务逻辑，捕获返回结果以便为之前所述的执行状态处理逻辑所用。对应的代码如下：

```
// 构建任务执行上下文对象
if execContext, err = rj.context.JobContext.Build(tracker); err != nil {
    return
}

// 省略部分代码

// 封装任务
runningJob = Wrap(rj.job)
// 标记任务进入运行状态
if err = tracker.Run(); err != nil {
    return
}
// 运行任务
err = runningJob.Run(execContext, j.Args)
// 捕获任务执行的返回值
if err != nil {
```

```
        err = errors.Wrap(err, "run error")
    }

// 省略部分代码
```

之后会检测任务是否声明重试,如果声明不重试,则直接增大任务的 Fails 属性以便系统直接放弃重试。另外,如果是周期任务的关联执行任务,则执行完成后,需要对一些相关信息进行更新,此处不再展开相关细节。至此,任务的执行过程基本就完成了。

11.2.6 系统中的关键子模块

之前的各节涉及了很多异步任务系统的子模块,本节对部分关键子模块做进一步介绍和说明,以便读者对异步任务系统的设计、流程及运行机制有更全面和深入的理解。

1. 任务上下文对象

任务上下文对象的主要作用就是为任务执行提供一些必要的辅助功能,其接口定义在 "./job" 包下的 context.go 文件中,具体如下:

```
// Context 是基础上下文对象和其他任务特定资源的聚合体,是任务执行时的实际上下文对象
type Context interface {
    // 基于父级上下文对象构建新的上下文对象
    // 基于当前的上下文对象为指定的任务产生新的上下文对象
    //
    // 返回值:
    // Context: 新产生的上下文对象
    // error: 如果出现任何错误,则返回错误信息
    Build(tracker Tracker) (Context, error)

    // 从上下文中获取指定的属性值
    // prop string: 属性名
    //
    // 返回值:
    // interface{}: 如果存在,则返回指定的属性值
    // bool: 指明的属性是否存在
    Get(prop string) (interface{}, bool)

    // SystemContext 返回系统上下文对象
    // 返回值:
    // context.Context: 系统上下文对象
    SystemContext() context.Context
```

```go
    // 此处为Checkin函数的封装引用,用来向Webhook订阅者发送详细的状态信息
    // status string: 详细的状态信息
    //
    // 返回值:
    // error: 在任何错误发生时都返回错误信息
    Checkin(status string) error

    // OPCommand 返回任务的操作控制指令,比如"停止"
    //
    // 返回值:
    // OPCommand: 操作指令
    // bool: 表明是否有指令
    OPCommand() (OPCommand, bool)

    // 获取日志输出接口
    GetLogger() logger.Interface

    // 获取任务状态追踪器引用
    Tracker() Tracker
}
```

此 Context 接口中各方法的作用如下。

（1）Build：基于父级（根）任务上下文为执行的任务构建新上下文对象，此过程会复制父级上下文中的所有信息。

（2）Get：获取在上下文中缓存的相关属性信息。前文提到过，在 Harbor 中，异步任务系统会在主程序中注入上下文初始化器，用来把 Harbor 核心任务中的所有配置拉取并存储到根上下文中。任务在执行时可通过此方法直接获取配置信息。

（3）SystemContext：提供系统根上下文的引用。

（4）Checkin：在执行时检视数据。

（5）OPCommand：检查是否有特定的控制信号发生，目前仅支持停止信号。在执行过程中，任务可在多个检测点调用此方法检查是否收到停止信号。如果收到停止信号，则直接终止任务的执行并退出。

（6）GetLogger：获取日志记录器的引用以在执行过程中输出日志。

（7）Tracker：返回任务生命周期追踪器的引用，以便某些任务逻辑据此实现。

此任务上下文的接口有两个实现：一个是默认实现，位于"./job/impl/default_context.go"

源文件中；另一个是增强实现，位于"./job/impl/context.go"源文件中。在增强实现中会读取 Harbor 核心服务中的所有系统配置并缓存在上下文中，同时初始化数据库连接，使任务可以方便地使用系统配置或者连接数据库。

2. 数据迁移器

数据迁移器支持多个子迁移器，每个子迁移器仅负责一个数据升级和迁移路径。子迁移器的实现需要满足特定的迁移器接口，此接口被定义在"./migration/migrator.go"源文件中。Metadata 方法返回迁移器的元数据，包括升级路径和涉及的字段。Migrate 方法提供具体过程实现。迁移器还需要提供工厂方法创建迁移器。

```go
// RDBMigrator 定义迁移 Redis 数据的操作
type RDBMigrator interface {
    // 返回迁移器的元数据信息
    Metadata() *MigratorMeta

    // Migrate 执行具体的数据迁移和升级逻辑
    Migrate() error
}

// MigratorFactory 定义创建 RDBMigrator 接口的工厂方法
type MigratorFactory func(pool *redis.Pool, namespace string) (RDBMigrator, error)
```

要启用的迁移级器需要通过其工厂方法注册到迁移器（管理器）中，由管理器统一维护和按序调用。管理器的接口声明被定义在"./migration/manager.go"源文件中。Registry 提供子迁移器注册能力，接收迁移器的工厂方法为参数。Migrate 则会依据注册顺序，逐次调用各个子迁移器的 Migrate 方法来完成整个升级和迁移过程。

```go
// 管理各类迁移器的管理器接口
type Manager interface {
    // 注册指定的迁移器到执行链中
    Register(migratorFactory MigratorFactory)

    // 执行数据升级、迁移操作
    Migrate() error
}
```

3. Webhook 代理器

Webhook 代理器的接口声明和实现被定义在"./hook/hook_agent.go"源文件中，提供了触发 Webhook 事件的方法 Trigger 及事件重试循环的 Serve 方法。发送的 Webhook 事件含有 Webhook 目标端地址、说明消息、发送时间戳及含有具体状态变化的数据。

```go
// 代理器旨在以合理的并发协程处理 Webhook 事件
type Agent interface {
    // 触发 Webhook 事件
    Trigger(evt *Event) error

    // 启动 Webhook 事件重试循环
    Serve() error
}

// Webhook 事件对象定义
type Event struct {
    URL       string            `json:"url"`
    Message   string            `json:"message"`     // 事件文本
    Data      *job.StatusChange `json:"data"`        // 事件数据
    Timestamp int64             `json:"timestamp"`   // 放弃该事件的时间上限
}
```

Webhook 事件发送过程的具体实现可以分为几个步骤：发送前验证事件对象是否合法，如果合法，则利用 Webhook 客户端进行具体发送操作；如果客户端未能成功完成发送，则此发送失败的 Webhook 事件会通过 pushForRetry 方法暂存到位于 Redis 上的重试队列中，等待重试循环择期重新发送；如果成功发送，则通过 ack 方法更新关联数据的 ack 字段，以确认相关的 Webhook 事件成功发送并被订阅者接收。具体代码如下：

```go
// 实现接口方法，触发 Webhook 事件
func (ba *basicAgent) Trigger(evt *Event) error {
    if evt == nil {
        return errors.New("nil web hook event")
    }

    if err := evt.Validate(); err != nil {
        return errors.Wrap(err, "trigger error")
    }

    // 如果 Webhook 事件成功发送或者被缓存到重发队列，则认为触发操作完成
    if err := ba.client.SendEvent(evt); err != nil {
        // 将未成功发送的事件推送到重试队列
        if er := ba.pushForRetry(evt); er != nil {
            // 若推送未成功发送的事件到重试队列失败，则返回错误信息及所有上下文信息
            return errors.Wrap(er, err.Error())
        }
```

```
            logger.Warningf("Send hook event '%s' to '%s' failed with error: %s; push
hook event to the queue for retrying later", evt.Message, evt.URL, err)
            // 若将未成功发送的事件成功推送到重试队列，则也认为触发操作完成
            return nil
        }

        // 更新含有 "revision" "status" 和 "check_in_at" 等信息的 ACK 来表明 Webhook 事件
成功发送并被订阅者接收
        // 此 ACK 可被修复器用来判断相关的 Webhook 事件是否还需要重新发送
        // 如果更新 ACK 失败，则会导致相应的 Webhook 事件被重复发送，但此类情况可以忽略
        if err := ba.ack(evt); err != nil {
            // 记录错误日志信息
            logger.Error(errors.Wrap(err, "trigger"))
        }

        return nil
}
```

Hook 客户端并未直接暴露 HTTP 相关的方法，而是提供了针对 Hook 事件的特定接口声明及实现，具体代码可以在 "./hook/hook_client.go" 中找到。SendEvent 方法负责将 Hook 事件发送到订阅方：

```
// 处理 Webhook 事件的客户端接口定义
type Client interface {
    // 发送 Webhook 事件到订阅方
    SendEvent(evt *Event) error
}
```

Webhook 代理器的事件重试循环被定义在其内部方法 loopRetry 中，Serve 方法会通过非阻塞式的 go loopRetry 启动此方法。如果在重试队列中已无事件可重试发送（reSend），则循环会等待较长时间再次尝试拉取可重试事件，否则会以很短的间隔执行循环。此循环同时会监听系统上下文信号，如果收到系统退出信号，则会立刻终止循环。

```
func (ba *basicAgent) loopRetry() {
// 略去部分代码
    for {
        if err := ba.reSend(); err != nil {
            waitInterval := shortLoopInterval
            if err == rds.ErrNoElements {
                // 无可重试发送的事件
                waitInterval = longLoopInterval
            } else {
                logger.Errorf("Resend hook event error: %s", err.Error())
            }
```

```
        select {
        case <-time.After(waitInterval):
            // 等待, 无操作
        case <-ba.context.Done():
            // 终止
            return
        }
    }
}
```

重试循环中依赖的 reSend 方法，其主要逻辑是从 Redis 的 Webhook 事件重试队列中取出一个事件来尝试重新发送。在调用 Webhook 代理器的 Trigger 方法之前，因为有可能要重试的事件已经过期，即晚于其之后的事件已经成功发送，所以为避免发送无效的事件，需要做一次检查、比对。这个检查、比对通过 Lua 脚本 CheckStatusMatchScript 来完成。这里不展开介绍 Lua 脚本，可以直接参考 "./common/rds/scripts.go" 里的脚本定义。

```
func (ba *basicAgent) reSend() error {
    // 略去部分代码

    // 从队列头中取出一个缓存的事件对象来重新发送
    evt, err := ba.popMinOne(conn)
    if err != nil {
        return err
    }

    // 执行 Lua 脚本的参数
    args := []interface{}{
        rds.KeyJobStats(ba.namespace, evt.Data.JobID),
        evt.Data.Status,
        evt.Data.Metadata.Revision,
        evt.Data.Metadata.CheckInAt,
    }

    // 如果未能成功判断要重试的事件状态是否有效, 则直接忽略此判断, 继续重新发送
    reply, err := redis.String(rds.CheckStatusMatchScript.Do(conn, args...))
    // 略去部分代码

    return ba.Trigger(evt)
}
```

4. 生命周期管理控制器

生命周期管理控制器提供创建任务追踪器的接口及重试失败任务状态数据更新的循

环逻辑，其接口声明和实现被定义在"./lcm/controller.go"的源文件中。

```go
// 控制器设计用来提供与任务生命周期管理相关的功能
type Controller interface {
    // 启动状态更新重试后台循环
    Serve() error

    // 基于所提供的任务状态信息对象创建新的追踪器
    New(stats *job.Stats) (job.Tracker, error)

    // 追踪所指定的已存在任务的生命周期
    Track(jobID string) (job.Tracker, error)
}
```

其中的 New 方法会基于提供的任务状态数据，先存储数据到 Redis 数据库后再返回追踪器的引用。Track 方法则根据任务的唯一索引，从 Redis 数据库中加载任务状态数据，然后返回追踪器引用。Serve 方法会以异步方式启动一个循环来更新重试失败任务的状态数据，循环逻辑被封装在内部方法 loopForRestoreDeadStatus 中。

```go
// loopForRestoreDeadStatus 是一个用来重试任务状态数据且更新失败操作的循环
// 很明显，这是一种"尽力而为"的尝试
// 重试项不会被持久化，在异步任务系统重启时会丢失这些重试项
func (bc *basicController) loopForRestoreDeadStatus() {
    // 略去部分代码
    // 初始化计时器
    tm := time.NewTimer(shortInterval * time.Second)
    defer tm.Stop()

    for {
        select {
        case <-tm.C:
            // 重置计时器
            tm.Reset(rd())

            // 重试列表中的项目
            bc.retryLoop()
        case <-bc.context.Done():
            return // 终止
        }
    }
}

// retryLoop 遍历重试列表并对其中项目执行重试操作
func (bc *basicController) retryLoop() {
    // 略去部分代码
```

```
        // 检查列表
        bc.retryList.Iterate(func(ele interface{}) bool {
            if change, ok := ele.(job.SimpleStatusChange); ok {
                    // 执行重试操作
                err := retry(conn, bc.namespace, change)
                // 略去部分代码
                if err == nil || errs.IsStatusMismatchError(err) {
                    return true
                }
            }

            return false
        })
    }
```

loopForRestoreDeadStatus 中是一个简单的定时器，定期执行一次 retryLoop。在 retryLoop 中会遍历在控制器重试列表中缓存的项目，尝试再次向 Redis 存储。如果成功，则项目从重试列表中移除，如果失败，则继续留存，等待下轮重试。这里需要指出的是，此重试列表是内存列表，只会缓存在当前节点上执行失败的任务数据更新操作，因而在多节点下也不会出现数据一致性的问题。另外，即使系统崩溃而导致列表丢失，任务修复器也会最终对其进行修复或者过期处理。

5. 任务工作池

作为异步任务系统的核心模块，任务工作池的主要功能是通过源代码文件"./worker/interface.go"定义接口的。

```
    // 工作池接口定义
    // 更像是一个屏蔽底层队列的驱动规范定义
    type Interface interface {
        // 开始服务
        Start() error

        // 注册功能任务
        // jobs map[string]interface{}：任务字典，键是任务类型名称，值是任务的具体实现对象
        //
        // 返回值：
        // 注册失败则返回非空错误信息
        RegisterJobs(jobs map[string]interface{}) error

        // 入队任务
        // jobName string：要入队任务的名称
        // params job.Parameters：要入队任务的参数
```

```
// isUnique bool: 指出队列中相同的任务是否去重
// webHook string: 用来接收 Webhook 事件的服务器地址
//
// 返回值:
// *job.Stats: 入队任务的状态信息对象
// error: 入队失败则返回非空错误信息
Enqueue(jobName string, params job.Parameters, isUnique bool, webHook string) (*job.Stats, error)

// 调度任务延迟指定时间地执行（单位为秒）
// jobName string: 待调度任务的名称
// runAfterSeconds uint64: 延迟执行的时间（秒）
// params job.Parameters: 待调度任务的参数
// isUnique bool: 指出队列中相同的任务是否去重
// webHook string: 用来接收 Webhook 事件的服务器地址
//
// 返回值:
// *job.Stats: 成功调度任务的状态信息对象
// error: 调度失败，则返回非空错误信息
Schedule(jobName string, params job.Parameters, runAfterSeconds uint64, isUnique bool, webHook string) (*job.Stats, error)

// 调度任务周期性地执行
// jobName string: 待调度任务的名称
// params job.Parameters: 待调度任务的参数
// cronSetting string: 以 CRON 形式定义的周期时间
// isUnique bool: 指出队列中相同的任务是否去重
// webHook string: 用来接收 Webhook 事件的服务器地址
//
// 返回值:
// *job.Stats: 成功调度任务的状态信息对象
// error: 调度失败则返回非空错误信息
PeriodicallyEnqueue(jobName string, params job.Parameters, cronSetting string, isUnique bool, webHook string) (*job.Stats, error)

// 返回任务工作池的状态信息
// 返回值:
// *Stats: 工作池的状态信息
// error: 获取失败则返回非空错误信息
Stats() (*Stats, error)

// 检查指定任务是否为已注册的已知功能任务
// name string: 任务名称
//
```

```
// 返回值:
// interface{}: 如果是已知任务,则返回任务实现对象类型
// bool: 如果是已知任务,则返回真,否则返回假
IsKnownJob(name string) (interface{}, bool)

// 验证已知任务的参数
// jobType interface{}: 已知任务的实现对象类型
// params map[string]interface{}: 已知任务的参数
//
// 返回值:
// error: 如果参数不合法,则返回对应的错误信息

ValidateJobParameters(jobType interface{}, params job.Parameters) error

// 停止指定的任务
// jobID string: 任务 ID
//
// 返回值:
// error: 停止失败则返回非空错误信息
StopJob(jobID string) error

// 重试(重新执行)指定任务
// jobID string: 任务 ID
//
// 返回值:
// error: 重试失败则返回非空错误信息
RetryJob(jobID string) error
}
```

在目前的异步任务系统中,对任务工作池的实现主要基于任务队列框架 gocraft/work 来实现。此实现定义在源文件 "./worker/cworker/c_worker.go" 中。除 RetryJob 不支持外,其他都有实现。其中的一些辅助方法,比如判定任务是否是已注册任务的 IsKnownJob,判定任务传入参数是否是合法的 ValidateJobParameters,以及返回任务工作池基本状态和健康状况的 Stats 方法,逻辑都比较明确、简单,这里就不展开介绍了。

下面是任务工作池中一些关键方法的具体实现。

首先,功能任务的注册接口方法 RegisterJobs 可接收多个任务同时注册,内部则通过单一任务注册方法 registerJob 来完成。此方法首先验证传入的任务对象是否实现了系统的任务接口(job.Interface),再确保每个唯一名称索引的功能任务只能注册一次,还需要检查同一实现是否只能使用一个功能任务名称索引来注册。验证通过的功能任务,则会通过 NewRedisJob 构建函数封装成任务运行器,之后直接通过 gocraft/work 提供的接口注册到

实际执行的任务池中。注册配置项可以通过任务实现的具体方法得到,包括最大重试数、最大并发数及任务优先级等。任务的具体逻辑调用则在执行方法注册句柄即 func(job *work.Job) error 中实现。成功完成注册的功能任务就被标记为已知任务。

```go
// RegisterJob 用户向任务工作池注册功能任务
// j 为任务的类型信息
func (w *basicWorker) registerJob(name string, j interface{}) (err error) {
    // 略去部分代码

    // j 必须实现 job.Interface 接口
    if _, ok := j.(job.Interface); !ok {
        return errors.Errorf("job must implement the job.Interface: %s",
reflect.TypeOf(j).String())
    }

    // 注册任务名称只能注册一次
    if jInList, ok := w.knownJobs.Load(name); ok {
        return fmt.Errorf("job name %s has been already registered with %s", name,
reflect.TypeOf(jInList).String())
    }

    // 功能任务与注册名称必须一一对应
    w.knownJobs.Range(func(jName interface{}, jInList interface{}) bool {
        jobImpl := reflect.TypeOf(j).String()
        if reflect.TypeOf(jInList).String() == jobImpl {
            err = errors.Errorf("job %s has been already registered with name %s",
jobImpl, jName)
            return false
        }

        return true
    })

    // 略去部分代码

    // 封装注册任务
    redisJob := runner.NewRedisJob(j, w.context, w.ctl)
    // 从任务类型中获取任务实现对象以得到更多的信息
    theJ := runner.Wrap(j)
    // 注册到任务工作池
    w.pool.JobWithOptions(
        name,
        work.JobOptions{
            MaxFails:       theJ.MaxFails(),
            MaxConcurrency: theJ.MaxCurrency(),
```

```
            Priority:        job.Priority().For(name),
            SkipDead:        true,
        },
        // 使用通用处理器驱动任务的运行
            // 任务运行基于封装任务进行
        func(job *work.Job) error {
            return redisJob.Run(job)
        },
    )
    // 保存注册任务名称到已知任务列表中，为之后的验证提供依据
    w.knownJobs.Store(name, j)

    // 略去部分代码
}
```

接下来看看 Enqueue 方法，此方法用于启动一般任务，主要参数会被透传给上游框架 gocraft/work 的任务池，逻辑简明，此处就不给出具体的代码了。与 Enqueue 类似的还有启动定时任务的 Schedule 方法。

比较复杂的是调度周期任务的 PeriodicallyEnqueue 方法，其功能依赖于任务调度器。

6. 任务调度器

任务调度器主要实现对周期任务的支持，包括对周期任务策略的管理和实现关联执行任务的调度与入队。调度器的接口被声明在 "./period/scheduler.go" 源文件中，具体实现则在 "./period/basic_scheduler.go" 源文件中。

```
// 调度器接口定义了周期任务调度器的基本操作
type Scheduler interface {
    // 启动周期任务，调度后台进程
    Start()

    // 调度周期任务策略
    // policy *Policy: 周期任务的策略模板
    //
    // 返回值：
    // int64 : 策略的数字索引
    // error : 调度失败则返回非空错误信息
    Schedule(policy *Policy) (int64, error)

    // 卸载指定周期任务策略
    // policyID string: 周期任务的唯一 ID
    //
    // 返回值：
```

```
    // error：卸载失败则返回非空错误信息
    UnSchedule(policyID string) error
}
```

Schedule 方法首先会基于传入的周期任务策略（主要是 Cron 值）尝试做首次任务排队以免错失临近执行时间点，之后会将对应的周期任务策略添到 Redis 数据库的去重策略集合中以备轮询使用。

```
// Schedule 是对应接口方法的实现
func (bs *basicScheduler) Schedule(p *Policy) (int64, error) {
    // 略去部分代码

    // 执行首轮周期任务入队操作
    bs.enqueuer.scheduleNextJobs(p, conn)

    // 略去部分代码

    // 将周期任务策略持久化到 Redis 数据库中
    if _, err := conn.Do("ZADD", rds.KeyPeriodicPolicy(bs.namespace), pid,
rawJSON); err != nil {
        return -1, err
    }

    return pid, nil
}
```

与 Schedule 方法相对应的则是周期任务策略的卸载方法 UnSchedule。它不仅要将周期任务策略从 Redis 的周期任务策略集合中移除，还要处理由此策略产生的执行任务。因而逻辑上相对复杂一些。通过唯一 ID 可从策略任务的状态信息中获取对应的数字 ID，据此数字 ID 则可从策略集合中定位到策略任务所对应的具体内容，接着从集合中移除对应策略，并在策略任务的状态信息中设置过期时间，同时标记其对应的状态为"停止"。在策略任务衍生的具体执行任务的状态信息中，都存有策略任务的唯一 ID，因而可以依据这些唯一 ID 获取所有关联的执行任务。这些任务有可能还处于等待状态，也有可能已经在执行中。对处于等待状态的任务，直接将其从队列中清除。对正在执行的任务，则直接将其停止。

```
// UnSchedule 是对应接口方法的具体实现
func (bs *basicScheduler) UnSchedule(policyID string) error {
    // 略去部分代码

    // 若通过周期任务策略的唯一 ID 获取其对应的数字索引失败，
    // 则指定的任务很可能并非周期任务
```

```go
    numericID, err := tracker.NumericID()
    if err != nil {
        return err
    }

    // 略去部分代码

    // 通过数字索引获取对应的周期任务策略对象
    bytes, err := redis.Values(conn.Do("ZRANGEBYSCORE",
rds.KeyPeriodicPolicy(bs.namespace), numericID, numericID))
    if err != nil {
        return err
    }

    // 略去部分代码

    // 从 Redis 数据中移除
    // 通过对应的数字索引值精确移除
    if _, err := conn.Do("ZREMRANGEBYSCORE",
rds.KeyPeriodicPolicy(bs.namespace), numericID, numericID); err != nil {
        return err
    }

    // 在对应的周期任务状态信息记录中设置过期时间
    if err := tracker.Expire(); err != nil {
        logger.Error(err)
    }

    // 设置状态为"停止"
    // 此处错误不应阻止后续的清理操作
    err = tracker.Stop()

    // 获取与此周期任务关联的具体执行任务记录
    // 清除这些执行任务记录
    // 此处为尽力而为的操作，执行失败时不会导致卸载操作失败
    // 操作失败时仅会被日志记录
    eKey := rds.KeyUpstreamJobAndExecutions(bs.namespace, policyID)
    if eIDs, err := getPeriodicExecutions(conn, eKey); err != nil {
        logger.Errorf("Get executions for periodic job %s error: %s", policyID, err)
    } else {
        if len(eIDs) == 0 {
            logger.Debugf("no stopped executions: %s", policyID)
        }
        for _, eID := range eIDs {
            eTracker, err := bs.ctl.Track(eID)
```

```
            if err != nil {
                logger.Errorf("Track execution %s error: %s", eID, err)
                continue
            }

            e := eTracker.Job()
            // 仅需关注待执行和运行中的任务
            // 清理
            if job.ScheduledStatus == job.Status(e.Info.Status) {
                // 注意，与周期任务（策略）关联的已调度的（延迟）执行任务的 ID 与周期任务
                // 策略的 ID 是一致的
                if err := bs.client.DeleteScheduledJob(e.Info.RunAt, policyID); err != nil {
                    logger.Errorf("Delete scheduled job %s error: %s", eID, err)
                }
            }

            // 标记任务状态为"停止"以阻止其继续执行
            // 再次确认：仅停止可以停止的任务（未执行完毕的任务）
            if job.RunningStatus.Compare(job.Status(e.Info.Status)) >= 0 {
                if err := eTracker.Stop(); err != nil {
                    logger.Errorf("Stop execution %s error: %s", eID, err)
                }
            }
        }
    }

    return err
}
```

调度器的启动方法 Start，除了会执行一次过期策略任务的清理工作，还会启动内部的任务排队器。任务排队器会轮询策略集合中的所有策略，并基于调度窗口创建具体的定时任务。如果因为某种原因，系统停止运行了一段时间之后再重新运行，那以此刻时间为基点，之前已经排队的定时任务可能已经在基点之前了，这样的任务已经没有意义了，也没有必要再执行，因而会在调度器启动的时候做一次清理。

```
func (bs *basicScheduler) Start() {
    // 做一次过期任务清理操作
    // 此操作为尽力而为的操作
    go bs.clearDirtyJobs()

    // 启动任务排队器
    bs.enqueuer.start()
}
```

7. 任务排队器

任务调度器依赖排队器来实现基于周期任务策略（模板）调度关联任务。任务排队器的基本实现被定义在 "./period/enqueuer.go" 文件中，其核心是依靠定时循环（2 分钟间隔）来遍历当前所有的周期任务对应的策略，以确定是否需要为满足执行窗口期（4 分钟）的策略产生延时执行任务。比如，策略中的 Cron 被定义为 "0 10 0 * * *" 即每日 00:10:00 执行，当一次循环到来时，如果当前时间基点 t 加上窗口期的 4 分钟依然小于（未达到）00:10:00，则不会有任何对应的延迟任务产生；如果时间基点 t 加上窗口期的 4 分钟等于或者大于 00:10:00，则排队器会生成一个延迟任务，其延迟时间是 00:10:00 与当前时间基点 t 的时间差（以秒为单位）。如果在执行窗口期的 4 分钟内，有多个时间点满足 Cron 定义，则会产生多个延迟执行任务。

循环逻辑的代码如下。启动时会直接进行一次排队逻辑，以避免在启动时错失某个时间点的任务排队，之后就进入相同排队逻辑的定时循环中。

```go
func (e *enqueuer) loop() {
    // 略去部分代码

    // 启动时立即进行一次排队操作
    isHit := e.checkAndEnqueue()

    // 略去部分代码

    for {
        select {
        case <-e.context.Done():
            return // 退出
        case <-timer.C:
            // 检测并排队
            isHit = e.checkAndEnqueue()
            // 略去部分代码
        }
    }
}
```

核心排队逻辑包含检查是否需要进行排队操作，以及在需要的情况下进行排队操作。检查逻辑主要通过 shouldEnqueue 方法实现，主要是对比存储在 Redis 数据库中的最近执行排队操作的时间戳，此时间戳如果和当前时间基点相差不够一个循环间隔（2 分钟），则放弃进行排队操作。考虑到异步任务系统有多个节点的情况，因为某一周期任务可被多个节点中的任何节点获取并对其排队，所以为避免重复的无效排队，在某一节点进行了对应的排队后,其他节点可放弃重复的排队操作。此协调过程就通过给上述的最近执行排队过程的时间戳加锁来实现。为了节点公平,上次执行排队操作的节点会下调下次选择的优先级,以便其他节点有机会进行排队操作。

排队操作则由 enqueue 方法完成,其主要逻辑:从 Redis 数据库中加载当前所有的周期任务策略到内存,然后对每一个任务策略都进行处理。这里需要注意的是,每次排队都会从 Redis 数据库中获取当前时刻的策略列表,因而 Redis 库中的任何更新都会实时得到反馈。

```go
func (e *enqueuer) enqueue() {
    // 略去部分代码

    // 从 Redis 中加载所有可用的周期任务策略
    pls, err := Load(e.namespace, conn)

    // 略去部分代码

    // 为每一个周期任务策略都进行任务入队操作
    for _, p := range pls {
        e.scheduleNextJobs(p, conn)
    }
}
```

具体的处理过程由 scheduleNextJobs 方法完成,其核心代码如下。它以当前时间为基点(UTC 时间),通过执行窗口期时间获取一个任务排队的时间范围,从周期任务策略中获取 Cron 定义,接着可获取满足 Cron 所定义的时间模式且在任务排队的时间范围内的所有时间槽,为每个时间槽都产生一个定时任务,并将其推送到定时任务队列中,至此就完成了一轮周期任务的调度。

```go
// scheduleNextJobs 基于周期任务策略,在可用的执行窗口期调度具体可执行的任务
func (e *enqueuer) scheduleNextJobs(p *Policy, conn redis.Conn) {
    // 遵循 UTC 时间规范
    nowTime := time.Unix(time.Now().UTC().Unix(), 0).UTC()
    horizon := nowTime.Add(enqueuerHorizon)

    schedule, err := cron.Parse(p.CronSpec)
    if err != nil {
        // 略去部分代码
    } else {
        for t := schedule.Next(nowTime); t.Before(horizon); t = schedule.Next(t) {
            epoch := t.Unix()
```

```
            // 复制任务参数
            // 同时增加额外的系统参数
            // 注意：所增加的系统参数仅供异步任务系统内部使用
            wJobParams := cloneParameters(p.JobParameters, epoch)

            // 基于周期任务策略（模板）创建可执行的任务对象
            j := &work.Job{
                Name: p.JobName,
                ID:   p.ID,  // 使用策略相同的 ID 以避免调度重复的执行任务
                EnqueuedAt: epoch,
                // 设置复制的任务参数
                Args: wJobParams,
            }

            rawJSON, err := utils.SerializeJob(j)

            // 略去部分代码

            // 将执行任务推送到延迟执行任务队列中
            _, err = conn.Do("ZADD", rds.RedisKeyScheduled(e.namespace), epoch, rawJSON)

            // 略去部分代码
        }
    }
}
```

8. 任务信息管理器

任务信息管理器提供任务相关的基本信息和元数据管理功能，其接口声明和默认实现都被定义在 "./mgt/manager.go" 源文件中。任务信息管理器的接口定义如下：

```
// 管理器接口定义了处理任务信息的相关操作
type Manager interface {
    // 获取所有功能任务的元数据信息
    // 支持分页
    // 参数：
    // q *query.Parameter: 查询参数
    //
    // 返回值：
    // 任务元数据信息列表
    // 任务总数
    // 获取失败则返回非空错误信息
    GetJobs(q *query.Parameter) ([]*job.Stats, int64, error)
```

```
    // 获取指定周期任务关联的所有执行任务，支持分页
    // 参数：
    // pID：周期任务的 ID
    // q *query.Parameter: 查询参数
    //
    // 返回值：
    // 任务元数据信息列表
    // 执行任务总数
    // 获取失败则返回非空错误信息
    GetPeriodicExecution(pID string, q *query.Parameter) ([]*job.Stats, int64, error)

    // 获取定时任务
    // 参数：
    // q *query.Parameter: 查询参数
    //
    // 返回值：
    // 任务元数据信息列表
    // 任务总数
    // 获取失败则返回非空错误信息
    GetScheduledJobs(q *query.Parameter) ([]*job.Stats, int64, error)

    // 获取指定任务的元数据信息
    // 参数：
    // jobID string: 任务 ID
    //
    // 返回值：
    // 任务元数据信息
    // 获取失败则返回非空错误信息
    GetJob(jobID string) (*job.Stats, error)

    // 保存任务元数据信息
    // 参数：
    // job *job.Stats: 带保存的任务元数据
    //
    // 返回值：
    // 存储失败则返回非空错误信息
    SaveJob(job *job.Stats) error
}
```

其包含的主要方法如下。

（1）GetJobs：支持分页模式的任务列表方法，可支持获取特定任务类型的任务列表信息。返回值除了包含符合条件的任务列表项，也提供满足条件的任务项总数信息。

（2）GetPeriodicExecution：如前所述，周期任务实际上是一种任务调度策略，具体则由任务工作池中的任务调度器依据其策略，排队创建延迟执行任务来完成其逻辑，所以周期任务都会对应一组执行任务。GetPeriodicExecution 则提供了支持分页模式的查询特定周期任务所关联的执行任务列表信息，与 GetJobs 类似，它除了返回满足条件的任务信息列表项，也会提供满足条件的任务信息列表项总数。

（3）GetScheduledJobs：只针对延迟执行任务，获取所有或者满足查询条件的延迟任务列表。支持已执行和未执行的延迟任务的查询过滤条件。它除了返回满足条件的延迟任务信息列表项，也提供满足条件的延迟任务信息列表项总数。

（4）GetJob：获取指定任务的基本状态信息（元数据）。

（5）SaveJob：存储指定的任务基本状态信息（元数据）到远端 Redis 数据库。

9. API 控制器

我们基于任务信息管理器及其创建的任务工作池，可创建 API 服务器所依赖的 API 控制器组件。API 控制器依赖任务管理器提供任务管理能力，依赖任务工作池完成任务启动调度工作。API 控制器可以被看作异步任务系统的"统领"，也是异步任务系统核心能力的接口化封装，是异步任务系统的总接口。通过 API 控制器，可解耦前端 API 处理器（handler）和后端各组件实现，使得组件逻辑关系和层次更为灵活和清晰。API 控制器的接口声明被定义在 "./core/interface.go" 源文件中，具体实现则位于 "./core/controller.go" 源文件中。其接口定义的具体代码如下：

```go
// 控制器接口定义了与任务操作相关的基本方法
type Interface interface {
    // LaunchJob 用来处理任务提交请求
    // req*job.Request: 含有入队任务相关信息的任务请求对象
    //
    // 返回值:
    // job.Stats: 任务成功启动则返回含有任务状态和自链接的任务元数据信息
    // error: 任务启动失败则返回对应的错误信息
    LaunchJob(req *job.Request) (*job.Stats, error)

    // GetJob 用来处理任务基本信息查询的请求
    // jobID string: 任务 ID
    //
    // 返回值:
    // *job.Stats: 任务存在则返回任务元数据信息
    // error: 获取失败则返回非空错误信息
```

```go
GetJob(jobID string) (*job.Stats, error)

// StopJob 用来处理停止指定任务的请求
// jobID string：任务 ID
//
// 返回值：
// error：停止任务失败则返回非空错误信息
StopJob(jobID string) error

// RetryJob 用来处理重试指定任务的请求
// jobID string：任务 ID
//
// 返回值：
// error：重试任务失败则返回非空错误信息
RetryJob(jobID string) error

// CheckStatus 用来处理查询异步任务系统健康状态的请求
  // 返回值：
  // *worker.Stats：异步任务系统的任务工作池的基本状态信息
  // error：获取失败则返回非空错误信息
CheckStatus() (*worker.Stats, error)

// GetJobLogData 则用来获取指定任务的日志文本信息
// jobID string：任务 ID
  //
  // 返回值：
  // []byte：日志文本
  // error：获取失败则返回非空错误信息
GetJobLogData(jobID string) ([]byte, error)

// GetPeriodicExecutions 用来获取指定周期任务所有关联的执行任务记录
// 支持分页获取
  // 参数：
  // periodicJobID string：周期任务 ID
  // query *query.Parameter：查询参数
  // 返回值：
  // []*job.Stats：执行任务记录列表
  // int64：关联的执行任务总数
  // error：获取失败则返回非空错误信息
GetPeriodicExecutions(periodicJobID string, query *query.Parameter)
([]*job.Stats, int64, error)

  // GetJobs 用来列出任务
  // 支持将任务类型信息作为查询条件
```

```
    // 注意：如果查询定时任务，则会受系统限制，查询参数中的分页大小被忽略，使用默认值20
    // 对于其他类型的任务查询，则不支持标准分页查询，支持使用游标来分片查询
    // 参数：
    // query *query.Parameter: 查询参数
    //
    // 返回值：
    // []*job.Stats: 任务元数据列表
    // int64: 任务总数或者下一游标
    // error: 获取失败则返回非空错误信息
    GetJobs(query *query.Parameter) ([]*job.Stats, int64, error)
}
```

具体方法如下。

（1）LaunchJob：依据传入的任务请求对象信息启动一般任务、排队延迟执行任务或者调度周期任务。

（2）GetJob：获取指定任务的基本状态信息（元数据）。

（3）StopJob：停止执行指定的任务。这里需要注意的是，任务的停止非即时可生效操作，具体生效时间主要依赖于任务实现中插入的停止检测点的数量。

（4）RetryJob：重试特定的任务。需要注意的是，在目前的异步任务系统中仅保留了声明，并未实现。

（5）CheckStatus：获取整个任务工作池的健康状态和基本信息。

（6）GetJobLogData：获取特定任务的日志文本流。

（7）GetPeriodicExecutions：直接调用任务信息管理器中的 GetPeriodicExecutions。

（8）GetJobs：直接调用任务信息管理器中的 GetJobs。

11.3 常见问题

本节就异步任务系统中的常见问题做一些分析，并给出针对性的解决方案以消除这些问题所带来的影响。

11.3.1 如何排除故障

如果针对异步任务系统自身问题进行调试，则可以通过以下几种方法来尝试。

（1）最为简单的是通过系统日志中的错误或者警告内容来确认任务执行过程是否发生异常，或者异步任务系统自身是否出现运行时错误等。每一个任务都有唯一的 ID 来索引，其进入执行状态、执行过程中及最终执行完毕和退出都有日志记录，一般可以通过追踪这些日志来确认特定任务是否成功或者出现问题。

（2）如前所述，异步任务系统提供了基本的管理 API，在特定情况下也可通过这些 API 来确认任务执行状态。一般仅需进入异步任务系统对应的容器，通过环境变量即可得到相关密码，进而通过简单的 "curl" 命令发起 API 调用，以获取任务状态信息或者任务工作池健康状态信息来辅助发现问题。一个简单示例如下：

```
$ curl -i -H "Accept: application/json" -H "Authorization:Harbor-Secret 
$CORE_SECRET" http://localhost:8080/api/v1/jobs?page_size=15&page_num=1
```

（3）从与异步任务系统所依赖的 Redis 数据库角度去考虑。Redis 的连接性、网络稳定性及存储磁盘空间等都可能对异步任务系统的稳定性产生影响。另外，所有任务信息都被存储在 Redis 数据库中，在某些情况下如果需要检查特定数据，则可以进入 Redis 容器中，通过 "redis-cli -n 2" 命令连接到数据库。可以重点关注任务状态信息中的 status 和 ack 属性。"status" 表示任务当前进入的状态，"ack" 表示已经被订阅者通过 Webhook 确认收到的状态，这两项可用来对任务执行情况做出基本的判断。一个简单的命令示例如下：

```
HMGET {harbor_job_service_namespace}:job_stats:17c6766983f6aa4139818fa2 
status ack
```

返回值如下：

```
1)"Error"
2)"{\"status\":\"Error\",\"revision\":1589013351,\"check_in_at\":0}"
```

如果与周期执行任务和其对应策略相关，则可关注策略集合中的相关策略项。此集合可通过基本集合操作得到，示例如下（返回所有集合中的策略）：

```
ZRANGE {harbor_job_service_namespace}:period:policies 0 -1
```

返回值如下：

```
1) 
"{\"id\":\"374255d34ad37b3dfc058f66\",\"job_name\":\"IMAGE_GC\",\"cron_spec\":\"
10 40 14 * * 
*\",\"job_params\":{\"admin_job_id\":\"6\",\"delete_untagged\":false,\"redis_url
```

```
_reg\":\"redis://redis:6379/1\"},\"web_hook_url\":\"http://core:8080/service/not
ifications/jobs/adminjob/6\"}"
```

鉴于异步任务系统数据模型比较复杂,在此不可能一一展开,如果有其他数据检查需求,则可以借助一些 Redis 数据库可视化视图工具来辅助,比如 redis-browser 等。

11.3.2 状态不一致

异步任务系统作为后台系统,一般并不会直接暴露在用户面前,而是由内容复制、镜像扫描及垃圾回收等功能间接与用户产生关联的。异步任务系统只重点关注具体的任务逻辑的执行和任务生命周期的管控,不会涉及具体的业务流程,因而相关的业务组件都有自身的业务状态模型,并通过 Webhook 更新其对应的业务状态。所以在某些情况下,提交任务未能如期正确执行,或者任务正确执行但状态汇报的 Webhook 事件未成功到达业务组件,造成相关业务端处于一种"僵死"状态,即任务停留在待执行或者运行状态,不再改变。在实际情况下,大多数状态不一致的情况都与异步任务系统的 Webhook 有关。判断任务是否已经"僵死"在待执行状态时,需要注意当前任务执行的数量和任务并发数的设置。虽然不同的任务有其专门的任务队列,但是执行的任务工作池是共享的,且目前实现的任务执行优先级都相同,所以有可能是某些未完成执行的任务占据着所有执行协程,使得其他任务还未获得执行机会,长时间为"待执行"状态。

对处于"僵死"状态的任务的处理,对不同的业务逻辑可采用不同的方法。

最为简单的是镜像等制品的复制,可以直接通过 Web 管理界面上的"停止"按钮终止含有"僵死"任务的复制策略的执行。

对于全局扫描任务(ScanAll),在触发按钮可用的情况下,可以通过单击按钮触发新的扫描任务来覆盖之前处于"僵死"状态的任务;如果按钮不可用,则可以通过发起 API 请求实现新扫描任务的启动(前提条件是自上次任务触发,时间已过 2 小时)。示例如下:

```
$ curl -X POST -u <USER>:<PASSWORD> -H "Content-type: application/json" -H
"X-Xsrftoken:xtuwrDBPMSbkNR0r7rchHdpjX57o26By" -k -i -d
'{"schedule":{"type":"Manual"}}'
https://<HOST>/api/v2.0/system/scanAll/schedule
```

对于单一的镜像扫描任务,也可以通过发起新的扫描 API 请求覆盖之前处于"僵死"状态的任务,示例如下:

```
$ curl -X POST -u <USER>:<PASSWORD> -H
"X-Xsrftoken:xtuwrDBPMSbkNR0r7rchHdpjX57o26By" -k -i
```

```
https://<HOST>/api/v2.0/projects/library/repositories/busybox/artifacts/<sha256>
/scan
```

而对于垃圾回收任务，除了任务状态，还需要注意系统只读性（read-only）开启的问题。因为在垃圾回收任务运行开始时，系统会被设置为只读，待成功结束后，则取消系统只读属性设置。如果状态不一致，则意味着垃圾回收任务始终无法终止，进而导致系统一直处于只读状态，这会大大影响到系统的使用。在这种情况下，如果判定垃圾回收任务确实已经"僵死"，则首先可通过系统设置将只读设置取消，减少状态不一致带来的影响。对于垃圾回收任务状态的修复，不能通过发起新的任务来覆盖或者通过 API 来完成，可通过更新数据库数据来实现。

首先进入 Harbor 数据库容器，以"postgres"用户连接到数据库。

```
$ psql -U postgres
```

进入 Harbor 的 registry 库：

```
postgres=# \c registry
```

之后运行如下命令来完成对不一致数据的更新：

```
registry=# UPDATE admin_job SET status='stopped', status_code=3 WHERE
status='running';
```

在上面的 SQL 语句中，WHERE 子句 status='running' 也可根据情况变更为 status='pending'。

第 12 章
应用案例

在前面介绍 Harbor 架构和功能的基础上，本章着重讲解 Harbor 实际的应用场景和案例，希望读者对 Harbor 有更全面的认识并获得更多应用模式上的启发。本章内容分为两部分：12.1 节介绍用户和厂商对 Harbor 做定制化开发并集成到相关产品或项目中的方法；12.2 节汇集了社区用户使用 Harbor 的成功案例。

12.1　Harbor 功能的集成

Harbor 采用了商用友好的 Apache 2 许可，用户除了可以直接部署和使用 Harbor，还可以做定制化开发，与其他系统和项目集成协作，后者往往是云服务商、软硬件开发商、其他开源社区甚至部分用户的主要使用方式。本节介绍 VMware vSphere 7.0 和 TKG 产品中整合 Harbor 的方案，在容器平台中集成 Harbor 以支持 P2P 镜像分发的原理，以及在联邦学习开源项目 KubeFATE 中的集成方式，让读者对如何开发和定制 Harbor 的功能有更深入的了解。

12.1.1　vSphere 7.0

VMware 在 2020 年 3 月发布了 vSphere 7.0 这一企业级虚拟化软件，其中最引人注目的是 vSphere with Kubernetes（后简称 VwK）。VwK 以应用为中心，对 vSphere 进行了多项重构，使得 vSphere 原生支持 Kubernetes 平台，实现了虚拟机和容器混合管理的能力。

vSphere 7.0 使用了多个云原生开源项目，包括把 Harbor 作为系统服务，为集群提供企业级的容器镜像管理功能。本节介绍 vSphere 7.0 的技术特性，并描述 Harbor 在 vSphere 7.0 中的整合原理和作用。

vSphere 是企业级的虚拟化平台，在 7.0 版本之前，主要支持虚拟机的集群管理。每个物理机在安装 ESXi 软件后，都会成为虚拟化集群服务器，由 vCenter 软件统一进行集群管理。随着云原生应用的需求日益增多，Kubernetes 成为主流的容器编排平台，用户需要强大的管理平台来管理 Kubernetes 集群和容器应用。另一方面，用户原有的很多应用是运行在虚拟机之上的，因此统一管理虚拟机、容器和 Kubernetes 集群成为刚需。在此背景下，vSphere 7.0 应运而生，在经过架构重构后，成为一个内置 Kubernetes 和镜像仓库的虚拟化平台。

接下来讲解 vSphere 7.0 中的技术细节。

1. 将 vSphere 集群转变成 Kubernetes 集群

首先，启用了 VwK 功能的 vSphere 集群会增加部署 3 台虚拟机，在每台虚拟机上都部署 Kubernetes 的 Master 节点，组成高可用的本地控制平面（Local Control Plane）；接着在每个 ESXi 节点的内核中都运行一个 Spherelet 进程，作用相当于 kubelet，使 ESXi 成为 Kubernetes 的 Worker 节点。在这样改造之后，vSphere 集群转变成支持现代应用的 Kubernetes 集群，这个 vSphere 集群被称为主管集群（Supervisor Cluster），如图 12-1 所示。

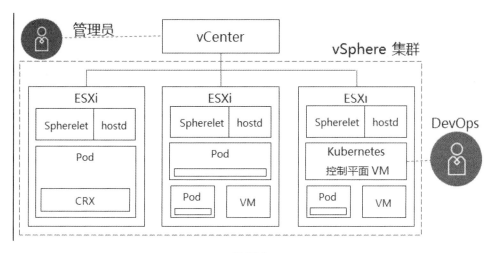

图 12-1

2. 把 vSphere 集群转变成 Kubernetes 集群

把 vSphere 集群转变成 Kubernetes 集群的好处之一，就是系统服务可以跑在这个主管集群之上，使得系统服务的升级、重启等生命周期管理可以依照 Kubernetes 的 Pod 方式进行，更加灵活；同时具备隔离性好、安全性高、高可用（HA）保护等特性。

vSphere 7.0 提供的系统服务被统称为 VCF（VMware Cloud Foundation，VMware 云基础）服务，分为如下 3 类，如图 12-2 所示。

- Tanzu 运行时服务主要包含 TKG（Tanzu Kubernetes Grid）服务。TKG 服务用来管理用户态的 Kubernetes 集群，该集群被称为 TKC（Tanzu Kubernetes Cluster），可用于运行用户的应用。TKG 在部署 TKC 集群之前，首先创建组成 TKC 集群的虚拟机，在虚拟机启动后，由预置在虚拟机模板里的 Kubeadm 程序部署 Kubernetes 节点。当所有虚拟机都成为 Kubernetes 节点时，集群部署完成。
- 混合基础架构服务提供 Kubernetes 所需要的基础设施，如虚拟机、存储、网络、镜像仓库（Harbor）和 vSphere Pod 等。这些服务可以使 TKC 通过标准接口（如 CNI、CSI 等）访问基础设施资源。
- 扩展服务由生态系统中的合作伙伴或者用户自行开发和部署。vSphere 7.0 暂时不支持这类服务，将在后续版本中支持。

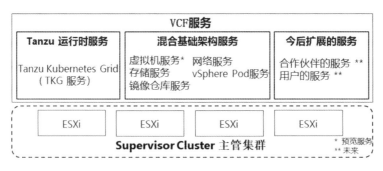

图 12-2

3. 将 vCenter API 转变成 Kubernetes API

经过重构的主管集群与 Kubernetes 集群已经有几分"形似"了。要做到"神似"，还需要经过关键的一步：支持 Kubernetes 的 API。为此，VwK 对 vSphere API 进行了封装和改进，向开发者提供了 Kubernetes API。API 除了能管理 Pod，还能管理 vSphere 的所有基础设施资源，如虚拟机、存储、网络、容器镜像等，做到基础设施即代码（Infrastructure as

Code）。而这要归功于 Kubernetes 的声明式 API 和 CRD（Custom Resource Definition，自定义资源）的扩展形式。基础设施资源可以用 CRD 表示，上文中的网络、存储、TKC 等都有相应的 CRD。用户只需编写 yaml 格式的文件和声明所需的自定义资源，通过"kubectl"命令即可创建和维护 vSphere 资源。

管理自定义资源的一种较好方法是通过 Operator 模式进行管理。Operator 实际上是运行在 Kubernetes 上的程序，负责管理特定 CRD 资源的生命周期。在 vSphere 的主管集群中运行着不少各司其职的 Operator，分别担负着集群、虚拟机、网络、存储等资源的管理任务。

4. 增加 CRX 运行 vSphere Pod

vSphere 提供了 Kubernetes API，在实现上需要能直接运行 Pod。为此，ESXi 在 vSphere 7.0 中内置了一个容器运行时（Runtime），叫作 CRX（Container Runtime for ESXi）。CRX 在运行 Pod 时，先创建一个虚拟机，然后在虚拟机里启动一个微小的 Linux 内核，接着把容器镜像的文件系统挂载到虚拟机中，最后执行镜像里的应用。这样就完成了一个 Pod 应用的启动。通过 CRX 运行的 Pod 实际上是跑在一个轻量级虚拟机里面的，这个虚拟机被称为 vSphere Pod。vSphere Pod 是以虚拟机的方式产生的，比基于 Linux Container 的 Pod 隔离度更高、安全性更好。

5. 应用集群（TKC 集群）

主管集群可直接用 Kubernetes API 管理 vSphere 的资源并且运行 Pod。但是目前主管集群不完全兼容 Kubernetes API，如 Privileged（特权）Pod 在主管集群里面就不能使用；主管集群的 Kubernetes 版本是相对固定的，不太可能频繁升级；主管集群在每个 vSphere 集群里只有一个，在多租户场景中无法使用不同版本的 Kubernetes。

为此，VwK 提供了应用集群，又叫作 TKC 集群，由 TKG 服务管理。简单地说，TKC 集群就是部署在虚拟机里的 Kubernetes 集群，符合 CNCF 的一致性（Conformance）认证标准。TKC 集群可以直接使用内置在主管集群中的 VCF 服务，便捷地获取负载均衡器、PV 等资源。

TKG 服务采用了 Kubernetes 社区的 Cluster API 开源项目。Cluster API 体现了"用 Kubernetes 管理 Kubernetes"的思想，即用户把需要创建的集群规范以 CRD 形式提交给 Kubernetes 管理集群，该管理集群根据 CRD 维护目标集群的生命周期。Cluster API 以

provider 方式支持多种云服务商。在 vSphere 7.0 中，主管集群就是管理集群，而且只有 vSphere provider。Cluster API 的工作方式如图 12-3 所示。

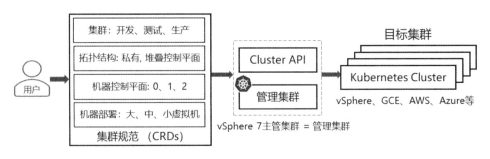

图 12-3

6. Namespace（命名空间）应用视图

VwK 为应用提供了单独的视图，叫作 Namespace（命名空间），如图 12-4 所示。

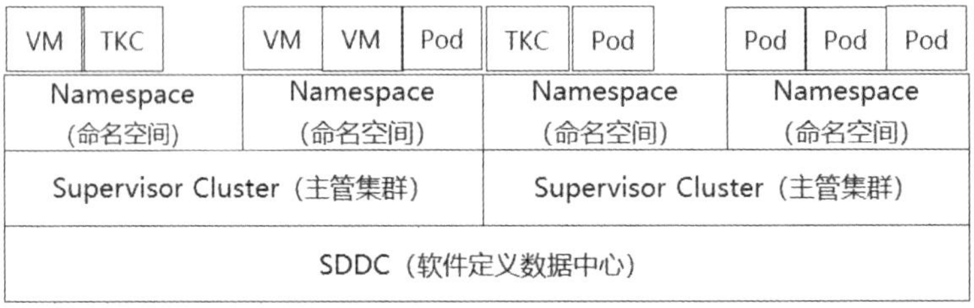

图 12-4

VwK 在主管集群中借鉴并扩展了 Kubernetes 划分虚拟集群的概念 Namespace，在主管集群中增设了 Namespace，可以涵盖容器、虚拟机和 vSphere Pod 等资源。应用所需的资源如 Pod 和虚拟机等，都被收纳在一个 Namespace 下。由于 Namespace 是面向应用的逻辑单元，所以只需对 Namespace 配置 Quota、HA、DRS、网络、存储、加密和快照等策略，就可以对应用运行的所有虚拟机和 Pod 等资源进行管控，大大方便了运维管理。

从技术实现的角度来看，管理员创建 Namespace 时，vSphere 自动在后台创建一个对应的资源池（Resource Pool），对应 Namespace 里的所有资源。之后对 Namespace 的管控实质上都转变为对资源池的操作。

Namespace 是 VwK 的一项创新，定义了管理员和开发人员的边界，实现了面向应用的管理，提高了新应用的开发效率。管理员在 vCenter 中创建 Namespace 后，可把 Namespace

交给开发人员使用。开发人员使用 Kubernetes API 在 Namespace 中创建应用所需的虚拟机、vSphere Pod 或者 Kubernetes 集群（TKC 集群）等资源，不再需要管理员介入。管理员只需管理好 Namespace 的资源策略，开发团队就可以自由发挥了。

通过上述重构，vSphere 7.0 可以管理容器、虚拟机和 Kubernetes 集群，还可以支持云原生的各种服务，基于 Harbor 的容器镜像服务就是其中的一项系统服务。

7. Harbor 容器镜像服务

vSphere 7.0 集成了 Harbor 的 v1.10.1 版本，通过 vRegistry 服务在主管集群中管理 Harbor 的生命周期。在 vSphere 客户端中选择一个主管集群并激活 Harbor 功能，系统就会生成一个 Namespace，然后自动部署一个 Harbor 实例，Harbor 各组件以 Pod 形式运行。该 Namespace 对 vSphere 用户是只读的，无法做任何其他操作。

如图 12-5 所示，vSphere 在主管集群中为 Harbor 创建的专属 Namespace 名称是 vmware-system-registry-1211572858，总共包含 7 个 Harbor 组件的 Pod。

图 12-5

在 Harbor 实例创建成功后，用户可登录 Harbor 原生图形管理界面并管理 Harbor 的资源，如查看推送到 Harbor 项目中的镜像，以及使用项目中的镜像部署 vSphere Pod 等。

如图 12-6 所示为 Harbor 的配置视图。在已经启用 Harbor 的主管集群上，vCenter 提供了访问 Harbor 图形管理界面的 URL，以及下载 Harbor 根证书的链接。此处的 URL 也是 Harbor 镜像仓库的地址，用户可以通过该地址推送或拉取 Harbor 的镜像。

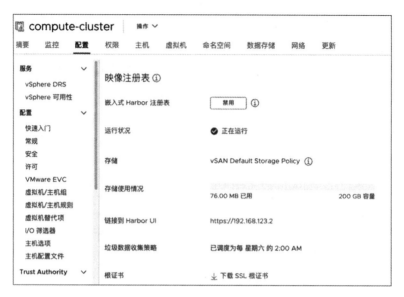

图 12-6

主管集群的每个 Namespace 都由 vSphere 维护着 Harbor 中的一个同名项目（project）。具体来讲，如果在主管集群中创建了新的 Namespace "test"，则 vSphere 在监控到这个 Namespace 的变化时，就会在 Harbor 中相应地新建一个项目"test"。

在 Namespace 和 Harbor 中项目绑定的基础上，vSphere 7.0 在权限上也进行了集成。在 Harbor 中项目的角色有 5 种：受限访客（Limited Guest）、访客（Guest）、开发者（Developer）、维护人员（Master）和项目管理员（Project Admin）。在 vSphere 7.0 中只用到了维护人员和访客两种角色：访客角色对项目有只读权限，能够查看和拉取项目中的镜像，但无法推送镜像；维护人员角色可以拉取、推送及删除镜像等。用户在 Namespace 中获得的读写权限，会在 Harbor 的项目中对应维护人员或访客的角色。Harbor 的项目和 Namespace 的关系如图 12-7 所示。

8. 使用 vSphere 7 的 Harbor 镜像服务

用户可以用"docker"命令将镜像推送到命名空间对应的 Harbor 项目中。在推送前，用户需要先在 Docker 客户端导入 Harbor 的 HTTPS 的根证书 ca.crt，然后用 vSphere 的用户名和密码通过 vSphere 定制的命令"docker-credential-vsphere"登录 Harbor。在登录 Harbor 后，用户可以使用 Docker 客户端推送镜像，推送成功后，可在 Harbor 的界面查看和管理镜像。

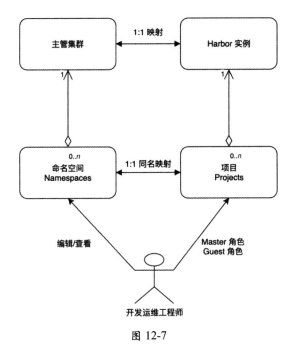

图 12-7

接下来,用户可以使用 "docker pull" 命令拉取镜像到本地,或者使用在 Harbor 中存储的镜像在主管集群或者应用集群的命名空间中部署 vSphere Pod。下面以主管集群为例,介绍拉取镜像的基本步骤。

(1)将 "kubectl" 命令的 vSphere 插件 vsphere-plugin.zip 的内容解压并添加到执行文件路径中。

(2)创建 Pod 的 yaml 文件,包含以下 namespace 和 Harbor 镜像地址等参数(如 busybox.yaml):

```
...
namespace: <namespace-name>
...
spec:
...
image: 192.168.123.2/<namespace name>/ busybox:latest
```

(3)用 "kubectl" 命令登录主管集群:

```
$ kubectl vsphere login --server=https://<server_adress> --vsphere-username <your user account name>
```

(4)切换到要在其中部署应用程序的命名空间,确保用户可以使用该命名空间:

```
$ kubectl config use-context <namespace name>
```

(5)用 yaml 文件部署 vSphere Pod,并且检查 vSphere Pod 的运行状态:

```
$ kubectl apply -f busybox.yaml
$ kubectl describe pod busybox
```

9. 小结

vSphere 7.0 内置了 Kubernetes 的管理能力,通过 vRegistry 服务集成了 Harbor,提供了镜像管理能力。同时,vSphere 7.0 将 Namespace 和 Harbor 项目一一对应,将 Namespace 的权限映射到 Harbor 项目的角色上,使集群的使用权限和 Harbor 的镜像权限得到了很好的统一。

12.1.2 Tanzu Kubernetes Grid

VMware 在 2020 年 4 月发布了 Tanzu Kubernetes Grid(TKG)企业级产品,旨在为企业客户提供了跨数据中心和公有云环境的 Kubernetes 平台。TKG 允许用户在各种环境下无差别地运行 Kubernetes,用户可以在 vSphere 6.7 以上版本和 Amazon EC2 等环境下部署 TKG。TKG 支持的平台如图 12-8 所示。

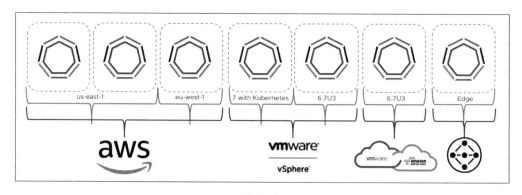

图 12-8

TKG 基于多个开源社区项目,提供了由 VMware 支持的 Kubernetes 商用发行版,因此用户不必下载或构建自己的 Kubernetes 平台。在 Kubernetes 的基础上,TKG 还内置了 Kubernetes 生产环境所必需的服务,如认证、入口控制、日志记录、生命周期管理、监控和镜像仓库服务。TKG 的设计理念体现了"用 Kubernetes 管理 Kubernetes"的思想,即用一个 Kubernetes 集群去管理负载应用的 Kubernetes 集群,因此 TKG 引入了管理集群和应用集群的概念，如图 12-9 所示。

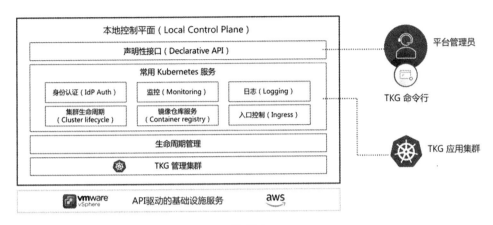

图 12-9

管理集群本身是一个 Kubernetes 集群，承担 TKG 主要的管理和运行功能。管理集群通过 Cluster API 创建应用集群，并在其中配置 TKG 支持的各种 Kubernetes 服务。

应用集群是用户使用 TKG 命令行工具调用管理群集来部署的 Kubernetes 集群，用于运行应用负载。应用集群可以运行不同版本的 Kubernetes，具体取决于应用程序的需求。

TKG 支持的 Kubernetes 服务可以分为共享服务和集群内服务。共享服务是能够被所有应用集群访问的服务，因此在 TKG 中只需要部署一个实例，如身份认证、集群生命周期和镜像仓库服务。集群内服务只能被该服务所在的应用集群访问，不同的应用集群需要部署各自的服务实例，如监控、日志、入口控制等服务属于集群内服务。

TKG 的镜像仓库服务是基于开源 Harbor 实现的，如图 12-10 所示。首先，TKG 管理员需要为 Harbor 创建一个 Kubernetes 集群，并将其标识为共享服务集群。其次，管理员在该集群中部署 Harbor。由于 Harbor 被部署于共享服务集群中，所以在 TKG 中需要保证其他应用集群（集群中的工作节点）能够访问 Harbor 服务，包括为 Harbor 配置域名及给应用集群配置受信任的 Harbor 域名证书等。在成功启用 Harbor 服务后，TKG 管理员可以通过图形界面管理 Harbor。TKG 用户可以从 Harbor 中拉取镜像并在应用集群中部署应用。

与 vSphere 7 不同的是，因为是共享服务，所以 TKG 中的 Harbor 没有实现 Kubernetes 命名空间到 Harbor 项目的映射，但是 TKG 集成、保留了 Harbor 完整的功能，用户可以使用如镜像签名、镜像扫描等众多功能。

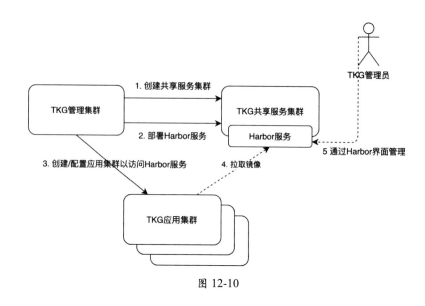

图 12-10

12.1.3 P2P 镜像分发

随着云原生架构被越来越多的企业接受，企业应用中容器集群的规模也越来越大。当容器集群达到一定的规模且单容器应用副本数达到一定级别时，集群中容器镜像的分发将面临挑战。P2P（Peer-to-Peer，点对点）镜像分发借鉴了互联网 P2P 文件传输的思路，旨在提高镜像在容器集群中的分发效率，是不少用户关注和使用的方法。本节总结了网易云集成 Harbor 和 Kraken 的实践经验，说明 P2P 镜像分发与 Harbor 整合的原理。

1. P2P 镜像分发的原理

镜像分发规模达到一定数量时，首先面临压力的是 Harbor 服务或者后端存储的带宽。如果 100 个节点同时拉取镜像，镜像被压缩为 500MB，此时需要在 10 秒内完成拉取，则后端存储面临 5GB/s 的带宽需求。在一些较大的集群中，可能有上千个节点同时拉取一个镜像，带宽压力可想而知。解决这个问题的方法有很多，比如划分集群、增加缓存和负载均衡等，但较好的解决方法可能是采用 P2P 镜像分发技术。

P2P 镜像分发技术将需要分发的文件做分片处理，生成种子文件，每个 P2P 节点都根据种子文件下载分片。做分片时可以将文件拆分成多个任务并行执行，不同的节点可以从种子节点拉取不同的分片，下载完成之后自己再作为种子节点供别的节点下载。采用去中心化的拉取方式之后，流量被均匀分配到 P2P 网络中的节点上，可以显著提升分发速度。

目前，P2P 镜像分发技术有 Kraken 和 Dragonfly 等。Kraken 是 Uber 开源的一个镜像 P2P 分发项目，使用 Go 语言开发而成，系统采用了无共享架构，部署简单，容错性也非常高，所以整体上系统的运维成本比较低。Kraken 的核心是 P2P 文件分发，主要功能是容器镜像的 P2P 分发，目前并不支持通用文件的分发。Kraken 由 Proxy、Build-Index、Tracker、Origin、Agent 组成，每个组件的功能如下。

- Proxy：作为 Kraken 的门户，实现了 Docker Registry V2 接口。
- Build-Index：和后端存储对接，负责镜像 Tag 和 Digest 的映射。
- Origin：和后端存储对接，负责文件对象的存储，在分发时作为种子节点。
- Tracker：P2P 分发的中心服务，记录节点内容，负责形成 P2P 分发网络。
- Agent：部署在节点上，实现了 Docker Registry V2 接口，负责通过 P2P 拉取镜像文件。

结合 Kraken 的 P2P 镜像分发技术，其基本思路是将 Harbor 作为镜像管理系统，将 Kraken 作为镜像分发工具，有三种可选方案：第 1 种方案以 Harbor 作为统一的对外接口，将 Kraken 作为后端，后面对接 Registry；第 2 种方案以 Kraken 作为统一的对外接口，将 Harbor 作为后端；第 3 种方案使用一个公共的 Registry 作为统一的后端，Harbor 和 Kraken 都使用这个 Registry。

其中，在第 3 种方案中解耦了两个系统，当 Harbor 或者 Kraken 出现问题时，另一个系统仍可以正常工作。这种方案要求 Harbor 和 Kraken 能访问同一个 Registry，最好是将 Harbor 和 Kraken 部署在同一个 Kubernetes 集群中，然后通过 Service 模式访问同一个 Registry 服务。如果不能将它们部署在同一个集群中，就需要跨集群访问，效率受到影响。所以，当 Harbor 和 Kraken 被部署在不同集群中时，也可采用第 2 种方案，这样 Kraken 会对 Harbor 强依赖。Kraken 通过 Harbor 对外暴露的 Docker Registry V2 接口访问 Harbor，用户依旧可以通过 Harbor 管理镜像，并通过 Kraken 分发镜像。第 3 种方案的架构如图 12-11 所示。

在如图 12-11 所示的方案中，Harbor 和 Kraken 共享 Registry 服务，镜像数据只会在 Registry 中保存一份。通过 Kraken 的镜像预热功能，可以让镜像在推送到 Harbor 后，就在 Kraken 中缓存一份，用户可以设置 Kraken 缓存的大小和过期策略。

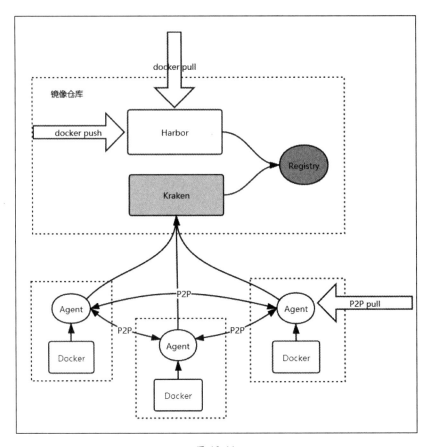

图 12-11

在 P2P 分发系统中，当开始分发一个文件时，P2P 分发系统首先需要生成这个文件的种子文件（Torrent 文件），在种子文件中包含了文件的基本信息、文件的分片信息、Tracker 服务器（P2P 中心服务）的地址等。当 P2P 网络的节点需要下载文件时，会先获取对应文件的种子文件，然后从 P2P 中心服务上获取每个分片可下载节点的信息，再按照分片去不同的节点上下载，在全部分片文件都下载完成之后再拼装成一个完整的文件。具体的实现在不同的 P2P 分发系统中是不一样的，但核心机制都一样。就 Kraken 而言，当 Kraken 系统中没有文件缓存而有节点需要下载这个文件时，Kraken 会首先从后端存储中取出这个文件，然后计算文件的种子信息，再进行分片分发。在生成种子文件时需要先下载文件，这属于比较耗时的环节，Kraken 为了省去下载文件的时间，设计了镜像的预热系统，用户可以通过 Kraken 提供的接口告知 Kraken 即将需要分发的镜像，Kraken 会预先将对应的镜像从后端存储中下载下来，并计算好种子文件等待分发，这大大缩短了镜像分发的时长。

Kraken 的预热方案是基于 Registry 的通知机制实现的，如图 12-12 所示，触发的流程如下。

（1）用户向 Harbor 端推送镜像。

（2）Registry 触发通知机制，向 Kraken-proxy 发送通知请求。

（3）Kraken-proxy 解析收到的请求，在这个请求中包含了推送镜像的所有信息。

（4）Kraken-proxy 向 Kraken-origin 请求获取镜像对应的 Manifest 文件。

（5）Kraken-proxy 解析 Manifest 文件，获取镜像所有的层文件信息。

（6）Kraken-proxy 会逐个请求 Kraken-origin 下载每个层文件。

（7）Kraken-origin 从 Registry 下载层文件时，会先将层文件都缓存在本地，计算出每个层文件的种子信息。

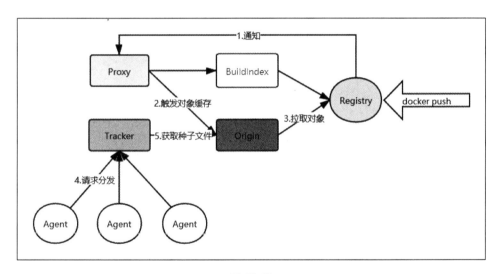

图 12-12

Kraken 的预热方案会导致所有镜像都被缓存到 Kraken-origin 中，从而导致 Kraken-origin 的磁盘吞吐量和占用都较高。为了避免这个问题，通常建议将测试和生产镜像仓库分离，使用两个 Harbor，其中测试仓库独立使用，生产环境集成 Kraken 使用 P2P 分发，在两个仓库之间通过 Harbor 的远程复制功能实现镜像同步。因为通常只有在测试环境下验证通过的镜像才会被发布到生产环境下的 Harbor 中，所以大大减少了生产仓库的压力，也能减少 Kraken 系统中缓存镜像的数量；将测试和生产环境分离时，可以将角色权限划分清楚，实现多方协作。Harbor 在未来的版本规划中设计了基于策略的预热功能，可以根据设置的策略将匹配的镜像预热到 Kraken 中，这是解决问题的最好方案。

2. 部署方式

在部署 Harbor 和 Kraken 时，可使用两个项目分别提供的 Helm Chart 部署方案。在配置中需要额外修改两个地方。

（1）修改 Kraken-origin 和 Kraken-buildindex 配置中的后端，将后端指向 Harbor 的 Registry 组件，配置如下：

```
Kraken-origin, Kraken-buildindex:
  backends:
  - namespace: .*
    backend:
      registry_blob:
        address: harbor-registry.repo.svc.cluster.local:5000
        security:
          basic:
            username: "admin"
            password: "XXXXX"
```

（2）修改 Harbor 的 Registry 中的配置，增加对 Kraken-proxy 的通知，使用 Kraken 的预热功能，将 Registry 组件 ConfigMap 的配置修改如下：

```
## 增加 Kraken 的通知 endpoint
notifications:
  endpoints:
    - name: harbor
      disabled: false
      url: http://harbor-core.repo.svc.cluster.local/service/notifications
      timeout: 3000ms
      threshold: 5
      backoff: 1s
    - name: kraken
      disabled: false
      url: http://kraken-proxy.p2p.svc.cluster.local:10050/registry/notifications
      timeout: 3000ms
      threshold: 5
      backoff: 1s
```

如果用户的 Harbor 域名使用的是私有签名的 SSL 证书，则需要增加私有证书配置，这样可以避免在 Kraken 拉取镜像时发生 X509 错误：

```
    backends:
    - namespace: .*
      backend:
        registry_blob:
          address: harbor-registry.repo.svc.cluster.local:5000
          security:
            basic:
              username: "admin"
              password: "XXXXX"
            tls:
              client:
                cert:
                  path: /etc/certs/XXX.crt
                key:
                  path: /etc/certs/XXX.key
              cas:
              - path: /etc/certs/ca.crt
```

Kraken-agent需要被部署在所有节点上，所以通常采用DaemonSet在Kubernetes集群上部署，在部署完成之后，节点就可以通过localhost拉取镜像。如果在Harbor中有一个镜像的名称是"hub.harbor.com/library/debain:latest"，而Kraken-agent的安装端口是13000，就可以使用"localhost:13000/library/debain:latest"地址拉取该镜像。

3. 使用方法

用户在部署完整个镜像仓库和分发系统之后，就可以采用Harbor管理镜像，并采用Kraken分发镜像。可以按照如下流程使用整个系统。

（1）通过"docker push <harbor域名>/library/debain:latest"命令向Harbor推送一个镜像。

（2）在推送完成之后，用户就可以在Harbor中管理这个镜像，同时Harbor的Registry组件会触发通知功能，通知Kraken预热这个镜像。

（3）通过Kraken将该镜像缓存到本地等待分发。

（4）在Kubernetes集群中启动容器群，通过"docker pull localhost:13000/library/debain:latest"命令拉取镜像。

（5）Docker客户端会访问Kraken-agent，Kraken-agent会调用Kraken-tracker，然后Kraken-tracker访问Kraken-origin，因镜像已经被缓存在Kraken-origin中，所以P2P分发立即开始。

(6) Kraken-agent 从 Kraken-tracker 指示的多个节点上拉取镜像 Blob 中的一个分片。

(7) Kraken 通过重试机制保证分发的可靠性，镜像最终被拉取到每个节点上。

Kraken 支持超过 15000 个节点的同时分发，支持的单个文件大小达到 20GB，基本能够满足正常镜像分发的需求。

P2P 镜像分发除了可以用于大规模集群的镜像分发，还可以用于大镜像的分发，尤其是镜像仓库和 Kubernetes 集群不在同一个内网中的情况下。当镜像大小达到数 GB 级别时（人工智能相关的镜像经常会超过 10GB），分发变得非常慢。如果依靠 Kraken 的预热系统将镜像事先缓存到 P2P 网络中，然后通过 P2P 分发，就可以显著加快分发速度，这样数 GB 的镜像也可以在几秒内分发完成，大大加快容器的启动速度。

4. 注意事项

实现了一个平衡度非常高的 P2P 网络是 Kraken 的一大特点，这并没有消耗太多的计算资源。另外，在 Kraken 中使用了 Rendezvous Hash Ring 算法，实现了 Kraken 的高可用和水平扩展特性，这是一致性哈希算法的一个变种。Kraken 还有很多非常值得称赞的优点，但是使用 Kraken 也存在一些注意事项。

- Kraken-agent 和业务容器被部署在同一个节点上，所以 Kraken-agent 的资源耗损不能太高，以防止影响业务容器的运行。Kraken 开放了 Kraken-agent 的上下行带宽限制及缓存文件数、过期时间等参数，防止 Kraken 组件占用太多资源。另外，强烈建议设置 Kraken-agent 的 Pod 资源限制。
- Kraken 更擅长大对象分发，这在带宽使用率上就有所体现。在用户设置了 Kraken-agent 的带宽之后，对于大对象（数百 MB 或者更大）分发，带宽使用率能达到 80% 以上；对于大量的小对象分发，带宽使用率可能为 60% 甚至更低。
- Kraken 目前并不支持多个网络隔离的集群同时分发，所以如果用户有多个处于不同网络平面内的集群，并且在这些集群中都需要进行 P2P 镜像分发，那么只能通过部署多套 Kraken 来实现。

12.1.4 云原生的联邦学习平台

作为云原生应用的必备组件，Harbor 已经在多个开源项目中得到集成和应用，本节介绍 Harbor 在联邦学习开源项目 FATE 及 KubeFATE 中的应用。

FATE（Federated AI Technology Enabler）是一个工业级的联邦学习框架，由微众银行发起并开源，后捐赠给 Linux 基金会，成为社区共同维护的开源项目。FATE 项目使用 Java 和 Python 等语言开发而成，早期版本在安装、部署时需要下载依赖软件包和进行较长时间的编译。FATE 从 1.1 版本开始，增加了全组件的容器化封装，在部署时无须下载复杂的依赖包和重新编译，使得 FATE 的部署得到了简化。为进一步使用云原生技术来管理、运维联邦学习平台，VMware 和微众银行等社区用户开发了 KubeFATE 项目，致力于降低联邦学习的使用门槛和运维成本。

KubeFATE 将 FATE 的部署和配置流程自动化，使联邦学习平台的多个分布式的节点可用 Docker Compose 和 Kubernetes 两种方式部署，并提供了 API 和命令行工具与系统集成。在用户使用 KubeFATE 部署 FATE 平台时，虽然容器化部署方式节约了编译时间，但是遇到了下载镜像的问题。出于镜像较大（GB 级别）、互联网网速等原因，国内用户往往不能顺利下载镜像。还有些企业内部的网络环境无法连接互联网，因此不能从 Docker Hub 等公有镜像源拉取镜像。

为了解决镜像下载的问题，KubeFATE 集成了 Harbor 镜像仓库的功能。用户可先在内网中安装 Harbor 服务，再把 KubeFATE 的镜像包和 Helm Chart 导入 Harbor，在内网中安装和部署 FATE 时，就可以从 Harbor 获取镜像和 Helm Chart。Harbor 还提供了镜像的分发、远程同步和安全漏洞扫描等能力，在加速部署的同时提高了安全性。

在 FATE 版本更新时，用户可以从互联网下载新版本的镜像和 Helm Charts，再将其导入 Harbor 中供内部环境使用。另一方面，Harbor 除了充当本地镜像源，在网络条件允许的情况下（如开通网络防火墙），可通过镜像定时同步策略从 Docker Hub 上获取 FATE 的镜像，以保证本地有最新版本的镜像。这样免除了手动导入 FATE 镜像的过程。此外，通过 Harbor 的镜像复制功能，可把镜像在多个数据中心之间进行复制，在镜像更新或丢失时可自动进行同步，从而简化运维复杂度。

KubeFATE 与 Harbor 集成的架构如图 12-13 所示。KubeFATE 以服务的形式运行在 Kubernetes 集群之上，用户可以通过"kubefate"命令行工具或者 API 与 KubeFATE 服务进行交互来管理 FATE 集群。完整的 FATE 集群包含 FATE-Board、FATE-Flow、Rollsite、Node Manager 和 Cluster Manager 等多个容器，这些容器又分别对应不同的镜像，因此使用 Harbor 作为私有镜像仓库无疑能加速部署。

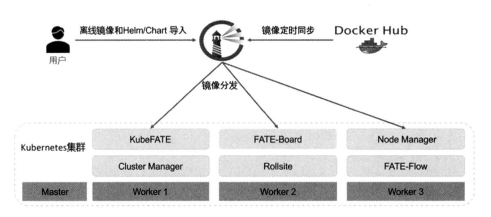

图 12-13

KubeFATE 使用了 Helm Chart 作为 Kubernetes 资源管理工具，因而能够实现 FATE 集群的定制化部署、动态扩缩容及在线升级等功能。KubeFATE 项目在公网上维护了一个 Chart 的仓库，该仓库对应 FATE 的不同版本，通过配置 KubeFATE 可在指定的仓库中获取最新的 Chart。对于需要同时维护多个不同版本的 FATE 集群的用户来说，多个版本 Chart 的管理及同步会带来一定的复杂度。如图 12-14 所示，借助 Harbor 对 Chart 管理的能力，可以减轻用户的负担，特别是对于需要定制开发 Chart 的用户来说，只需为每个 KubeFATE 实例指定 Chart 仓库地址为内部的 Harbor，就能实现在多个不同的 Kubernetes 集群中定制化部署 FATE。

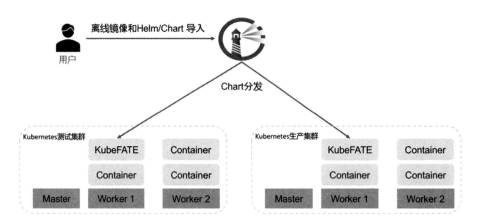

图 12-14

KubeFATE 充分利用了云原生技术的优势，结合了 Harbor 的镜像和 Chart 的管理能力，具有以下优点。

- 免除构建 FATE 时需要各种依赖包的烦琐流程。
- 提供离线部署的能力,加速应用部署的速度。
- 实现跨平台部署 FATE 集群。
- 可按需灵活地实现多实例水平扩展。
- 升级实例的版本并进行多版本的维护。

12.2 成功案例

随着 Harbor 的不断完善和成熟,许多软件厂商和服务商都在产品和服务中使用了 Harbor,这不仅丰富了 Harbor 的生态圈,给了用户更多的选择,也使很多用户和厂商开发的功能通过开源项目回馈 Harbor 社区,进一步促进 Harbor 的发展。

本节精选部分厂商和用户集成 Harbor 的方式和应用场景,涵盖了企业和互联网用户在高可用性、高性能、共享存储、远程同步、DevOps 流程、镜像预热和定制化开发等场景中的常见问题。本书介绍的是 Harbor 2.0 版本的标准功能,案例中的用户可能采用了之前较早的版本,并且因地制宜地设计了合适的方案,因此读者既可以深入了解 Harbor 的特性和多种多样的使用模式,也可以在方案制定和管理实践上借鉴这些成功经验。

12.2.1 网易轻舟微服务平台

本节介绍网易轻舟微服务团队的 Harbor 实践经验,该团队使用的是 Harbor 1.7 版本,对该版本进行了性能上的优化和功能上的增强,并将增强的 Webhook 功能贡献回 Harbor 项目。

为满足网易的音乐、电商、传媒、教育等业务线的微服务化需求,网易杭州研究院研发了一套完整的云原生应用管理平台——网易轻舟微服务,平台以 Docker、Kubernetes、Harbor、Istio 为基础设施,构造了 DevOps、微服务等一套完整的解决方案,并将其开放给第三方企业解决业务容器化和服务治理等问题。该平台在生产环境集群中曾达到单集群运行 10000 个节点的规模。

轻舟微服务平台的整体架构如图 12-15 所示。

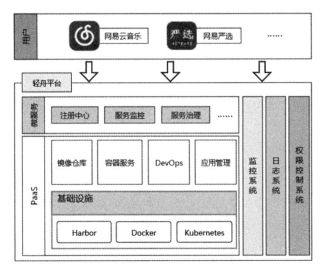

图 12-15

该平台基于 Harbor 提供了镜像仓库功能，并为 PaaS 平台的其他功能提供服务，上层的微服务系统则依赖 PaaS 平台提供的服务，配套日志、监控等平台功能，完成了从项目研发到服务治理的全生命周期管理。网易轻舟团队在 Harbor 上做了一层业务开发，使得轻舟镜像仓库支持多租户、多项目、多环境，并且和轻舟微服务平台数据模型、权限模型打通，将镜像仓库功能融入多个业务流程中，将应用的上下游贯通，形成一套完整的应用管理和交付流程。

1. Harbor 的使用

网易轻舟微服务平台中镜像仓库服务的核心架构如图 12-16 所示。轻舟镜像仓库服务和轻舟容器云服务构成了中间层服务，被轻舟 DevOps 平台所依赖。轻舟镜像仓库服务可以管理多套 Harbor，并将仓库资源分配给不同的 Kubernetes 集群使用，做到集群级别的资源隔离，通过 Harbor 的开放 API 管理每个实例下的数据资源。另外，轻舟镜像仓库服务负责将 Harbor 和轻舟微服务平台的数据模型对齐，打通 Harbor 和轻舟微服务平台的权限系统，用户可使用轻舟微服务平台的账号和权限来管理镜像。

轻舟微服务平台的 Harbor 之间可以通过远程复制的方式同步镜像，做到研发和运维人员在不同环境下的协作。用户可以为项目不同环境下的集群分配不同的 Harbor 实例，例如线下使用一套 Harbor，线上使用另一套 Harbor，并且配置合适的复制规则，将测试通过的镜像推送到线上仓库中发布和使用。这种设计在线上线下环境网络隔离并且应用发布更新频繁的场景中非常实用，用户只需连通两套 Harbor 之间的网络，就可以在集群中使用私有网络分发镜像，如图 12-17 所示。

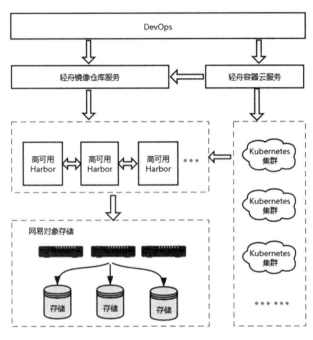

图 12-16

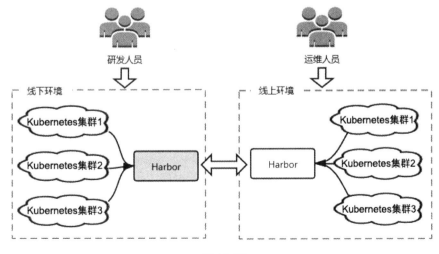

图 12-17

这样的架构有以下好处。

（1）线上线下镜像仓库隔离，防止误操作。

（2）测试环境通常会频繁构建镜像、部署、测试，所以线下环境中 Harbor 的负载较大，运维复杂性高，服务不可用率更高，分开后可以保证线上环境的稳定性。

（3）配置适当的 Harbor 远程复制策略，只有经过测试且需要发布的镜像才会由 Harbor 复制到线上仓库，大大减少了线上 Harbor 的镜像数量，性能更好，清理垃圾镜像等运维过程更简单。

（4）线上线下环境网络在正常情况下是互相隔离的，既可减少网络间的镜像拉取，节省流量费用，也可确保线上系统的安全。

为了保证 Harbor 的稳定性和高性能，轻舟微服务平台的 Harbor 后端采用了网易对象存储及 S3 对象存储驱动并且做了性能优化。

2. 实现 Harbor 的高可用性

Harbor 高可用的一种可行方案是部署两个 Harbor 实例，这两个 Harbor 实例共享存储并且可以各自独立工作，通过负载均衡统一对外提供服务。如果每个 Harbor 实例内部的组件没有冗余的能力，则此架构有一定的潜在问题：当一个 Harbor 实例的后端组件发生故障时，负载均衡器可能依旧把请求发送到这个 Harbor 实例（因为前端依然正常），但是这个请求最终处理失败。所以 Harbor 的高可用方案需要 Harbor 的每个组件都有冗余设计，使每个组件都有高可用性，任何一个组件出现故障都不会影响 Harbor 整体对外提供服务。

Harbor 要实现高可用，还需要解决以下问题。

（1）Harbor 使用的 PostgreSQL 数据库在国外应用广泛，本身提供了主备复制，但是整体的高可用性还比较欠缺。早期轻舟微服务平台基于主备复制实现了高可用性及一套复杂的人工运维方案。后来使用了开源项目 Stolon，实现了云上 PostgreSQL 的高可用和故障自愈能力，满足了 Harbor 对数据存储的要求，运行稳定，运维工具丰富，对 Harbor 的私有化交付非常有利。

（2）Harbor 使用 Redis 作为缓存，只支持单一的地址配置，并不支持 Redis 哨兵或者 Redis 集群等常见的高可用架构。Harbor 社区有一套基于 HAProxy 的方案，能满足 Harbor 生产级的应用，其中的一些参数需要用户调试和设置。

（3）异步任务执行日志和镜像等数据需要使用网盘或者对象存储，轻舟团队给 Harbor 贡献了一个功能：从 Harbor 1.7 开始支持将异步任务执行的日志放入数据库中，不再依赖于网盘或对象存储。镜像数据的高可用可以通过网盘或者对象存储解决，但是维护成本较高。轻舟微服务平台基于 Rsync 和 Inotify 实现了一套文件自动同步方案，保证了本地文件模式下主备数据的一致性。该方案需要允许极少正在处理的镜像丢失，但是系统非常轻量，可配合相应的监控方案保证主备同步及时、有效。另外，此方案的数据迁移和备份非常方便，用户可以通过 Rsync 实现数据的远程冷备份。

监控告警在确保 Harbor 的高可用性上不可缺少。Harbor 是被部署在 Kubernetes 集群中的，并使用 Prometheus 提供监控告警功能，目前的监控项有以下几方面。

- Harbor 部署主机的资源使用情况。
- Harbor 服务的容器健康情况，这是 Harbor 提供的功能。
- Harbor 业务健康监控，比如复制失败告警、扫描失败告警等，可以通过对 Harbor 增加度量接口实现，也可以通过 Harbor 的 Webhook 功能实现。

3. 提高 Harbor 的性能

Harbor 的性能主要涉及镜像并发推送和拉取、镜像复制、GC 等方面。作为镜像仓库，大规模镜像的分发能力是最能评估 Harbor 性能的。

网易单个业务的副本数可以达到成百上千的规模，持续集成流水线规模也很大，所以需要关注 Harbor 的镜像并发推送和拉取性能。Harbor 1.7 及之前的版本因为 Golang 语言包的问题，并发拉取超过一定频率会出错。其他要考虑的是大规模推送和分发面临的带宽问题，无论是 Harbor 服务的网络带宽还是后端存储的 I/O 带宽，都可能成为性能瓶颈。

解决带宽问题有多种方案：扩容、增加缓存、使用分布式镜像分发工具。轻舟团队在尝试了多种方式之后，决定采用 P2P 镜像分发系统。目前轻舟镜像仓库集成了 Uber 开源的 Kraken 项目作为 P2P 分发工具，配上合适的监控方案，可较好地解决大规模镜像分发的问题。

4. 镜像仓库和 DevOps

有的用户可能会觉得镜像仓库只是一个文件仓库，是用来存放镜像的，其实这忽略了镜像仓库的重要意义。在 CNCF 的应用交付特别兴趣小组（App Delivery SIG）中就有应用打包的专题。在实际应用中，镜像仓库是应用交付流程中的一个重要环节，能起到打通整个应用交付流程的作用。应用从代码编写到部署上线，经历了代码、制品、镜像、工作负载的流程，这又涉及编译、构建、部署等 CI/CD 的核心流程，贯穿于这个流程中的就是镜像，所以镜像仓库意义非凡。

在以应用为核心的 DevOps 流程中，人们都会关注应用的演进过程，关注应用的生命周期，所以围绕镜像设计应用的版本管理，将代码、镜像、部署关联起来，从而让用户追踪代码的最终交付，追踪云上服务的代码源头，让用户流畅地操作应用的交付流程，并从应用的视角贯穿这个 CI/CD 流程。社区提出的"源代码到镜像"概念，使流程对终端用户透明，用户只需关注具体业务的开发过程，其他都是自动化完成的，而连接用户和运维的正是这些过程的产出品。

镜像管理也是 CI/CD 流程的一部分，Webhook 可以触发部署流水线，漏洞扫描是云原生应用安全的核心功能，镜像远程复制可以解决跨云部署的问题。这些特性都真真切切地将 Harbor 嵌入 DevOps 的流程中，并且在每个环节中都发挥着作用。

5. 网易和 Harbor 社区

网易曾有自研的镜像仓库产品，但在 Harbor 开源后，轻舟团队开始关注 Harbor 社区的发展，并在产品中引入 Harbor。一方面 Harbor 本身功能比较完善，社区活跃，发展较快；另一方面 Harbor 是 CNCF 镜像仓库项目，是开放的社区，符合网易轻舟微服务的发展路线。

网易将 Harbor 作为镜像仓库的标准，围绕 Harbor 的功能设计了很多使用场景，同时积极优化和增强 Harbor 的功能，并且贡献、回馈社区。轻舟团队给 Harbor 贡献了异步任务日志的数据库功能，参与开发 Harbor 的镜像复制功能，独立贡献并维护 Webhook 的功能，还参与 Harbor 的 P2P 分发功能开发。除了功能上的贡献，轻舟团队还对 Harbor 做了大量生产级测试，并向社区提交了 Harbor 的性能瓶颈问题和优化点。

12.2.2 京东零售镜像服务

在 Docker 刚刚崭露头角时，京东零售就开启了全面的容器化建设，同时基于 Kubernetes 研发了软件定义数据中心的 JDOS（Jingdong Data Center OS），用于在京东内部提供可扩展和自动管理的共享容器集群，提供计算资源调度、网络、存储、CI/CD、镜像中心、监控和日志等服务。

JDOS 的镜像中心服务最初使用的是 Docker 原生的 Registry，但是在使用过程中发现了一些不足：需要实现授权认证；在获取镜像的元信息时，原生的 Registry 是通过遍历文件系统实现的，给性能带来一定的瓶颈。Harbor 基于项目的权限管理及其对 pull、push 行为的访问控制解决了京东对权限认证的需求；同时，Harbor 使镜像元信息的操作在性能上有了很大的提升，为此京东的 JDOS 团队开始将 Harbor 作为私有镜像库的基础。JDOS 基于 Harbor 搭建的镜像中心让用户可以直接在平台上自己创建镜像，架构如图 12-18 所示。

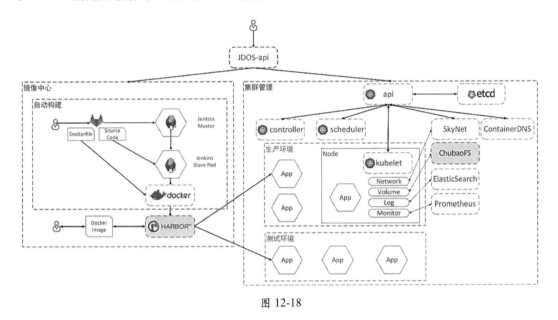

图 12-18

随着 Harbor 的不断发展和版本升级，一些比较实用的功能也开始被应用到其中，比如镜像安全漏洞扫描、镜像签名、Helm Chart 仓库支持和用户资源配额管理等。在镜像部署到 Kubernetes 集群之前，Harbor 可对镜像进行漏洞扫描，基于扫描报告，平台可提供必要的镜像漏洞升级更新流程来保证镜像的安全性；同时，定期对公共镜像和基础镜像进行升级更新，保证了镜像的安全性。

在高可用方面，镜像中心部署了多个 Harbor 实例，并在后端使用 ChubaoFS（储宝）存储系统来保证数据的一致性和高可用性。ChubaoFS 是一个开源的分布式文件系统与对象存储融合的存储项目，可以为云原生应用提供计算与存储分离的持久化存储解决方案。在京东的应用中，多个 Harbor 实例可同时使用 ChubaoFS 共享容器镜像，给 Harbor 提供了分布式存储服务。Harbor 可以像挂载本地文件系统一样集成 ChubaoFS 的存储卷，减少运维复杂度。基于 Harbor 的高可用镜像中心的架构如图 12-19 所示。

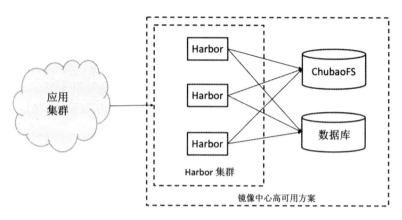

图 12-19

京东有多个数据中心分布在不同的区域，如果跨数据中心拉取镜像，则很容易占用数据中心到后端存储的带宽，从而影响性能。为了解决这个问题，京东在每个机房都搭建了本地 Harbor 集群，供本地用户下载镜像，提升访问效率。然后，通过设置缓存进一步优化镜像的拉取。镜像在第一次被拉取时，会被从后端存储读取并放到缓存中；对该镜像的后续请求，可直接从本机房的缓存中读取，不会挤占带宽，大大提升了性能及服务质量。多数据中心的 Harbor 架构如图 12-20 所示。

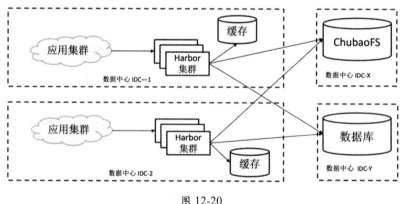

图 12-20

随着京东业务的快速发展，基于 Harbor 的镜像仓库也在不断壮大，用户也越来越多，使用量越来越大。目前在京东零售，镜像总量达到几十万，镜像存储的数据量也增长到几十 TB。以 Harbor 为基础的镜像中心还服务着京东的海外站，比如泰国站和印尼站。

12.2.3 品高云企业级 DevOps 实战

品高云是广州市品高软件股份有限公司开发的云操作系统，DevOps 容器服务是品高云面向云原生应用的云服务功能，使用了 Kubernetes 和 Harbor 分别作为容器编排和镜像仓库，可面向企业级用户提供微服务开发、交付、运维等平台支撑能力。

经过数年的发展，品高云使用 Harbor 构建了 ECR（私有容器仓库）服务，实现企业账号管理镜像库，支持镜像推送和拉取、安全扫描、跨区复制，对接 EKS（弹性 Kubernetes 服务）和持续交付流程，实现了 Kubernetes 应用编排和镜像的统一管理，在央企、公安等多个大型项目中得到应用。品高云的 DevOps 容器服务架构如图 12-21 所示。

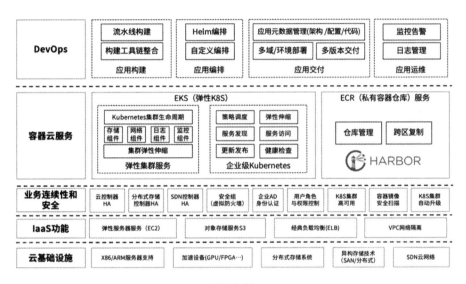

图 12-21

1. 使用 Harbor 解决复杂应用的编排和交付

对于大型政企客户来说，其应用一般是由大量服务模块组成的。当这些应用被改造为微服务架构进行部署时，最具挑战的就是保障模块间彼此的依赖关系，并实现业务的持续交付能力。在使用容器架构交付时，还需要涉及持久化存储、集群高可用和绑定负载均衡等一系列方案。为此，品高云使用了 Helm 实现对应用的统一配置和管理，并在 ECR 服务中引入了 Harbor 的 Helm Charts 管理功能，让平台像管理镜像一样管理应用的 Helm 编排包。开发者可使用品高云的 DevOps 服务，通过可视化与动态方式进行应用编排设计，在后续部署应用时，Kubernetes 集群能够自动从 Harbor 中下载编排包（如图 12-22 所示），这解耦了应用编排与集群关系，提升了灵活性；上层开发者也可以更直观地维护和管理应用交付，降低了 DevOps 的应用门槛。

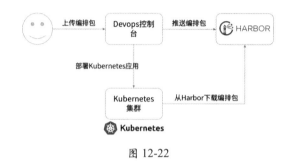

图 12-22

2. 使用 Harbor 管理应用的跨环境部署

在实际应用环境下，由于大型用户对业务稳定、可靠及双模 IT 的架构需求，往往会有多种运行环境，如开发、测试、生产和互联网区等。开发者虽然可以利用品高云的 DevOps 服务创建交付流水线，自动编译源代码和打包、构建 Docker 镜像，并最终将其推送至各种运行环境的 ECR 仓库中，但也面临多套环境下不同镜像版本管理、重复打包和资源浪费等挑战。

为此，品高云引入了 Harbor 的镜像同步功能，在开发人员将镜像和 Helm 编排包推送到一个环境后，会自动根据开发、测试规范定时触发在相应环境下的同步，同时针对高安全环境的合规要求，在 DevOps 平台上显式控制和触发 Harbor 的复制策略，将镜像和 Helm 编排包同步推送到生产环境下，如图 12-23 所示。

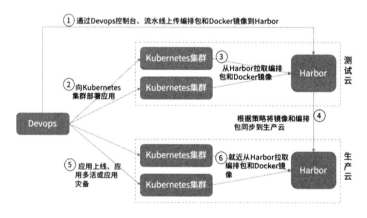

图 12-23

3. 使用 Harbor 的多云协作

品高云在容器使用和运维过程中，针对大型政企客户多环境、多地理位置服务交付的支撑需要，逐步形成了基于 Harbor 的多云协作架构，如图 12-24 所示。

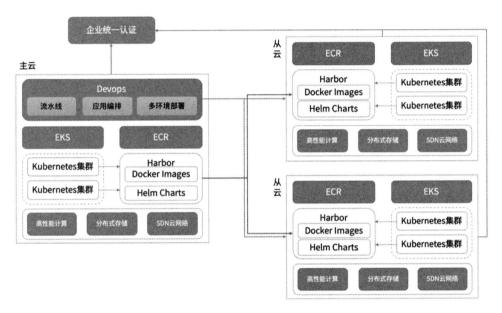

图 12-24

在多云协作架构下，品高云的 DevOps 服务被部署在主云上，各个云通过对接企业统一认证实现对用户的统一管理，并对其他从云的 EKS 和 ECR 进行纳管。DevOps 服务通过流水线实现了对应用的持续集成和持续交付，管理应用从代码编译到部署的整个生命周期。

在具体的应用支撑过程中，开发者在 DevOps 服务中配置好代码仓库源之后交付时，DevOps 服务会自动从指定的代码仓库中拉取应用代码，然后对代码进行编译，将编译好的程序构建成 Docker 镜像推送到主云的 Harbor 镜像仓库中。主云会按照复制策略自动增量地将镜像推送到纳管的其他云的 Harbor 镜像仓库，接着 DevOps 服务根据用户定义的 Helm Charts 编排，将应用部署到 EKS 集群中。

出于应用灾备或应用多活的目的，将应用部署到其他云环境时，DevOps 服务能够管理多个环境的配置，根据用户指定的云环境，向对应的 EKS 集群下发应用部署的任务。集群在收到任务后，就近访问同一云环境下的 Harbor 来下载 Docker 镜像和 Helm 编排包。

Kubernetes 集群对 Harbor 的就近访问，能够缩短应用的部署启动时间，减少应用从主云拉取镜像的带宽。

在整个过程中，Harbor 都充当着重要的角色，Docker 镜像在被推送到 Harbor 后会触发 Harbor 的漏洞扫描功能，用户可以在 DevOps 上看到镜像的漏洞扫描结果，也可以基于项目设置同步策略，将需要在从云中用到的 Docker 镜像和 Helm 编排同步到从云的 Harbor 中。在 Harbor 中存在无用镜像时，还可以触发 Harbor 的垃圾回收，清理无用镜像占用的存储空间。

12.2.4 骞云 SmartCMP 容器即服务

随着云原生技术的使用场景越来越多，生态系统也变得更加完整。容器已经成为主流的系统资源并被纳入 IT 统一管理体系中，成为众多 IT 服务中的一个核心组成部分。骞云科技 SmartCMP 云管理平台通过对接 Harbor 和 Kubernetes，提供"容器即服务（Container as a Service，CaaS）"能力，并集成主流 DevOps 工具链，助力企业采用容器技术部署项目开发测试、用户验收测试（UAT）、生产等不同环境，实现自动化持续构建与发布。

容器即服务可以简化企业软件定义基础架构中的容器管理，是一种云计算服务模式，允许用户使用数据中心或云资源，采用容器技术部署和管理应用。SmartCMP 云管理平台集成了 Harbor 容器镜像仓库，帮助用户搭建了一个可部署于组织内部的私有镜像源，帮助企业跨 Kubernetes 和 Docker 等云原生计算平台持续和安全地管理镜像。用户可在 SmartCMP 云管理平台上实现对多个环境下的镜像制品仓库进行数据的统一录入和自动化存储，并提供给持续集成系统和发布系统使用。

如图 12-25 所示，云管理平台将 Kubernetes 集群部署在 vSphere 虚拟机和 X86 物理机上，支持 Kubernetes 的多种自服务定制和容器资源的生命周期管理，如 Deployment、Ingress、Service、PVC、ConfigMap 等。Harbor 可以作为镜像源关联 Kubernetes 服务，并按需切换镜像，在开发测试每一轮的迭代之后，将构建的新镜像保存到 Harbor 中，并通过 SmartCMP 云管理平台的自助运维功能，用新镜像更新应用环境。

SmartCMP 云管理平台还能够灵活配置 DevOps 流水线，定义各个阶段的触发条件与部署任务，确保流水线每个阶段的连贯性，可在界面中查看执行状态和发现问题。开发人员在提交代码后，可触发流水线去编译和测试代码、构建镜像并推送最新镜像到 Harbor 镜像仓库。在发布过程中，可从 Harbor 获取最新的镜像，并在目标环境下部署或更新应用，如图 12-26 所示。

图 12-25

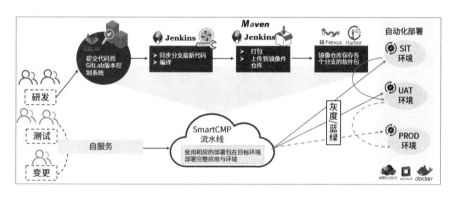

图 12-26

SmartCMP 云管理平台通过云组件支持多种资源，实现了端到端的应用自动化、全面监控告警等功能，在平台的容器即服务和 CI/CD 流水线中都集成了 Harbor 镜像仓库，帮助企业在现代应用中采用容器技术。还通过搭建供组织内部使用的私有镜像仓库，结合镜像的不可变特性，保证了应用在开发、测试和生产环境下的一致性。另外，SmartCMP 云管理平台借助 Harbor 的镜像扫描、镜像来源签名和远程镜像复制等功能，提高了安全性，也保障了业务的连续性。

12.2.5 前才云容器云平台

前杭州才云科技有限公司（后简称"前才云"）采用原生 Harbor 作为镜像仓库，在后端存储和镜像预热等方面做了增强，为用户实现了生产级别的容器云平台。在实施过程中，前才云根据需求对 Harbor 镜像仓库进行了定制，包括高可用性、开发增强功能和镜像预热等方面。

1. 生产级别的高可用部署

在该平台中，前才云采用了 Harbor v1.6.0，该版本涵盖了客户所需的主要功能，如安全扫描、容器化部署、高可用性等。由于 Harbor 包含较多组件，前才云选择了官方推荐的容器化部署方式。

生产系统需要具有高可用性，因此前才云在部署中采用了多活、高可用部署模式。Harbor 中的组件包括无状态和有状态两类，其中无状态组件有 AdminServer、UI、Registry、Logs、JobService、Clair、Norary 和 Proxy 等；有状态组件有 PostgreSQL（Harbor、Notary 和 Clair 等组件的数据库服务）、Redis 和共享文件存储。

对于无状态组件，直接创建多副本即可。如图 12-27 所示，将所有无状态组件在每个节点上都部署一个实例，并且为这些无状态组件在每个节点上都配置统一的负载均衡器。在每个节点都部署负载均衡器，可以避免负载均衡器的单点故障。在该容器云平台中采用了 Tengine（版本 2.1.0）来实现负载均衡器，且将 Proxy 组件的 Nginx 替换成 Tengine 来实现负载均衡，即负载均衡器与 Proxy 合二为一。最后，通过 Keepalived 为负载均衡器动态绑定 VIP，客户端通过 VIP 访问 Harbor 服务。

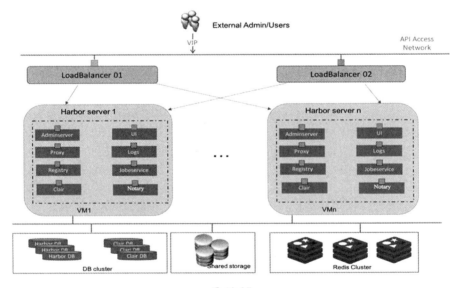

图 12-27

而对于数据库（PostgreSQL）及 Redis，需要分别用外置的服务实现它们的高可用。Harbor 的共享文件系统采用了用户自研的后端分布式文件存储。在 Harbor 部署中涉及两部分存储：一部分用于 Registry 的镜像数据，另一部分用于记录镜像同步、镜像扫描等任务的日志，均可通过直接将网络存储挂载到节点的方法上来实现。

在安全方面，Harbor 可选组件 Clair 可用于镜像安全漏洞扫描，只需在部署时配置和部署 Clair 组件即可。镜像签名是确保镜像可信来源的方法，在 Harbor v1.6.0 中支持高可用模式。需要注意的是，镜像签名不支持镜像同步、镜像 retag（复制副本）等操作，在镜像同步或镜像 retag 的过程中，签名信息将丢失。

2. 定制化功能的开发

镜像 retag 用于为镜像添加新的 Tag，如：

```
cargo.xyz/release/busybox:dev → cargo.xyz/release/busybox:prd
```

在命令行中，用户可以通过"docker tag"和"docker push"完成这个操作。在 Harbor 中没有提供这样的 API。前才云在 Harbor 中添加了这个功能的实现，基于 Harbor 源代码做了修改，并将该功能提交到 Harbor 开源社区。在 Harbor 1.7.0 中包含该功能，API 格式如下：

```
POST /repositories/{project}/{repo}/tags
{
   "tag": "prd",
   "src_image": "release/app:stg",
   "override": true
}
```

镜像同步功能指同步指定镜像列表到目的地仓库，有别于 Harbor 原生的基于项目的镜像同步策略。指定镜像列表的镜像同步功能在 Harbor 1.6.0 的基础上实现，方法是修改 Harbor 1.6.0 的源代码，添加新的同步 API。下面的第 1 个 API 请求用于提交同步任务，若请求成功，则将返回此次同步操作的 UUID，第 2 个请求通过 GET 方式获取镜像同步任务的状态：

```
POST /images/replications
{
   "images": ["release/app1:prd", "release/app2:prd"],
   "targets": ["backup", "product"]
}

GET /images/replications/<uuid>
```

3. 镜像预热

镜像预热指在镜像使用前，由节点主动拉取镜像并保存在本地缓存中，等到需要镜像启动容器时可以直接启动容器，无须等待下载镜像，加快了应用的启动速度。由于 Harbor v1.6.0 不支持镜像预热功能，所以前才云设计和实现了预热的解决方案。

所有需要预热的镜像都被放在一个固定的 Harbor 项目（project）中来管理，禁止不需要预热的镜像被推送到这个项目。基础镜像和中间件镜像是给所有人使用的，因此该 project 必须是公开（public）的，拉取该项目的所有镜像都不需要权限。预热策略有以下三种。

- API：通过 API 指定镜像列表和节点列表进行预热。
- 定时：定时触发预热，将镜像下载到所有节点上。
- 节点新增：新增节点时触发镜像预热。

预热功能的系统组件包括 Preheat-Worker（预热工人）和 Preheat-Controller（预热控制器），如图 12-28 所示。

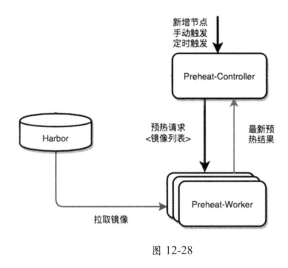

图 12-28

下面对 Preheat-Worker 和 Preheat-Controller 进行详细讲解。

1）Preheat-Worker

系统在每个节点上都用 Kubernetes 的 DaemonSet 方式运行组件 Preheat-Worker，通过 hostport 方式暴露相同的端口，并使用 DooD（Docker Outside of Docker）方式将拉下来的

镜像预热到节点上。Preheat-Worker 组件的主要功能如下。

- 提供预热镜像的 API，指定需要预热的镜像列表。
- 从镜像仓库中将镜像拉到节点上。
- 汇报镜像预热的结果给 Preheat-Controller。

2）Preheat-Controller

Preheat-Controller 的主要功能是接收镜像预热请求，将镜像预热任务调度到节点的 Preheat-Worker 上，同时提供 API 查询镜像预热的结果。Preheat-controller 主要由三部分组成，如图 12-29 所示。其中：Node Controller 用于监听集群中节点的增删，维护一个最新的节点列表；API Server 提供一组 API，用于触发预热和获取预热结果；Preheat Scheduler 用于处理预热任务（由 API 触发或定时触发），并通过一定的策略将预热任务发送到节点上的 Preheat-Worker。这里预热请求的队列及预热任务的状态被保存在 etcd 中，并设置数据的存活时间，默认为 24 小时。

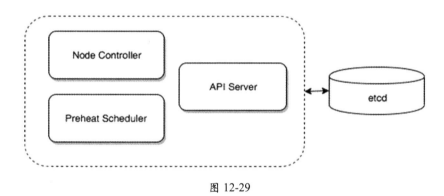

图 12-29

镜像预热涉及较多的镜像或者节点，如一次全量的预热将需要较长的时间，在分批预热过程中，如果 Preheat-Controller 失效重启，则将导致进行一半的预热异常结束。另外，调用 API 触发预热、新增节点、新增预热镜像都会触发不同的预热请求，因此 Preheat-Controller 需要维护一个任务队列用以管理预热任务。考虑到镜像预热请求不会很多，我们可以将预热请求信息保存在集群的 etcd 中，这样可以避免引入新的数据存储，降低复杂度及维护成本。另外，控制数据在 etcd 中的存活时间默认设置为 24 小时，即只会保留 24 小时内的相关预热信息。

如果集群节点较多，则所有节点同时预热时对镜像仓库的压力太大，所以需要控制并发预热的节点数。可通过一个通行证 PASS 的概念来控制预热节点的并发数，假设允许同时预热的节点数为 N，则创建一个大小为 N 的通行证池，当 Preheat-Controller 要给某个节点下发镜像预热任务时，需要先从该 PASS 池中申请一个通行证，当没有可用的通行证时需要等待。在某个节点上之前的预热任务完成后，释放之前申请的通行证供其他节点使用。

另外，考虑到网络问题或节点上的 Preheat-Worker 异常，PASS 可能存在无法正常释放的问题，所以会对分发出去的 PASS 定时回收，默认回收间隔为 30 分钟。回收时，分别检查目前占用 PASS 的节点，判断是否还在处理之前分发给它的任务，如果没有在处理，就回收该节点占用的 PASS。

预热结果被保存在 etcd 中，默认数据的保留时间为 24 小时。在一个节点完成了一次预热任务后，会将预热结果汇报给 Preheat-Controller，由它将结果写进 etcd，同时 Preheat-Controller 提供 API 供用户查询预热结果。

12.2.6　360 容器云平台的 Harbor 高可用方案

360 搜索事业群从 2017 年开始着手已有业务的容器化工作，并以 Kubernetes 为基石，进行私有容器云平台的研发工作。360 搜索容器云团队通过调研和对比，并结合团队人力等实际情况，最终决定采用 Harbor。

360 搜索容器云平台早期采用了社区 docker-compose 的方案，在单台机器上部署 Harbor 实例。但随着在生产环境下投入使用，使用 docker-compose 部署 Harbor 服务也面临新的问题。

- 中心化单实例，没有高可用。
- Harbor 数据被存储在 MySQL 的容器中，可靠性无法保证。
- 业务镜像数据被存储在单机硬盘中，有数据丢失的风险。
- 生产环境在不同的城市区域有多个业务机房，存在跨机房镜像拉取的请求。

在多方调研和考量后，360 搜索容器云团队决定全面转向使用 Kubernetes 部署，为了能够在 Kubernetes 上部署 Harbor v1.3.0，对各个组件进行分析，制定了如下部署方案。

（1）在 MySQL 中存储着 Harbor 的项目、仓库、用户信息等数据，MySQL 服务不再自行维护容器实例，改用公司内的第三方团队运维和支撑 MySQL 高可用集群提供服务。

（2）Log 组件负责搜集、汇聚其他 Harbor 组件输出的日志数据，采用 Kubernetes 部署后不再需要部署 Log 组件，Harbor 实例各个组件的日志被统一打印输出到标准输出设备，经由 Kubernetes 在各个工作节点上的 Filebeat 采集、汇聚并输出到 Kafka 集群缓存 48 小时，并按需处理。

（3）Registry 本身为无状态组件，负责镜像存储，使用 Kubernetes 的 Deployment 部署，需要额外的持久化存储设施来存储镜像的 Blob 数据。Registry 由多种持久化存储驱动，并最终选定 S3 对象存储作为存储方案。使用 S3 对象存储的优势在于，通过修改 Registry 配置 Redirect 选项，把 Docker Client 的 Blob 下载请求重定向到拥有更多带宽和吞吐量的 S3 高可用集群，能够加快容器镜像分发速度，并加快业务容器的拉起速度。

（4）AdminServer 组件用于为 Harbor 的其他组件提供配置访问服务，主要通过读取配置文件"/etc/adminserver/config/config.json"和环境变量获取配置。它使用 Kubernetes ConfigMap 存储 AdminServer 组件的配置文件、环境变量，该组件使用 Deployment 部署多个实例副本实现高可用。

（5）UI 组件提供了 Web 管理界面，依赖 MySQL，使用 Deployment 部署多个实例副本实现高可用。

（6）JobService 组件执行 Replication Job，依赖 MySQL，使用 Deployment 部署多个实例副本实现高可用。

（7）Proxy 组件实际上是 Nginx，它作为 UI、Registry 的统一入口，加载证书并启用 TLS 加密，同样使用 Deployment 部署多个实例副本实现高可用。

为了实现异地多机房，降低单个 Harbor 集群的服务请求压力，在单个城市使用上述方案实现可用区的高可用后，可使用同样的方案在多个城市不同的可用区部署高可用实例。各个可用区的 Harbor 集群使用相同的 Registry 域名，利用组织内部的智能 DNS 服务 QDNS，实现认证鉴权和镜像拉取指向本可用区或本城市的 Harbor 集群。同时，配置 QDNS 健康检查，在当前可用区的 Harbor 集群出现故障不能正常服务时，自动切换 Registry 域名解析记录，使其指向其他 Harbor 集群，如图 12-30 所示。

在异地多机房部署 Harbor 集群时，如果采用就近处理认证、鉴权和拉取镜像的方案，就会存在用户数据和镜像数据同步的问题，可采用以下方法解决。

- Harbor 集群分为主集群和从集群，主集群可读写，从集群只读；为 Harbor UI 配置单独的域名，Registry 域名在办公、开发网络中被解析到主集群。
- MySQL 使用主从实例，Harbor 主集群使用可写 MySQL 实例，其他地域的从集群使用只读 MySQL 实例，用户、项目等信息利用 MySQL 集群自行同步。

◇ 为每个项目都配置 Replication 规则,当用户推送镜像到 Harbor 主集群时自动触发同步。

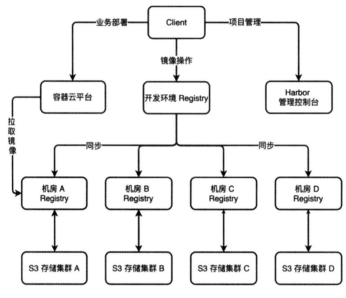

图 12-30

360 搜索容器云团队在实践中发现了 Harbor 的远程复制功能同步速度有限的问题,有时推送镜像之后其他机房无法拉取镜像。为了加速镜像数据同步,该团队使用 MinIO MC 客户端在存储层面优先同步 Blob 数据,命令如下:

```
$ mc mirror --watch --exclude "upload/*" masterS3/docker slaveS3/docker
```

MC 客户端的 mirror 子命令用于在不同的 s3 集群之间同步对象,"--watch"参数监听对象的变动并自动同步,"--exclude"参数排除不需要同步的对象和目录。

360 搜索容器云团队密切关注和参与 Harbor 社区,从 Harbor 1.3 版本一直升级至 1.5 版本,并根据内部需求对 Tag 接口、用户登录做了定制,添加了镜像构建历史等功能,还将其回馈 Harbor 社区。

第 13 章
社区治理和发展

开源社区中的用户、贡献者和维护者是 Harbor 项目发展的动力和源泉,也是 Harbor 在较短的时间内得到广泛应用的重要原因之一。Harbor 项目和社区是融为一体、相辅相成的合作关系。本章介绍 Harbor 社区的治理模式,以及用户和贡献者参与社区治理和贡献的方法,讲解用户和发行商非常关注的安全漏洞告警机制和响应流程,对用户呼声较高而且已经在路线图中的功能做了展望和讲解。

13.1 Harbor 社区治理

开源项目的治理方式影响到项目发展及社区参与的程度,项目的维护者应该选择合理的治理模式,以便和社区所有参与者合作。本节介绍 Harbor 基于云原生计算基金会(CNCF)的社区原则和运作方法,并详细讲解社区成员参与互动和贡献的方式。在生产系统中使用 Harbor 的用户或 Harbor 的软件发行商,应了解 Harbor 的安全告警和响应机制。

13.1.1 治理模式

Harbor 是 CNCF 的托管项目,致力于建设一个开放、包容、高效和自治的开源社区来推动高质量云原生制品仓库的开发,遵循 CNCF 对项目的治理方法和指引。CNCF 是 Linux 基金会旗下的子基金会,托管着许多云原生领域的开源项目,如 Kubernetes、Helm 和 Harbor 等。开源项目通过 TOC(技术监督委员会)的审查和批准,可成为 CNCF 的托管项目。

CNCF 提供了许多资源来促进托管项目的使用和开发，通过保留项目的独立网站及让原有维护者继续负责项目的开发，保证了项目发展的连贯性和进度。

一个开源项目在成为 CNCF 托管项目后，其项目商标和徽标资产归 Linux 基金会所有，由技术监督委员会负责监督，从而转变成厂商中立的软件项目，可以提高企业软件公司、初创企业和独立开发人员在项目中合作和贡献的意愿。Harbor 在项目开源之初，由 VMware 公司主导项目的开发，在加入 CNCF 之后，项目采取了中立、公开和透明的治理模式，路线图和发展规划由社区共同决定，因此吸引了来自世界各地的更多贡献者加入，一些重要的功能，如 Webhook、保留策略、Harbor Operator 等，都是由社区成员发起和贡献的。

Harbor 项目根据 CNCF 的治理原则及开源社区的常见做法，制定了社区管理（Governance）规则来确定社区成员的协作方式，这些规则包括以下几个方面。

1. 代码库

和大多数开源项目一样，Harbor 的源代码被存放在 GitHub 的 goharbor 命名空间下，目前主要有以下代码库。

- harbor：Harbor 项目的主要代码库。
- harbor-helm：可部署 Harbor 的 Helm Chart。
- community：用于存放与社区管理相关的材料，如提案、演示幻灯片、治理文件、社区会议纪要等。
- website：Harbor 官网 goharbor.io 的源代码，修改这里的代码可以更改官网的内容。如果向 content/blog 下面提交内容，则可以发表博客。

2. 社区角色

社区角色有以下三种。

- 用户：全体 Harbor 项目的使用者，可通过 Slack、微信、GitHub、邮件组等方法与 Harbor 社区互动。
- 贡献者：对项目进行贡献的社区成员，贡献方式可以是文档、代码审查、对问题的回复、参与提案讨论和贡献代码等。
- 维护者：Harbor 项目的负责团队，维持项目的整体发展方向，负责 PR（Pull Request，代码拉取请求）的最终审阅和版本发布。维护者需要贡献代码和文档，审查 PR，包括确保代码质量和定位问题，主动修复 Bug 及维护组件。部分维护者负责项目中的一个或多个组件，充当组件的技术主管人。

新维护者必须由现有维护者提名,并且由三分之二以上的现有维护者推举加入。同样,维护者可以经由三分之二以上现有维护者的同意来撤职,或者维护者本人通知其他任何一位维护者而辞职。

3. 项目决策

在一般情况下,项目的决策均应通过成员达成共识来完成。在某些特殊情况下,可能需要通过投票由多数维护者来决定。为了体现厂商中立的原则,属于同一公司或组织的维护者投票将仅算作一票。如果某公司或组织的维护者投票结果不一致,则可根据该公司或组织的多数维护者的投票来确定该公司或组织的投票。如果该公司或组织的投票没有达到三分之二以上的一致性,则该公司被认为弃权。

4. 提案流程

在任何开源社区中,用户的提案(proposal)都是最重要的事项之一。在对代码库或新功能进行较大改动之前,应在社区中提出建议。此流程使社区的所有成员都能衡量提案带来的影响、概念和技术细节,分享他们的意见和想法并参与提案。同时,提案流程还可确保成员之间不会重复造轮子,避免产生有冲突的功能。

被社区采纳的提案将在 Harbor 项目的路线图中被定义。提案应包括总体目标、用例及有关实现的技术建议。通常,对提案感兴趣的社区成员应该深入参与提案流程,或者成为提案的贡献者。提案可以使用模板编写,并通过 PR 推送到 community 代码库的 proposal 目录下。

5. 惰性共识(Lazy Consensus)

Harbor 项目采用了"惰性共识"的方法。惰性共识是开源项目使用的一种方法,在贡献者开始实施新功能之前,可以假设已经达成共识,不需要其他社区成员的明确批准来加快开发速度,即在缺乏明确反对的情况下,可被理解为默许。

成员提出的想法或提议,应通过 GitHub 共享并标记适当的维护者组,如 @goharbor/all-maintainers。出于对其他贡献者的尊重,在进行重大更改时,提议者还应适当地通过 Slack 和开发邮件组进行解释。提案、PR 和 issue(问题)等的发起者应该给予其他社区成员不少于五个工作日的时间进行评论和反馈,并要考虑到国际假日等因素。维护者可能会参与讨论并要求额外的时间进行审查,但除非必要,不应阻碍项目的推进。

注意:惰性共识不适用于将维护者撤职的流程。

13.1.2 安全响应机制

Harbor 是 CNCF 毕业（Graduated）级别的项目，意味着 Harbor 的成熟度已经被大多数用户接受，在生产环境下有非常多的部署和应用。和所有的软件项目一样，Harbor 可能会出现一些安全问题。尽管 Harbor 项目在申请毕业时经过了安全性审计（Security Audit）并且修复了发现的问题，但是作为一个大型开源社区，Harbor 项目制定并采用了安全披露和响应策略，以确保在出现安全方面的问题时，维护者可以快速地处理和响应。

Harbor 的用户或厂商应当紧密关注 Harbor 的安全公告和安全补丁，及时给所运行的 Harbor 系统升级或安装补丁程序。如果发现安全问题，则应当及时报告 Harbor 安全团队，以便确认和提供修复补丁。Harbor 的发行商还可以申请加入安全问题通知邮件组。

1. 支持的版本

Harbor 社区维护着最后发布的三个次级版本。如最新版本是 2.0.x 时，社区维护的版本是 1.9.x、1.10.x 和 2.0.x，当出现安全问题时，会根据严重性和可行性将适用的安全补丁程序移植到这三个版本上。为了获得安全补丁程序，建议用户采用维护范围内的版本。如果用户目前运行的版本较旧，则会有潜在的安全风险，而且 Harbor 团队可能不提供修复方案，因此最好把版本升级。

2. 报告安全漏洞的私下披露流程

系统的安全性是用户最需要关注的事情之一，当用户发现安全漏洞或疑似安全漏洞时，都应私下报告给 Harbor 项目维护者，这样可以在漏洞修复前最大限度地减少 Harbor 用户受到的攻击。维护者将尽快调查漏洞，并在下一个补丁程序（或次要版本）中进行修补。漏洞的信息可以完全保留在项目内部来处理。

当用户有下列情形之一时，可以报告漏洞。

- 认为 Harbor 有潜在的安全漏洞。
- 怀疑潜在的漏洞，但不确定它是否会影响 Harbor。
- 知道或怀疑 Harbor 使用的另一个项目有潜在漏洞，如 Docker Distribution、PostgreSQL、Redis、Notary、Clair、Trivy 等。

要报告漏洞或与安全相关的问题，用户可通过电子邮件向 cncf-harbor-security@lists.cncf.io 发送有关漏洞的详细信息，该电子邮件会被由维护者组成的 Harbor 安全团队接收。电子邮件将在 3 个工作日内得到处理，包括调查该问题的详细计划及可以变通的方法。如果发现一个有关 Harbor 的安全漏洞被公开披露，则请立即发送电子邮件至 cncf-harbor-security@lists.cncf.io 来联系 Harbor 的安全团队。

> **重要提示**：出于对用户社区的保护，不要在 GitHub 或其他公开媒体上发布关于安全漏洞的问题。

发送的电子邮件需提供描述性邮件标题，电子邮件正文中包含以下信息。

- 基本身份信息，如汇报人的姓名、所属单位或公司。
- 重现此漏洞的详细步骤（可包括 POC 脚本、屏幕截图和抓包数据等）。
- 描述此漏洞对 Harbor 的影响及相关的硬件和软件配置，以便 Harbor 安全团队可以重现此漏洞。
- 如果有可能，则描述漏洞如何影响 Harbor 的使用及对攻击面的估计。
- 列出与 Harbor 一起使用以产生漏洞的其他项目或依赖项。

3. 补丁、版本和披露报告

在收到漏洞报告之后，Harbor 安全团队会对漏洞报告做出响应，流程如下。

（1）安全团队将调查此漏洞并确定其影响和严重性。

（2）如果该问题不被视为漏洞，则安全团队将提供详细的拒绝原因。

（3）安全团队将在 3 个工作日内与报告人进行联系。

（4）如果确认了漏洞及修复时间表，安全团队则将制定计划与适当的社区进行沟通，包括确定缓解的步骤，受影响的用户可以通过这些步骤来保护自己，直到修复程序发布为止。

（5）安全团队还将使用 CVSS（Common Vulnerability Scoring System）计算器创建一个 CVSS。因为需要快速行动，所以安全团队并不追求计算出完美的 CVSS。安全问题也可以使用此 CVSS 报告给 MITER 公司，报告的 CVE（Common Vulnerabilities and Exposures）将被设置为私密状态。

（6）安全团队将修复漏洞及进行测试，并为推出此修复程序做准备。

（7）安全团队将通过电子邮件向邮件组 cncf-harbor-distributors-announce@lists.cncf.io 进行该漏洞的早期披露。该邮件组的成员主要是 Harbor 软件发行商，可以在漏洞公布和修复之前做出应急计划，并且可以提前测试补丁并向 Harbor 团队提供反馈。

（8）漏洞的公开披露日期将由 Harbor 安全团队、漏洞提交者和发行商成员协商确定。安全团队希望在用户缓解措施或补丁可用的情况下，尽快将漏洞完全公开披露。在尚不完全了解漏洞机理和修复方法、解决方案未经过充分测试或者发行商还未协调时，漏洞披露会被适当延迟。漏洞披露的时限是从即刻开始（尤其是已经公开的情况）到几周内。对于有直接缓解措施的严重漏洞，公开披露的时间大约是收到报告起的 14 个工作日。公开披露的时间点将由 Harbor 安全团队全权决定。

（9）在修复方法确认后，安全团队将在下一个补丁程序或次要版本中修补漏洞，并将该补丁程序移植到所有受支持的早期版本中。发布修补过的 Harbor 版本后，安全团队将遵循公开披露流程。

4. 公开披露流程

安全团队通过 GitHub 向 Harbor 社区发布公告。在大多数情况下，安全团队还会通过 Slack、Twitter、CNCF 邮件组、博客和其他渠道进行通知，以指导 Harbor 用户了解漏洞并获得修补的版本。安全团队还将发布用户可以采取的缓解措施，直到他们可以将补丁应用于其 Harbor 实例为止。Harbor 的分销商将自行创建和发布自己的安全公告。

5. 提早接收漏洞信息的发行商

用户可通过 cncf-harbor-security@lists.cncf.io 向 Harbor 安全团队报告安全问题，并在公开披露漏洞之前私下讨论安全问题和修复方法。

建议 Harbor 的发行商申请加入邮件组 cncf-harbor-distributors-announce@lists.cncf.io，以获得早期非公开的漏洞通知，包括缓解步骤和有关安全修补版本等信息。由于这个邮件组的特殊作用，符合以下要求的发行商才有资格申请加入。

- 成为现行的 Harbor 发行商。
- Harbor 用户群体不局限于发行商内部。
- 有可公开验证的修复安全问题的记录。
- 不得成为其他发行商的下游厂商或产品重构者。
- 成为 Harbor 社区的参与者和积极贡献者。

- 接受禁运政策（Embargo Policy）。
- 有邮件组中的成员担保申请人的参与资格。

6. 禁运政策

在邮件组 cncf-harbor-distributors-announce@lists.cncf.io 中收到的信息，除非得到 Harbor 安全团队的许可，成员不得在任何地方公开、共享或暗示，并且在本组织中只能告知需要知道的人。在商定的公开披露时间之前，需维持这样的保密状态。邮件组的成员除为自己发行版的用户解决问题外，不能出于任何原因使用该信息。在与解决问题的团队成员共享邮件组中的信息之前，必须让这些团队成员同意相同的条款，并且把了解该信息的人员控制在最小的范围内。

如果成员不慎把信息泄露到本政策允许的范围之外，则必须立即将泄漏信息的内容及泄漏信息的对象紧急通知 cncf-harbor-security@lists.cncf.io 邮件组。如果成员持续泄漏信息并违反禁运策略，则将会被从邮件组中永久删除。

如果需要申请加入邮件组，则可发邮件到 cncf-harbor-security@lists.cncf.io，在邮件中说明本组织满足以上描述的成员资格标准。禁运政策的条款和条件适用于此邮件组的所有成员，要求加入成员代表已接受了禁运政策的条款。

7. 机密性，完整性和可用性

Harbor 安全团队最关注的问题是损害用户数据机密性和完整性的漏洞。系统可用性，特别是与 DoS（拒绝服务攻击）和资源枯竭相关的问题，也属于严重的安全问题。Harbor 安全团队会认真对待所有报告的漏洞、潜在漏洞和可疑漏洞，并将以紧急和迅速的方式进行调查。

> **注意**：Harbor 的默认设置并不是安全设置。用户必须在 Harbor 中显式配置基于角色的访问控制及其他与资源相关的控制功能，以加固 Harbor 的运行环境。对于使用默认值的安全披露，安全小组将不采取任何行动。

13.1.3 社区参与方式

Harbor 开源云原生制品仓库经过数年的良好发展，已经拥有一个庞大的遍布全球的维护者团队，以及无数的贡献者和用户。所有这些社区成员在全球成千上万的服务器上反复部署、使用和测试,并反馈遇到的问题,提交改进提议,贡献缺陷修复和功能实现代码,使得 Harbor 一步步走向成熟并更加强大且易用。

Harbor 和其社区还在不断发展,这是一个开放和热情的社区,项目维护者们热忱地欢迎并期待更多用户和开发者参与项目贡献并担任一定的角色,不论是向社区咨询、反馈使用中遇到的问题和发现的 bug,还是提出好的建议和设想,或者想要给 Harbor 修复缺陷,添置新的功能,抑或是帮助社区审阅(review)代码和修正文档。不论贡献的大小,每一位社区成员的贡献都会被铭记。Harbor 提供了多种方式连接社区成员,便于参与者的沟通。社区成员可以根据自身情况,选择一个或者多个适合的渠道参与进来。

向 Harbor 开源项目报告问题是很好的参与方式。项目维护者始终欢迎编写良好且完整的错误报告。用户可在 GitHub 的 "goharbor/harbor" 上创建一个 issue,并按照模板填写所需信息,必要时上传相关日志。因为日志对所有用户都是公开可见的,如果日志里面有用户隐私信息(如内部 IP 地址、域名和账号等),则需要先隐去再上传。在创建任何问题报告之前,用户都可先查找是否已存在类似该问题的报告,以避免提交重复报告。如果找到匹配的问题报告,则可以"订阅"它以获得问题更新通知。如果有更多的有关此问题的有用信息,则可在问题页面上留言。

用户和开发人员还可以为 Harbor 已有的功能提出新的设计方案,也可以设计全新的功能,可在 "goharbor/community" 代码库中提交提案,Harbor 维护人员将尽快审查此提案并可安排在社区会议中讨论。

与 Harbor 维护者、开发者和用户等社区成员互动,可以通过下面的方式。

- 使用 Slack 即时通信软件。Slack 的用户遍及全球,也帮助 Harbor 连接着全球不同地区的用户。可以通过加入 CNCF 的 Slack 空间 "cloud-native.slack.com",然后选择 Harbor 的频道(channel)"#harbor" 和 "#harbor-dev" 参与讨论或咨询相关问题。
- 微信作为华语用户中流行的社交平台,备受中文用户喜爱,Harbor 的主要项目维护者都来自中国,为了便于中文用户参与互动,Harbor 提供了用户微信群,可以通过关注 Harbor 社区官方微信公众号 "HarborChina" 获得更多信息。
- 用户还可以加入 harbor-users@lists.cncf.io 邮件组获取 Harbor 的新闻、功能、发布或者提建议和反馈。Harbor 还有为开发者准备的 harbor-dev@lists.cncf.io 邮件组,用于讨论 Harbor 开发和贡献相关的事务。

- Harbor 每两周定期举行社区线上会议,让用户、开发者和项目维护者就 Harbor 的最新进展和发展方向进行讨论,可以使用 Zoom 软件参加 Harbor 的双周例会,这是一个开放社区会议,日程安排可在 Harbor GitHub 网站的"goharbor/community"代码库中查看,在微信社区和 Slack 中也会公布会议地址和内容。
- 全球用户还可以关注@project_harbor 推特发布的消息。

13.1.4 参与项目贡献

Harbor 是一个在开放环境下开发和成长起来的开源项目,项目的发展离不开用户、贡献者和维护人员对项目的不断改进。2020 年 6 月,Harbor 成为了第 1 个原创于中国、从 CNCF 云原生计算基金会毕业的开源项目,体现了全体社区成员共同努力的成果。本节讲解贡献开源代码的方法。

1. 设置开发环境

在需要定制化 Harbor 的某些功能或者想为 Harbor 贡献代码时,先要搭建本地的开发环境以便进行代码的开发、编译和测试。

Harbor 的后端是使用 Go 语言编写的,请参考 Go 语言官方指南安装配置 Go 语言开发环境。Harbor 在开发、编译及运行阶段所需要的软件及版本要求见表 13-1,需要根据相应的官方文档正确安装其中的软件。考虑到代码的兼容性,应该使用 Linux 作为开发机器的操作系统。

表 13-1

软 件	版 本
Git	1.9.1 以上
Golang	1.13 以上
Docker	17.05 以上
Docker-compose	1.18.0 以上
Python	2.7 以上
Make	3.81 以上

将 GitHub 上 Harbor 官方仓库中的源代码克隆到本地:

```
$ git clone https://github.com/goharbor/harbor
$ cd harbor
```

将配置文件的模板文件"make/harbor.yml.tmpl"复制为"make/harbor.yml"并对其中的配置项做必要的修改(比如 hostname 和 HTTPS 相关的证书等)。

根据需要对代码进行修改之后,执行以下命令编译、构建和运行 Harbor:

```
$ make install CHARTFLAG=true NOTARYFLAG=true CLAIRFLAG=true TRIVYFLAG=true
```

此命令会编译 Harbor 中的所有组件并构建镜像,最终以容器形式启动,如果忽略"CHARTFLAG=true NOTARYFLAG=true CLAIRFLAG=true TRIVYFLAG=true"选项,则只会编译和安装核心组件。

在每次执行"make install"命令时都会进行代码编译和镜像构建,效率较低。如果需要对代码进行频繁更改和测试,则可以直接进行代码编译,将编译后的二进制文件复制到容器内并重启容器以提高开发效率。以修改 core 组件为例,需要执行以下命令:

```
$ go build github.com/goharbor/harbor/src/core
$ docker cp ./core harbor-core:/harbor/harbor_core
$ docker restart harbor-core
```

注意:如果在非 Linux 环境下编译,则需要附加相关的编译参数。具体命令如下:

```
$ GOOS=linux GOARCH=amd64 go build github.com/goharbor/harbor/src/core
```

所有组件的日志默认都会在"/var/log/harbor/"目录下,可以查看日志进行程序的调试。对于日志路径及日志级别,都可以在配置文件中修改。

Harbor 的前端图形管理界面是基于开源的 Clarity 和 Angular 框架搭建的。搭建前端开发环境时,需要确认表 13-2 所示的依赖开发工具包已经安装。

表 13-2

框架/工具包	版本
Node.js	12.14 及以上
npm	6.13 及以上
Angular	8.2.0 及以上

前端开发可以完全依赖 node 运行时环境和 npm 工具包进行。前端界面视图组件所依赖的后端服务,可以通过代理模式将相关服务请求重定向到一个已安装的 Harbor 环境中,这样新的修改或者变更可以随时查验,避免了编译、打包和重启这些复杂环节。开发者可在前端主目录"src/portal"下创建 proxy.config.json 文件,并将各后端服务的代理地址指向已搭建的 Harbor 环境。示例代码如下(示例中 Harbor 的 IP 地址是 10.10.0.1):

```json
{
  "/api/*": {
    "target": "https://10.10.0.1",
    "secure": false,
    "changeOrigin": true,
    "logLevel": "debug"
  },
  "/service/*": {
    "target": "https://10.10.0.1",
    "secure": false,
    "logLevel": "debug"
  },
  "/c/login": {
    "target": "https://10.10.0.1",
    "secure": false,
    "logLevel": "debug"
  },
  "/c/oidc/login": {
    "target": "https://10.10.0.1",
    "secure": false,
    "logLevel": "debug"
  },
  "/sign_in": {
    "target": "https://10.10.0.1",
    "secure": false,
    "logLevel": "debug"
  },
  "/c/log_out": {
    "target": "https://10.10.0.1",
    "secure": false,
    "logLevel": "debug"
  },
  "/sendEmail": {
    "target": "https://10.10.0.1",
    "secure": false,
    "logLevel": "debug"
  },
  "/language": {
    "target": "https://10.10.0.1",
    "secure": false,
    "logLevel": "debug"
  },
  "/reset": {
    "target": "https://10.10.0.1",
    "secure": false,
    "logLevel": "debug"
  },
```

```
      "/c/userExists": {
        "target": "https://10.10.0.1",
        "secure": false,
        "logLevel": "debug"
      },
      "/reset_password": {
        "target": "https://10.10.0.1",
        "secure": false,
        "logLevel": "debug"
      },
      "/i18n/lang/*.json": {
        "target": "https://10.10.0.1",
        "secure": false,
        "logLevel": "debug",
        "pathRewrite": {
          "^/src$": ""
        }
      },
      "/swagger.json": {
        "target": "https://10.10.0.1",
        "secure": false,
        "logLevel": "debug"
      },
      "/swagger2.json": {
        "target": "https://10.10.0.1",
        "secure": false,
        "logLevel": "debug"
      },
      "/swagger3.json": {
        "target": "https://10.10.0.1",
        "secure": false,
        "logLevel": "debug"
      },
      "/LICENSE": {
        "target": "https://10.10.0.1",
        "secure": false,

        "logLevel": "debug"
      },
      "/chartrepo/*": {
        "target": "https://10.10.0.1",
        "secure": false,
        "logLevel": "debug"
      }
}
```

启动环境前,进入前端代码主目录和依赖库目录,运行 npm 命令下载相应的包依赖。具体命令如下($REPO_DIR 为代码的主目录):

```
$ cd $REPO_DIR/src/portal
$ npm install
$ cd $REPO_DIR/src/portal/lib
$ npm install
```

之后运行以下命令完成前端依赖库的编译、打包过程:

```
$ npm run postinstall
```

接着运行如下命令启动网络服务器提供前端页面:

```
$ npm run start
```

在服务器正常启动后,即可通过浏览器在默认的地址 "https://localhost:4200" 中查看到前端界面。

更多的操作命令可以在前端主目录 "src/portal" 下的 npm 包管理文件 package.json 中找到。

2. 代码贡献流程

Harbor 项目组欢迎社区用户提交代码拉取请求(PR),即便它们只包含一些小的修复,如错别字纠正或者几行代码。如果贡献的代码涉及新功能或者对已有功能有较大改动,则建议在编制代码之前,首先在 GitHub 上提交 issue,描述希望提交的功能及设计思路,这样可以让项目维护者尽早给予评估和反馈,确保所更新的代码符合项目的整体架构和技术发展路线。

提交代码拉取请求时,请尽量把它分解成一些细小且独立的变化。一个由许多功能和代码更改组成的代码拉取请求可能很难进行代码审查(Code Review),因此建议贡献者以增量的方式提交代码拉取请求。

注意:如果代码拉取请求被分解为小的更改,则请确保任何合并到主开发分支的更改都不会破坏已有功能。否则在贡献的功能全部完成之前,无法将其合并。

1) 派生并克隆代码

Harbor 项目源代码托管于 GitHub,向 Harbor 贡献代码需要有 GitHub 个人账号。首先,开发者派生(Fork)"goharbor/harbor" 项目的代码到自己的 GitHub 个人账号下;然后,使用 "git clone" 命令克隆(Clone)Harbor 项目代码到个人电脑上:

```
# 设置 Go 语言开发环境
$ export GOPATH=$HOME/go
$ mkdir -p $GOPATH/src/github.com/goharbor
# 获取代码
$ cd $GOPATH/src/github.com/goharbor
$ git clone git@github.com:goharbor/harbor.git
$ cd $GOPATH/src/github.com/goharbor/harbor
# 追踪个人账户下的代码库
$ git config push.default nothing  # 默认情况下，避免推送任何内容到 "goharbor/harbor"
$ git remote rename origin goharbor
$ git remote add my_harbor git@github.com:$USER/harbor.git
$ git fetch my_harbor
```

注意：上面命令中的"$USER"要更改为开发者本人的 GitHub 用户名，"my_harbor"为开发者 GitHub 上的远端（remote）代码库名称。GOPATH 可以是任何目录，上面的示例使用了"$HOME/go"目录。根据 Go 语言的工作空间，将 Harbor 的代码放在 GOPATH 下。

在终端执行如下命令，设置本地工作目录：

```
$ working_dir=$GOPATH/src/github.com/goharbor
```

2）创建分支

代码变更应该被存储在派生的代码仓库新分支中。这个分支的名称应该是"xxx-description"，其中"xxx"是问题的编号。代码拉取请求应该基于主分支头部，不要将多个分支的代码混合到代码拉取请求中。如果代码拉取请求不能干净、利落地合并，则请使用如下命令将其更新：

```
# goharbor 是上游原始代码库
$ cd $working_dir
$ git fetch goharbor
$ git checkout master
$ git rebase goharbor/master
$ git checkout -b xxx-description master    # 从主分支创建新的分支 xxx-description
```

3）开发、构建和测试

Harbor 代码库的基本结构如下，其中对一些关键文件夹进行了注释、说明：

```
├── api          # API 文档文件夹
├── contrib      # 包含文档、脚本和其他由社区提供的有用内容
├── docs         # 在此保存文档
├── make         # 构建资源和 Harbor 环境设置
├── src          # 源代码文件夹
```

```
├── tests          # API 和 e2e 测试用例
└── tools          # 支持工具
```

下面是 "harbor/src" 源代码文件夹的结构,它将是开发者的主要工作目录:

```
├── chartserver    # 处理 Helm Chart 主要逻辑的源代码
├── cmd            # 包含用于处理数据库升级的迁移脚本的源代码
├── common         # 一些通用组件的源代码,如 DAO 等
├── controller     # 控制器代码,主要包含 API 参数处理逻辑
├── core           # 主业务逻辑的源代码,包含 REST API 和所有服务信息
├── jobservice     # JobService 组件的源代码
├── lib            # 包含日志处理、数据库 ORM 等逻辑的公共库
├── migration      # Harbor 数据迁移的代码
├── pkg            # Harbor 各个组件的逻辑实现代码
├── portal         # Harbor 图形管理界面(前端)的代码
├── registryctl    # Registry 控制器代码
├── replication    # 同步复制功能的源代码
├── server         # HTTP 服务器的路由、中间件代码逻辑
├── testing        # 后端组件的测试用例
└── vendor         # Go 语言代码依赖项
```

Harbor 使用 Go 语言官方社区推荐的编码风格,详细的代码风格文档可参考 Go 语言官方文档。

在有新代码或者代码改动时,贡献者需要调整或者添加单元测试用例来覆盖代码变更。目前后端服务的单元测试框架采用 "go testing" 或者 "stretchr/testify",运行 "go test -v ./..." 或者使用 IDE 集成插件可以执行 Go 语言测试用例。对于新引入的代码,推荐使用 stretchr/testify 框架来开发单元测试用例。需要仿制(mock)特定对象时,可以使用 vektra/mockery 工具将仿制对象自动化生成到 "src/testing" 目录下的对应包中,以便日后重用。

如果代码变更涉及对 API 的修改或者引入新的 API,则贡献者也需要调整或者添加 API 测试用例来覆盖对应的变更。在 Harbor 中,API 测试是验证 Harbor 各功能真实有效的重要手段。在安装、部署完包含各个组件的 Harbor 运行环境后,触发各个 API 测试用例以完成对设计场景的功能性验证。Harbor 的 API 测试采用 Robot 框架来驱动。Robot 框架是一个基于 Python 的可扩展的关键字驱动自动化测试框架,通过 Robot 框架可以很轻便地实现目录切换、输入信息、运行带参数的脚本、检查运行结果及断言等功能。

目前 Harbor 的 API 测试根据所使用的不同身份验证系统分为以下两组。

（1）使用数据库身份验证系统的测试集，其 Robot 测试脚本入口文件位于 "harbor/tests/robot-cases/Group0-BAT/" 下的 "API_DB.robot" 中。

（2）使用 LDAP 身份验证系统的测试集，其 Robot 测试脚本的入口文件位于 "harbor/tests/robot-cases/Group0-BAT/" 目录下的 "API_LDAP.robot" 中。Robot 测试脚本所引用的 API 测试用例的 Python 脚本则位于 "harbor/tests/apitests/python" 目录下。编写 API 测试用例时，可以使用一些已经封装好的库方法，这些方法对 Harbor 的 API 进行了封装，使用方便，可以很容易构建出测试用例的多步骤过程。

如果需要在本地执行 Robot 驱动的 API 测试用例集，则贡献者可参考文件 "tests/e2e-image/Dockerfile"，按照软件包的列表来安装所需要的软件和工具包，之后可执行如下命令（"$IP" 是 Harbor 测试环境的地址）：

```
$ python -m robot.run --exclude run-once -v ip:$IP -v HARBOR_PASSWORD:Harbor12345 API_DB.robot
```

前端界面库测试框架基于 Jasmine 和 Karma，更多细节可参考 Angular 测试文档，也可参考当前项目已有的测试案例。运行 "npm run test" 命令可以执行前端界面库的测试用例。

4）与上游代码库保持同步

一旦发现本地新功能分支的代码与 goharbor/master 分支不同步，就可以使用如下命令进行更新：

```
$ git checkout xxx-description
$ git fetch -a
$ git rebase goharbor/master
```

注意：需要使用 "git fetch" 和 "git rebase" 命令同步代码，而不是 "git pull" 命令。"git pull" 命令会导致主分支的代码被合并到功能分支并留下代码提交记录。这会使得代码提交历史变得混乱，并违反了 "提交应该是可单独理解和有用的" 原则。另外，开发者还可以考虑通过 "git config branch.autoSetupRebase" 命令更改 ".git/config" 文件来使每个代码分支都可以自动执行 rebase 操作。

5）提交代码

由于 Harbor 已经集成了开发者来源证书 DCO（Developer Certificate of Origin）检查工具，因此代码贡献者需要在 commit 中附加 Signed-off-by 信息才能通过验证，即在提交消息中添加一个 "签名" 行来标注他们遵守代码贡献的要求。"git" 命令提供了一个 "-s"

命令行选项,可自动地将 Signed-off-by 信息附加在提交消息中,可在提交代码更改时使用,如:

```
$ git commit -s -m 'This is my commit message'
```

6)提交代码拉取请求

在完成代码编写和测试用例的编写后,代码贡献者可将本地分支推送到 GitHub 上自己派生的代码仓库中:

```
$ git push <--set-upstream> my_harbor <my_branch>
```

开发者提交代码后会自动触发 GitHub Action 的自动化测试,在提交代码拉取请求之前,需要保证所有自动化测试在自己 GitHub 账号下的代码库中都通过,如图 13-1 所示。

图 13-1

在自动化测试通过之后,从派生的代码库中单击该分支旁边的 "Compare & Pull Request"按钮,创建一个新的代码拉取请求。拉取请求的描述应涉及它所解决的所有问题,可在提交时引用问题编号(如 "#xxx" "xxx" 为问题编号),以便在合并代码拉取请求时关闭这些问题,如图 13-2 所示。

图 13-2

7）自动化检查

在贡献者提交代码拉取请求到 Harbor 主代码库后，为了能及时发现贡献者请求合入的代码的潜在问题，并评估所提交代码是否符合项目的代码质量基准，以确保 Harbor 项目的整体代码质量，同时降低项目维护者的代码审阅难度和负载，Harbor 依托 GitHub 的自动检查机制，启用了多项自动化检测。

（1）代码拉取请求贡献者必须提供贡献者来源证书 DCO，否则检查会失败进而导致代码拉取请求无法合入。

（2）使用 GitHub 集成应用 codecov 对代码单元测试覆盖率进行检测，并提供包含覆盖率变化的报告，如图 13-3 所示。考虑到误差范围，执行代码审阅的维护人员一般要求测试的覆盖率维持已有水平，下降幅度不超过 0.1%。

（3）通过 GitHub 的 CodeQL 扫描工具对所提交代码中的安全漏洞进行扫描，如果发现高危（错误）漏洞，则检查失败，代码无法合入。

（4）使用 GitHub 集成应用 Codacy 对代码质量进行自动评估并给出结果。如果提交的代码违反了最佳编码规范且属于"不可接受"范围，则检查失败。Codacy 自动评估目前属于非强制检查，仅供代码提交者参阅。

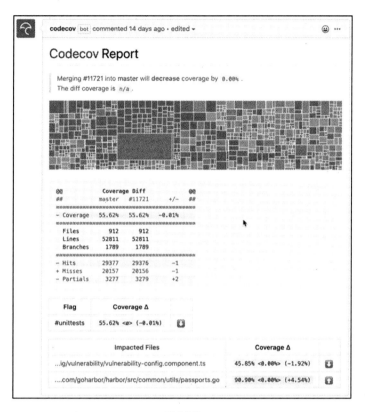

图 13-3

（5）Harbor 从 2.0 开始，启用了 GitHub Action 驱动的持续集成（CI）流水线。此流水线包含多个阶段：代码格式检测（涵盖 misspell、gofmt、commentfmt、golint 及 govet）、后端服务单元测试（UTTEST）、前端 UI 单元测试（UI_UT）、使用数据库身份验证系统的 API 测试（APITEST_DB）、使用 LDAP 身份验证系统的 API 测试（APITEST_LDAP）及项目打包功能的测试（OFFLINE）。任何一个阶段失败，都会导致流水线整体失败，进而阻止代码的最后合入。

所有自动化检查的结果都可以在代码拉取请求的"会话（Conversations）"标签页中查看，部分检查结果也可以在"检查（checks）"标签页追踪。对于未通过的检查，代码提交者可以通过对应项目右侧的"详情（Details）"链接打开详细报告，然后查看可能的应对措施，以便了解这些详情并做出改进，使这些检查能够通过并最终合入代码到主分支。具体界面如图 13-4 所示。

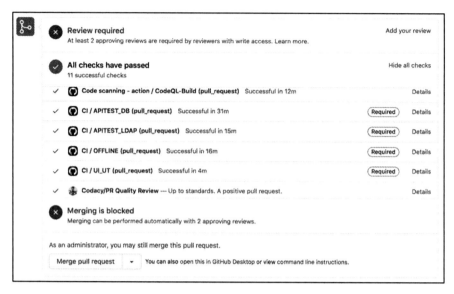

图 13-4

8）代码审阅

在所有自动检查都通过后，耐心等待维护者的审阅。每个代码拉取请求将被分配给一个或多个审阅者，这些审阅者将进行全面的代码审查，查看正确性、漏洞、可改进之处、文档和注释及代码风格，审阅所做的评论将提交到派生的分支上。经过至少两个维护者的审阅及批准，贡献的代码就可以合并进官方代码库了。

如果未能通过审阅，则维护者会将未能通过的原因或者修改建议反馈在代码拉取请求中，贡献者可在修改后再提交代码：

```
$ git commit -m "update"
```

执行 rebase 操作以保证每个代码拉取请求尽量只包含一个 commit（通过 squash 操作合并相应的 commits）：

```
$ git rebase -i HEAD~2
```

将改动再次推送到 GitHub 代码仓库中，将会触发代码拉取请求的更新：

```
$ git push my_harbor
```

如果在贡献代码时遇到问题，则可以通过 GitHub、Slack、微信群等方式，寻求其他开发者或用户的帮助。

13.2 项目展望

Harbor 在社区的共同努力下，按照大约每个季度发布一个版本的节奏，不断完善和丰富功能。本书以 Harbor 2.0 版本作为标准描述原理和功能，在本书撰写之时，Harbor 的维护者还在推进项目的发展，已经有不少社区期待的功能在开发。本节介绍将在 Harbor 后续版本推出的部分功能的设计背景和思路，使读者能够了解项目的发展方向，也希望更多的用户参与到社区的功能建设中来。

13.2.1 镜像代理

在很多客户的环境下，机器都不能访问外部互联网，或者访问互联网络的带宽有限，同时有大量的容器镜像需要从外部下载，如果每次开发、测试、部署时都需要从互联网下载容器镜像，则将占用大量的带宽而且效率较低。同时，在某些场景如物联网场景中，需要使用移动网络接入互联网，这时带宽可能是系统部署的瓶颈。更为严重的问题是，有些公有云容器镜像服务对客户端有限流设置，当镜像拉取操作达到一定流量时，会导致操作无法使用。

因此需要通过镜像代理服务来解决上面的问题：当内网客户端需要拉取镜像时，镜像代理可代为到外网拉取镜像（镜像代理服务器需要连通外网），然后返回镜像给内网客户端。同时，代理可以缓存镜像，供后续内部网络拉取时使用。容器镜像代理目前常见的方法有开源项目"docker/distribution"的实现。这种方法需要在"/etc/docker/daemon.json"里面设置 mirror-registry（镜子镜像仓库），并且以 proxy 的配置启动一个"docker/distribution"的容器，配置好要代理的账户名和密码。这种方案用起来比较复杂，而且只能代理 Docker Hub 的镜像。

为了解决上述问题，Harbor 社区计划增加一种项目（project）类型——代理项目，系统管理员可以新建一个代理项目，如 dockerhub_proxy，并且关联到要代理的镜像仓库，如 Docker Hub 的某个镜像库。在代理项目新建好之后，用户只要有权限访问这个代理项目，就可以通过这个代理拉取 Docker Hub 的容器镜像。

如果用户需要拉取 Docker Hub 上面的"myproject/hello-world:latest"镜像，则首先需要登录 Harbor，并运行"docker pull"命令：

```
$ docker login harbor.example.com
$ docker pull harbor.example.com/dockerhub_proxy/myproject/hello-world:latest
```

这样就可以通过代理把镜像拉取到本地了。在 Harbor 上缓存了这个镜像，下次同样的请求发到 Harbor 服务时，不通过外部网络就可以直接返回本地缓存的镜像。在 Harbor 上可以看到，"hello-world:latest" 镜像被缓存在 dockerhub_proxy 项目下的 "myproject/hello-world:latest" 镜像库中。在使用缓存响应请求时，Harbor 都会先检查源镜像库是否有更新，如果有更新，则本地缓存镜像失效，需要重新从源镜像库拉取镜像。

Harbor 原有的基于项目的功能，如权限控制、镜像保存策略、配额、CVE 白名单，都可以继续使用。如果需要只保存 7 天内访问过的容器镜像，则只需设置一个镜像保存规则，将超过 7 天没有访问的缓存镜像删除即可。

总而言之，使用镜像代理功能可以帮助用户节约有限的外网带宽资源，加快镜像获取速度，同时尽量减少对用户既有拉取镜像方法的改动。

13.2.2　P2P 镜像预热

在云原生领域，特别是在大规模集群场景中，如何可靠并高效地分发镜像是个需要重点关注的问题。镜像分发在本质上也是文件分发，因此和文件分发一样，随着容器集群规模的增大，从中心化的镜像仓库中拉取镜像会出现镜像分发效率低、镜像仓库负载大等问题，同时网络带宽容量可能成为分发瓶颈，并最终造成分发效率无法提升的结果，进而影响到容器应用或者服务的部署过程。

为了解决上述问题，很多项目在 P2P（点对点）内容分发技术基础之上实现了对镜像分发的加速，即 P2P 镜像分发，这是目前解决镜像分发行之有效的技术之一，也是 P2P 内容分发技术在镜像分发场景中的实际应用。比较有代表性的项目包括阿里巴巴贡献的 CNCF 托管开源项目 Dragonfly（蜻蜓）和 Uber 公司开源的 Kraken（海妖）项目。

P2P 镜像分发项目的基本工作机制大致相同。要分发的镜像被分割为固定大小的数据分片来传输，各节点可以从不同的节点（Peer）并发地下载数据分片来组装成完整的镜像内容，这样有效地降低了对上游镜像仓库的请求负载，可就近获取所需内容，大大提升分发效率。据 Dragonfly 官方文档的介绍，Dragonfly 的镜像分发机制能够提升镜像仓库的吞吐量，同时节省镜像仓库大部分的网络带宽。

Harbor 容器镜像仓库专注于镜像的管理和常规分发，自身并未有 P2P 相关的功能支持。但作为镜像管理平面和内容来源，P2P 引擎可将后台镜像仓库地址指向 Harbor，这样在 P2P 网络节点请求 P2P 网络中缺失的镜像内容时，Harbor 可直接为其提供镜像内容的首份复制。

这种方案虽然将 Harbor 与 P2P 引擎集成并打通，却是一种"被动"工作模式，即在节点拉取请求已发起时，在未有对应内容的前提下，才会向镜像仓库发起拉取内容的请求，这必然会增加节点的等待时间，进而加长部署周期。为了消除这些不足，并为用户提供更加完善、流畅和高效的镜像管理与分发体验，Harbor 的 P2P 工作组（Workgroup）提出了 P2P 镜像预热方案，即通过轻量级松耦合的方式，将 P2P 镜像分发引擎集成到 Harbor 中，并通过基于策略的模式将满足预设条件的镜像提前下发到 P2P 网络中缓存起来，在节点请求到来时可直接开始 P2P 数据片分发过程，就像 P2P 网络之前已经分发过相同的内容一样，网络已经"热"起来了。

  P2P 预热的核心思路如图 13-5 所示。通过适配器接口将具有预热能力的 P2P 引擎（目前有 Dragonfly 和 Kraken）集成到 Harbor 侧并由系统管理员统一管理。项目管理员可以在其所管理的项目中创建一个或者多个预热策略。每个策略都针对一个目标 P2P 引擎实例，并通过镜像库（repository）过滤器和 Tag 过滤器确定要预热镜像的范围，同时可叠加更多的预设条件来确保只有满足特定要求的镜像才允许预热。这些预设条件包括镜像是否被签名，镜像的漏洞严重级别是否低于设定条件及镜像是否被标记了指定的标签。策略可被设定为手动执行、定时周期性执行及基于特定事件的发生执行。其中特定事件会包括推送事件（ON-PUSH）、扫描完成事件（ON-SCAN-COMPLETE）和标记标签事件（ON-LABEL）。当策略执行时，通过其中的过滤器和预设条件可以得到所有满足条件的镜像列表，如果此列表不为空，则其中所含镜像的相关拉取信息被通过适配器 API 发送给对应的 P2P 引擎。P2P 引擎会在其 P2P 网络缓存中检查是否存在相关内容，如果不存在，则向 Harbor 发起镜像拉取请求并将对应的内容缓存到 P2P 网络中。这样 P2P 引擎在之后响应镜像拉取请求时，可直接使用缓存的内容，减少等待延迟，进而提升整体的镜像分发效率。

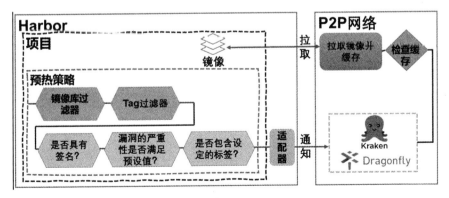

图 13-5

镜像预热的一个直接使用场景是：在 CI 系统构建出应用镜像后，Harbor 能及时地将满足条件的"已就绪"镜像发送到 P2P 网络中，这样应用就可以快速部署出来。

P2P 预热功能将在 Harbor 后续的版本中推出，主要实现工作将由来自 VMware、腾讯、网易云、灵雀云、阿里巴巴 Dragonfly 及 Uber 的贡献者组成的 P2P 工作组负责。

13.2.3　Harbor Operator

Harbor 伴随着 Docker 容器时代而问世，早期作为 Docker 容器镜像仓库提供镜像管理功能。在用户进入以 Kubernetes 为主导的云原生时代后，Harbor 也与时俱进，提供了 Kubernetes 的 Helm Chart 部署和像镜像一样管理 Chart 等功能。

目前，很多 Kubernetes 用户提出的需求是使用 Operator 来运维 Harbor，以便更好地管理多个 Harbor 镜像仓库实例。Operator 与 Helm Chart 部署相比，不同之处在于 Helm 是模板化工具，允许定制不同应用的部署 YAML，而 Operator 的设计目的是通过更好地自动化来简化日常管理事务。基于用户的需求，Harbor 维护者们正在开发 Harbor Operator 功能。

Operator 是 Kubernetes 上运维服务的一种模式，源自管理复杂和有状态的应用的需要，而此前的方法还有不尽人意之处。Operator 经历了数年的发展，在社区中被频繁地关注和使用，基本上被用户接受。Operator 受欢迎的原因之一，是它使开发人员能够使用自定义控制器（Controller）和自定义资源定义（Custom Resource Definition，CRD）来扩展 Kubernetes 控制平面，从而实现真正的声明式 API。这赋予了开发人员比使用默认控制器更大的自由度，可管理除 Kubernetes 内置对象外的其他资源。在 Harbor 的 Operator 中，控制器被有效地挂接到消息传递队列中，允许不断地保持在特定的状态。

欧洲公有云厂商 OVHcloud 为用户提供了 Harbor 私有镜像仓库的解决方案，因此需要管理数百甚至数万个 Harbor 实例。他们尝试使用 Operator 的方式，取得了不少进展，实现了以下管理功能。

- 将 Harbor 作为自定义资源部署，将 Notary、ChartMuseum 和 Clair 作为可选组件。
- 支持使用 ConfigMap 和 Secret。
- 可自动清除 Harbor 实例。

OVHcloud 已把 Operator 的代码贡献给 Harbor 社区，在此基础上，Harbor 的维护者计划增加 Redis 和 PostgreSQL Operator，以及包含高可用等完整安装体验的 Harbor 集群 Operator。用户将能够使用该 Operator 来创建、扩展、升级、备份和删除 Harbor 集群。

13.2.4 非阻塞垃圾回收

在 Harbor 2.0 及之前的版本中，垃圾回收一直是阻塞式的。也就是说，在 Harbor 系统执行垃圾回收任务时，系统处于只读状态，只能拉取而不能推送镜像。在部分用户的生产环境下，阻塞式的垃圾回收是不能被接受的，这会造成系统从几分钟到几十小时的阻塞状态。虽然建议用户定制周期垃圾回收任务在非工作日的夜间执行，但是并不能从根本上解决问题。

造成垃圾回收任务阻塞和执行时间较长的主要原因有如下两个。

1. 层文件的引用计数

在阻塞式的垃圾回收任务中使用的是 Docker Distribution（后简称 Distribution）自带的垃圾回收功能，实现流程大致如下。

（1）遍历文件系统，得到每一个共享层文件的引用数量。当一个层文件的引用数量为 0 时，即为待删除层文件。

（2）在得到所有待删除的层文件后，调用存储系统的删除接口，依次删除层文件。

在计算层文件引用计数的过程中，如果此时用户正在上传镜像，则垃圾回收可能会删除正在上传的层文件，从而破坏镜像。因此，在垃圾回收任务执行时需要阻塞镜像的推送。

同时，因为 Distribution 并没有使用数据库记录层文件的引用关系，所以需要遍历整个存储系统的路径来获取每一个层文件的引用计数。这种遍历方式造成了很大的时间开销，并且所需时间随着层文件数量的增加而线性增加。

2. 云存储的使用

在层文件引用关系的遍历和层文件的删除过程中，需要调用存储系统的接口来实现。如果用户使用云存储（如 S3）作为存储系统，则存储系统接口调用的时间开销会比本地存储增加很多。

基于以上情况，Harbor 提出非阻塞式的垃圾回收方案，并会将此方案引入到后续发布的版本当中。该方案的目的是去除垃圾回收任务执行时的系统阻塞，同时提高垃圾回收任务的运行效率。本节将简要介绍非阻塞式的垃圾回收方案的基本思想。

1. Artifact 数据库

在 Harbor 2.0 中，在用户成功推送一个镜像后，Harbor 系统会完整记录这个镜像的信息，如图 13-6 所示。

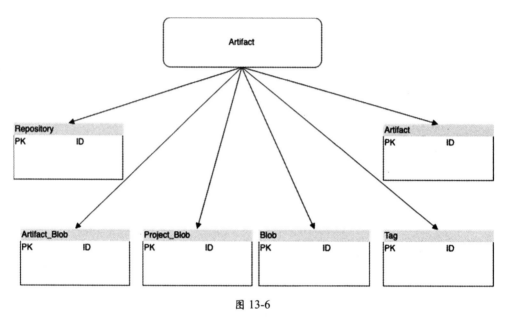

图 13-6

通过图 13-6 可以看出，一个镜像的层文件和其引用关系都被记录在 Artifact 数据库中。同时，在一个镜像被删除后，其层文件的引用关系也被删除。这样一来非阻塞式垃圾回收任务可以通过数据库计算出存储系统中所有层文件的引用计数。当任何一个层文件的引用计数都为 0 时，该层文件即待删除层文件。相比存储系统的遍历，数据库的计算可以节省大量时间开销。

2. 层文件和清单文件删除 API

通过数据库得到待删除层文件后，下一步就是将其删除。Distribution 并没有提供删除层文件和清单（manifest）文件的 API，而是暴露公有函数供其自身的垃圾回收任务使用。在非阻塞垃圾回收任务实现中，需要引用 Distribution 的代码来实现层文件和清单文件的删除 API，而删除 API 仅供非阻塞垃圾回收任务使用，不暴露给用户，如图 13-7 所示。

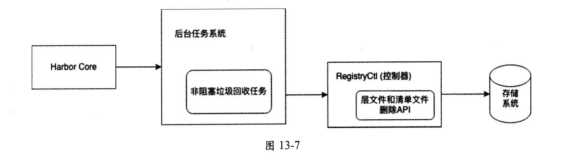

图 13-7

3. 非阻塞

非阻塞式垃圾回收的核心是在垃圾回收任务运行时,不阻塞用户的镜像等 Artifact 的推送。为了达到此目的,这里引入了状态控制和时间窗口机制,下面以镜像为例加以说明。

1)状态控制

在层文件的数据库表中加入了版本和状态列,层文件的每一次状态改变都会增加版本,这样可以通过版本来实现乐观锁。当非阻塞垃圾回收任务执行删除时,会尝试将待删除的层文件标记为"deleting"状态。如果该待标记的层文件刚好被 Docker 客户端正在推送的镜像引用,则非阻塞垃圾回收任务的"deleting"标记将会失败。原因是 Docker 客户端在推送过程中发起的 HEAD Blob 请求被 Harbor 中间件拦截,中间件会增加层文件的版本。而非阻塞垃圾回收任务在更新层文件状态为"deleting"时,层文件的版本已经不符合数据库里的最新版本信息,导致更新失败,如图 13-8 所示。

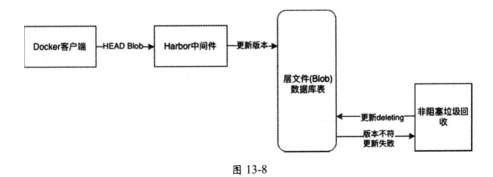

图 13-8

2)时间窗口

在推送 Docker 客户端的过程中,Docker 客户端首先会推送层文件,而此时的层文件在系统中的引用计数为 0,只有当清单文件推送成功后,Harbor 才会建立引用关系,使得这些层文件的引用计数非 0。为保证在非阻塞垃圾回收任务执行中，用户正在推送的层文件不被删除，需要引入时间窗口概念。在层文件的数据库表中加入更新时间列，非阻塞垃圾回收仅作用于更新时间早于非阻塞垃圾回收起始时间两小时的层文件。在时间窗口内推送的层文件都会被保留，如图 13-9 所示。

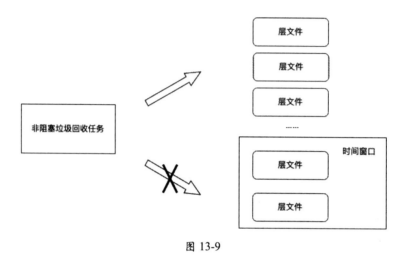

图 13-9

附录 A
词汇表

本书涉及的部分技术词汇和术语较新，国内尚无统一的中文标准翻译，在此列出并阐明，以便读者将其与英文技术文献对照。另有部分概念在本书中有特定含义，并且贯穿在本书的内容中，在此也一并加以说明。

英文	词汇或术语	说明
Artifact	制品、工件	Artifact 是软件工程中的各种中间或最终产品，一般以文件形式存在，如二进制的可执行文件、压缩包、基于文本的文档等。本书中的 OCI Artifact 简称 Artifact 或制品，指遵循 OCI 清单和索引的定义打包数据，能够通过 OCI 分发规范推送和拉取的内容。在云原生领域中，常见的 Artifact 包括容器镜像、镜像索引、Helm Chart、CNAB、OPA bundle 等
mediaType	媒体类型	指 OCI 的镜像规范中给每种下载的资源定义的类型，以便客户端解析、识别并做相应的处理
manifest	镜像清单、清单、货单	指镜像或 Artifact 的描述文件，用于说明镜像或 Artifact 的组成和配置
image index	镜像索引	镜像索引指向多个镜像清单，每个镜像清单都描述了某个架构平台的镜像
digest	摘要	指根据文件的内容，通过密码学哈希算法生成的二进制数。通过合适的哈希算法，摘要可作为镜像、文件等的唯一标识，从而实现基于内容的寻址
distribution	分发	指将镜像等制品从仓库发送给相应的客户端
BLOB、Binary Large Object	二进制大对象	指二进制的数据大对象
layer	层文件	在 OCI 镜像规范中，数据可以分为若干部分来存储，每一部分都被称为层文件。层文件可提高不同镜像共享数据存储空间的能力，也可以提高镜像拉取的并发度。容器运行时还可以通过联合文件系统（UFS）把层文件叠加后构建容器内的文件系统

续表

英　文	词汇或术语	说　明
reference	引用	指在配置文件、清单文件等中指明其他数据或文件，将常用的可进行内容寻址的摘要作为引用值，有时也将 Tag 作为引用值
container runtime	容器运行时	指容器进程运行和管理的工具
registry	镜像仓库、制品仓库、注册表	指提供镜像或其他制品下载的仓库服务
project	项目	指 Harbor 中对镜像等制品进行统一管理的单位，可统一配置权限、复制策略等功能，通常对应实际情况下一个团队、项目或者小组等拥有的制品
namespace	命名空间	指在计算机科学中广泛使用的概念，用于区分不同的逻辑功能或实体，本书中的命名空间在不同的章节里有不同的含义，如在 Linux 内核功能中，命名空间是容器的实现技术之一；在容器镜像仓库中，命名空间用于区分不同的用户；在 Harbor 中，命名空间被称为"项目"；在 Kubernetes 中，命名空间对不同的用户进行逻辑上的隔离
repository，repo	镜像库、制品库	指 Harbor 中某个项目下的镜像库或制品库
Tag	Tag	指用户镜像或 Artifact 附加的标记，为了和 label（标签）做区分，Harbor 对本词不做翻译
label	标签	指 Harbor 中给镜像等制品附加的标签，可用于分类或过滤
replication	复制、远程复制、内容复制	指一个 Harbor 实例和 Harbor 或其他 Registry 服务之间同步镜像等制品数据的过程
pull	拉取	指从制品仓库中下载镜像等制品
push	推送	指向制品仓库中上传镜像等制品
CVE	CVE（Common Vulnerability Exposure）	为常见的漏洞和披露系统，为公众已知的信息安全漏洞和披露提供参考
vulnerability	漏洞	指镜像中操作系统等软件包存在的安全漏洞，漏洞数据来自公开的漏洞数据库
RBAC	基于角色的访问控制（Role Based Access Control）	指 Harbor 中使用的授权管理模型
OIDC	OpenID Connect，开放身份连接	指一个基于 OAuth 2.0 协议的身份认证标准协议
signature	签名	指对镜像进行密码学上的数字签名，可在镜像下载时通过校验签名确保数据的完整性
GC、Garbage Collection	垃圾回收	在制品仓库中删除镜像或 Artifact 时，系统只是在逻辑上进行删除，数据文件还被保留在存储中。文件物理删除需要靠定期的垃圾回收机制进行
quota	配额	指系统管理员给每个项目分配的存储空间

续表

英　　文	词汇或术语	说　　明
immutable Tag	不可变镜像、不可变Artifact	Harbor 的镜像或 Artifact 可以被设置为不可变属性，从而避免被覆盖或者误删除
retention policy	保留策略	当镜像等制品符合保留策略所规定的条件时，始终将其保留在 Harbor 项目中；不符合条件的制品则被删除
Core	核心服务	指 Harbor 的核心组件
middleware	中间件	指 Harbor 核心组件里用于对请求进行各种过滤和预处理的多个模块，包括权限检查、配额处理等中间件
Notary	内容信任服务、公证服务	提供镜像或 Artifact 的内容信任功能
JobService	异步任务系统、异步任务服务、异步任务组件	指 Harbor 中负责调度和运行后台异步任务的组件
admin console, admin portal	管理控制台、图形管理界面	指 Harbor 用户从浏览器登录后所使用的界面，用户可以管理、查看项目或者系统的各项资源（根据用户的角色）
Webhook	Webhook, 网络挂钩	Harbor 用户可使用自定义回调的方法通知其他系统，使其他系统可以对特定事件（如镜像推送、拉取等）做出响应。另外，在 Harbor 内部的组件中（如异步任务系统）也有使用内部 Webhook 的机制
PR，Pull Request	代码拉取请求、合并请求	指 GitHub 中向代码库提交贡献代码的请求
fork	派生、分叉	指从 GitHub 代码库中复制一份到开发者名下的过程，开发者可在自身的代码库中继续开发，不受原代码库的影响